同济大学青年优秀人才培养行动计划
高密度人居环境生态与节能教育部重点实验室资助

博士论丛

U0957659

当代城市建筑综合体研究

王桢栋 著

中国建筑工业出版社

图书在版编目(CIP)数据

当代城市建筑综合体研究/王桢栋著. —北京：中国建筑工业出版社，2009
(博士论丛)
ISBN 978-7-112-11543-3

Ⅰ. 当… Ⅱ. 王… Ⅲ. 城市建筑-研究-现代 Ⅳ. TU201

中国版本图书馆 CIP 数据核字(2009)第 197964 号

本书对建筑综合体和城市建筑综合体的历史发展及其与城市发展的暗合关系、城市建筑综合体内部及外部各个要素之间的关系、当代城市建筑综合体开发的一般方法和过程、适于我国国情的城市建筑综合体发展前景等问题，展开研究。本书可供广大建筑师、建筑院校师生学习参考。

* * *

责任编辑：吴宇江
责任设计：赵明霞
责任校对：袁艳玲　兰曼利

博士论丛
当代城市建筑综合体研究
王桢栋　著
*
中国建筑工业出版社出版、发行（北京西郊百万庄）
各地新华书店、建筑书店经销
北京华艺制版公司制版
北京建筑工业印刷厂印刷
*
开本：787×1092 毫米　1/16　印张：26¼　字数：630 千字
2010 年 7 月第一版　　2020 年 6 月第二次印刷
定价：**68.00** 元
ISBN 978-7-112-11543-3
(18194)

序

人类发展的历史是一个无穷尽漫长的智慧进步和实践跋涉的过程。为了个体、群体和社会的物质与精神需要，“创造与建设”是人类活动的永恒目标。而这一目标的得以实现是需要与可能有机结合的结果。

20 世纪是人类历史上一个重要的阶段。在这个阶段中，人的聪明智慧、物质产生、社会进步和科技发展，都互相簇拥着走到了一个智能社会相当的发展阶段。人的活动内容与范围大大地增加了，人的组织机构数量上大大地扩充了，人的远近距离移动的速度大大地增加了，人对空间与尺度的容忍理解程度也大大地缓和了。在这样的情况下，对建筑物、建筑群、结构体、城市地面、地上、地下、人工、自然的认识也会与时俱进地有所调节。

桢栋博士是一位从小热爱学习、热爱学术的苗子。他从进大学、读硕士、硕博连读都是一路保送。《当代城市建筑综合体研究》就是他长期学习、参加设计实践后深有体会的结晶，是他能走在时代前列，结合城市发展最新趋势的当代城市建筑综合体，从经验到实践到理论进行研究、探索和整理的结果。他提出了当代城市建筑综合体是现代社会和城市中经济、生活、社会交往等因素的综合，它对城市及建筑提出适宜组织的新要求，是伴随着社会生活组织出现的新的年轻的建筑类型。他较为敏锐地抓住了这一出现不久的新事物，进行了大量的文献阅读，并在国内外进行了实地参观、调查、访问，经过认真仔细地思考、分析、研究，写作而成。所以本书既有明确的前瞻意义，又有明确的现实意义。

在大量的资料面前，作者并没有被淹没在资料的海洋之中，而是高屋建瓴地从城市空间、城市资源和城市发展诸方面来逐步认识、分解、分析与认识当代城市建筑综合体本身、内核、外延及开发全过程和城市发展宏、中、微观领域内的关系，从而提出了：

城市建筑综合体的初步认识——“叠合”，包括城市建筑综合体相关信息及发展背景。

城市建筑综合体的深入认识——“整合”，包括当代城市建筑综合体的内核及外延。

城市建筑综合体的开发过程——“融合”，包括城市建筑综合体的策划、论证、规划、设计、市场经营、运营管理及维护。

城市建筑综合体的再认识——“和合”，以城市建筑综合体在我国的实例研究，在我国的发展趋势，及适合其发展的内部因素、外部因素的阐述与剖析。

全书既有全面观察，又有较现实的法规控制与监督；既有市场需求、营销，又有政府督导、监控、运营管理与维护；同时既有规划、设计的组织与方法，又有从宏观到微观的用地、实体与环境的分析，做到了大处着眼、小处着手，深入浅出。

相信广大读者及有识之士会从各自不同的角度喜爱它、应用它，并在此基础上有助于开发思路并提出宝贵意见。

戴复东　吴庐生

2010年春节，于沪上东庐

前　言

城市建筑综合体是年轻的建筑类型，在我国的发展历史很短。与城市建筑综合体大量建设和重要地位相比较，对其建设理论、经验和方法等方面的研究相对薄弱。从我国城市建设的实际情况和发展趋势来看：一方面，城市建筑综合体必将作为城市建设的重要建筑类型；另一方面，我国城市建筑综合体的建设有不少待深入研究的问题。因此，当下对城市建筑综合体进行研究分析，提出适合我国国情的城市建筑综合体发展前景是有必要的。

城市建筑综合体的发展不仅是城市发展的客观需求，还是国家和城市经济结构转型、社会结构调整、文化结构改善等一系列问题的主观需要。本论文以"合"字作为贯穿全文的线索，对建筑综合体和城市建筑综合体的历史发展及其与城市发展的暗合关系、城市建筑综合体内部及外部各个要素之间的关系、当代城市建筑综合体开发的一般方法和过程、适于我国国情的城市建筑综合体发展前景等问题，展开研究。

"合"的城市建筑综合体核心思想：从城市空间层面来看，是高密度和多选择的城市生活空间的体现；从城市资源层面来看，是通过城市资源整合来激发城市潜力；从城市环境层面来看，是对城市空间，乃至经济、文化、社会环境的融合；从城市发展观层面来看，是同城市发展相"和谐"并促进城市"和谐"发展。简单说来，"合"的思想体现在城市建筑综合体之上，即是：城市空间的"叠合"，城市资源的"整合"，城市环境的"融合"，以及城市发展观的"和合"。

本论文课题研究分为四个部分，深入浅出、螺旋上升地讨论了有关城市建筑综合体的一系列问题：

第一部分"叠合"——城市建筑综合体的初步认识，通过认识论的方法对城市建筑综合体进行初步认识。首先从"混合使用"和"建筑综合体"的概念介绍和历史发展出发，引出综合两者概念交集的"城市建筑综合体"概念，并与相关概念进行辨析。随后，将目光放开，从横向的角度来认识影响城市建筑综合体发展的六个元素：社会、经济、文化、理论、政策、技术，分析城市建筑综合体是如何在纵向历史坐标的影响和横向六个元素的推动之下发展，以及当代城市建筑综合体高速发展所需的关键因素。

第二部分"整合"——城市建筑综合体的深入认识，通过认识论和方法论来深入认识城市建筑综合体的内核和外延。一方面，研究了当代城市建筑综合体的内核，通过对各个功能子系统和城市化空间逐一论述，总结归纳了其内核的协同作用和组织方法；另一方面，还研究了当代城市建筑综合体的外延，从城市的空间、社会、经济、文化、理论、法规和政策等角度，探讨如何创造“多样性”环境来促进城市建筑综合体的发展，以及它如何反过来为城市提供“多样性”环境。同时也对其初期评估的一般方法进行了介绍。

第三部分“融合”——城市建筑综合体的开发过程，通过方法论和实践论对城市建筑综合体的开发全过程进行论述。以城市建筑综合体的前期筹备、中期实施和后期运转三个时间向度为基准，对其开发的策划论证、规划与设计、市场营销以及运营、管理和维护四部分内容进行逐一讨论。

第四部分“和合”——城市建筑综合体的再认识，通过实践论和认识论，结合先前研究成果，在对我国城市建筑综合体发展全面回顾的基础上，对其进行再认识。首先，通过介绍我国近年建设的4个城市建筑综合体实例，将研究的重心从西方社会转移到我国，讨论我国建设中所遇到的代表性问题。其次，通过回顾建筑综合体在我国的发展历史，提出其在我国发展的特点和存在的主要问题。随后，通过对三个特殊内部因素（零售功能、文化艺术功能、交互性娱乐休闲功能）的深入分析和讨论，提出这些因素对我国城市建筑综合体的场所营造和城市精神塑造能够起到关键作用。最后，介绍和比较了我国香港地区和日本对于城市建筑综合体的成熟开发策略，并总结适合我国城市建筑综合体发展的内部和外部因素。

最后在结论部分，在展望城市建筑综合体发展新趋势的同时，也试探性地提出适合我国国情的以“和谐”发展观为核心的城市建筑综合体发展前景。

目　　录

序 …… iii
前言 …… V
第 1 章　绪论 …… 1
1.1　研究背景及缘起 …… 1
1.1.1　研究背景 …… 1
1.1.2　研究缘起 …… 1
1.1.3　研究思想起源 …… 2
1.2　研究内容 …… 2
1.2.1　研究对象 …… 2
1.2.2　研究范围 …… 2
1.2.3　研究目的 …… 3
1.3　研究现状 …… 3
1.3.1　研究整体背景 …… 3
1.3.2　国外研究现状 …… 3
1.3.3　国内研究现状 …… 4
1.4　研究意义 …… 4
1.5　研究方法 …… 5
1.5.1　系统的方法 …… 5
1.5.2　全息的方法 …… 5
1.5.3　比较的方法 …… 6
1.5.4　理论结合实践的方法 …… 6
1.6　研究框架 …… 6
第 1 部分　“叠合”——城市建筑综合体的初步认识
第 2 章　城市建筑综合体及相关概念研究 …… 11
2.1　概述 …… 11
2.2　“混合使用”（Mixed-Use）的概念 …… 11
2.2.1　三种或三种以上能够提供收益的主要功能 …… 12
2.2.2　空间和功能上的一体化 …… 12

2.2.3 按照一个有条理的计划进行开发 …… 13
2.3 “混合使用”发展历史综述 …… 13
2.3.1 工业革命前城市中的混合使用发展 …… 13
2.3.2 20世纪前期的城市混合使用发展 …… 14
2.3.3 20世纪60年代现代混合使用项目的出现 …… 16
2.3.4 20世纪70年代的重室内化倾向 …… 19
2.3.5 20世纪80年代的后现代思潮和开放化倾向 …… 20
2.3.6 20世纪90年代和21世纪的市镇中心和城市乡村 …… 21
2.4 建筑综合体（Building Complex，Multi-Use Building）和城市建筑综合体（Urban Building Complex）的概念 …… 22
2.5 建筑综合体的发展历史概述 …… 25
2.5.1 工业革命之前的建筑综合体发展 …… 25
2.5.2 工业革命和乌托邦：建筑综合体的终结 …… 28
2.5.3 CIAM和机能城市 …… 31
2.5.4 洛克菲勒中心：旧城更新 …… 31
2.5.5 CIAM的解散和建筑综合体的复兴 …… 32
2.5.6 20世纪60年代以后，城市建筑综合体的高速发展 …… 33
2.6 城市建筑综合体与混合使用、CBD、城市·建筑一体化等城市设计概念的关系 …… 33

第3章 城市建筑综合体的发展背景研究 …… 35
3.1 概述 …… 35
3.2 社会背景 …… 35
3.3 经济背景 …… 37
3.4 文化背景 …… 37
3.5 理论背景 …… 39
3.6 政策和法规背景 …… 41
3.7 技术背景 …… 42
3.8 城市建筑综合体历史发展综合研究 …… 43
3.8.1 城市历史发展的规律性研究 …… 43
3.8.2 城市建筑综合体与城市发展的关系 …… 46
3.8.3 当代国内外城市建筑综合体主要发展阶段综述 …… 48

第2部分 “整合”——城市建筑综合体的深入认识

第4章 当代城市建筑综合体的内核 …… 53
4.1 概述 …… 53

4.2 城市建筑综合体的功能空间 …… 53
4.2.1 办公功能 …… 53
4.2.2 居住功能 …… 54
4.2.3 酒店功能 …… 56
4.2.4 零售功能 …… 57
4.2.5 娱乐功能 …… 61
4.2.6 文化艺术功能 …… 63
4.2.7 公共及市民设施 …… 65
4.2.8 会议功能 …… 66
4.2.9 休闲功能 …… 68
4.2.10 停车设施和共用停车（Shared Parking） …… 71
4.3 城市建筑综合体的城市化空间 …… 73
4.3.1 “点”——城市建筑综合体中的城市接口空间 …… 75
4.3.2 “线”——城市建筑综合体中的城市链接空间 …… 84
4.3.3 “面”——城市建筑综合体中的开放空间 …… 90
4.4 城市建筑综合体的功能组织 …… 93
4.4.1 功能子系统的协同作用 …… 93
4.4.2 功能子系统的组织形式 …… 96
4.4.3 功能子系统的组织原则 …… 96
4.4.4 功能子系统组织的新趋势 …… 97

第5章 当代城市建筑综合体的外延 …… 99
5.1 概述 …… 99
5.2 城市空间环境 …… 99
5.2.1 城市区域环境 …… 99
5.2.2 城市交通环境 …… 101
5.2.3 城市生态环境 …… 102
5.2.4 城市边界环境 …… 104
5.3 城市社会环境 …… 105
5.3.1 社会环境的干预性 …… 105
5.3.2 城市建筑综合体对社会环境的帮助 …… 106
5.4 城市经济环境 …… 107
5.4.1 住宅密度所产生的经济效应 …… 108
5.4.2 多样性的自我毁灭 …… 109
5.4.3 影响城市建筑综合体发展的各种资金流 …… 111
5.5 城市文化环境 …… 111

5.5.1 老建筑的必要性······112
5.5.2 城市建筑综合体的精神性及周边带动性······114
5.6 城市理论环境······116
5.6.1 社会各界对未来城市的幻想······117
5.6.2 建筑师对未来城市的设想······118
5.6.3 城市设计理论家对城市结构的理论和思潮······119
5.6.4 建筑师提出的城市设计理论······121
5.6.5 有关未来城市的设想方案······124
5.7 城市法规和政策环境······125
5.7.1 美国历史上有关混合土地开发的法规和政策比较······126
5.7.2 混合使用土地法规（Mixed-Use Ordinances）······129
5.7.3 规划单元开发法规（PUDO，Planned Unit Development Ordinances）······129
5.7.4 传统邻里开发和精明增长法规（Traditional Neighborhood Development and Smart Growth Ordinances）······129

第3部分 “融合”——城市建筑综合体的开发过程

第6章 城市建筑综合体的策划论证······134
6.1 概述······134
6.2 限定市场······134
6.2.1 市场定位······134
6.2.2 基地调研······135
6.2.3 经济分析······136
6.2.4 消费者研究······136
6.3 创造各功能混合的内容和比例，以及租户的混合······136
6.3.1 创造各功能混合的内容和比例······136
6.3.2 创造租户的混合······139
6.4 各功能的布置与聚合······139
6.5 时间控制及分期开发······140
6.5.1 时间控制······140
6.5.2 分期开发······141
6.5.3 分期开发的阶段分配······142
6.5.4 整体性结构的分期建设······143
6.6 论证项目的经济生命力······143
6.7 实施项目······144
6.7.1 政府的批准和授权······144

6.7.2 混合租赁协议的签订 ……144
6.7.3 租户的确定 ……144

第7章 城市建筑综合体的规划与设计 ……145
7.1 概述 ……145
7.2 设计过程和设计团队 ……146
7.2.1 设计过程 ……146
7.2.2 对设计师和承造商的管理 ……147
7.2.3 合作和领导 ……147
7.3 位置和基地 ……148
7.3.1 位置和基地大小 ……148
7.3.2 允许密度和土地价格 ……148
7.3.3 地形和基地现有状况 ……148
7.3.4 基地和邻近道路及公共交通的位置关系 ……148
7.3.5 周边用途和城市文脉 ……149
7.4 城市设计和场所营造 ……149
7.4.1 城市设计的开始 ……150
7.4.2 与周边环境的联系 ……151
7.4.3 内部关系的创建 ……152
7.4.4 视觉联系和步行系统 ……153
7.4.5 车行系统 ……153
7.4.6 景观及街景 ……153
7.4.7 标识 ……154
7.4.8 建筑的外形和形象 ……157
7.5 首要用途的布置和设计 ……159
7.5.1 零售、娱乐功能的规划 ……159
7.5.2 居住功能的规划 ……160
7.5.3 办公功能的规划 ……162
7.5.4 酒店功能的规划 ……163
7.6 公共空间和适意的场所 ……164
7.6.1 街道 ……165
7.6.2 城市广场和城市街区 ……165
7.6.3 城市绿地和街区广场 ……167
7.6.4 公园和花园 ……168
7.6.5 散步场和内庭院 ……168

7.6.6 被围合的公共空间和中庭 …… 168
7.7 停车空间的设计 …… 170
7.7.1 地面停车和建筑物内停车 …… 171
7.7.2 首要用途的停车设计 …… 172
7.7.3 停车布置和步行空间的连接 …… 172
7.7.4 停车设施的入口和室内空间 …… 173
7.7.5 停车设施的室外设计和材料 …… 174
7.7.6 停车库的安全性和反恐设计 …… 174
7.8 城市建筑综合体的空间组合方法 …… 175
7.8.1 空间组合的目标 …… 175
7.8.2 空间组合的方法 …… 175
7.9 城市建筑综合体的时间组合方法 …… 180
7.9.1 时间组合的目标 …… 181
7.9.2 时间的组合方法 …… 181
7.10 城市更新和历史保护 …… 184
7.10.1 在城市建筑综合体中使用老建筑 …… 184
7.10.2 对现有城市建筑综合体的改造和更新 …… 185

第 8 章 城市建筑综合体的市场营销 …… 191
8.1 概述 …… 191
8.2 前期市场营销策略 …… 191
8.2.1 市场营销策略的发展 …… 191
8.2.2 为项目命名 …… 194
8.2.3 针对主要租户期望的前期市场营销 …… 196
8.3 项目开发阶段的市场营销手段和策略 …… 197
8.3.1 项目说明书和市场营销材料 …… 197
8.3.2 以基地为基础的市场营销 …… 197
8.3.3 在开发过程中营销和出租特定功能 …… 198
8.3.4 公共媒体和市场营销 …… 200
8.4 办公功能的市场营销和出租 …… 200
8.4.1 办公功能营销策略 …… 201
8.4.2 办公功能的出租 …… 201
8.5 零售功能的市场营销和出租 …… 201
8.5.1 零售功能市场营销策略 …… 202
8.5.2 零售功能的出租 …… 202

8.6 居住功能的市场营销、出租和出售……203
8.6.1 出售型居住功能的市场营销……203
8.6.2 出租型居住功能的市场营销……203
8.6.3 居住功能的市场营销工具……204
8.6.4 居住功能针对的目标人群……204
8.7 对酒店运营商的吸引和酒店功能的市场营销……204
8.7.1 将酒店功能与整体定位相匹配……205
8.7.2 对酒店运营商的吸引和合作……205
8.8 项目竣工后的活动组织和市场营销……206
8.8.1 开业庆典活动……206
8.8.2 运营中的活动……206
8.8.3 项目竣工后各功能子系统的市场营销……207

第9章 城市建筑综合体的运营、管理和维护……209
9.1 概述……209
9.2 运营、管理和维护所面临的问题及挑战……209
9.2.1 分配责任和费用……209
9.2.2 满足各功能子系统的运营细节要求……210
9.3 运营、管理和维护合同的协商……211
9.3.1 参与者……211
9.3.2 合同的建构……211
9.3.3 政府与私人的协商……212
9.4 运营、管理和维护合同中的主要内容……213
9.4.1 基础问题及其相关事务……213
9.4.2 公共区域的维护和使用标准……214
9.4.3 公用事业和空调系统……214
9.4.4 变更设计的审批……214
9.4.5 安全性管理……215
9.4.6 经济管理……215
9.5 运营、管理和维护的方法……215
9.5.1 总体方法和问题……215
9.5.2 由开发商直接管理的模式……216
9.5.3 私营组织单独或联合管理的模式……217
9.5.4 银泉（Silver Spring）市中心的公私合作方法……218
9.5.5 布鲁克林区（Brooklyn）的区域管理……219
9.5.6 欧巴布也那中心（Yerba Buena Center）对多种功能和

实体的管理 …… 220
9.6 运营、管理和维护中的特殊问题 …… 221
9.6.1 噪声、气味和灯光的控制 …… 221
9.6.2 停车 …… 222
9.6.3 车流及交通管理 …… 223
9.6.4 联合促销 …… 223
9.7 资源管理 …… 224
9.7.1 退出策略 …… 224
9.7.2 最大化资源的附加价值 …… 224
9.7.3 表现评估 …… 224

第4部分 “和合”——城市建筑综合体的再认识

第10章 城市建筑综合体在我国的实例研究 …… 229
10.1 概述 …… 229
10.2 安徽芜湖天泰大厦——整体开发中的适应性 …… 230
10.2.1 背景及现状分析 …… 230
10.2.2 设计构思——对城市环境的适应性 …… 231
10.2.3 分期开发——对经济实力的适应性 …… 233
10.2.4 酒店及商住办公塔楼设计——对实施经验的适应性 …… 234
10.3 香港九龙旺角朗豪坊——城市建设中的延续性 …… 234
10.3.1 连接过去 …… 235
10.3.2 连接现在 …… 237
10.3.3 连接未来 …… 238
10.4 郑州郑东新区会展宾馆——造型设计中的真实性 …… 240
10.4.1 背景介绍 …… 241
10.4.2 方案综述 …… 242
10.4.3 实施方案 …… 247
10.4.4 趋势总结 …… 248
10.5 杭州市民中心——社会体制改革中的亲民性 …… 249
10.5.1 “亲民性”的提出与贯彻过程 …… 249
10.5.2 “亲民性”的设计原则 …… 250
10.5.3 功能设置的亲民性 …… 251
10.5.4 建筑造型及立面设计的亲民性 …… 254
10.5.5 交通流线的亲民性 …… 255

10.5.6 景观环境的亲民性……255
10.5.7 使用管理的亲民性……255

第 11 章 城市建筑综合体在我国的发展趋势研究……257
11.1 概述……257
11.2 建筑综合体在我国的发展历史……257
11.2.1 建筑综合体的起源——住宅……257
11.2.2 内向的商业综合体——“市”……259
11.2.3 外向的商业建筑综合体——“市楼”……259
11.2.4 中西交会——殖民地时期的建筑综合体……261
11.2.5 改革开放以来的建筑综合体建设……262
11.3 城市建筑综合体在我国发展的特点……264
11.3.1 建设规模大……265
11.3.2 建设速度快……267
11.3.3 自上而下的社会体系……268
11.3.4 东西方传统建筑思想的角色转换……268
11.4 城市建筑综合体在我国发展的问题……269
11.4.1 社会环境所造成的问题……269
11.4.2 文化断层所造成的问题……270
11.4.3 城市建筑综合体建设基础薄弱造成的问题……271

第 12 章 适于我国城市建筑综合体发展的内部因素……273
12.1 概述……273
12.2 城市建筑综合体中的零售功能……273
12.2.1 零售功能的潜力……273
12.2.2 零售功能对城市生活的革命性创造……275
12.2.3 零售功能的未来发展方向……277
12.3 城市建筑综合体中的文化艺术设施……279
12.3.1 艺术与经济的结合……279
12.3.2 文化艺术与经济结合的推动力……281
12.3.3 含有文化艺术设施项目的开发合作关系……285
12.3.4 有文化艺术参与的项目特性……286
12.3.5 有文化艺术参与的项目开发要点……287
12.4 城市建筑综合体中的交互性休闲娱乐设施……288
12.4.1 交互性休闲娱乐设施的潜力……288

12.4.2 交互性休闲娱乐设施的场所营造：城市生活的核心空间 ········· 290
12.4.3 交互性休闲娱乐设施的发展方向 ········· 291
第 13 章 适于我国城市建筑综合体发展的外部因素 ········· 293
13.1 概述 ········· 293
13.2 日本当代城市建筑综合体建设的特色 ········· 293
13.2.1 通过开发新技术来提高城市建筑综合体对城市环境的适应性 ········· 294
13.2.2 通过城市建筑综合体的群体开发来快速形成城市的空间景观气候 ········· 295
13.2.3 通过在城市建筑综合体中引入城市空间和城市交通来创造公共空间 ········· 297
13.2.4 通过技术与艺术的结合来塑造城市建筑综合体的建筑立面 ····· 300
13.3 香港当代城市建筑综合体建设的特色 ········· 301
13.3.1 垂直城市（Vertical City） ········· 302
13.3.2 空间上的邻近（Space Proximity） ········· 302
13.3.3 紧凑设计（Compactness） ········· 303
13.3.4 空间城市（Sky City） ········· 303
13.3.5 集中型的混合土地使用（MILU） ········· 305
13.4 适于我国的城市建筑综合体发展因素 ········· 307

第 14 章 结论 ········· 309
14.1 城市建筑综合体发展的新趋势 ········· 309
14.1.1 以主街为核心的城市建筑综合体 ········· 309
14.1.2 政府投资支持力和涉及领域的增长 ········· 310
14.1.3 以交通设施为核心的城市建筑综合体 ········· 310
14.1.4 城市建筑综合体中零售功能的布局 ········· 311
14.1.5 城市建筑综合体对办公及酒店功能吸引力的增加 ········· 311
14.1.6 城市建筑综合体对新技术和新材料的应用 ········· 312
14.1.7 亚洲城市建筑综合体的发展趋势：新城市主义和高层的倾向 · 312
14.1.8 欧洲城市建筑综合体的发展趋势：城市更新的倾向 ········· 312
14.1.9 北美地区城市建筑综合体的发展趋势：填充及灰色空间的开发 ········· 312
14.1.10 创造可管理的开发项目 ········· 313
14.2 适于我国国情的城市建筑综合体发展前景 ········· 314

附录 A 人文主义城市建设思想、现象学的还原理论以及场所理论

概述 …… 318
附录 B　20 世纪建筑界的三个著名宣言概述 …… 320
附录 C　国外有关城市建筑综合的研究成果综述 …… 322
附录 D　国内有关城市建筑综合的研究成果综述 …… 325
附录 E　第六届亚洲与太平洋建筑国际学生研讨会综述 …… 329
附录 F　“2004 中国十大新地标建筑综合体”评选综述 …… 333
附录 G　办公功能、居住功能和酒店功能对零售功能的支持力评估方法 …… 334
附录 H　美国近年代表性城市建筑综合体命名分类统计 …… 336
附录 I　论文中涉及的主要当代建筑综合体及城市建筑综合体实例资料汇总表 …… 338

参考文献 …… 394

后记 …… 401

第 1 章　绪论

1.1　研究背景及缘起

1.1.1　研究背景

从**社会发展角度**来看，21 世纪的中国，是文化同一与多元共生共存并迅猛变迁的时代。城市建筑综合体[1]也从一个侧面，体现着人类文化多元和同一的共存。

从**城市发展角度**来看，伴随着全球经济一体化时代的到来，中心商业区在城市内部空间中的地位越来越重要，它和以知识空间和高技术园区为主的另一种重要空间，共同成为推动当代城市发展的二极重要力量。城市建筑综合体作为城市中心商业区的重要组成部分，在城市中的地位也日趋显著。

从**城市生活角度**来看，当代大都市的生活日趋高效，城市建筑综合体成为与都市人日常生活关系最紧密的建筑类型之一。它们所具有的“城市”特性，在都市人的生活中起到越来越重要的作用，改变着城市空间，甚至改变着人们的生活方式。

正是在上述几种宏观、中观、微观背景的共同作用下，在 21 世纪，城市建筑综合体成为我国乃至世界城市建设和人民生活改变的重要组成部分。城市建筑综合体的发展速度和规模都说明，其不仅**是城市发展的客观需求**，从更深层的意义来讲，它还**是国家和城市经济结构转型、社会结构调整、文化结构改善等一系列问题的重要体现。**

1.1.2　研究缘起

在笔者近年参与城市建筑综合体的设计实践和对已建成项目的走访调查中，深深地体会到我国城市建筑综合体的建设中，还有一些有待深入研究的问题：

城市建筑综合体概念的认知存在问题。社会各层面，对城市建筑综合体是什么，城市建筑综合体产生的原因是什么，城市建筑综合体的基本特征是什么，城市建筑综合体和建筑综合体的关系是什么，城市建筑综合体和城市的关系是

1　城市建筑综合体的概念，详见第 2 章“城市建筑综合体及相关概念研究”中的论述。

什么等问题需要加强认识。

城市建筑综合体的开发模式存在问题。目前，我国城市建筑综合体建设主要由政府或开发商主导，而设计师和最终使用者——市民却往往处于被动地位，难以发挥应有的能动或制约作用。

城市建筑综合体的运营、管理和维护存在问题。城市建筑综合体的运营、管理和维护在其系统、层次和机构方面都较普通建筑复杂。我国当前这方面的工作多由政府或开发商集中进行，这种模式在较难适应其复杂结构的同时，也抑制了使用者参与管理的积极性。

1.1.3 研究思想起源

笔者的研究受到了当代人文主义城市建设思想、现象学的还原理论以及场所理论的影响（详见附录 A）；同时，又以“合”字作为贯穿全文始终的核心内容概括。

“合”的城市建筑综合体核心思想，从**城市空间层面**来看，是高密度和多选择的城市生活空间的体现；[1]从**城市资源层面**来看，是通过城市资源整合，来激发城市潜力；从**城市环境层面**来看，是对城市空间，乃至经济、文化、社会环境的融合；从**城市发展观层面**来看，是同城市发展相“和谐”并促进城市“和谐”发展。简单说来，**“合”的思想体现在城市建筑综合体之上，是城市空间的“叠合”，城市资源的“整合”，城市环境的“融合”，以及城市发展观的“和合”。**

1.2 研究内容

1.2.1 研究对象

本论文的研究对象以当代城市建筑综合体为主体，也包含与其关联的历史上的城市建筑综合体、建筑综合体、混合使用以及城市·建筑一体化城市设计思想等内容。其中，**建筑综合体与城市建筑综合体的历史发展及其与人类城市发展的暗合关系，城市建筑综合体内核及外延各个要素之间的关系，当代城市建筑综合体的一般开发过程，适于我国国情的城市建筑综合体发展前景，是研究的重点。**

1.2.2 研究范围

城市建筑综合体是建筑综合体的一种类型，是建筑综合体与混合使用城市设计思想的交集。[2]对于城市建筑综合体的研究，未涉及同样受到混合使用城市

---

1 这里需要强调的两点是**“高密度不等于拥挤”，“多选择不等于混乱”**。高密度是城市空间立体化开发的产物，并不会造成平面上的拥挤；“多选择”体现了现代都市高效、多样的生活特点。

2 关于城市建筑综合体的概念与建筑综合体和混合使用概念关系的论述，详见第 2 章“城市建筑综合体及相关概念研究”中的论述。

设计思想影响的 CBD、城市区域等城市设计的研究。[1]

1.2.3 研究目的

（1）总结以东亚、西欧、美国为主的城市建筑综合体理论及实践发展的最新动向；

（2）对城市建筑综合体的概念及其与城市发展的关系进行初步探讨；

（3）对城市建筑综合体的内核、外延以及发展趋势的理论进行初步摸索和探讨；

（4）在理论研究的基础上，对包括策划论证、规划设计、市场营销、运营、管理和维护在内的城市建筑综合体开发过程的探索；

（5）对我国城市建筑综合体发展情况进行回顾，尝试提出适合国情的发展建议；

（6）对本文涉及的百余实例进行归纳总结，为今后进一步研究及实践提供资料。

1.3 研究现状

1.3.1 研究整体背景

建筑领域纲领性理念的发展，与城市建筑综合体发展有着密切的关系。20 世纪以来，建筑界的三个著名宣言：《雅典宪章》、《马丘比丘宪章》和《北京宪章》，作为纲领性文件和整体理论背景，对城市建筑综合体发展的影响是巨大的（详见附录 B）。

1.3.2 国外研究现状

1. 各主要国家或地区的研究背景概述

美国是当代城市建筑综合体的发源地，其中纽约曼哈顿是美国城市建筑综合体发展的缩影；美国在城市空间创造、商业开发和场所营造等方面独具造诣。[2]

西欧大部分城市由于历史悠久而使得城市建筑综合体鲜有实践可能，而只有在新区建设中才能供其一展拳脚；西欧建筑师的理论和著作在世界范围有深远影响，西欧对城市文脉传承，历史区域、建筑的保护和改建等方面颇具心得。[3]

日本拥有大量大规模高层城市建筑综合体，并已经成为日本现代化的象征；也许是因为在经济发达的同时，岛国地少人多的先天劣势导致了日本民族对空间的追求和城市的设想异常的强烈，建筑师和社会各界人士均在考虑这些

---

1 关于城市建筑综合体的定义及其与相关概念的辨析，详见第 2 章“城市建筑综合体及相关概念研究”中的论述。

2 详见第 5 章“当代城市建筑综合体的外延”中的论述。

3 详见第 5 章“当代城市建筑综合体的外延”中的论述。

问题；日本在城市建筑综合体的开发和技术方面处于领先地位。[1]

2. 主要学术著作

国外有关城市建筑综合体的学术著作，主要集中在对混合使用城市设计理念的探讨上，也有从历史文脉、文化艺术、法规和政策等方面讨论的（详见附录C）。

3. 期刊论文及学位论文

国外理论研究已取得一定成果，其发展趋于平稳。近年国外建筑期刊上相关文章较少。学位论文主要集中在技术、材料和电脑系统的研究上（详见附录C）。

4. 关于工程实例的介绍

近年来，有关城市建筑综合体的书籍相继出版，但是，较为系统全面地介绍此类工程实例的书籍依旧较为稀少（详见附录C）。

1.3.3 国内研究现状

1. 主要学术著作

由于对城市建筑综合体的研究在我国尚处探索阶段，相关专著和译著不多。这些专著和译著主要包括国内外优秀方案介绍，国外相关理论与实例的综合发展趋势分析，以及将国外先进理论与我国实际工程结合所进行的探索（详见附录D）。

2. 期刊论文、学术会议

建筑期刊杂志刊登的相关研究文章以工程实例、城市及建筑设计方法及国外先进理念介绍为主（详见附录D）。有关国内、国际学术会议也较少。[2]

3. 研究生学位论文

通过“万方数据资源系统”查询：同济大学关于“城市建筑综合体”的研究生学位论文共有6篇，均为硕士研究生学位论文（详见附录D）。国内其他建筑院校近年有关“建筑综合体”的研究生学位论文为5篇，均为硕士研究生论文。

4. 有关建筑综合体的评选

2004年，“中国房地产TOP10研究组”对2003年以来建成或在建的建筑综合体进行系统研究，评选出“2004中国十大新地标建筑综合体”（详见附录F）。

1.4 研究意义

城市建筑综合体由于超大尺度和复杂功能等特征，成为城市的综合服务和信息、物资中心以及城市的重要标志。它们所具有的特殊角色与功能对城市产

1 详见第13章“13.2 日本当代城市建筑综合体建设的特色”中的介绍。

2 其中比较有代表性的是2005年在上海同济大学召开的第六届亚太建筑国际学生研讨会，其议题是“亚洲的大型工程（Mega-Projects）”（详见附录E）。

生着巨大影响，同时也对城市总体发展水平具有很高的依赖性。简而言之，当代城市建筑综合体同所在城市各方面的良性互动发展息息相关、密不可分。

城市建筑综合体对城市发展的好处，归纳下来，大致有以下五点：

（1）**城市空间价值**：城市建筑综合体是建筑突破其自身功能，接纳城市职能的表现；

（2）**城市经济价值**：城市建筑综合体开发，将带动商业、教育、交通配套等发展，促进城市化进程；

（3）**城市文化价值**：城市建筑综合体，除了集聚、辐射、互动作用外，还有品牌、辅力和文化作用；

（4）**城市复合效应**：城市建筑综合体能成为区域标志和区域社会、经济、文化中心，有强大的辐射作用，具有长期投资价值；

（5）**城市高效管理**：城市建筑综合体管理方面的巨大复杂性虽然增加了管理的难度，但是也为城市的高效管理提供了可能性。

城市建筑综合体研究的实践意义：从宏观上看，可以增进人类文化的发展，促进多元化和同一化的共存；从中观上看，可以有助于促进城市化发展水平以及城市经济和空间结构的调整，提升全球化背景下的城市竞争力；从微观上看，可以改善城市生活空间，提高城市生活的质量。

城市建筑综合体研究的理论意义，主要表现在：通过对城市建筑综合体的起源和发展的分析及研究，探讨城市建筑综合体概念的基本特征和一般开发过程，在回顾我国城市建筑综合体历史和实践的基础上，总结我国城市建筑综合体建设中存在的问题和适于我国国情的发展因素，进而初步提出适合我国城市建筑综合体的发展前景。

1.5 研究方法

1.5.1 系统的方法[1]

正确了解一个事物，可以通过把它嵌入更大的系统背景加以认知，并对其组成子系统进行研究，这是笔者研究的出发点。在本论文中，对于城市建筑综合体的研究，从整体角度，应深入与之相关的城市环境，而从部分角度，则应深入到其构成功能子系统之中。

1.5.2 全息的方法[2]

全息的方法是与系统的方法相辅相成的认识方法，全息论与系统论的结合

1 系统论：系统是自然界存在的普遍形式，存在就是整体，在一个相互连接的世界里，部分反映着整体，整体也反映着部分，企图把事物简化为其本身是不可能的。任何一个系统都是另一个更大系统的子系统。

2 全息论：全息论走出了系统论从整体到部分单向认识的局限，提出了部分中映射整体、表征整体，并内含整体的信息。

使用，为我们从整体到局部的逐层剖析和从部分到整体的逐步还原，提供了灵活的认识方法。因此，研究城市建筑综合体，可以从与之相关的子系统开始，最后通过整合以整体形式存在。

1.5.3 比较的方法[1]

对城市建筑综合体的概念而言，从纵向看，它从属于建筑综合体；而从横向看，它与其他体现混合使用思想的城市设计（如混合使用区域，CBD 等）又具有血缘关系。因此，对其本质把握，需通过以上纵横比较。对城市建筑综合体的发展过程而言，从纵向看，是它在历史各阶段不同的发展情况；而从横向看，则是世界各地区、国家之间，同一时期不同的发展现状。因此，对我国相关领域的研究，需建立在以上纵横比较的基础之上。

1.5.4 理论结合实践的方法

城市建筑综合体往往处于实践先行，理论滞后的局面，也会出现与主流理论对立的局面。由于我国城市建筑综合体建设的背景、基础，甚至目的都与西方国家不同，因而对国外先进理论的借鉴，应考虑是否符合我国国情，并结合实践。**当前，城市建筑综合体理论研究的重点不在于无所不包和穷尽所有制约因素，而在于建构一套科学、实用和动态的开发模式，以及形成适合我国国情的科学发展观念。**通过将理论运用于城市建筑综合体的实践，及时反馈、补充、修改、更新理论，形成城市建筑综合体设计理论与实践的良性循环。

1.6 研究框架

本文分为绪论、主体结构四个部分、结论共 14 章节和附录。整体研究框架如表 1－1 所示：

研究框架 表 1－1

论文结构	章节说明	章节要点	线索
第 1 章	绪论	研究背景及缘起，研究内容，研究现状，研究意义，研究方法，研究框架	提出问题
第 1 部分 “叠合”——城市建筑综合体的初步认识			初步分析问题认识论
第 2 章	城市建筑综合体及相关概念研究	1. 混合使用的概念及发展历史； 2. 建筑综合体、城市建筑综合体的概念及发展历史； 3. 城市建筑综合体及相关概念辨析	

1 比较研究是基本的为学之理，同时，比较不可简单化和片面化，既要有纵向比较，又要有横向比较，这样才能使研究既有深度又有广度，而不流于表面化。

续表

论文结构	章节说明	章节要点	线索
第 3 章	城市建筑综合体的发展背景研究	1. 社会、经济、文化、理论、政策、技术和它发展的关系； 2. 在纵向历史坐标和横向六个元素的共同作用下发展； 3. 现代城市建筑综合体高速发展所需要的关键因素	
第 2 部分 “整合”——城市建筑综合体的深入认识			深入分析问题 **认识论** **方法论**
第 4 章	当代城市建筑综合体的内核	1. 功能子系统之间“协同作用”研究； 2. 具有城市特性的“开放空间”研究； 3. 当代城市建筑综合体的功能组织方法	
第 5 章	当代城市建筑综合体的外延	1. “多样性”的城市环境对城市建筑综合体发展的作用； 2. 城市建筑综合体创造“多样性”环境适于城市发展	
第 3 部分 “融合”——城市建筑综合体的开发过程			解决问题 **方法论** **实践论**
第 6 章	城市建筑综合体的策划论证	1. 城市建筑综合体项目开发的一般过程； 2. 城市建筑综合体策划论证的六个主要步骤	
第 7 章	城市建筑综合体的规划与设计	1. 城市建筑综合体的规划和设计过程； 2. 城市建筑综合体的场所营造； 3. 城市建筑综合体的空间和时间组合方法； 4. 城市建筑综合体中的历史保护和改建	
第 8 章	城市建筑综合体的市场营销	1. 城市建筑综合体整体的市场营销； 2. 城市建筑综合体各功能子系统的市场营销	
第 9 章	城市建筑综合体的运营、管理和维护	1. 城市建筑综合体运营、管理和维护的主要问题； 2. 城市建筑综合体运营、管理和维护的特殊问题； 3. 城市建筑综合体的资源管理	
第 4 部分 “和合”——城市建筑综合体的再认识			发现问题 **实践论** **认识论**
第 10 章	城市建筑综合体在我国的实例研究	1. 整体开发中的适应性； 2. 城市建设中的延续性； 3. 造型设计中的真实性； 4. 社会体制改革中的亲民性	
第 11 章	城市建筑综合体在我国的发展趋势研究	1. 建筑综合体在我国发展的历史； 2. 城市建筑综合体在我国发展的特点； 3. 城市建筑综合体在我国发展的问题	

续表

论文结构	章节说明	章节要点	线索
第 12 章	适于我国城市建筑综合体发展的内部因素	1. 零售功能是城市建筑综合体和城市之间的“黏合剂”； 2. 文化艺术设施是城市建筑综合体独特个性“成型剂”； 3. 交互性休闲娱乐设施是其场所营造的“催化剂”	
第 13 章	适于我国城市建筑综合体发展的外部因素	1. 日本当代城市建筑综合体建设特色； 2. 香港当代城市建筑综合体建设特色； 3. 适于我国的城市建筑综合体发展因素	
第 14 章	结论	1. 城市建筑综合体发展的新趋势； 2. 适于我国的城市建筑综合体发展前景	展望总结
附录	包括论文中涉及有关城市建筑综合体的相关理论、背景、著作、会议、评选等资料的补充介绍，以及对本论文出现的百余实例进行的资料汇总整理		整理补充

第1部分　“叠合”
——城市建筑综合体的初步认识

第 2 章　城市建筑综合体及相关概念研究

2.1　概述

近年来，“建筑综合体”这个名词被广泛使用，使得原本清晰的概念，变得模糊起来。在 2004 年举行的“中国十大新地标建筑综合体评选”[1]中，我们可以发现，有不少人开始将“建筑综合体”这一建筑概念和“CBD”这一城市规划和城市设计概念混淆起来。这一现象说明，“建筑综合体”概念的外延随着城市发展，已经越来越大，其本身承载的内容迫切需要使用更详尽的“种概念”来进行阐述，而“城市建筑综合体”这个名词的出现，正是顺应了这种需求。

虽然“城市建筑综合体”这个名词出现频率非常高，但一直没有明确的定义。因此，有必要对“城市建筑综合体”的概念进行明确清晰的定义，并对其历史发展成因进行阐述。

为了更透彻地研究“城市建筑综合体”这一概念，在这个章节里，首先要对“混合使用”和“建筑综合体”这两个相关概念及其历史发展进行探讨。然后，在此探讨的基础上，详细定义“城市建筑综合体”的概念，提出“城市建筑综合体”是体现“混合使用”城市设计思想的“建筑综合体”的观点。最后，又将“城市建筑综合体”这一概念，同“CBD”，“城市建筑一体化”等概念进行辨析，以强化观点。

2.2　“混合使用”（Mixed-Use）的概念

“混合使用”是一个城市设计概念。这个概念最早在 1976 年**美国城市土**

1　由国务院发展研究中心企业所、清华大学房地产研究所和中国指数研究院三家研究机构共同组建的“中国房地产 TOP10 研究组”成立专项课题组，对 2003 年以来建成或在建的建筑综合体进行了系统性研究，从全国 100 个新建筑综合体中评选出“2004 中国十大新地标建筑综合体”。2004 中国十大新地标建筑综合体分别是：金融街中心广场、南京国际广场、重庆财富中心、武汉新世界国贸大厦、沈阳五里河城、西湖文化广场 耀江·浙江环球中心、上海香港新世界大厦、北京兰华国际、北京佳程广场、宁波外滩花园。

图 2－1　美国城市土地学会有关混合使用的漫画

（来源：ULI，Mixed-Use Development: New ways of land use，PVI）

地学会（Urban Land Institute，简称）[1]关于混合使用的第一本专著《混合使用——新的土地使用方法》（Mixed-Use Development: New ways of land use）中提出，虽然这个概念发展至今其外延及实际产物已经有了很大的发展，但是在书中对混合使用的原始定义却沿用至今（图 2－1）。

混合试用的主要特征定义如下：

（1）包含三种或三种以上能够提供收益的主要功能的相互支持（如零售、娱乐、办公、居住、酒店，以及公共、文化、休闲等）；

（2）对构成整体的各部分之间进行空间和功能上的一体化（以达到相对紧凑的土地使用）并包括不受其他交通干扰的步行连接；

（3）按照一个有条理的计划进行开发（这个计划往往包含了对允许的功能种类及其比例的确定，以及对允许密度等相关事宜的确定）。

2.2.1　三种或三种以上能够提供收益的主要功能

虽然现在大部分土地开发都包含有不止一种功能，但是混合使用概念要求包含三种或三种以上的主要功能。这些功能都应该是主要的（而非其他功能的补充），同时也应该能够创造一个属于它们自身的市场。在大多数混合使用项目中，主要功能往往是收益制造者，如零售、办公、居住和酒店。其他主要功能还包括了活动场所、会议中心、表演艺术设施、旅馆和一些市政设施等。最重要的一点是，所有这些主要功能均将它们自身的顾客吸引到了整个项目之中。

2.2.2　空间和功能上的一体化

混合使用通过将构成整个项目的各个组成部分一体化，以期紧凑使用土

1　美国城市土地学会（缩写 ULI，全称 Urban Land Institute，又译美国土地协会、美国城市土地利用学会、美国城市土地发展协会）旨在增强和保护环境，负责推行高效土地利用的非营利性的研究和教育机构。ULI 倡导研究预测当前的土地使用趋势和有关议题，并在研究的基础上提出创造性的解决方案，提供专家资讯服务，出版系列丛书来传递土地和发展的信息。该协会成立于 1936 年，目前在全世界拥有 50 多个国家 25000 名会员，代表着整个土地开发的领域和行业。从 1947 年以来，协会已经组织了 200 多次专家组咨询服务，帮助邀请方就诸如城市中心地带改造、土地管理策略、开发潜力评估、社区重建与振兴，废弃地带的重新开发，军事基地的重新使用，低成本和经济适用房的提供，以及资产管理策略等问题提供创造性的、务实的解决方案。到目前为止 ULI 已经举办了 5 次科学的发展方法研讨会，发行了 10 万册“十项原则”。

地。项目的各个组成部分均应由公共步行交通联系。一体化可以有以下的空间组合形式：

（1）将各组成部分垂直地组织在一个混合使用建筑或塔楼中，这种形式往往仅占据城市的一个街区；

（2）将各组成部分精心布置在公共开放空间周围（如街道、公园、广场、中庭、走廊、或购物中心）；

（3）将各组成部分通过适宜的步行道串联（包括街道边的人行道、室内通道和大厅、零售广场和商业空间、自动扶梯以及建筑间的天桥等）。

步行系统的布置是整体规划中的重要部分，它是混合使用项目各组成部分达到协同作用及营造整体场所感，乃至整个项目成功的关键。

混合使用的这个特性也使之与**“多用途使用”**（Multiuse）区分了开来。多用途使用项目包含三个或三个以上提供收益的主要功能而不考虑它们之间的一体化设计。多用途使用项目在土地使用密度及紧凑性、协同性方面不如混合使用项目，各组成部分之间缺乏联系，甚至需要汽车作为联系各组成部分的工具。

2.2.3 按照一个有条理的计划进行开发

混合使用项目必须在一个有条理的计划下实施。混合使用项目的总体设计，相对普通开发项目而言，需要更多的专业合作者。这些合作者包括了开发商、市场分析师、建筑师和规划师、经济管理者，以及政府投资机构等。因而，整个计划实施的过程也远比普通地产项目复杂。整个计划包含了资料收集、市场研究、发展过程计划（可能有几个方案）、整体规划及建筑设计、投资预算、可行性分析、市场规划，以及管理规划等等。

混合使用的概念性计划，往往包含了对土地使用的类型、密度，以及不同功能组成部分所占比例的限定。项目的规划，需充分考虑政府投资的利用，建造程序的控制，合作者责任的分配，以及私人投资者经济职责的履行。这些指导性内容将直接影响到项目最终的空间比例分配、运营时间安排、功能类型选择和密度确定，成为决定项目各功能、开放空间和底层基础结构之间关系的依据。这一特性，将混合使用与那些最终由不同开发商进行无关联工作及无统一计划的**“使用混合”**（Mixing of Uses）区分了开来。

2.3 “混合使用”发展历史综述

在人类文明的发展过程中，出现过许多在混合使用上取得了一定成就并值得我们学习的实例。下面对混合使用发展的六个主要阶段进行逐一讨论：

2.3.1 工业革命前城市中的混合使用发展

古希腊、古罗马时期的城市和意大利、法国、英国的历史城镇往往表现出各功能紧密交织的形态，其中，最典型的是中世纪时期的城镇。为保护城市的财产，这一时期的城市建造了高高的城墙。同时，为使城墙的周长尽可能短，城市内部的布局也随之紧凑，并形成政府、商业、居住功能的一体化。城镇内部的交通以步行为主，这不仅是城镇本身的小尺度和高密度决定的，也是当时水路和陆路运输费用高昂所造成的（图 2 – 2）。

文艺复兴时期，城市成为欧洲各地中心，为适应日益增长的经济活动尺度，一种更开放的城市形式被采用。街道变得更宽以适应马车运输的需求，社会、经济及市民活动对城市空间要求的增加，使得城市需要提供更多的市场和节庆空间。但是，由于城市防御需求的存在，使得高密度的混合使用依旧是这一时期城市发展的明智选择（图 2 – 3）。

图 2 – 2　中世纪德国罗腾堡古城平面
（来源：ULI，Mixed-Use Development Handbook，Second Edition，P9）

图 2 – 3　文艺复兴时期意大利佛罗伦萨的老桥混合了交通、居住和商业功能

美国近代建设的一些历史城市，同样表现出混合使用的倾向。在曼哈顿，居住、零售、酒店、办公，以及娱乐功能混合在一个或相邻几个街区是非常常见的现象。而在华盛顿州的乔治敦（George town），拥有许多包含私人商店、零售廊、公寓楼、酒店、办公楼等功能的混合使用项目。甚至在许多小城镇，也有不少街区是混合使用的。

抛开先后性的历史研究，我们会发现，**混合不同功能的做法不仅很常见，同时也是最理性的土地使用方法。**相比较之前的城市发展，20 世纪的城市发展速度是惊人的。这些高速的变化，产生了一种与之前截然不同的混合使用方法。

2.3.2　20 世纪前期的城市混合使用发展

在 20 世纪前半叶，高速的社会发展，为现代混合使用项目创立了重要的形式和先例。这些混合使用项目包括了市镇中心和城市村庄模式以及城市中心区的综合体模式。

1. 早期市镇中心和城市村庄模式

在欧洲与美国 20 世纪初的市镇中心和城市村庄模式，均与“**花园城市**”

运动密不可分。在这一时期，**安温（Ray mend Unwin）和帕克（Barry Parker）**在英国规划了拥有混合使用市中心的花园城市。而美国同一时期值得称道的混合使用项目，则主要以一些市镇中心和城市村庄式的项目为代表。

例如，**安温（Ray mend Unwin）和帕克（Barry Parker）**1902 年在英国约克郡的新爱尔斯维可（New Earswick）规划的市镇中心，其中包括了一个民间工艺馆，一片中心绿地，一排上层是住宅的商店，这一切为这个小镇提供了一个交流和聚会的场所，并贴合了其中世纪风味的主题。

2. 早期城市中心区综合体模式

20 世纪上半叶，几个位于城市中心区的混合使用项目同样值得称道，它们为混合使用项目在高度和密度上提供了新的尺度。其中比较有代表性的有：美国克里夫兰市的**联合换乘综合体**（Cleveland Union Terminal Complex，图 2–4），辛辛那提市的**卡鲁塔楼综合体**（Carew Tower Complex，图 2–5），以及纽约的**洛克菲勒中心**（Rockefeller Center，图 2 – 6）。

图 2 – 4　美国克里夫兰联合换乘综合体
（来源：互联网）

图 2 – 5　辛辛那提卡鲁塔楼综合体
（来源：互联网）

这一时期的大型开发计划对当代混合使用工程具有以下指导意义：

（1）**通过外街**（如**洛克菲勒中心**打破了单调的城市条形街区）**和地下通道来协调步行与车行的关系；**

（2）**全方位商业服务概念**，提供了大量的零售空间和出租空间；

（3）**动态的发展体系**，通过加建或改建对建筑进行扩充和现代化改造，使得新老建筑之间始终存在一个竞争发展状态；

（4）**服务随项目内组成成分的变化、功能的变化、占有方式的变化而变化；**

（5）**管理方面始终以租户需求为出发点，这也是这种模式成功的关键点。**

这些理念，使得这些商业娱乐综合体远远领先于同时期的其他城市建设。

三维尺度的城市设计（高层与高层的，与开放空间的，以及与交通的关联设计）使得它们成为之后同类项目的学习对象。

2.3.3 20 世纪 60 年代现代混合使用项目的出现

混合使用项目在 20 世纪 40 年代和 50 年代前期，受到第二次世界大战的影响处于停滞状态，而到了 50 年代后期乃至整个 60 年代，又进入了一个新的历史发展阶段。混合使用项目从最初在市中心由商业用途为基础的形态，开始结合居住用途并在市中心以外的地方发展起来，大体量的混合使用塔楼也在这一时期出现。这一时期的项目多多少少都受到国际式建筑风格的影响，不少项目并不成熟。无论如何，这一时期的混合使用项目在大尺度开发方面是野心勃勃和具有先驱性的，其中大部分在今天仍被继续使用和开发。

现代混合使用项目最早出现在北美，其目的是对衰退的旧城中心进行更新，使其恢复活力。这些公私兼有的混合使用项目标志着政府开始对在市中心更新过程中进行一体化综合性建设感兴趣。**这一新趋势也标志着城市规划理论开始接受混合使用开发的思想。**

当混合使用思想在市中心商业区更新的过程中发挥指导作用的同时，一些结合居住功能的混合使用项目，也在城市中心区开始尝试性开发。美国芝加哥的**马里纳城**（Marina City，图 2–7）[1]和华盛顿的**水门中心**（Watergate，图 2–8）[2]是这类开发的早期实例，它们都包括了城市中心区的更新，都由私人开发商牵头，并都以住宅功能作为首要开发功能。

图 2－6 纽约洛克菲勒中心

（来源：互联网）

图 2－7 美国芝加哥马里纳城

（来源：互联网）

1 20 世纪 60 年代城市中心区更新的代表性实例。

2 20 世纪 60 年代城市中心区更新的代表性实例，著名的“水门事件”发生地。

在20世纪60年代后期，除了城市中心区为混合使用项目开发提供了大量的空间以外，混合使用思想在城郊新区的开发过程中同样起到了巨大作用。伴随着大量居住区域和交通系统在城郊开发，市中心边缘或更远的地区成为了混合使用开发的热点。其中四个比较有代表性的实例如下：加拿大蒙特利尔的**韦斯特蒙广场**[1]（Westmount Square，图2－9）、法国巴黎的**拉·德方斯**（La Defense，图2-10）**新区**[2]、美国洛杉矶的**世纪城**（Century City，图2-11）[3]，以及阿灵顿的**水晶城**（Crystal City，图2-12）[4]。

图2－8　华盛顿水门中心
（来源：互联网）

图2－9　加拿大蒙特利尔韦斯特蒙广场
（来源：互联网）

这些项目是将混合使用思想运用到CBD以外地区的先例，它们的开发商清楚地看到了这些地区的潜力，并意识到通过混合使用开发来营造全新场所的可能性。这些项目帮助了所在城市的发展，并拓展了混合使用开发思想的发展潜力。

20世纪60年代，出现了第一个混合使用塔楼——芝加哥的**约翰·汉考克**（John Hancock）**中心**（图2-13）。这一高达100层的，总面积达26万平方米的塔楼，包含了1～5层的零售功能，6～12层的停车功能，13～41层的办公功能，以及44～92层的居住功能。

1　最早的将混合使用功能围绕交通换乘站布置，建设在城市核心商区以外的，以商业功能为主的混合使用项目之一。

2　采用行人和车辆完全分流的方法，在东区的东西中心轴线上，安排了三层交通通道。地面层是一块长900米面积达48公顷的钢筋混凝土板块，将过境交通完全覆盖，板块上面为人行道和居民活动场所，板块下面是公路，再往下则是地铁。它们均平行于城市干道。此外，在与城市干道垂直的方向，在公路和地铁标高之间安排铁路，三种交通互不干扰，畅通无阻。

3　美国第一个在市郊开发的以办公功能为主的城市建筑综合体，以步行交通为内部交通的组织核心。

4　20世纪60年代城市中心区以外地区进行混合开发的代表性实例，以步行交通为内部交通的组织核心。

图 2－10　法国巴黎拉·德方斯新区
（来源：互联网）

图 2－11　美国洛杉矶世纪城
（来源：互联网）

图 2－12　美国阿灵顿水晶城
（来源：互联网）

20 世纪 60 年代的混合使用项目也提出了更丰富的室内空间概念——中庭和购物廊。亚特兰大的**桃树中心**（Peachtree Center，图 2–14、图 2–15）[1] 是这一潮流的引领者。

这一时期的混合使用项目的特点包括：**开始结合居住功能，对周边环境更开放。**但是，现代主义建筑风格对步行空间和人性场所的忽略，导致其内部步行空间与周边环境脱节，也是这一时期混合使用项目存在的普遍问题。

图 2－13　美国芝加哥的约翰·汉考克中心
（来源：互联网）

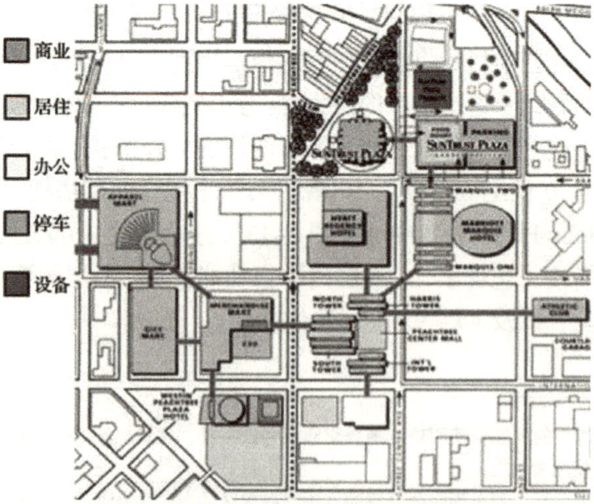

图 2－14　亚特兰大桃树中心平面
（来源：互联网）

1　是当今最大的混合使用开发区域之一，在 40 余年内不断完善和调整，成为一个功能完整的区域。创造了巨型中庭和内廊形式的公共共享空间，成为当代城市建筑综合体最常用的内部空间组织方式。

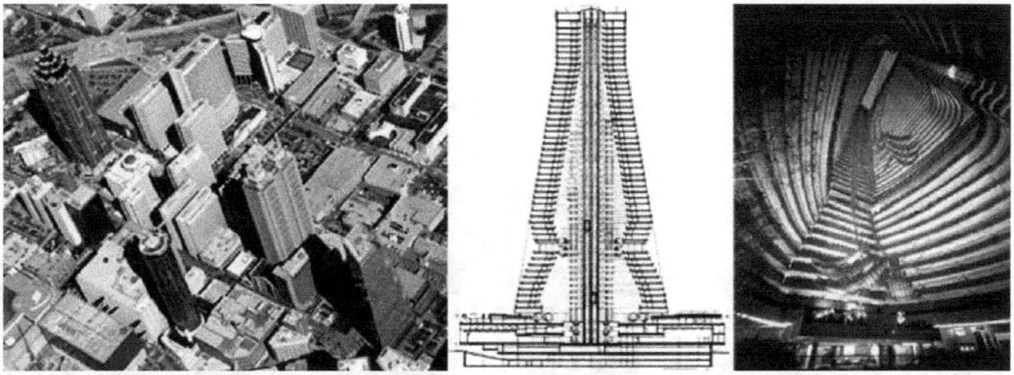

图 2－15 美国亚特兰大的桃树中心鸟瞰（左）、酒店中庭剖面（中）、酒店中庭内景（右）
（来源：互联网）

2.3.4 20 世纪 70 年代的重室内化倾向

由于建筑物的真正使用得到了广泛重视，同时，使用的关键部分主要是室内。因此，20 世纪 70 年代的混合使用项目表现出对室内空间着重开发的倾向。虽然在 20 世纪 60 年代，大量混合使用项目表现出一定的开放性和对环境的尊重，但是在 70 年代，大量项目却在封闭式大型百货商场和大型中庭空间流行的影响下，表现出自我封闭的倾向。在这些原因和 60 年代后期城市中心区发展的混乱局面共同作用下，70 年代的大量混合使用项目成为了以室内空间为核心的防御式建筑。

大型百货商场的革新，在两方面影响了混合使用项目：一方面，整体规划的室内购物中心，被作为城市应对市郊大型购物中心挑战的主要手段（这一概念影响了 20 世纪 70~80 年代的混合使用项目）；另一方面，市郊大型购物中心本身也演变为许多后续开发围绕的中心（一部分开发商发现这样的模式比以前分散开发并为停车场围绕的模式能创造出更多的价值，一部分开发商开始看到了开发综合性混合使用项目的可能）。

20 世纪 70 年代的混合使用项目与 60 年代的截然不同。**第一，混合使用对居住功能不再重视，**大部分这一时期开发的项目都以办公、零售、酒店功能的一体化为重点；**第二，20 世纪 70 年代的项目大多包含了巨大的室内中庭、廊道和零售大厅，**使得它们相比 60 年代的项目更内向和封闭。其中比较有代表性的是：美国纽约的**世贸中心**（World Trade Center，图 2–16）[1]和美国旧金山的**内河码头中心**（Embarcadero Center，图 2–17）[2]。

---

1 地下与地铁直接连接，并伴有商业开发。由六幢办公楼和一幢酒店围合了一个广场，与周边街道不连通，导致了其内部开放性不够。

2 通过一条连续的步行街将分散在各个地块的部分有机联系。相对同时代的其他项目，和周边环境的结合更为紧密。

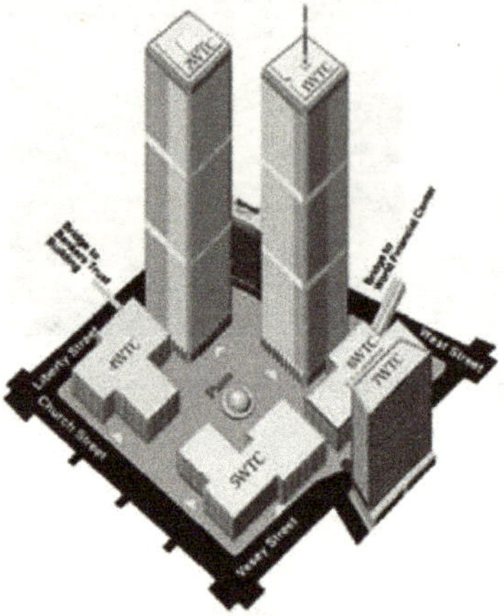

图 2－16　美国纽约的世贸中心
（来源：互联网）

图 2－17　旧金山的内河码头中心
（来源：互联网）

20 世纪 70 年代的混合使用项目的最大贡献，是在大尺度上的突破。开发商、建筑师和城市规划师都开始意识到整体的重要性，包括它能够提供的可能性和存在的问题。混合使用思想在赞扬和批评之中，得到了更深入的认识，使其在之后有了新的发展方向。其中，美国芝加哥**法尼维厅市场**（Faneuil Hall Marketplace）的成功，使得将城市主街式的零售空间结合在混合使用项目中的做法得以复兴。这一思想直接指导了 20 世纪 90 年代和初 21 世纪初的混合使用项目开发。

2.3.5　20 世纪 80 年代的后现代思潮和开放化倾向

20 世纪 80 年代，在后现代思潮影响下的设计开始增加，同时，对城市设计的着重点也从建筑设计上重新回到了建筑之间的城市空间上来。这一转变，**将混合使用项目的重心从巨型构筑物转移到了混合区域的开发上。**

虽然在 20 世纪 80 年代后现代设计思潮在美国推动着混合使用项目的发展，但是在世界的其他地区，尤其是亚洲，现代设计思潮依旧主导着混合使用项目的发展。如这一时期建设的新加坡**莱佛士城**（Raffles City，图 2-18）[1]和香港**太古广场**（图 2-19），都强化了高层通过裙房联系的设计手法。

1　莱佛士城在两条地铁线交会之处，交通方便无其他商城可媲美。商城中心广场有一个很奇特的喷泉系统。

图 2－18　新加坡莱佛士城
（来源：互联网）

图 2－19　香港太古广场
（来源：互联网）

20 世纪 80 年代的混合使用开发最主要的趋势还是表现在了**市郊混合使用项目的大量增加上（尤其在美国）**。第二个趋势是项目总建筑面积的减小，这一时期的项目都使用了较之以前更小的尺度进行开发，同样是在美国，可持续发展、小尺度环境和场地开发的观念被广泛接受。第三个趋势是包含居住功能项目的比例在混合使用项目中的改变，根据**美国城市土地学会**的研究，20 世纪 60 年代 46.2%的混合使用项目中包含居住功能，70 年代只有 19.4%，而 80 年代则又恢复到了 49.4%。[1]

20 世纪 80 年代，还出现了一些其他趋势：**新的后现代思潮和历史主义思潮对混合开发的影响，混合使用项目对周边环境更直接的开放和对话，在混合使用项目中更多地引入对老建筑的修复、改建和重新利用，并引入更多的文化娱乐功能。**

2.3.6　20 世纪 90 年代和 21 世纪的市镇中心和城市乡村

20 世纪 90 年代和 21 世纪初期，在混合使用模式继续发展的同时，混合使用市镇中心和城市乡村的概念被切实地应用到了实际建设中来。这两种概念提出了**在市镇中心以主街为中心进行混合使用开发的新观点**。在这一时期，以亚洲地区为代表的世界范围内，混合使用项目层出不穷，例如，中国上海的**金贸大厦**（图 2–20）、马来西亚吉隆坡的**双子塔**（Kuala Lumpur City Centre，图 2–21）[2]，日本福冈的**博多运河城**（Canal City Hakata，图 2–22），以及英国伦敦的**金丝雀码头**（Canary Wharf，图 2–23）[3]。

1　ULI. Mixed-Use Development Handbook(Second Edition).USA: Urban Land Institute, 2003: P22。

2　这项计划包括一座 20 公顷的公园和办公室、商业及公寓大楼、一座清真寺，以及其他的建筑。

3　金丝雀码头距离伦敦金融城的东部标志性建筑——苏格兰银行总部大楼 3 英里，由废弃港区改建而成。地产开发商来自加拿大，在这里创造了 18 个月内建成 7.5 座高楼这一伦敦建筑业的奇迹。

图 2－20　上海金茂大厦
（来源：互联网）

图 2－21　吉隆坡双子塔
（来源：互联网）

图 2－22　福冈博多运河城
（来源：互联网）

图 2－23　伦敦金丝雀码头
（来源：互联网）

然而，关于混合使用城市设计新方法依旧是这一时期最重要的发展。这一时期见证了**混合使用项目的重心从建筑建造到场所营造的转变**，见证了**混合使用项目的重点从巨型建筑到城市区域的转变**。这些转变大大地改善了混合使用项目的质量和潜力，并增强了它们对城市环境整体的贡献和作用。

2.4　建筑综合体（Building Complex，Multi-Use Building）和城市建筑综合体（Urban Building Complex）的概念

《中国大百科全书》对建筑综合体的定义是："由各个使用功能不同的空间组合而成的建筑。一种是单体式，即只有一幢建筑；一种是组群式，有多幢建筑。"

《美国建筑百科全书》对建筑综合体的定义是："建筑综合体是在一个位置上，具有单个或多个功能的一组建筑。"

Eberband.H.Zeidler 在《城市文脉中的建筑综合体》一书中，对建筑综合体作了如下定义："建筑综合体承载了两种或两种以上人类生活的三大主要功能。"[1]

1　原文如下："Multi-use building includes all buildings that harbour more than one of the three main functions of human life." 出处：Eberhard：H.Zeidler. Multi-Use Architecture in the Urban Context. USA: VNR, 1985: P9。

东南大学的**王建国**教授在《城市设计》一书中，认为："建筑综合体通常由城市中不同性质的、不同用途的社会生活空间组成，如居住、办公、出行、购物、文娱、社交、游憩等。"

龙固新主编的《大型都市综合体开发与实践》一书中，对建筑综合体的概念作出了如下的解释："建筑综合体是将城市活动中多种不同的功能空间进行有机的组合（商业、办公、居住、旅馆、展览、餐饮、会议、文娱），通过一组建筑来完成，并与城市交通协调。同时，在不同功能之间建立一种空间依存、价值互补的能动关系，从而形成一个功能复合、高效的复杂而统一的综合体。建筑综合体的综合性并非表现为数量上的简单累加，而是多种功能的系统性优化组合，克服单一功能的局限性，在互动过程中形成更为广泛与优越的整体功能。"

综合下来，建筑综合体的主要特征如下：

（1）由两种以上不同性质、用途的社会生活空间组成（居住、商业、办公、酒店、休闲等）；

（2）在一个统一的设计计划下设计完成的一个或一组整体性建筑；

（3）是城市土地的三维综合开发，相对于其他建筑类型，对城市土地具有更高的利用率。

建筑综合体是一个广义的概念，它与各种类型的其他建筑之间都有交集，而随着人类社会的发展，科技生产水平的进步，经济活动的需要，建筑综合体城市化的一面，开始越来越多地占据了主体地位。相对于《中国大百科全书》，《美国建筑百科全书》和 **Eberband.H.Zeidler** 在《城市文脉中的建筑综合体》一书中对建筑综合体的定义，**王建国**教授在《城市设计》一书中和**龙固新**主编的《大型都市综合体开发与实践》一书中对建筑综合体的定义则更倾向于其城市化的一面。**笔者认为，鉴于建筑综合体是一个广义的概念，在人类文明的发展中，伴随着城市的发展，自身也发生着相应的变化，有必要对其进行进一步的梳理、分类，以便于深入研究。**在这里，将建筑综合体分为普通建筑综合体和城市建筑综合体两类：

（1）**普通建筑综合体**，是指各个组成功能之间没有必然相互依存的互补关系建筑综合体。

各组成功能之间一般具有主从地位，如常见的商业建筑综合体、居住建筑综合体、办公建筑综合体、会展建筑综合体等等，往往都是以某一功能为主体，其他功能为补充。有些普通建筑综合体，如居住建筑综合体，只是为了对底层沿街商业面进行开发，而将居住功能和商业功能简单叠加，形成建筑综合体模式，居住功能和商业功能之间没有必然的互补关系，服务对象也少有交集。

（2）**城市建筑综合体**，是指在拥有更多城市特性和城市公共空间的同时，各组成功能之间有如城市各功能之间相互协调、共生互补关系的建筑综合体。

相对于普通建筑综合体，“城市”二字主要体现在以下两个方面：

（1）**内部包含了城市公共空间**。城市建筑综合体不仅包含了各种建筑功能，更包含了城市公共空间以有机衔接各功能，并与其他城市公共空间相联系。城市公共空间是城市建筑综合体不可或缺的一部分，是建筑综合体城市化的重要因素。

（2）**内部各功能之间有类似城市各功能之间的互补、共生关系**。城市建筑综合体的各组成功能不是简单的叠加关系，各功能之间没有明确的主从关系，而是类似城市各功能之间的互补协调共同作用下的集合。为了达成这种“协同作用”关系，城市建筑综合体往往需要集三种或三种以上的城市主要功能（交通、娱乐、工作、居住）。

可以说，城市建筑综合体是微缩城市，是城市化的建筑综合体。“城市建筑综合体”包含在“建筑综合体”这个**属概念**之内，是“建筑综合体”的**种概念**（图2－24）。

图2－24　城市建筑综合体与建筑综合体的关系示意

“城市建筑综合体”中的“综合”包含了：

（1）**具有三种或三种以上的能够产生收益（revenue－producing）的功能**，如零售、办公、酒店、居住、娱乐、会议等，功能组织有序，协调互补；

（2）**项目构成中功能和形体高效地组织**，包括高效地利用土地、步行系统规划、群体意象建立，取得社会效益和环境效益；

（3）**强调城市、建筑、市政设施的综合发展**，将城市环境结构（Elementstructure）和基础结构（Infra-structure）有机地结合在一起，使城市建筑向高空、地面、地下三向度空间发展，构成一个连续的、流动的空间体系，为城市创造“多样性”的环境。

综合说来，“城市建筑综合体”区别于“普通建筑综合体”的关键在于：**其内部各功能子系统通过城市公共空间的有机联系，不仅产生了简单“叠加”的物理反应，还产生了“协同作用”和“多样性”的化学反应，为其整体的高**

效管理乃至城市整体的“可持续发展”提供了可能。可以说，“开放”的城市公共空间的引入，促进了整体“融合”的发生。

本文所讨论的“城市建筑综合体”较之“建筑综合体”的概念，可以进一步概括为：**“由城市中不同性质、不同用途的社会生活空间组成，诸如居住、办公、旅馆、购物、文娱、游憩、商业、交通等等，通过城市公共空间的引入，把各个分散的空间综合地组织在一起，充分发挥建筑空间的协调和建筑功能的互补作用，从而形成多样化、高效率、复杂而统一的一个或一组建筑，或巨型综合大楼，或紧凑的建筑群体，以功能协同高效、空间紧凑多样、抗风险能力强为特点，表现出极大的生命力和充沛的发展潜能。”**本论文将以城市建筑综合体作为核心研究对象，展开一系列深入的研究。

2.5 建筑综合体的发展历史概述

2.5.1 工业革命之前的建筑综合体发展

工业革命前的建筑综合体是城市发展自发形成的产物，它们往往与城市肌理紧密结合，同时也是人们在几个世纪中建造和积累下的产物。

古希腊的**市场广场**（Agora）和古罗马的**大浴场**（Baths）是众所周知的早期建筑综合体实例。市场广场作为希腊城市的中心，和传统形式的市场建筑并不相同。它们不仅仅为市民提供了神庙、购物等场所，更是在以上功能周围提供了集会、交流的场所。如古希腊的**阿索斯**（Assos）**市场广场**，广场空间呈梯形，长 106 米，宽 30 米（中间值），整个广场主要由南北两个两层高的大柱廊控制，并通过了在广场西侧布置的小神庙创造了轴线感（图 2－25）。同样，大浴场作为古罗马公众交流的中心，也不仅仅包含了休闲和娱乐功能，它们的平面上往往还包含了大量其他功能：图书馆、剧场、讲演厅、运动房和餐厅等。如古罗马的**卡拉卡拉大浴场**，是世上最大的浴场之一，可容纳 1600 人。在巨大的圆屋顶下，设有游泳池、桑拿池和冷水池，周围布满珍奇的植物、精致的雕刻和精巧的镶嵌图案。除了温度各异、用途不同的浴室之外，浴场内还设有图书馆、健身房、花园和会议室，全都配有精美的壁画作为装饰（图 2－26）。浴场是罗马上层人物社交生活的重要组成部分，不管是平民还是皇帝，都会频频光顾。**市场广场和大浴场可以说是城市建筑综合体的起源。**

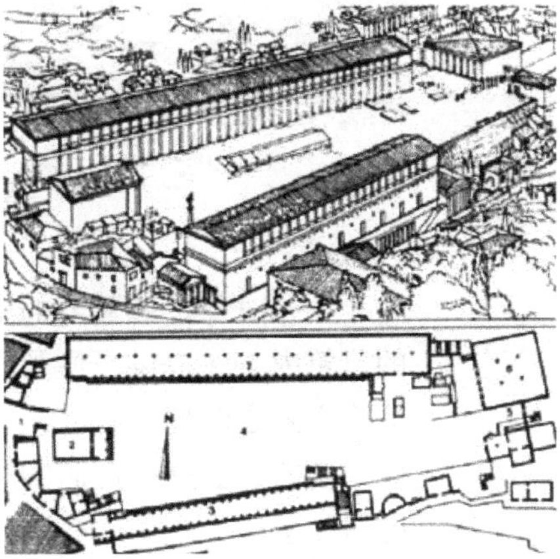

图 2－25 古希腊的阿索斯市场广场
（来源：Eberhard.H.Zeidler，Multi-Use Architecture in the Urban Context，P11）

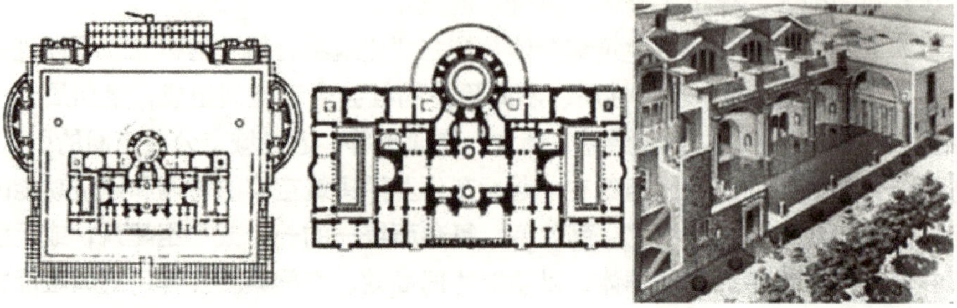

图 2－26　古罗马卡拉卡拉大浴场总平面（左）、一层平面（中）、剖视效果图（右）
（来源：互联网）

中世纪的城墙禁锢了人们的城市生活，除了少数一些市政厅和教堂提供的公众活动外，人们的大部分日常生活时间和内容都被限制在家中。商人们往往居住在他们经营店铺的上层。于是，居住和工作两大功能被叠合到了一栋建筑之中，并形成了中世纪城市最持久的一种建筑综合体形式（图 2－27）。随着社会的进一步发展，中世纪城市变得拥挤不堪而难以提供更多居住空间，人们不得不到城墙之外建造房屋居住，从此，居住和购物，制造和消费开始分离。这样的分离预示着市郊住宅区的形成。

图 2－27　中世纪的城市生活
（来源：互联网）

在相对稳定和紧凑的中世纪，街道是商业活动的场所，这为在街道两旁的建筑内工作提供了便利。而中世纪城市功能分布的变化，使得这些建筑的用途也随之改变。在文艺复兴和巴洛克城市中，沿街的商业建筑上方依旧是居住功能，而这些商店的主人或者工人中的大多数已经成为散居在城市各处的居民了。

在工业革命开始之前，中世纪形成的工作和居住空间对应的关系变得越来越难以实现。由于城市人口的增长和集中，沿街的建筑综合体被要求在一个工作场所之上叠加更多的居住空间。19 世纪流行于欧洲大陆的巴黎式公寓，就是这类建筑综合体的典型。这类建筑综合体被后人称为**奥斯曼式住宅**，它们的地面层往往是商店、饭店、咖啡馆和剧院等功能，在其之上则是 4～5 层的住宅空间（图 2－28）。

这种商住建筑综合体模式的另一个成功形态就是**内街式购物廊**。水平方向的商住综合体叠加，形成了一个连续长条形的双面步行商业空间，这个空间为玻璃顶覆盖并在两端与城市街道连接。这种模式几乎与奥斯曼式住宅同时在欧洲出现并广为传播，同时，也在北美地区传播开来。

图 2－28　奥斯曼式住宅

（来源：下图来自 Eberhard.H.Zeidler，Multi-Use Architecture in the Urban Context，P12）

虽然**内街式购物廊**在 19 世纪非常流行，并展示着工业时代玻璃和钢结构的技术，但是它们给人的印象却和工业革命时期其他的建筑物有所不同。除了新颖和优雅的外表以外，它们与旧有城市肌理的融合，使得它们与那些和现实生活分离，骄傲地独自站立在城市之中的火车站、大型展览中心等英雄主义建筑区别开来。它们展示了通过人性化的尺度和新技术来更新现有城市的可能性，并以步行网络来塑造连贯而又有活力的城市场所空间。时至今日，这些在巴黎和其他大城市的**内街式购物廊**同它们刚建成时一样，充满了活力。它们是存在于当代城市中最早也是最好的城市建筑综合体实例。例如，意大利米兰的**维托里奥·埃马努埃莱二世拱廊**（Galleria Vittorio Emanuele II）联系了米兰大教堂前的广场和米兰的市政广场，四层高的建筑为精致的钢结构和玻璃穹顶覆盖，其下遍布高级餐馆、咖啡厅以及商店，被称为“米兰客厅”（图 2－29）；法国巴黎的**维维恩**（Vivienne）**购物廊**是巴黎现存的廊巷中最豪华的一条，过去这里云集着众多的手工艺人，现在则成了新锐设计师的大本营，充满了时尚气息（图 2－30）。**文艺复兴之后的内街式购物廊是城市建筑综合体在历史上的第二次发展。**

图 2－29　米兰维托里奥·埃马努埃莱二世拱廊

图 2－30　法国巴黎维维恩购物廊

2.5.2　工业革命和乌托邦：建筑综合体的终结

工业革命戏剧性地改变了城市形态，以往城市发展的模式变得无法适应工业飞速发展的要求。由于以往的城市是相对静止的社会和经济中心，它的肌理是在这些活动作用下自然生长的结果，而工业革命带来的城市活动和用途很难和这些固有的肌理相协调，城市尺度变得无法控制，简单的调整根本无法解决这些问题。

机器代替了手工劳动。家庭作坊式的手工业无法适应经济发展。为了谋生，人们不得不使用机器代替了手工，他们必须在位于市区的工厂工作。人们源源不断地来到市区，加速了城市的发展。

除了社会基础建筑的改变，人们生活的状态也在改变。由于工人住所往往建造在工厂周围，这使得工人们生活在被工厂排放的废气和工厂排放的污水所污染的环境之中。同时，随着工厂规模的不断扩大，周围的建筑被拆了又建，整个城市陷入了一种前所未有的混乱之中（图 2－31）。

图 2－31　工业革命时期城市生活环境的恶劣景象

（来源：Eberhard.H.Zeidler，Multi-Use Architecture in the Urban Context，P106）

美国和欧洲的城市都面临着工业革命给它们所带来的问题：贫穷、无知、犯罪、酗酒、卖淫、精神疾病等。毫无疑问，这些问题是由城市物质和精神环境的衰退而造成的。在此背景下产生了乌托邦思想，这种新思想并不希望通过简单的补贴或者救助的方式来改变城市的现状，而是力求创建一个全新的社会。

欧文（Robert Owen）、**傅立叶**（Charles Fourier）和**圣西门**（Saint Simon）提出了

空想社会主义的思想。[1]他们为自己理想中的社会制定法规和建设计划，这些工作形成了现代城镇规划思想的雏形。他们的理论强烈地影响了之后 **CIAM**（国际现代建筑协会）的 **“机能城市”** 设想（这一设想使得建筑综合体的发展一度中断）。

乌托邦思想提出了与传统市镇规划完全不同的设想：**选择未使用的土地作为新城市的开始以回避城市原有的混乱局面；严格限制居民的数量和社区的大小；将不同的使用功能分开布置以减少社会问题。**

乌托邦思想，同时也影响了同时代欧美的其他城市理论思想。这些思想与乌托邦思想一起形成了现代城市规划理论，这一理论，否认了建筑综合体在城市中的重要地位。

由于美国有以农业为社会基础的传统，有着与乡村生活更为紧密的联系。因此，美国解决城市问题的方法，更多的是在城市中加入卫生健康基础设施，增加开放空间以引入新鲜空气，补充休闲娱乐和教育设施。在这种方法的影响下，引发了欧美的城市公园运动，公园、可供大众进入的学校、健康优先权被作为解决社会问题的主要方法。乌托邦思想中的社会脱离了城市的现实，而公园运动则通过了一些特殊的方法来改变城市，这两者都是通过将城市各功能隔离的方法来对城市进行改造的。

1898 年，**埃比尼泽·霍华德**（Ebenezer Howard）正式提出 **“花园城市”**[2]理论的时候，这种思想其实早已通过讨论，被接受并开始应用于新城的规划上。霍华德的花园城市方案是建立在一种类似乌托邦的合作社会之上的，花园城市的模式以一系列同心圆安排了商业、文化中心和由农业用地构成的绿带，工业、居住和学校被分开布置，城市的大小和人口也同样被规定最多不超过 30000 人（图 2－32）。

如此规划理论指导下建设的城市是不需要建筑综合体的。事实上，建筑综合体被视为是城市混乱的根源而必须被限制和最小化。因此，这种建筑类型不为现代主义的建筑师所采用。城市充满活力的社会生活被彻底抛弃了，人们对待城市问题的态度不再是更新旧城，而是用新城来取代它们。

---

1 19 世纪初期的空想社会主义，是空想社会主义发展到顶峰的时期，其主要特点是：批判矛头直接对准资本主义制度；理论上提出了经济状况是政治制度的基础，私有制产生阶级和阶级剥削等观点，并用这种观点去分析历史和现状，从而预测到资本主义制度的剥削本质；在设计未来社会蓝图时以大工厂为原型，完全抛弃了平均主义和苦修苦炼的禁欲主义，使社会主义成为一种具有高度的物质文明和精神文明的社会。这时期的空想社会主义者以圣西门、傅立叶和欧文为代表。

2 所谓“花园城市”是从英文“Garden City”直译而来，国内规划界对此专译为“田园城市”。此概念为 19 世纪末英国社会活动家 E·霍华德提出，认为应该建设一种兼有城市和乡村优点的理想城市，城市四周被农地围绕以自给自足，严格控制城市规模，保证每户居民都能极为方便地接近乡村自然。工业革命后西方城市出现的拥挤、污染、疫病流行等问题使“田园城市”理论应运而生，但这一学说在实践中并不顺畅，欧洲各地的试验多是袭“田园城市”之名，行“城郊居住区”之实。但它对现代城市规划思想起到了启蒙作用，后来的有机疏散论、卫星城镇理论均承其衣钵，并对中国的城市形态产生巨大影响。

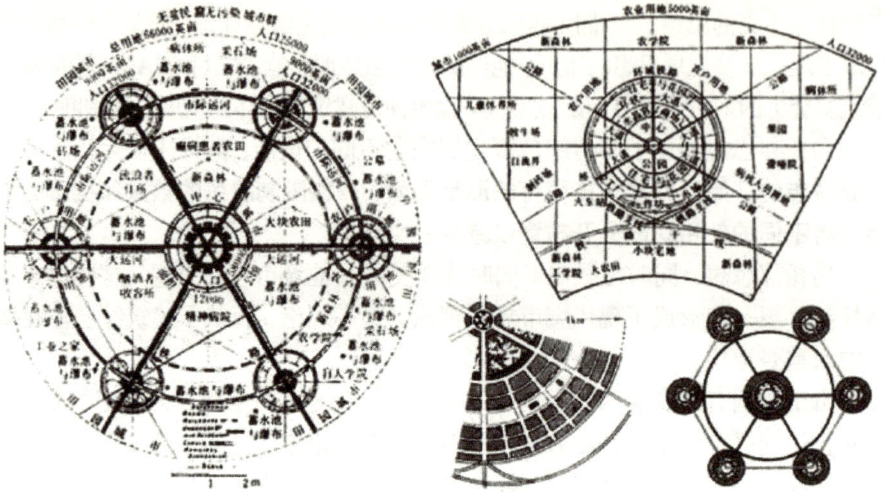

图 2－32　霍华德的“花园城市”设想

（来源：王建国，城市设计，P34）

勒·柯布西耶（Le Corbusier）的**“明日城市”**设想[1]（图 2－33），也是在这一背景下提出的。遗憾的是，如此的规划必须要有彻底的“新人类”才能适应，而这种情况是不可能发生的。同时期的大部分设想，同样也是建立在这种天真的社会结构上而难以实现。

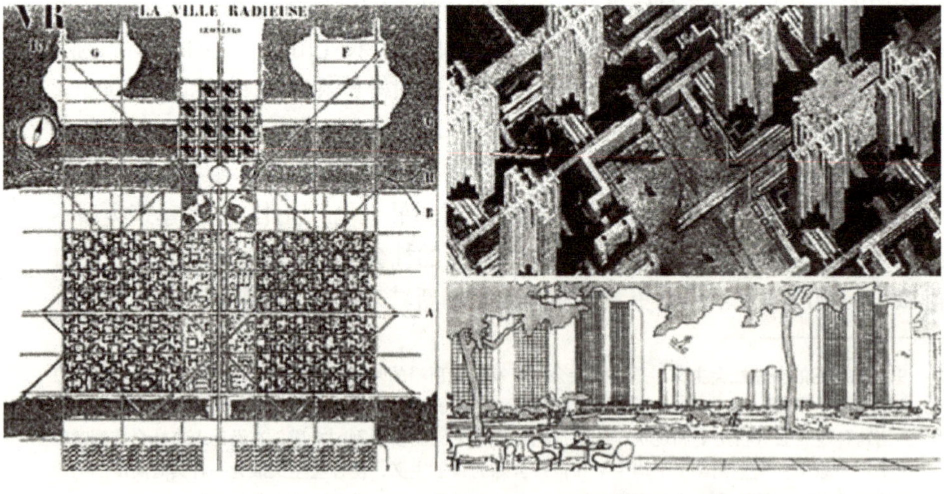

图 2－33　勒·柯布西耶的“明日城市”设想

（来源：左图来自 Eberhard.H.Zeidler，Multi-Use Architecture in the Urban Context，P15，右上图及右下图来自互联网）

1　明日城市深受建筑理想主义和人文主义的影响。柯布西耶作为非学院派的建筑大师，非常强调建筑不但要给人居住的自由，更要给人以想象的自由，甚至是美学与诗意的追求。明日城市建筑理念包括四个方面主要内容：可以分享的家园，亲近自然，新科技的应用，邻里交流。

2.5.3 CIAM 和机能城市

CIAM（国际现代建筑协会）成立于 1928 年，是历史上第一个由建筑师自发成立的民间组织，它的成立，也代表着现代主义建筑设计思想统领地位的确立。CIAM 第四次会议，通过对 34 个城市的考察和分析，提出了《雅典宪章》。《雅典宪章》指出，花园城市设想中的人们生活方式是乡村的，并不是城市的，人们在城市中的生活应当更加多姿多彩。

《雅典宪章》提出四个城市的主要功能：**居住、工作、休闲、交通**。宪章认为，**这四大主要功能应该各自独立发展，这样才能给在其中生活的人们秩序，各个功能应该被看成一个有机体，各种资源和现代技术应该被用来充实它们。**

2.5.4 洛克菲勒中心：旧城更新

在建筑综合体不景气的氛围中和《雅典宪章》已经起草的同时，在纽约，一个重要的项目正在进行设计——**洛克菲勒中心**。这个项目代表了城市设计的新方向，尤其是针对《雅典宪章》中讨论的问题城市，它为现代城市建设指出了另一个方向。

洛克菲勒中心，以巨大的尺度位于曼哈顿市中心，是纽约城市生活的一个重要组成部分。同时，这是一个与同时期的现代主义建筑理论相背离的混合使用的项目。抛开建筑的形象，只观察**洛克菲勒中心**的地面层平面的话，我们会惊叹于设计者对传统街道格局的尊重，设计者创造了一个充满想象和活力的公共空间——下沉广场——在其中心。在地下，一个购物大厅通过步行系统联系了这个综合体的各个部分和地铁，同样，也可以在这层到达中心下沉广场。地面、地下与传统纽约街道融为一体的设计是这个项目成功的关键，并使之与当时的功能主义规划理论区别了开来（图 2－34、图 2－35）。

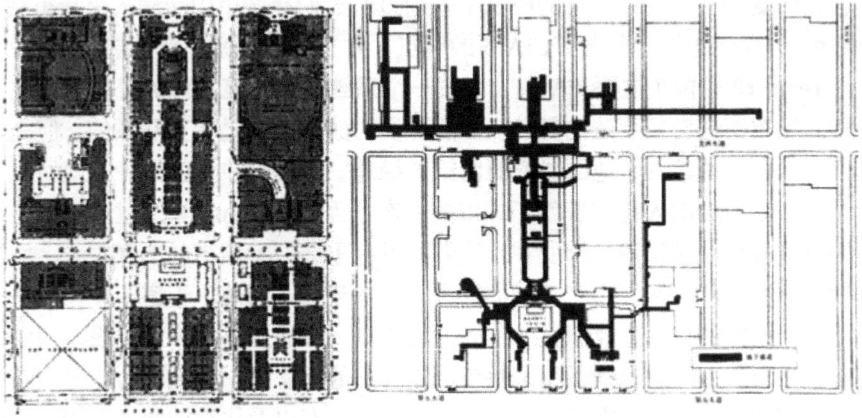

图 2－34　美国纽约洛克菲勒中心的地面层对城市肌理的尊重（左），地下步行系统四通八达（右）

（来源：左图来自 Eberhard.H.Zeidler，Multi–Use Architecture in the Urban Context，P16，右图来自韩冬青，冯金龙，城市・建筑一体化设计，P16）

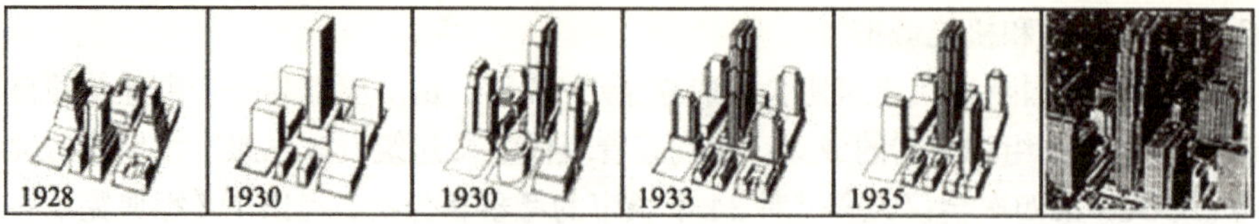

图 2－35　美国纽约洛克菲勒中心的方案形态演变

（来源：王建国，城市设计，P156）

对于整个项目来说，零售功能是将各种功能和城市生活串联的纽带，人们可以在下沉广场的喷泉周围休息，这些内容在整个项目中被考虑并被有机地结合了起来。这个项目与现代建筑设计理论背道而驰却获得了充满活力的人性场所。

洛克菲勒中心，可以说是对《雅典宪章》所倡导的城市规划理论的一个精神上的打击。和内街式购物廊一样，它展示了城市建筑综合体在现有城市中的可能性。它证明了城市生活的相互关联性，不同功能之间的相互依赖性，以及认识了这种关系对城市肌理的改善作用。洛克菲勒中心的成功预示着城市建筑综合体第三次发展的开始，同时它也是当代城市建筑综合体的第一个重要实例。

2.5.5　CIAM 的解散和建筑综合体的复兴

20 世纪 50 年代末，CIAM 内部的观念也发生了变化，机能城市的宣言在过去几十年内并没有起到作用，除了几个杰出的建筑范例以外，城市并没有像预想的那样更有活力和适宜居住。相反，有些 CIAM 试图调整的问题如社会交流和城市拥挤等问题反而加重了。CIAM 思想层面上的错误在于仅仅看到了对他们新宣言有利和提供支持的方面，而非城市的本质。

奥铁庐（Otterlo）会议是一个历史转折点。以**范艾克**（Van Eyck）为首的 Team 10 拒绝接受《雅典宪章》描绘出的城市图景，转而投入到对现有城市及其包含的复杂社会关系网络的研究中。通过对人们在城市中活动的重新审视，Team 10 的建筑师们改造了 CIAM 的观点，并进行了一系列新的规划研究。

Team 10 的两个主要贡献是：对**由一个系统联系建筑群体的研究和在建筑中引入城市街道空间手法的复兴**。虽然他们的建筑之间是相互联系的，但是建筑本身是单一用途的，地面层依旧留给了绿地。虽然空中步道代替了地面人行道，但正是地面的人行道成就了城市的形态，因此，**Team 10** 的建筑师们还没有完全吸收传统城市的精神所在。他们并没有重建旧有城市的图底关系，而是发展了一系列新的语汇来充实他们的概念——**连接、网络、干道、脊柱**——并强调关于连接的概念，他们设想在老的城市图底关系上进行新的建设。他们同《雅典宪章》一样意识到了汽车社会的趋势。他们认为：建筑在功能上不是有限和固定的，而是一个更宽大和便于接受各种状态以及用途的服务性网络。他们继而创造了一种新的城市概念：**编织建筑**（Mat Building）。在这种建筑内部，只有交通和结构网络是固定不变的。这样的建筑彻底背离了现代建筑设计思想中内部功能分隔和对不同功能不同外观表现的观点。

编织建筑创造了一种能适应不同用途的弹性建筑，它拒绝了现代主义建筑的单一功能，也拒绝了巨型构筑物的纪念性形式。编织建筑是充满不定因素和可以适应不同城市肌理的，因此，**编织建筑**与历史背景（文脉关系）是背离的。

2.5.6 20世纪60年代以后，城市建筑综合体的高速发展

建筑综合体应该高于巨构建筑，因为，它视城市肌理为精神网络，同时也视自己为文脉的连接。对城市历史文脉的继承并不是倒退，而是建立新的城市生活，建筑综合体开始越来越多地体现出城市化趋向。

城市建筑综合体的第三次大发展在20世纪60年代以后。1961年，**简·雅各布斯**的《美国大城市的生与死》一书出版后，人们开始意识到城市是一个生命体，解决城市问题应该通过处理复杂有序性问题的方法来实现；同时，人们也开始认识到传统规划思想的不足和错误，整个社会环境开始真正适于建筑综合体的发展。在20世纪60年代以后，随着欧美地区在经历了70年代的室内化倾向而在80年代开始回归开放性的建筑综合体开发，日本在70年代，以及中国在90年代（香港在80年代）都迎来了建筑综合体的大发展期。[1]**它们的共同特点，就是建筑综合体的城市化发展，也就是往城市建筑综合体的方向发展。城市建筑综合体的发展，成为当代城市发展的一个主要方向。**

2.6 城市建筑综合体与混合使用、CBD、城市·建筑一体化等城市设计概念的关系

综合比较“城市建筑综合体”和“混合使用”的概念，我们可以发现城市建筑综合体具有混合使用的特性：

（1）均以多种功能的相互支持为基础；

（2）都对构成整体的各个部分进行一体化设计以提高整体效率；

（3）同样按照一个有条理的计划开发。

概括说来，**城市建筑综合体是混合使用思想和建筑综合体结合的产物**。或者说，**城市建筑综合体是体现了混合使用思想的建筑综合体。混合使用思想对城市建筑综合体的产生与发展起着至关重要的作用，城市建筑综合体是城市设计与建筑设计协同作用的结果。**

CBD（全称“Central Business District”，直译为“中央商务区”）[2] 是近20年出现的一种城市组织，是城市聚积力、排斥力和郊区吸引力共同作用下的产物。当城市CBD发展到一定规模，会受到交通、土地利用等条件的制约，于是，大多数城市会在CBD中心区以外，CBD之间有城市重要交通干线相连的地区建立城市副中心。

---

1 这几个大发展期的详细情况将在第3章“城市建筑综合体的发展背景研究”中介绍。

2 CBD是指集中大量金融、商业、贸易、信息及中介服务机构，拥有大量商务办公、酒店、公寓等配套设施，具备完善的市政交通与通信条件，便于现代商务活动的场所。

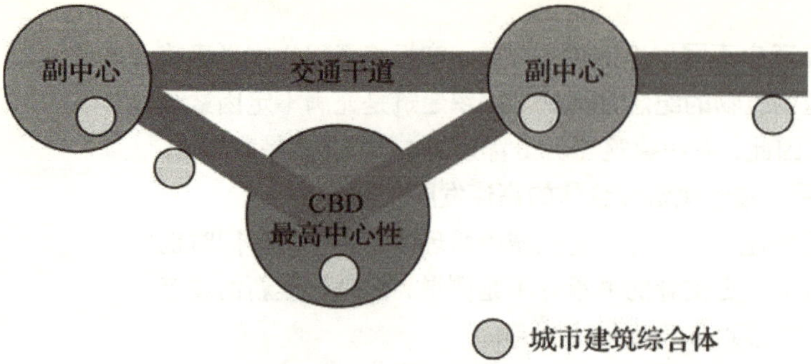

图 2－36　CBD、城市副中心和城市建筑综合体的关系示意图
（来源：根据龙固新，大型都市综合体开发研究与实践，P62 图改绘）

当代城市 CBD 和城市副中心内，往往存在着一组或几组城市建筑综合体，并起着重要的作用。当然，城市建筑综合体同样可以存在于它们之外的优越区位，并起到转承集聚的中心作用。CBD、城市副中心和城市建筑综合体的关系，抽象概括起来，可以理解为：**城市建筑综合体是组成 CBD 和城市副中心的重要元素**（图 2－36）。**同时，城市建筑综合体也越来越成为组成当代城市 CBD 和城市副中心的必要元素和内部核心。**

“城市·建筑一体化”综合体系，作为城市设计学科中一个重要的客体系统，是城市领域和建筑领域间的**“中间领域”**（In-between Place），通过这种中间领域，个体与社会、建筑与城市的相互作用和契合得以发生（图 2-37）。[1]这一体系强调了城市和建筑的功能及空间设计过程的不可分离性，也强调了城市规划师、城市设计师和建筑师三者的协同运作。总的来说，“城市·建筑一体化”是一种辐射从城市形态到建筑形态的各个环境层次的整体观念。因此，城市建筑综合体和城市·建筑一体化体系的关系可以理解为：**城市建筑综合体是在城市·建筑一体化体系整体观念辐射下的建筑综合体表现形式；或者说，城市建筑综合体是体现了城市·建筑一体化设计概念和方法的建筑综合体。**

图 2－37　19 世纪美国建筑师 Harvey Wiley Corbett 对纽约城市·建筑一体化的设想
（来源：Rem Koolhaas，Delirious New York，P122）

1　韩冬青，冯金龙.城市·建筑一体化设计.南京：东南大学出版社，1999：P19。

第 3 章　城市建筑综合体的发展背景研究

3.1　概述

在上一章节里，我们通过对混合使用、建筑综合体两大概念的阐述及其发展历史的回顾，明确了城市建筑综合体的概念，并理清了城市建筑综合体与混合使用、CBD、城市・建筑一体化等相关概念的关系。概括说来，城市建筑综合体是体现了混合使用城市设计思想的建筑综合体，是混合使用城市设计思想和建筑综合体的交集。

在这一章里，将继续上一章的研究，把目光放开，从横向的角度来认识影响城市建筑综合体发展的六个要素：社会、经济、文化、理论、政策、技术，并通过这六个要素在城市建筑综合体发展的历史过程中，不同时期所起的不同作用来进一步认识它们和城市建筑综合体的关系。

在对这六个要素逐一认识之后，将从对人类城市历史发展的规律性研究出发，将城市建筑综合体发展的历史与城市发展的历史相叠合，来进一步研究城市建筑综合体是如何在纵向历史坐标和横向六个要素的共同推动之下发展的。

在这一章节的末尾，将通过对城市建筑综合体在 20 世纪发展的四个主要阶段的比较研究，来归纳当代城市建筑综合体高速发展所需要的关键因素。

3.2　社会背景

社会作为城市建设的干预性因素，其作用形式、影响途径、强度及有效性，又与不同时代背景及其所在国家的特定政体形式有关。一般来说，国家形式决定社会干预形式，而社会干预形式要适应国家形式。国家形式相同，国家和政府干预城市建设的形式也大致类似。

在城市发展的历史之中，社会的干预性是一贯而持久的，历史上各大文明体系中的主导城市设计思想，均与其特定的社会文化、统治方式及其所规范的城市建设秩序有着密切的关系。人类城市的防御要求，是最早影响城市发展的社会因素，此时城市的主要目的就是防御，城墙的周长要尽可能短，从而限制了城市内部功能的发展。

古罗马时期的城市建筑综合体**“大浴场”**是在一定的社会背景下形成的：古罗马政府对于政治讨论的开放性，使得**“大浴场”**这一以休闲、娱乐、交流为主，阅览、戏剧、讲演、运动、餐饮等功能为辅的城市建筑综合体得以发展，并成为城市的社会、娱乐、休闲和精神的中心。

人类社会进入封建社会，政治意志高度集中，到中世纪以后，由于各国之间战乱频繁，城市的防御性又一次成为主要因素，要塞和城堡型的城市大量发展，再次限制了城市内部功能的发展。只有少数战胜封建主而建立的城邦，成为商业交通型的城市，在这些开放性城市里，社会干预性很小，如同时期的佛罗伦萨、热那亚、威尼斯等。

到了文艺复兴时期，随着科学进步，人的主观能动性得到进一步发挥，社会背景又相对开明宽松，为这一时期城市建筑综合体的第二次发展提供了便利条件。而到了巴洛克时期，君权抬头，城市设计强调城市空间的运动感和序列景观，采取环形加放射形的城市道路格局，过分注重形式的城市设计，使得城市建筑综合体的发展受到限制。

工业革命时期，人类社会从封建社会转型为资本主义社会，社会作用力逐渐宽松，城市发展的主导推动力让位于经济因素。工业革命之后的近现代社会，随着社会民主化和开放性加强，社会因素对城市建设的决定性作用有所减弱。除了华盛顿、堪培拉、巴西利亚以及昌迪加尔等少数城市因为突发的政治动因而有整体建设的情况，绝大多数城市均采用更为灵活松弛而又具备协商程序的社会干预方式，从而逐渐使得社会干预性以建设政策和法规的方式出现，不再拘泥于城市形体和空间设计的细节。宽松的社会背景，同样为城市建筑综合体的第三和第四次发展提供了良好条件。

综合下来，社会因素与城市建筑综合体有以下几方面关联：

（1）**社会因素作为一种有效的建设参与因素，通常贯穿城市建筑综合体建设的全过程；**

（2）**社会理想往往是城市建筑综合体建设的主导动力之一，也往往是城市建筑综合体设计需要优先保证的要求。**对于设计者而言，只能理解、磋商、协同作用，而无法摆脱其作用；

（3）**社会干预方式的合适与否，对城市建筑综合体建设的成败至关重要。**历史和现实表明，“权智结合”是双向的，社会干预的效果和结局并不一定是积极的，这就需要所有建设决策参与者具有较高的素质，也对城市建设体制和法规制定提出了新的要求。[1]

---

1 王建国.城市设计.南京：东南大学出版社，1999：P49。

3.3 经济背景

经济因素在城市建筑综合体发展过程中，不是最根本和最直接的因素，它往往起着重要作用。从城市的起源来看，伴随着直接以交换为目的的商品生产，货币的流通，商人阶级的出现，产生了社会第三次大分工，城市便诞生了。从城市诞生的那一刻起，经济这只看不见的“手”就一直在发挥作用，只是从原始社会到奴隶社会乃至封建社会，这只“手”相对于社会因素等其他因素，没有强有力的决定性，一直是默默地推动着社会和城市的发展。

到了中世纪中期，随着经济发展，推动了下层为商店、上层为居住的建筑综合体发展，但是在社会和宗教文化因素的限制下，建筑综合体并没有往城市建筑综合体的方向发展。而到了文艺复兴时期，社会氛围相对宽松，宗教文化氛围开明，中世纪时期发展起来的建筑综合体模式，才在经济因素的推动下通过组合，向城市建筑综合体的方向发展，产生了**内街式购物廊**，迎来了城市建筑综合体的第二次发展。

在工业革命之后，经济因素这只“手”一下子跃然到了推动城市发展的前台来，开始成为推动城市发展的决定性力量。由于工业革命为城市带来了一系列突变，出现了近代城市规划理论将过往城市彻底否定的局面，人们对旧有城市失去了信心，转而投向建立在全新社会关系上的全新城市，而在全新城市中，城市各功能是相互分离的。虽然在经济因素的推动下，这一时期也涌现出以**洛克菲勒中心**为代表的城市建筑综合体并取得成功，但是在整体理论环境的限制下，城市建筑综合体在世界范围处于停滞状态。

随着经济的进一步发展和人们对城市发展问题认识的逐步深入，越来越多的事实证明之前的理论存在问题，人们开始重新回归对城市本质的认识，在经济因素的推动下，将城市建筑综合体推向了第三和第四次发展。

综合下来，经济因素与城市建筑综合体有以下几方面关联：

（1）**经济作为一种最根本的参与因素，贯穿了城市建筑综合体的建设全过程；**

（2）**经济目的和社会理想一样，也是城市建筑综合体的主导动力之一，同样也是城市建筑综合体设计需要重点考虑的因素。**对于设计者而言，要顺应经济因素的发展方向和客观要求，不能与之相悖；

（3）**经济因素不仅会作用在城市建筑综合体的设计过程中，也会在其生命周期中持续的作用，**同时，它也是衡量城市建筑综合体成功与否的基础因素。

3.4 文化背景

文化是伴随人类社会诞生的重要因素，相对于社会、经济因素对人类社会

的影响更为持久。在城市发展之初，由于缺乏科学知识，原始宗教曾一度成为当时的主导文化形式，如"占卜"和"作邑"，其地位在社会因素之上，对城市发展有着决定性作用。古代城镇的布局，往往都有对宇宙理解或宗教崇拜的象征意义。

在古希腊时期，人文主义思想抬头，决定了其城市建设的发展方向，而在同一时期，也出现了**"市场广场"**这一城市建筑综合体的雏形。在古罗马时期，这种结合了神庙、市场和广场的空间，综合了商业、宗教、社交、休闲、娱乐等城市功能的城市建筑综合体，在欧洲大陆上广泛传播。同样，古罗马时期的**"大浴场"**，也是当时文化背景的具体体现。可以说，**文化因素是推动城市建筑综合体第一次发展的重要因素**。

中世纪的文明倒退和宗教统治，形成这一时期封闭的文化背景。宗教在这一时期的强大作用力，甚至控制了人们的生活方式和精神世界。城市建筑综合体在这种文化背景的阻力下停止了发展。而古希腊和古罗马时期，为市民提供丰富精神活动的公共空间，也为功能单一的教堂和广场所取代。

到了文艺复兴时期，人文主义思想再次抬头，在经济的推动下，以**内街式购物廊**为代表的第二次城市建筑综合体发展拉开了帷幕。可以说，文化背景为城市建筑综合体的这次发展，提供了适宜的环境。

在工业革命之后，随着人类科技文明突飞猛进的发展，宗教文化对城市发展的作用越来越弱，甚至在现代规划理论和现代建筑理论中，出现了与传统文化相割裂的论调，完全拒绝了文化因素对城市发展的推动作用。这一时期千篇一律的新城建设和国际化风格，都是这一思想下的产物。事实证明，这种与文化因素相对立的做法是简单而粗暴和适得其反的。

在20世纪60年代之后，随着对现代城市规划和建筑设计理论的批判和反思，人们重新将文化因素放到了重要的位置。而伴随着城市建筑综合体的第三次发展，文化背景，成为城市建筑综合体不可回避和必须考虑的因素。**文化因素对当代城市建筑综合体发展的作用力，主要表现在城市文脉上。**

综合下来，文化因素与城市建筑综合体有以下几方面的关联：

（1）**文化作为一种有效的参与因素，贯穿了城市建筑综合体的建设全过程。**

（2）**文化因素虽然不是城市建筑综合体建设的主导动力，但是却是城市建筑综合体设计时必须考虑的因素。**对于设计者而言，需对文化因素持尊重的态度，不能主观臆断地进行设计。

（3）**文化因素在设计中的体现，对城市建筑综合体建设的成败有很大的作用。**能够融合当地文化背景，融入所在城市文脉的设计，将更具生命力，更宜为城市及使用者接受。

3.5 理论背景

理论对城市建筑综合体的影响主要表现在三个方面：一方面是对城市和建筑建设具有统领性作用的宣言；另一方面是城市规划和城市设计领域的理论；最后一方面是人们对未来城市的设想或幻想。

20世纪以来，建筑界的三个著名宣言：《雅典宪章》、《马丘比丘宪章》和《北京宪章》作为纲领性的文件，对于建筑领域发展的作用是巨大的，同样，它们对于城市建筑综合体发展的影响也是巨大的。《雅典宪章》把都市分为居住、工作、娱乐、交通四项功能，完成了近代都市建设思想的主要根据——**"机能城市"**，但是其核心思想限制了城市建筑综合体的发展，这一局面直到Team10的出现和对《雅典宪章》的批评并导致CIAM解散才有所改变。之后，《马丘比丘宪章》完善和拓宽了建筑和城市规划的基本理论，为现代城市建筑综合体的发展，提供了坚实的理论后盾。而《北京宪章》运用科学的认识论和方法论揭示了建筑历史发展规律，建立了当代建筑科学理论体系，它将对城市建筑综合体的发展发挥重大的理论指导作用（表3－1）。[1]

三大宪章的哲学理论体系比较 **表3－1**

宪章名称 / 哲学体系	雅典宪章	马丘比丘宪章	北京宪章
哲学观念	理性主义	理性及其拓展	系统思维+辩证唯物主
历史观念	单线史观	多元史观	唯物史观
技术观念	技术至上	非技术至上	技术与人文的结合
发展观念	发展至上	有控制的发展	可持续发展
科学方法	理性分析	分析与综合	辩证的有机综合
时空观念	四维时空观	四维时空观	多维时空观

（来源：布正伟，重读《北京宪章》后的思考，世界建筑2001.5）

城市规划和城市设计的理论，自古希腊就开始影响到城市发展。从古希腊的城市设计理论，到**维特鲁威**的理想城市、文艺复兴的理想城市设想、巴洛克时期的轴线形城市，乃至**霍华德**的**"花园城市"**设想，人们对城市形态的设想均是以几何图案为出发点，而为了顺应这一系列的理论，城市建筑综合体的发展也必然遵循这一原则。直到20世纪60年代，随着**简·雅各布斯**在《美国大城市的生与死》一书中提出城市是一种复杂有序性的生命活动论断，以及**亚历山大**在《城市并非树形》一书中提出**半网络状城市结构**（图3－1）之后，人

---

1 有关这三个宣言的详细介绍，请参考附录B。

们对城市的认识才有了革命性转变，从而使得城市建筑综合体往更广阔的领域发展。

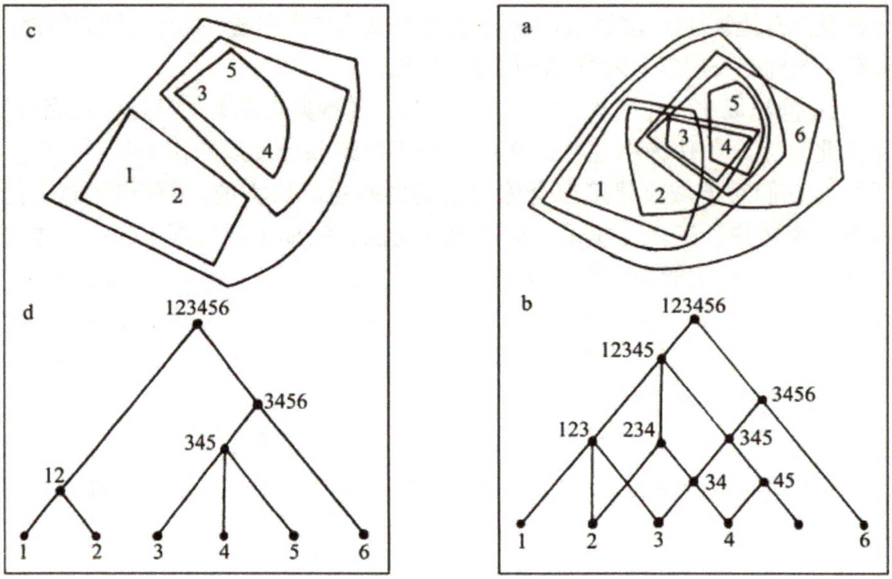

图 3－1　树形结构（左）与半网络状结构（右）

（来源：韩冬青，冯金龙，城市·建筑一体化设计，P8）

人们对未来城市的设想，自古就有，而在工业革命之后，这些设想伴随着科技与经济的飞速发展而层出不穷。当然，建筑师和规划师们对未来城市的设想则更为丰富多彩一些，如**矶崎新**的“空中城市”，**哈伦**的“行走城市”和**柯克**的“插座城市”等。[1] 这些把城市作为一个整体意象来设想的想法，从一个侧面与“城市建筑综合体”的建设思想相吻合。近年来引起各行各业广泛关注的巨型项目**“日本东京金字塔城”**和日本**“X-Seed 4000”**摩天巨塔方案更是将“城市建筑综合体”的概念发挥到了极致。[2]

这三方面的理论和设想，对城市建筑综合体的发展，在不同层面起着不同的影响作用。

综合下来，理论因素与城市建筑综合体有以下几方面的联系：

（1）理论因素作为一种限制性因素，间接指导和影响了城市建筑综合体设计和建设的全过程；

（2）理论因素虽然不是城市建筑综合体建设的主导动力，却是城市建筑综合体设计时无法回避的因素。对于设计者而言，要对理论因素持尊重的态度，

1　详细请参考第 5 章“当代城市建筑综合体的外延研究”中　“5.6 城市理论环境”中的介绍。

2　详细请参考第 5 章“当代城市建筑综合体的外延研究”中　“5.6 城市理论环境”中的介绍。

吸收有利于设计的内容，以指导设计的顺利进行。

（3）**理论因素在设计中的体现对城市建筑综合体建设的成败有一定作用。**在错误和不切实际的理论思想指导下的设计，往往会走向失败。

3.6 政策和法规背景

任何一个有组织社会的城市规划和城市设计活动都是在某种形式的建设法规和条令下进行的，也都伴随着相应的改善、调整原有立法的活动。[1]

在历史上，城市与建筑的整体建设与相应的政策、法规的关系十分密切。“理论上的规划专业知识，如果缺乏社会认可，则所用甚微，如果没有合适的立法形式在政治上引导，则城市规划只能停留在图纸上。”（Morris，1979）

与城市建筑综合体相关的政策和法规，是在近现代才产生的。城市建筑综合体的第三次发展源于美国纽约曼哈顿，而这次发展与当时的政策和法规有密切关系。从 1916 年开始，纽约就开始实行 **“区划法”**（Zoning）拟定沿街建筑高度控制法规，以保证街道有必要的阳光、采光和通风标准。根据区划法规定，建筑在一定高度以上，必须从红线后退。这一法规使得纽约这一时期的高层建筑均采用了阶梯式后退的形式，造成了呆板的城市面貌。同时，区划法对某些地段的建筑物规模也有严格的规定，使城市中心区成为使用强度最高的地区。由于这一法规在实施后，所达成的结果并不能为人满意，基于城市设计的要求，1961 年对原有的区划法进行了重大的修改，并引进了控制建筑开发强度的 **“容积率”**（FAR）概念，与可以同时控制建筑体量与密度的 **“分区奖励法”**（Zoning Incentives）概念。后者规定，开发者如果在某些特定高密度商业区和住宅区用地范围内，将所建房屋后退，提供合于法规要求的公共广场，则可获得增加 20% 建筑面积的奖励和补偿，如果沿街建骑楼，则面积奖励稍少。这一具有替换可能的法规受到了设计者的欢迎，并为城市建筑综合体在纽约的发展提供了便利条件。

历史证明，城市和建筑设计的理论、实践与法规是相互促进的。现实生活环境问题，促进设计理论的探索和实践，而在引起社会公众注意之时，设计立法又成为必须。反之，立法进展又影响实践，促进理论的进一步完善。政策和法规的制定应该对现实更具弹性和应变力。城市建筑综合体同样适应于上述规律。

综合下来，政策法规因素与城市建筑综合体有以下几方面的关联：

（1）**政策法规作为一种限制因素，直接指导和影响了城市建筑综合体设**

1 王建国.城市设计.南京：东南大学出版社，1999：P49。

计和建造的全过程。

（2）**政策法规作为限制因素，是城市建筑综合体设计无法回避的因素。**对于设计者而言，需要满足政策、法规的要求，同时，也要在政策法规允许的条件下，利用政策法规的一些条件，来进行创造性的设计。

（3）**政策法规对设计的限制条件与城市建筑综合体建设的成败有很大的关系。**死板、严格的政策法规，往往对城市建筑综合体的设计具有限制性，易产生反作用力；而灵活、具有弹性的政策法规，则往往能为城市建筑综合体的设计提供更多的可能性。

3.7 技术背景

技术是城市建筑综合体发展的依托。在近现代的城市建筑综合体发展过程中，科学技术的发展更是起到了举足轻重的作用。技术背景主要包括：材料技术、结构技术、设备技术、生态技术、多媒体技术、计算机技术和互联网技术等。

1. 材料技术

材料是建筑的基础，对于城市建筑综合体而言，材料还能够为其内部和外部空间的创造提供支持。例如，**内街式购物廊**的发展，同钢和玻璃这两种材料的发展有必然联系，通过这两种材料的应用，保证了其不受气候变化影响的内部空间营造。新材料为城市建筑综合体的创新提供了基础。

2. 结构技术

结构是建筑内部和外部空间形态的决定性因素。近现代结构技术的发展，为高层、超高层和大跨度建筑的发展铺平了道路。而这些建筑形式的发展，更是为城市建筑综合体的发展提供了更多的可能性，成为发展高密度和多选择的城市空间的基础。**高层和超高层建筑对于城市建筑综合体来说，为其三维层面上的空间组合创造了可能；而大跨度结构则为城市建筑综合体中的城市化公共空间塑造打下了基础。**纵观近现代城市建筑综合体的历次高速发展，都与高层、超高层以及大跨度建筑为表现形式。

3. 设备技术

设备是建筑内部和外部系统的组成要素。这些系统包括交通系统、暖通系统、给水排水系统、强电和弱电系统等。对于城市建筑综合体而言，构成交通系统的电梯和自动扶梯，以及构成暖通系统的中央空调最重要。前者是整体三维立体高效运转的重要保证，而后者则是其内部环境控制的重要手段。

4. 生态技术

生态技术是 20 世纪后半叶兴起的建筑技术。**对于城市建筑综合体而言，生态技术可以为其提供资源的循环利用，并能够降低整体能耗，创造局部小**

环境，达到可持续发展的目的。如日本东京的**惠比寿花园**采用了收集生活污水经过处理重新利用，垃圾输送处理设备通过真空输送回收集中高效处理等生态技术。

5. 多媒体技术

多媒体技术在近年开始广泛运用到城市建筑综合体中，其主要作用是创造互动娱乐并帮助整体进行场所营造。如武汉**光谷广场**，为凸显广场的光电主题风尚，呼应光谷的主流产业模式，设计方别出心裁地引进了当今世界最先进的一套"激光表演系统"，整个大厅的中空部分及屋顶将由激光空中成像，构筑奇特的光电世界。通过电脑控制，整个广场将编制一张巨型的光网，制造出海市蜃楼般的迷幻景像。

6. 计算机技术

计算机技术的发展为城市建筑综合体这一复杂系统的有效管理提供了支持。通过计算机技术，可以实现城市建筑综合体的智能化管理和数字化监控，提高整体的管理效率，减少后勤人员配备，并增加整体的安全性。

7. 互联网技术

互联网已经成为人们日常生活不可或缺的一部分。这一虚拟世界为真实世界提供了一个很好的展示平台。对于城市建筑综合体而言，这一平台能够为其提供有效宣传；而主题网站的建设，则可以创造其与顾客的互动，并作为实体的有效补充。

综合下来，技术因素与城市建筑综合体有以下几方面的联系：

（1）**技术作为一种有效的参与因素，贯穿了城市建筑综合体的建设全过程；**

（2）**技术因素作为城市建筑综合体发展的依托，是城市建筑综合体完成所需依赖的因素**。对于设计者而言，要运用恰当的技术，创造有利于设计的内容，达到整体目标。另外，也应该适当使用新技术来帮助整体在现有基础上更进一步；

（3）**技术因素不仅会作用在城市建筑综合体的设计过程中，也会在其生命周期中持续作用**。同时，它也是城市建筑综合体场所营造，日常运营和可持续发展的有力保证。

3.8 城市建筑综合体历史发展综合研究

3.8.1 城市历史发展的规律性研究

《雅典宪章》将城市的基本功能分为**"居住、休闲、工作、交通"**四大类，纵观城市的历史发展，我们会发现，城市的这四大功能总是在**"分"**、**"合"**之间摇摆，并一直伴随着城市生命体的进化。

作为人类最早居住地的山洞，是聚合现象的承载物，它不仅为人类提供庇护，更成为人类生活、生产乃至娱乐和艺术创造的精神场所，岩洞古人类

图 3－2　古人类在岩洞内所作的壁画
（来源：互联网）

的壁画，就是最好的佐证（图 3－2）。在人类社会发展到一定程度，一些功能（如祭祀、储藏）从其他功能中分离出来。社会第一次大分工（农业与畜牧业的分离），第二次大分工（手工业与农业的分离）使得社会分工更加明确，同时，也使得人类聚居部落的空间功能划分更加明确。到了社会第三次大分工（商人的出现），城市随之诞生，这些分散的社会功能再次因为经济作用而结合在一起，随着人类精神、文化、社会的要求，**在古希腊、古罗马时期，城市的四大功能空前地融合，形成人类历史上城市发展的一大繁荣期。**

到了中世纪，由于战乱和文明的倒退，为了抵御外部的侵害，城市的首要目的变为防御要求（图 3－3、图 3－4）。同时，宗教文化的集中统治，使得城市的功能再次分离，人们绝大部分时间里，只能在家中活动，仅有的精神生活只能在教堂中发生。中世纪中期，随着经济的发展，手工业和商业在城市中复苏，在城墙限制造成城市内部空间不足的情况下，出现了下层为工厂和商店，上层为居住的建筑综合体形式，城市的居住、商业、工作三大功能再次自发结合到一起。中世纪后期，伴随着战乱的减少和经济的进一步发展，原有的城市空间再难容纳更多的发展余地。同时，城市的拥挤环境也非常不适于生存，于是，人们将居住和工作场所迁移到了城墙以外，而在城内保留了商业功能，城市的主要功能又一次分开了。

图 3－3　中世纪封闭的城市
（来源：Eberhard.H.Zeidler，Multi-Use Architecture in the Urban Context，P11）

图 3－4　法国中世纪古城

文艺复兴时期，伴随着经济的发展，越来越多的人来到城市生活，这时，开始出现了底层为商业上层为多层住宅的建筑综合体形式以适应城市的发展。城市的主要功能又一次结合到一起，而这次的结合与中世纪这些功能简单的叠加有所不同，而是更多地呈现出复杂多样的整合局面来（图 3－5、图 3－6）。伴随着城市的进一步发展，城市中开始出现由这种建筑综合体水平组合叠加而形成的连续内街式购物廊，并取得极大的成功。**这也是城市的又一个繁荣发展时期，城市开始往多样复杂的方向生长。**

图 3－5　伦敦老桥混合了居住和交通功能

（来源：互联网）

伴随着工业革命的到来，工厂成为城市中最重要的部分，现代机器的尺度与传统城市人类居住的尺度格格不入。于是，工厂的建设破坏了城市原有的肌理，大量劳动力通过新建的铁路和火车站从郊区源源不断地运送到了城市之中，人们围绕着工厂居住。城市的四大功能之间失去了平衡，工业污染使得城市无法适于居住。同一时期，乌托邦思想和现代城市规划思想力求创造一种全新的城市模式以改变这种局面，他们认为，造成这种局面的根本原因是城市功能叠合而形成的混乱。于是，在一系列的改变措施中，他们将城市四大功能的分割作为主要的手段。人们又一次迁移到市郊居住，而城市则成为一个藏污纳垢的罪恶之地（图 3－7）。

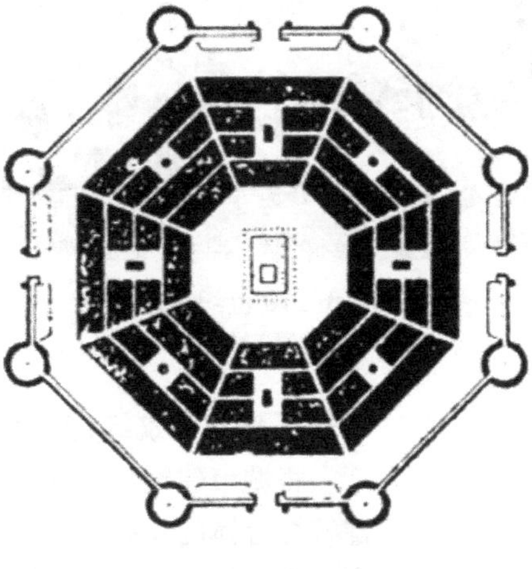

图 3－6　文艺复兴时期的“理想城市”

（来源：王建国，城市设计，P10）

图 3－7 “花园城市”设想
（来源：王建国，城市设计，P35）

在 20 世纪 50 年代之后，随着工业的进一步发展，大量有污染性的工厂迁出城市。同时，在现代规划思想指导下进行的城市建设出现了很多与期望相悖的局面，这使得人们开始反思之前思想的正确性。在人文主义城市建设思想的指引下，人们开始意识到，城市是一个复杂而有序的生命体，城市应该是四大主要功能的有机融合（图 3－8）。**随着战后世界的新一轮建设和科学技术的高速发展（其中高层、超高层和大跨度建筑的成熟是关键点），城市又一次迎来了繁荣期**（图 3－9）。

纵观人类城市的历史发展过程，我们可以发现，城市的四大基本功能间应该是相互补充和共同生长的。任何一项功能的强势都会产生不平衡，从而打破和谐的局面，与其他功能脱离，形成城市功能的分化，造成城市文明的倒退。

图 3－8 19 世纪末的纽约
（来源：王建国，城市设计，P156）

图 3－9 纽约城市景象
（来源：互联网）

3.8.2 城市建筑综合体与城市发展的关系

将城市建筑综合体的发展历史和城市的发展历史叠合，我们会发现，城市建筑综合体的发展与城市的**“分”**、**“合”**规律是暗合的。城市建筑综合体在城市四大功能趋于**“合”**的状态下，能够得到发展的契机。诚如城市是一个复杂而有序的生命体，城市建筑综合体作为城市的重要组成部分，同样也是复杂而有序的生命体。**城市建筑综合体的发展，必须在六个背景因素的合力推动作用下才能进行。**

城市四大功能的**"合"**趋势并不是城市建筑综合体发展的决定性作用力。中世纪中期，城市处于**"合"**趋势下，由于社会、宗教文化的作用力远远大于经济的推动力，在这一时期的建筑综合体并没有表现出城市建筑综合体的特征来。而在20世纪30年代建造的**洛克菲勒中心**，处在城市**"分"**趋势下，在当时的纽约，与经济的强大推动力对比，政策和理论的反作用力相对较弱，正是在这一合力的作用下，产生了伟大的城市建筑综合体。我们可以这样理解：**城市建筑综合体的发展，将会在社会、经济、文化、理论、政策、技术六个因素的合力呈现推动作用的情况下，城市四大功能呈现"合"趋势的背景下，得到最有力的支持。**

相比较城市建筑综合体历史上的三个发展期，我们就会发现，古希腊、古罗马由于经济、政策、理论的推动力不足，而文艺复兴时期由于社会、文化、政策、理论的推动力不足，这两个时期的城市建筑综合体发展力度，远远不及20世纪60年代在六大作用力共同推动下的发展来得迅猛和丰富多彩。而当代，城市建筑综合体更是在六大作用力的共同推动下，迎来了第四个发展期。**因此，社会、经济、文化、政策、理论、技术六大作用力的共同作用越大，城市建筑综合体发展所得到的支持力度就越大**（表3－2）。

城市建筑综合体与城市发展线索关系比较 **表3－2**

<table>
<tr><th colspan="3">城市发展线索</th><th rowspan="2">发展诱因</th><th colspan="2">城市建筑综合体发展线索</th></tr>
<tr><th>历史时期</th><th>环境特色</th><th>功能状态</th><th>发展特色</th><th>代表建筑</th></tr>
<tr><td>远古</td><td>自然环境</td><td>分</td><td>混沌状态</td><td rowspan="4">城市建筑综合体的起源期：是城市发展自发形成的产物，它们往往与城市肌理紧密结合，同时也是人们在几个世纪中，建造和积累下的产物</td><td rowspan="4">古希腊市场广场，如阿索斯（Assos）市场广场；
古罗马大浴场，如卡拉卡拉大浴场</td></tr>
<tr><td>古代</td><td>城市发源</td><td>合</td><td>人类聚居</td></tr>
<tr><td>古代</td><td>功能要求</td><td>分</td><td>社会大分工</td></tr>
<tr><td>古希腊
古罗马</td><td>精神、社会环境开明</td><td>合</td><td>城市繁荣</td></tr>
<tr><td>中世纪前期</td><td>宗教占统治地位</td><td>分</td><td>社会保守</td><td rowspan="4">城市建筑综合体的第二次发展：展示了通过人性化的尺度和新技术来更新现有城市的可能性，并以步行网络来塑造连贯而又有活力的城市场所空间</td><td rowspan="4">商住综合体，如奥斯曼式住宅；
内街式购物廊，如法国巴黎维维恩购物廊，意大利米兰维托里奥·埃马努埃莱二世拱廊</td></tr>
<tr><td>中世纪中期</td><td>城市空间追求效率</td><td>合</td><td>防御要求</td></tr>
<tr><td>中世纪后期</td><td>城市发展空间不足</td><td>分</td><td>经济发展</td></tr>
<tr><td>文艺复兴</td><td>城市人口、密度增加</td><td>合</td><td>经济发展，材料和结构技术</td></tr>
</table>

续表

城市发展线索			发展诱因	城市建筑综合体发展线索	
历史时期	环境特色	功能状态		发展特色	代表建筑
工业革命	城市不适合居住	分	经济发展，现代规划和建筑思想	**城市建筑综合体的第三次发展：**证明了城市生活的相互关联性，不同功能之间的相互依赖性，以及认识了这种关系对城市肌理的改善作用	美国纽约洛克菲勒中心，美国芝加哥的约翰汉寇克中心，法国巴黎拉·德方斯新区，日本横滨皇后广场及标志塔，中国香港金钟太古广场
20世纪	污染工业迁出城市，现代主义思想失败	合	人文主义和结构主义的城市设计思想，材料、设备和结构技术		
21世纪	人类社会空前发展，以亚洲地区为代表城市高速发展	合	人类文化同一化和多元化共存，材料技术，结构技术，设备技术，生态技术，多媒体技术，计算机技术，互联网技术	**城市建筑综合体的第四次发展：**世界范围内的协同发展，以中国为代表的亚洲地区城市建筑综合体的大规模高速建设	香港旺角朗豪坊，香港中环国际金融大厦，杭州市民中心，郑州郑东新区会展宾馆，北京金融街广场，广州正佳广场，上海港汇广场，深圳华润中心

3.8.3 当代国内外城市建筑综合体主要发展阶段综述

当代城市建筑综合体有四个主要发展时期，一是20世纪60年代的美国，二是20世纪70年代的日本，三是20世纪80年代的中国香港，四是20世纪90年代的中国大陆。第一个时期由于之前章节已经详细介绍过了，这里就不再重复。下面，就将剩下的三个时期进行简单介绍。

1. 20世纪70年代的日本

日本从20世纪70年代开始大规模高层建筑群的开发与日本经济和城市的发展是息息相关的。这种高密度、高强度的大规模开发，不仅从经济上有利于叠加效应的发挥和互补，而且在城市空间景观上也能够很快地形成气候。日本之所以在20世纪70年代大规模开发“城市建筑综合体”，是由希望尽快集中财力物力从城市景观上创造出一个新形象的愿望，特殊的建筑法规，以及根植于日本民族传统的“集体观念”共同影响下的结果。[1]

2. 20世纪80年代的中国香港

香港在20世纪80年代也经历了“城市建筑综合体”的高速发展。由于用地紧张、地价极高、人口密度极高等原因，香港的“城市建筑综合体”开发建

---

1 详细请参考第13章“适于我国城市建筑综合体发展的外部因素”中“13.2 日本当代城市建筑综合体建设的特色”中的介绍。

设，往往和城市交通结合紧密。在中环地区，地下为轨道交通，地面为公交车使用，而人往往是在二层以上的空间活动，各个建筑之间通过二层的人行天桥有机地结合成为一个整体。这一时期新建的“城市建筑综合体”非常注意与周围交通的结合，也都考虑了城市空间的引入，往往会在三层才开始设置非公共的功能，从地下室到二层均为公共或商业空间，供城市使用。[1]

3. 20 世纪 90 年代的中国大陆

我国在 1992 年**邓小平**同志南巡讲话以后，也进入了“城市建筑综合体”的高速发展期。“城市建筑综合体”在我国首先出现在 20 世纪 90 年代的广州。总结一下其出现的历史背景，主要有以下几个原因：一是经过改革开放十多年的建设，我国几个开放较早的城市经济连年高速增长，城市的综合经济实力已经达到了较高的水平；二是我国第三产业飞速发展，不断发展的金融业、商业、旅游业，对大型设施有迫切的需求；三是人民生活水平的提高，对购物、休闲、物质和文化享受提出更高的要求；四是商品档次和消费层次的提高，要求有环境优美舒适的购物空间；五是现代化都市生活，对人际交往的场所提出更高级、更丰富、更多样化的要求。[2]

通过比较我们会发现，“城市建筑综合体”的高速发展，与以下原因有密切关系：

（1）**在城市“合”趋势的背景下；**

（2）**在历史背景较少，需要大量新建的新兴城市中；**

（3）**城市高速发展，人口密度激增对于城市生活空间有大量的需要；**

（4）**社会、经济、文化、政策、理论、技术六大外力的共同推动作用。**

同时，我们也会发现，这四个城市建筑综合体的高速发展时期又各有特色，这与具体国家和地区的文化、社会、政策等背景的不同有密切关系。

---

1 详细请参考第 13 章“适于我国城市建筑综合体发展的外部因素”中“13.3 香港当代城市建筑综合体建设的特色”中的介绍。

2 详细请参考第 11 章“城市建筑综合体在我国的发展趋势研究”中的介绍。

第2部分　“整合”
——城市建筑综合体的深入认识

第 4 章　当代城市建筑综合体的内核

4.1　概述

当代城市建筑综合体的内核主要包括了组成其整体的各个功能子系统以及各种开放空间。经过之前两个章节对“城市建筑综合体”概念及其发展背景的研究以后，在这个章节里，将对“城市建筑综合体”进行进一步的“解剖”，对其各个组成要素进行逐一的深入研究。在分解研究的同时，也将结合对各个功能子系统的评估，来讨论“城市建筑综合体”的一大特色——功能子系统之间的“协同作用”。之后，还将对“城市建筑综合体”的另一大特色——具有城市特性的“开放空间”进行研究，从“点、线、面”的逐一对其剖析。在本章的最后，将对当代城市建筑综合体的功能组织方法进行总结。

4.2　城市建筑综合体的功能空间

城市建筑综合体的功能空间几乎包括了所有常见城市公共建筑功能，在这一小节里，将对十类最有代表性和能够起到决定性作用的功能空间：办公功能、居住功能、酒店功能、零售功能、娱乐功能、文化功能、市民及公共设施、会议功能、休闲功能，以及停车设施，逐个论述，并对其相互间的协同作用进行评估。

4.2.1　办公功能

办公功能是历史上推动许多城市建筑综合体发展的重要力量。潜在的办公租户对办公空间所附带的其他混合功能十分在意，有的租户甚至还愿意为此多支付一定的租金。当然，也有的租户会主要以租金的高低和空间的大小来决定。同样，在有的市场情况下，城市建筑综合体的办公空间会比普通办公建筑中的办公空间更抢手，而在有的市场情况下则会无甚区别。**因此，对于办公功能在城市建筑综合体中的设置，要从对租户需求的调查入手。当然，需求只是评估参照，最终的决定因素还是市场空缺。**

办公功能常常被作为城市建筑综合体的主要功能，其比例需由项目中其他功能估算所占比例和整个项目的大小来决定。办公功能在城市建筑综合体中所能获得的独立个性没有普通办公建筑那么强烈，但由于城市建筑综合体的整体作用，使得它能具有更广阔的场所背景，而得到更多益处。

将办公功能作为次要功能的城市建筑综合体往往会给人完全不同的印象并具有不同的外观，同时，其布局和市场运作也截然不同。这类项目的周边往往对办公功能需求很小，开发商是想利用城市建筑综合体所营造的独特场所，来吸引一定的租户。包含少量办公功能的项目虽然会有办公空间缺少个性，入口较难寻找，以及同其他功能组成部分的合作环境很难达成的缺点，但却是一个有效的解决方案，尤其是在以下情况：（1）可满足对办公功能需求不大的要求并占用很少土地；（2）可为项目提供更多发展潜力或为不适于发展其他功能的地段提供机会；（3）政府政策规定允许少量的办公空间存在。

办公功能在许多情况和地段下不适合单独存在，而城市建筑综合体可以容纳它们。对开发商来说，办公功能包含相当潜力，因为它是收益最高的功能之一，也是城市建筑综合体最主要的收益来源之一。同时，它也能产生对其他功能的需求，尤其是酒店和零售功能。

美国城市土地学会（ULI）的研究显示，混合使用环境能获得更高的办公租金。城市建筑综合体中包含办公功能也有缺点，同样是**美国城市土地学会**（ULI）的研究显示，大部分小租户喜欢选择有餐饮和零售的办公空间，他们更看中城市建筑综合体提供的整体环境便利性，而大租户则视此种情况为折中，而更倾向于选择独立的办公大楼。**综合下来，城市建筑综合体中的办公空间更适于小公司、小租户的使用，这与城市建筑综合体提供更多可能性的特点是相一致的。**

4.2.2 居住功能

居住功能在20世纪70~80年代的大部分城市建筑综合体项目中并不占据主要地位，但是在近年大量城市建筑综合体项目中，它们开始扮演起重要的角色来，尤其是在市郊开发中，以居住功能为主的城市建筑综合体被大量兴建。如香港**将军澳广场**，全屋苑分为8座，每座45层共2880个单位，其下部对公众开放的裙房内设有会所、商场和大量的社区服务设施，甚至还包括了香港传统的**“街市”**（即菜场），而裙房屋顶则作为住宅区的共享平台不对公众开放（图4－1）。

图4－1　香港将军澳广场外景（左），其裙房内部包含了大量社区服务设施（中），甚至还有“街市”（右）

城市中心区的城市建筑综合体中的居住功能主要面对的群体是没有孩子的年轻家庭或未婚白领等年轻人群，他们也是未来的住宅消费主力。而 **LOFT 式公寓**[1]的租户，往往是更年轻的人群。在对居住功能的市场分析中，必须注意上述特殊人群的作用。居住功能的市场分析，首先要描述出当地的概况，其次是要分析当地的经济趋势，最后则要确定市场需求，如就业和人口增长趋势、社会环境、可用收入情况、家庭组织情况等。

居住功能是城市建筑综合体中平衡酒店、零售、办公等功能的重要功能。住宅开发商，开始越来越多地寻求城市建筑综合体这种混合开发环境，因为这种便利的环境更有利于住宅出租。如**特拉梅尔·克罗**（Trammell Crow）住宅开发商在美国科罗拉多州**英格伍德**（Englewood）市开发的 Alexan Citycenter 项目，就涉及了居住功能和零售功能同更大的**英格伍德**城市中心混合使用项目的组合；其包括了 2 幢共 438 个居住单元的居住功能，约 2600 平方米的地面和沿街零售空间，以及与之相连的一个四层高的停车建筑（图 4－2）。在过去，曾有一种传统观念认为在零售功能之上的居住空间相对于独立的居住空间更难出租，而事实证明，在城市建筑综合体中的出租公寓相对于普通的出租公寓可以有高出 20%的租金，这与城市建筑综合体提供的便利大环境是分不开的。

图 4－2　美国科罗拉多州英格伍德市的 Alexan Citycenter 项目

（来源：互联网）

1　LOFT 原指工厂或仓库，起源于 20 世纪六七十年代的美国纽约。20 世纪后期，欧美将其逐渐演化成都市中最具时尚个性的建筑形式。目前盛行的 LOFT 公寓，已经被赋予了一种更先进生活方式的寓意。它的定义要素主要包括：高大而开敞的空间，上下双层的复式结构，类似戏剧舞台效果的楼梯和横梁；流动性，户型内无障碍；透明性，减少私密程度；开放性，户型间全方位组合；艺术性，通常是业主自行决定所有风格和格局。LOFT 公寓是同时支持商住两用的物业类型，所以主要消费群体包括个性上的和功能上的。从功能上考虑，适用于一些比较需要空间高度的，比如电视台演播

总的来说，城市建筑综合体中居住功能的评估包括对其收益的估算，同时，额外的运营和管理费用也需安排，材料的选用和防火的要求也需考虑。另外需要考虑的因素还有：私密性处理、噪声控制、安全性、销售和管理及投资规划（与其他功能的应对方式区别很大）等。

4.2.3 酒店功能

酒店功能包含了多种酒店形式：廉价旅店（Budget）、经济酒店（Economy）、中价酒店（Mid-price）、高级酒店（Upscale）和豪华酒店（Luxury）。在20世纪90年代之前，大部分城市建筑综合体中包含的酒店均是高级或豪华酒店，规模很大，往往有300间以上的客房，并包含会议设施。而到了20世纪90年代之后，随着城市建筑综合体在市镇中心或小型项目中的使用，小型的中价酒店也开始出现在其中，而廉价酒店和经济酒店依旧很少出现在城市建筑综合体之中。

酒店功能对城市建筑综合体的贡献巨大：**高级别酒店可以提升项目的整体形象，创造独特的场所氛围，或更有利于整体项目的冠名和市场运作；酒店将给整个项目带来24小时的活力，全天候地吸引各种人流；酒店的餐饮、娱乐、休闲等功能不仅仅可以服务酒店的旅客，更可为办公、居住功能的用户共享。**

酒店功能同样也可以从城市建筑综合体的环境中获得很多益处，尤其是步行空间、零售和娱乐设施，可以强化酒店的形象和旅客逗留期间的体验。酒店同样也能从办公、居住功能所提供的客源中获利。

酒店功能的评估中，需对周边供求需要进行认真调查。酒店的客源一般来自商业、会议、旅游三方面，而城市建筑综合体中的其他功能也能提供一定的客源。基地周边的交通情况也是前期调研的重要部分。另外，酒店功能的设置必须考虑城市建筑综合体的全局，错误的功能比例设置会造成全局的失败。酒店功能在一些特殊时间段（如周末、节假日）会创造额外的收益。**综合说来，选择合适的酒店经营商和正确的整体定位，是酒店功能设置最重要的两个因素。**

有不少当代城市建筑综合体以酒店功能为重要组成部分，如美国波士顿的Copley Place项目，包含两幢高层酒店——分别由**威斯汀国际酒店集团**（Westin）和**万豪国际酒店集团**（Marriott）运营——总共包含1951个客房以及配套办公用房和零售空间（图4-3）。不少开发商认为酒店功能具有巨大的市场价值并将它们作为城市建筑综合体的发展重心。而只有选择了相匹配的酒店运营商，才能确保酒店正常的运转和收益。国际上，专门经营高级和豪华酒店的运营商有：**凯悦国际饭店集团**（Hyatt）、**万豪国际酒店集团**（Marriott）、**丽兹国际酒店集团**（Ritz-Carlton）、**四季国际酒店集团**（Four Seasons）、**威斯汀国际酒店集团**（Westin）、**希尔顿国际酒店集团**（Hilton）。在他们强大的国际预定

厅、公司产品展示中心等；作为个性上的考虑，许多年轻人以及艺术家都是LOFT的消费群体，甚至包括一些IT企业。

系统的保证下，可以使城市建筑综合体拥有相当的市场优势。相对而言，其他运营机构只能提供酒店运营较低的保证，而无法给项目整体提供强有力的支持。

无论酒店功能在整个城市建筑综合体中所处的地位如何，它都将起到相当作用，而不会作为次要的从属功能存在。酒店功能必然会起到连接高端市场的作用，并在整个项目中凭借高效的市场吸引力占据重要地位。

图 4－3 波士顿 Copley Place 中包含两幢高层酒店——分别由威斯汀国际（Westin）酒店集团（左）和万豪国际（Marriott）酒店集团（右）运营

（来源：互联网）

4.2.4 零售功能

零售功能在作为场所营造的主要元素时，往往会成为城市建筑综合体成功的关键。一方面，它占据了城市建筑综合体中的主要公共空间，定义了大部分场所的特性；另一方面，它也是最难开发的功能空间。

几乎所有的城市建筑综合体都包含有零售功能，它们在项目中的作用，从为项目主要功能提供服务和便利，到有机串联项目与城市空间，乃至作为项目中重要元素提供各种货物和服务的购物中心，应有尽有。零售空间在项目中的大小、尺寸和营业时间段选择，应在**经验性零售市场分析**（Experienced Retail Market Analyst）的市场研究基础上确定。

开发商必须意识到，零售空间往往会在整个项目的规划中所占比例过大。**由于零售可在未来的发展中增加，所以总的说来，规划比例过小的问题会比规划比例过大的问题容易解决。**而减少零售空间的比例，是很难进行的，并会给人以项目整体失败的意象。

对零售功能的支持，主要来自以下四个市场：

（1）**基地市场（the On-site Market）**——项目中办公空间的上班族，酒店的旅客，居民，以及项目中其他功能吸引来的客源；

（2）**周边市场（the Nearby/Local Market）**——能方便到达项目的周边上班族，居民（5~7 分钟路程），以及周边地区的访问者；

（3）**地域性市场（the Regional Market）**——30 分钟路程范围内的居民、上班族和访客；

（4）**经过性市场（the Transient Drive-by Market）**——开车或步行去其他目的地时经过的客源。[1]

市场分析是根据所考虑的市场组成成分来决定的。如果将零售功能定位为服务性和便利性的零售店，市场分析则必须着重于基地市场和周边市场。**总的来说，基地市场和周边市场是零售功能的主要客源提供者，而包含了独特零售功能的城市建筑综合体则能够从更大的范围内吸引客源。**

本地市场（5～10分钟抵达时间）的支持潜力评估需要评价以下几方面的内容：

（1）现有和未来在这个区域内的上班族数量；

（2）当地居住人口，包括一份详细的市场人口统计评估（包含收入级别，消费模式，特殊群体人口统计如大学学生等，生活方式）；

（3）访客的数量和消费模式；

（4）周边范围、本地和相邻的零售竞争对手情况。

对于城市建筑综合体中零售功能的本地市场支持力评估需要对所有功能全面分析。每个项目对零售功能的本地市场支持力的区别是很大的，这是由项目的特性和包含的混合使用功能，项目所处的地段，项目的设计和管理，以及计划零售功能性质等因素决定的。[2]

确定本地市场的潜力之后，需要对商业区域内的竞争对手、人口数据、购买力和销售潜力进行分析。城市建筑综合体中的零售功能只有具备了相当的规模、一定的租户和在一定范围内吸引客源的能力，才能和当地市场的购物中心相竞争。

零售功能在项目中的市场竞争能力，依赖于项目所处的位置和与主要竞争对手的距离，零售部分的设计和特性，以及整个项目的场所营造。如果城市建筑综合体中的零售功能是小规模的，那它只有通过自身的与众不同，才能吸引地域性市场内的客源。

确定地域性市场的支持，需要进行详细的人口统计和市场分析，其中包括了对项目周边1英里、3英里、5英里（1.6公里、4.8公里、8公里）范围内现有人口的调查，对未来人口和就业人口增长的估算，以及人口在年龄、收入和家庭结构三方面的分组统计。地域性市场的人口数量将会影响到其所能够支持的零售空间数量，另外，人口组成结构将影响到所在市场范围内零售租户的类型。

虽然新零售空间的开发不会创造新的购买力或消费力，但是，它却可以获得改变消费者购物习惯和重新分配他们消费结构的结果。如果城市建筑综合体中零售功能的环境足够独特，那么它就有能够在现有消费群体的基础上创造新

---

1 ULI.Mixed-Use Development Handbook(Second Edition).USA: Urban Land Institute，2003: P56.

2 有关办公功能、居住功能和酒店功能对零售功能的支持力评估，请参考附录G。

购买点的可能性。因此，**城市建筑综合体中的零售功能在相对成熟的零售环境中，也往往能发现遗漏，填补市场空白。**

除了对市场的大小和特性进行评估以外，对市场竞争的评估以及填补市场空白也是同样重要的。越来越多的零售商开始将混合使用项目和主街环境而非传统的购物中心作为首选。城市建筑综合体中的零售功能往往包含不止一种零售类型，下面就三种主要的零售类型，作逐一介绍。

1. 服务和便利性的零售

服务性零售主要是为基地内和附近的顾客服务的，它们以个人和商务服务为特色，如干洗店、旅游代理、银行等，也以小吃和餐饮机构为特色，必须被安排在便于到达的位置。因此，它们一般被布置在城市建筑综合体中的地面层，沿主要街道和通道，或集散大厅（中庭）的周边，而很少被布置在次要位置。

便利性零售（食品、药物、酒类、杂货等）应当被布置在消费者最易到达的位置。和服务性零售一样，便利性零售对位置的要求非常敏感。由于大部分顾客会优先选择顺路购买这些物品，因此，它们会主动面向服务群体和邻近的市场。典型的便利店会以杂货店或药店[1]为基础，并包含相关商品（书籍、音像制品、零配件等）和食品、饮料的销售。

便利性零售的市场目标是其服务范围内的服务群体和路过的顾客群体（尤其是 10 分钟即可抵达的）。同时，能吸引一定顾客群的有一定基础的便利性零售（如有独立货源或连锁经营的便利店）也能通过自身独有的条件来成为吸引客源的因素，尤其是当它们处在不理想位置的时候（图 4－4）。

图 4－4　法国巴黎拉·德方斯新区地铁站内的服务和便利性零售功能

2. 比较类零售

购买比较类零售商品（服装、电器、珠宝首饰）的顾客，往往会在货比三家后再决定购买。典型的比较类零售往往以百货商店为基础，并以专门类的和生活式购物的零售为补充。它们包含的货物主要有普通商品、服饰、家具和其他类别的产品。

比较类零售的营业空间往往比服务和便利性零售的要大很多（一般会有 28000 平方米以上）。比较类零售主要面对的是在 20 分钟路程内，有明确购物意图

1　以药店为基础的便利店在欧美比较常见。在这些国家，医院不销售药品，人们需要按照医生开出的单子自行去药店购买，因此，药店成为这些国家人们日常需要光顾的地方。

的消费群体。在城市建筑综合体中，比较类零售往往占据了较大的土地和空间，因此，它往往也需要充足的面宽、入口空间和停车位。它使城市建筑综合体拥有丰富的选择，并为其他高密度的功能子系统如公寓、办公和酒店，提供市场支持（图 4－5、图 4－6）。

图 4－5　上海正大广场内的比较类零售

图 4－6　巴黎老佛爷百货的比较类零售

3. 专门化、生活化和娱乐性的零售

专门化和生活化的零售用一种独特的方式来提供独特的商品。这种店铺销售的往往是只此一件的商品（如定制旅行包店）或是有传统特色的商品。同时，它们的服务也独具特色（如奢侈品店和主题餐厅）。专门化的零售往往有以下的共同点：

（1）具有特色的内部装修和诱人的建筑外观；

（2）餐饮业的支持，以餐厅取代传统零售的支持；

（3）对礼品业和手工艺品业的强化，往往具有地方特色的倾向；

（4）往往采用视线开放的设计，以增加视野范围和促进店与店之间的视线吸引；

（5）由大量的小面积店铺组成（30～200 平方米）。

一般而言，这类零售中心不会有传统零售业的存在。这类零售强调的是商品的深度——同类商品往往有几家租户销售，但是却各有特色。专业化的形象，可通过商品的特色、建筑设计的特色和独特的整体购物环境来营造。专门化零售功能的市场目标非常广阔，包含了本地客源、经过的客源，以及更大范围内被其特色吸引而来的客源（图 4－7）。

专门化零售往往会为城市建筑综合体提供亮点。在许多城市建筑综合体中，专门化零售还为项目在趋于饱和的区域中，创造了独特的区域个性。另外，娱乐性的租户，如电影院、音像制品零售店、书店以及主题工作室等也越来越多地包含到了城市建筑综合体中的零售功能中来。

图 4－7　武汉光谷广场的专门化、生活化和娱乐性零售
（光电子、动漫产业、书城、激光全息光幕等）

城市建筑综合体中零售功能的市场分析包括了：选址分析、可达性分析和零售组合成分分析。零售功能的位置、设计以及大小与市场支持力相匹配是非常重要的。它们往往会成为整个项目的焦点，并在视觉效果、场所营造和便利性方面与竞争对手保持一致或有所超越。在大部分情况下，城市建筑综合体中的零售空间往往会对市场提供一些与众不同的特色，以区分于普通的商业中心。因此，大部分包含了零售功能的城市建筑综合体往往会将其设计为不同于周边市场的模式。这种不同包括了有特色的租户和购物环境，以及一个更为城市化的场所环境。

如果项目中还包含相当的居住功能，零售功能的设计就要将能对居住功能提供支持的零售服务包含进来，对居住功能进行市场控制，其中，食品店、杂货店、干洗店、美发店等尤为重要。

城市建筑综合体中的零售功能必须有自身的要求和判断力，它们必须能够自力更生，而不是依赖于同一项目中的办公、住宅和酒店功能的出租或占有率。事实证明，对城市建筑综合体中其他功能形成的市场支持往往估计过高或很难把握，如上海金贸大厦，在酒店、办公功能高占有率的情况下，其下层的零售空间却大量闲置。

如果安排合理和具有创造性，城市建筑综合体中的零售功能可以创造相当大的吸引力和投资回报，它们可以有更长的销售时间段和拥有更多的客源。而如果安排不合理，它们的表现会远不如竞争对手。

总的说来，零售市场的分析和规划是整个项目的关键。因为，零售功能是城市建筑综合体中最显著的组成部分，它的成功是整个项目成功的关键。

4.2.5　娱乐功能

城市建筑综合体的成功往往与整个项目营造的场所感及个性有关。娱乐设施——电影院、主题餐厅、俱乐部、酒吧等——能够有效帮助项目达到这个目的，并成为许多城市建筑综合体中的重要因素。在有些情况下，城市建筑综合体中也会包含一些少见的娱乐功能，如过山车、竞技场和体育馆等。

娱乐功能的市场潜力评估和零售功能类似，但是在几个重要方面需要谨慎对待。**娱乐功能的消费是随意性的，消费者是不固定的，同时，其运营的特点也是复杂的。**娱乐功能的一个重要益处是它们能给共用停车提供大量的机会。娱乐功能既可以与零售功能统一安排，也可独立设置。

1. 餐厅、酒吧和俱乐部

餐厅、酒吧和俱乐部是城市建筑综合体中最常见的娱乐功能，占据了大量的出租空间。它们在夜间和假期会成为城市建筑综合体中吸引客流的主要功能。大量的餐厅可使得项目成为餐饮集中地并吸引大量回头客。另外，高知名度的饭店能成为城市建筑综合体的标志物。

商业性的现场娱乐集会场所非常时髦，但是它们必须被小心控制，这是因为它们产生的噪声和节庆气氛会影响到同一项目中居住、酒店和办公功能的正常运作。所以，它们的设置必须考虑隔声的问题以避免干扰其他功能。[1]

2. 电影院

电影院同样可以为城市建筑综合体吸引夜间人流，另外，它们也能为城市建筑综合体中的零售功能提供客源。**电影院也是能够吸引地域性市场内的客源反复光顾的最好功能。**

当代，电影院有往复合性影院（拥有 8~24 个或更多的小型放映厅）方向发展的趋势。每 5~10 分钟就有一部电影开场，它们吸引着人流源源不断地进入城市建筑综合体。

IMAX 电影院也开始应用在城市建筑综合体中，它们往往与普通放映厅一同设置。但是它们的设计需谨慎对待，因为 IMAX 影院尺寸很大很高，会较难布置在城市建筑综合体之中。如上海**来福士广场**裙房的影院中，就包含了 IMAX 影院，成为人民广场地区一大特色，为其吸引大量客流（图 4-8）。

3. 过山车和交互性娱乐设施

在一些城市建筑综合体中，娱乐设施相当的精巧和复杂——甚至会包括过山车——这些娱乐设施成为整个项目中的亮点，为项目增添了特色。如香港深水埗的**西九龙中心**，在其中庭顶端就设置了过山车轨道，为整体增添了热闹的商业氛围（图 4-9）。在新技术的支持下，娱乐功能通过交互性使用技术而变得更有教育意义，有些城市建筑综合体已经引入了供顾客娱乐的交互性游戏设施。

---

1 有关噪声问题，详细请参考第 9 章“城市建筑综合体的运营、管理和维护”中有关小节的论述。

图 4－8　上海来福士广场的 IMAX 影院

图 4－9　香港西九龙中心中庭顶端的过山车

4. 竞技场和体育场

个别的城市建筑综合体中，包含了竞技场和体育馆。虽然它们很少能获得生动的混合使用效果，但是，包含了它们的城市建筑综合体会拥有独特的个性（图 4－10）。虽然竞技场和体育馆很大且必须与整个项目的其他部分若即若离，并会对其他功能形成一定的支配性，但是它们能在小心布置和理性设计的基础上，为整个项目带来益处。竞技场和体育馆往往有大量座位，并具有适应各种运动比赛、杂技表演、演唱会等活动要求的弹性。竞技场和体育场同时也能供本地居民使用，并为同一项目中的零售、餐饮和酒店功能提供客源。由于这些设施必须能为人们随时使用，以保证其一定的利用率，所以，有些体育场馆，如不能经常使用的足球场等，并不适合与城市建筑综合体混合。

图 4－10　美国孟菲斯的皮博迪广场包含了棒球场
（来源：互联网）

4.2.6　文化艺术功能

文化艺术功能，如表演艺术中心、博物馆、宗教设施、艺术品等，越来越多地被引入到城市建筑综合体中来。**文化艺术功能能够为项目提供无法用金钱购买的特色和声望。**由于文化艺术功能往往不能产生足够的收益来支付其运作的费用，在通常情况下，它们需要依靠政府、公共机构，以及慈善机构的赞助。而在城市建筑综合体的背景下，可以通过一些创造性的手段来提供一定的内部补贴费用，以确保它们的运转。

为合理安排和为文化艺术功能提供资金，必须在私人投资者、公共机构和艺术组织之间提出革新性的合作关系。在城市建筑综合体中设置文化艺术设施，要依赖于其能够为整体带来的商业价值。总的来说，大部分人都认为文化艺术功能能为城市建筑综合体提供适意的环境、个性以及吸引力。而具有一定难度的部分是能够为文化艺术功能投入多少预算以及能够从外界引入多少资金，最困难的是，从外界引入资金是极其麻烦和费时的。

在城市建筑综合体中引入文化艺术功能往往需要一个有明确目标的领导者，并会包含一个长时间的计划和在开发商、政府机构、艺术部门三方面密集的协商过程。在某些案例中，政府部门在城市建筑综合体中加入文化艺术功能，是因为能够使用由文化艺术功能所控制的区位优越的地产，并能够在整个项目中结合一定的文化艺术元素。[1]

1. 表演艺术设施

表演艺术设施能够为城市建筑综合体创造一个积极的形象，并能够在夜间和周末吸引大量客流。它们在一些关键时间段为整个项目创造活力和兴奋点。同时，它们也是难以模仿的场所氛围营造者。它们所需要的投资量非常巨大，因此，私人开发商如果想以此来获得一定的投资收益，则需要非常仔细地计算其投资和收益。室外的表演艺术设施也开始流行了起来，虽然它们相比室内设施的成本要低、尺度要小，但是它们同样能够为整个城市建筑综合体增添活力和价值，并吸引大量的人流。如香港赤柱的**赤柱广场**，就包含了一个名为“闲情坊”的多用途的户外表演场地。其舞台和观众席设有帐篷式上盖，为各种艺术表演提供一个以大自然为背景的户外表演场所，其定期举行的活动成为了当地的焦点（图 4－11）。

图 4－11　香港赤柱广场的户外表演场地

2. 博物馆

博物馆往往能够在白天，尤其是节假日吸引人流。它在城市建筑综合体中往往不处于主要地位，一般来说，小型博物馆和主题博物馆在城市建筑综合体中比较常见。如日本**滨松 ACT 城**，就包含了一座乐器博物馆和研修交流中心，展出世界各民族不同时代的乐器近 2000 件，配合展览还设有古乐器演奏表演室、研究室和可供普通

1　关于文化艺术功能的详细介绍请参考第 12 章“适于我国城市建筑综合体发展的内部因素”中“12.3 城市建筑综合体中的文化艺术设施”中的论述。

市民参加的音乐练习室、活动室等，为附近居民提供了一处有关音乐活动的场所（图 4－12）。

3. 宗教设施

宗教设施同样也只会在少数情况下出现在城市建筑综合体中。这类设施往往是在城市建筑综合体的开发过程中，在原有的基地上保留下来的，伴随着城市建筑综合体的开发而进行了更新和改造，并融入整个项目之中。与博物馆类似，宗教设施也会在特殊的时间段为整个项目吸引大量的人流。如马来西亚吉隆坡的双子塔中，为适应当地文化需求，包含了一座清真寺。

4. 雕塑及绘画

文化艺术功能能够在很小的尺度下融入到整个城市建筑综合体之中。例如，雕塑和绘画能够被用来强化公共区域和门厅的意象。小型的舞台可被使用在零售区域或其他公共开放空间以提供娱乐性。这些设施因为能营造令人愉快的氛围而为项目的投资预算支持。有些著名的艺术品还能成为吸引人流的因素，如德国柏林**欧洲中心**（Europa Center）内的机械钟**“飞逝的时间”**，是前民主德国和前联邦德国统一后巴黎送给柏林的礼物，它通过水流来准确报时的过程吸引了无数游人驻足观看，并成为欧洲中心的重要标志（图 4－13）。

图 4－12　日本滨松 ACT 城

（来源：覃力，日本高层建筑）

图 4－13　德国柏林欧洲中心内的水钟

4.2.7　公共及市民设施

公共、市民、教育和交通功能经常能在城市建筑综合体中找到，尤其是在位于市郊或市镇中心的项目中。这些设施包括市政礼堂和政府办公室、法院、图书馆、邮局、教育设施、市民交流中心以及各种交通车站。

1. 市民及教育功能

不少位于市镇中心的城市建筑综合体会由政府投资者加入供市民使用的功能作为首要用途。法院不适合在城市建筑综合体中出现，虽然它可以作为整个项目的标志，但是它会给整个项目带来凝重的气氛和不愉快的人流，并给整个项目造成不好的印象。教育设施可以全天候的运营，并在夜间为整个项目持续吸引人流。如美国北卡来罗那州的**科尼利厄斯**（Cornelius）在近年着手兴建的市镇中心中，设置了一个约 2300 平方米的市镇会堂。这一市镇会堂为城市的行政功能和市民会议提供了场所，并成为所在城市的市民活动中心和地标建筑。

2. 交通及运输功能

交通及运输站点成为城市建筑综合体的一部分，主要是由其能够创造优越的地理位置和吸引人流而决定的。近年来，在许多市郊区域的开发中，采用将大量功能围绕车站布置并形成城市建筑综合体，来带动整体开发的模式。这种模式被称为**交通导向开发**（Transit Oriented Developments，简称 TOD）或**交通性质村镇**（Tansit Village）。

图 4－14　德国柏林波茨坦的车站

交通倾向开发能同时提供机遇和挑战，在市郊，虽然交通运输功能创造了大量的财富，同时也潜在破坏了多样的功能。这是由于轨道的建设将地面区域一分为二，造成了人为的分割和联系的困难。无论如何，通过优秀的设计，交通运输站也可以被设计成一个受人欢迎的城市建筑综合体。例如，德国柏林**波茨坦的车站**，综合了连接柏林市区的轻轨车站以及火车站的换乘功能，零售、餐饮功能，以及一部分旅游及服务功能，成为波茨坦居民日常出行以及各国游客来访的必经之地，即便在寒冷的冬季，街头虽然萧瑟，其内部也是人流如梭的一番热闹景象（图 4－14）。

4.2.8 会议功能

城市建筑综合体中的会议设施有两种形式：一种是大型会议中心，通常由政府投资兴建；另一种是附属于会议宾馆的会议设施。这两种形式的会议设施通过和酒店功能的合作经营，都能为项目吸引客流，并为项目中的餐饮和零售功能提供支持，尤其是在会议间歇期间。

当然，它们也会由于过大的尺度而消耗大量的土地和损害适于步行的氛围。

在有些城市建筑综合体中，会议中心是整个项目的首要功能和整个项目发展的原动力。如韩国首尔的**ASEM会展中心**是韩国国内最大的城市建筑综合体之一，项目包括了对原有建成于1979年的**韩国国际会展中心**的扩建和改建，包括了展览场地的增加、专门的会议中心、酒店和服务设施等，会议中心及其附属设施之间按照一种“共生”的关系来设计。用地周边配置了**ASEM大厦**、**COEX洲际大酒店**、画廊、现存的展览馆，以维持建筑群的均衡（图4－15、图4－16）。会议功能的开发必然会涉及政府投资资金的优先权，因此，政府投资者通常会对项目的潜力和可行性进行评估，其中包括了这个城市作为会议举办地的市场可行性，现有相关设施的情况，以及新设施开发的潜力。

近年来，许多没有会议中心的城市，相继开发大型会议中心，以期吸引旅客的到来并创造新的商机和赢利。大部分新开发的会议设施取得了成功，并为城市吸引了大量的客源。但是也有一部分案例，其市场却十分低迷，目标期望过高和过分依赖政府目标而非市场需求是导致其失败的主要原因。

如果城市建筑综合体的开发中包含了会议功能，同时对市场需求的估计有冒险性，在这种情况下，即便会议功能的投资由政府承担，整个项目也会变得岌岌可危。另外，如果无法举办一定数量的会议，与其相关的酒店功能也不会获得成功。

即便在有政府投资的情况下，私人投资者也必须独立评估会议功能的市场吸引力。这一评估对决定其对项目中酒店和零售功能的支持力至关重要，同时，整体的评估分析会涉及到以上三个领域的专家。同样，酒店的运营商同样也会在承接委托之前，进行与之相关的分析。

图4－15　韩国首尔的ASEM会展中心
（来源：(韩)韩国建筑世界株式会社编著，李华译，SOM设计作品——ASEM会展中心）

图4－16　ASEM会展中心注重与周边环境和历史建筑的关系
（来源：(韩)韩国建筑世界株式会社编著，李华译，SOM设计作品——ASEM会展中心）

酒店中附属的小规模会议设施，往往不会独立开发，它们将作为酒店的一部分，同酒店一起开发。这类设施的市场目标由酒店运营商来决定，并由他们来负责其市场规划，并安排其使用。

城市建筑综合体中的会议设施会对其他功能产生巨大的支持作用，创造项目的个性，并创造 24 小时不间断的活力。如法国巴黎的**国际会议中心**，将会议功能叠加在零售功能的上部，通过零售功能来串联会议、酒店和城市交通，为这个地域创造了源源不断的活力（图 4－17）。开发商必须牢记，会议设施并不一定适合自己的项目，他们的益处必须从整体的角度来衡量，如果确定要引入会议功能，则需要尽可能地得到政府的支持。

图 4－17　法国巴黎会议中心将会议功能叠加在零售功能的上部

4.2.9　休闲功能

城市建筑综合体中的休闲功能能够为整体提供和娱乐、文化功能一样的好处：拓展整个项目的循环作用，吸引特定的人群，为租户、居民和访客提供一个适意的场所空间。城市建筑综合体中的休闲功能往往包括公园、码头、运动（健康）俱乐部和溜冰场等等。

1. 公园和相关休闲设施

城市建筑综合体中的公园和相关休闲设施主要包括了屋顶花园、空中平台以及屋顶游泳池等设施。这些设施同样能够吸引人流，有的开发商甚至发现，它们会吸引人们的专门到来，并增加相当的停车要求。

城市建筑综合体中包含公园和休闲设施往往是政府参与的结果。在大型项目中，公园往往能够占有相当的比例，如**香港国际金融中心**裙房的屋顶平台被完整地开发成为中环地区稀有的公园，其位于喧嚣的闹市之上，背山面海，成为城市绿洲（图 4－18）；又如香港金钟的**太古广场**，在建设的过程中，利用山体的地貌特色，不仅将其背后的香港公园有机联系起来，还保留了部分山体绿化，使其成为高档写字楼和酒店所围绕的内花园（图 4－19）。

公园需谨慎考虑大小和布局，以确定它们能为其他功能提供益处。RTKL 公司的助理观察员（Associate Observes）**帕里斯·拉瑟福德**（Paris Ruther ford）认为："公园往往被作为项目预期的核心设计，但是大型公园很难创造出利于零售功能的环境，所以这一功能必须被仔细考虑透彻。"[1]

图 4－18　香港国际金融中心裙房屋顶平台被开发成为公园

2. 码头设施

当城市建筑综合体沿水开发时，会很自然地引入码头设施，并将其作为吸引人流的元素。城市建筑综合体中的码头设施所具备的功能往往与传统单一功能的码头不同。例如，在以零售功能作为重要功能组成部分的城市建筑综合体中，码头可能会包含供游船短暂停留，并为游客提供购物和就餐的功能。同样，码头也可供其他乘坐班船或水上巴士的游客使用。为了吸引更多的客流，有的码头设施中，还包括了供游船使用的设施和船只租赁业务，以提供更为便利和适宜的环境。如我国郑州**郑东新区会展宾馆**，在国际投标过程中，不少设计单位都利用了建筑紧靠郑东新区内湖的地理优势，将裙房结合码头设计，不仅仅为游船提供了停靠的场所，也增加了底层裙房的商机，这一想法，也在最终方案中得到了采纳（图 4－20）。

图 4－19　香港金钟的太古广场利用地形进行绿化布置（来源：互联网）

码头设施往往在城市建筑综合体中扮演重要角色，提供适意的环境，创造出独特的场所氛围。它们能为项目中的居住、酒店、办公功能中的人们提供一个独一无二的环境，并通过吸引外来客源来增加对项目中其他功能子系统的市场支持。如果被正确设置，它们可以成为将未开发地段变成一个充满活力和生机的场所的关键。

3. 运动（健康）俱乐部

运动（健康）俱乐部是伴随着过去几十年减肥和瘦身热潮而兴起的休闲功能。它们往往被布置在城市建筑综合体下部的非重要位置。

1　ULI. Mixed-Use Development Handbook(Second Edition). USA: Urban Land Institute, 2003: P75

图 4－20　华东建筑设计研究院设计的郑州郑东新区会展宾馆方案，其裙房结合码头进行设计（来源：绿地集团）

图 4－21　位于上海香港新世界广场地下三层的美格菲健身中心

运动（健康）俱乐部的门槛很低，可供整个项目的租户、访客和居民方便使用，因而可以方便地形成经济气候，并激发基地市场的潜力。在普通的居住或办公项目中，有时候会附带建设一些休闲设施以完善整个项目的市场，而事实上，租户或居民很少会使用这些设施。在城市建筑综合体中，因为综合了大量的其他功能，休闲设施所面对的市场就宽泛了许多，事实也证明，在城市建筑综合体的环境中，休闲设施更有市场。如上海**香港新世界广场**的地下三层就是一个运动（健康）俱乐部，不仅为大楼提供服务，也向社会开放（图 4－21）。

4. 溜冰场

溜冰场之所以可以在城市建筑综合体中流行起来，主要是由以下几方面的原因造成的：

（1）溜冰场如同其他的休闲功能一样，它们能够延展项目的活动循环，并吸引特定的客源；

（2）它们是城市建筑综合体场所营造的重要手段；

（3）它们能够在公共空间提供一个视线中心，以带动整个区域的气氛。[1]

大部分城市建筑综合体中的溜冰场是和零售功能共同设计的，它们被更多地作为视线中心设计，而非赢利的创造者。在 20 世纪 60~80 年代的城市建筑综合体中，溜冰场往往以室内的形式出现，它们在炎热的季节尤其受到欢迎。如我国广州的**正佳广场**，在其内部设置了一个溜冰中庭，结合周边的商业和休闲功能的布置，成为其一大亮点，在全天营业期间都吸引了大量的游客，为其增加了商机（图 4－22）。近年来，溜冰场也开始根据季节的变换而出现在室外场地上，作为室外空间的视线焦点。

1　关于以溜冰场为代表的交互性休闲娱乐设施的详细介绍，请参考第 12 章“适于我国城市建筑综合体发展的内部因素”中　“12.4 城市建筑综合体中的交互性休闲设施”的论述。

图 4－22　广州正佳广场内的溜冰场吸引了大量游客

开发休闲设施的困难往往在于能否得到合适的土地或空间，通常情况下，往往会将零售功能的上层空间作为最终选择。虽然有些设施会被作为会员制和纯赢利性的功能，但是由于它们能够为整个项目创造适意的环境，在需要的时候，开发商会提供一定的资金帮助。

虽然城市建筑综合体的开发商会更倾向于开发能够产生赢利的设施，更关心一个设施对整体项目的市场价值，但是在有些情况下，开发商会为某些特殊租户减免租金甚至提供补贴。休闲设施能够给整个项目带来的实际收益提升是很难估算的，因此，对这些设施的设置，就需要更多地依赖于开发商的经验了。

4.2.10　停车设施和共用停车（Shared Parking）

在城市建筑综合体的开发中，许多因素影响了停车的要求：土地使用的类型和大小，项目所处的位置，项目使用者的特点和收入水平，公共交通的可达性和花费，步行到达的人流量，停车功能的设计，停车费用以及共用停车的使用。

城市建筑综合体中各功能的使用者，对停车功能有许多不同的观点和需求：

（1）市民和政府不希望办公、零售、娱乐、住宅等功能产生过多的停车问题，或是将公共交通开发到仅有居住功能的区域，但他们同样希望城市建设能够有更多的精明增长，更多的绿化面积，和更少的环境破坏。

（2）零售和娱乐功能的租户要求尽可能多的停车位靠近他们的店面，并能够在停车高峰的晚间、周末和节假日提供足够可使用的停车位。大型商业中心在高峰时期所需要的停车位比一年中其他时间段的要多得多，因此，在大部分时间里，它的车库总是空闲的。

（3）住宅的用户和大楼的业主往往需要有安全保证的私人停车位，仅可供他们的访客共享。

（4）办公功能的租户一般期望在上班高峰的白天工作时间享有停车位的优先使用权。

（5）酒店功能则需要在夜间为旅客和在白天会议期间为来访者提供足够的停车位。

（6）投资贷款方往往会要求设计充足的停车位，宁愿过多也不要出现过少的局面，他们不会考虑开发商在这方面的花费，以及是否会影响到他们的贷款安全。

（7）开发商则会期望能够得到恰如其分的停车位数量，以期最小化土地的消耗和建造的费用。

由于涉及了多方面的资金，同时缺乏最新数据和可靠的高峰期共享数据，使得确定一个项目的最优停车位成为一个极其困难的事情。

1. 估算停车需求

城市建筑综合体中的停车要求非常之多，因此，估算此类项目的停车需求比估算单一功能的项目要复杂很多。对于其高峰时段的停车位精确估算，不仅需要意识到每项功能子系统实际需求的易变性，也要意识到这个结果不是每个功能子系统计算结果的简单叠加。

由于不同功能子系统具有不同活动周期，城市建筑综合体中不同功能子系统的停车峰值在一天中的不同时间段，一周中的不同日子，以及一年中的不同季节都会发生变化（图 4－23）。因此，除了在停车位分别由各个功能子系统独立使用的情况下，简单地将各个峰值数据累加得出的数量一定过高。最终的统计必须考虑到不同使用功能的不同使用模式。

城市建筑综合体中不同功能的协同作用也往往表现在对访客多重目的访问的鼓励上。访客在一次来访中，将会访问不止一个功能子系统。因此，一个停车位，可能包含对多个功能子系统的影响。这一涉及**“专属市场影响力”**（Captive Market Effect）的现象，也需在估算停车位的时候考虑到。

因为不同的功能子系统在不同的时间会产生不同的停车要求，这使得这些功能在没有冲突和侵害的情况下共用停车成为可能。**城市建筑综合体中共用停车设计的重点在于提供一个高效而又充足的停车空间。**只有通过更好的设计和管理，才能减少多余的车位并节约资金（图 4－24）。

2. 共用停车的实行

虽然共用停车是经济并利于环境的，但是由于以下几个原因导致了它并不容易实施：

（1）政府部门在审批项目的时候，对共用停车的可行性持怀疑态度；

（2）支持共用停车的数据很难获取；

（3）有些功能子系统的用户，往往希望能够独享专属他们的停车位，而减少了和其他功能共享车位的可能（虽然访客的车位依旧可以和其他功能共用）。

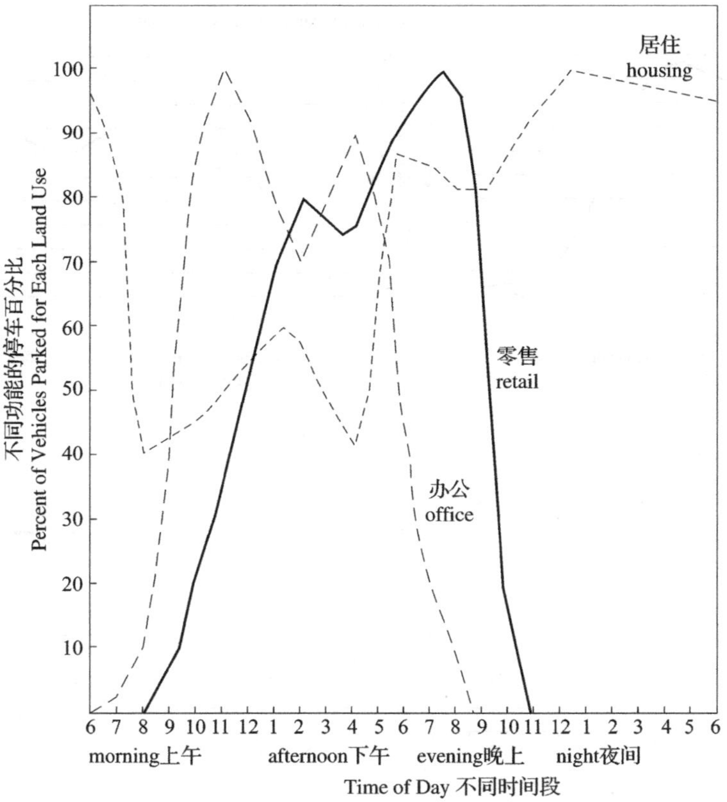

图 4－23　不同功能在不同时间停车百分比变化

（来源：改画自 Eberhard.H.Zeidler，Multi-Use Architecture in the Urban Context，P138）

在美国，各地的地方立法部门，对共用停车的态度多种多样，从完全赞同到彻底反对的都有。即使他们愿意接受方案，在他们的权限内能够批准减少的停车位也是有限的。在有些案例中，仅少量功能最终能够实现停车位的共用，而有些案例则彻底放弃了共用停车的理念。

美国的**区划法**开始越来越多地放宽对共用停车的限制。虽然实现这一目标还需开发商提供确切证明和克服很多困难，但是开发商和政府都开始认同共用停车的合理性。即便停车要求随着不同情况不断变化，但由于停车库的高额造价和对环境的影响，迫使人们努力将停车空间设计得更为经济，各个功能子系统在可能的情况下，更多地实行共用停车。

4.3　城市建筑综合体的城市化空间

城市建筑综合体内部的公共、交通空间，不仅仅有连接各功能元素的作用，还具有连接城市空间的作用，甚至本身即是城市化空间，成为城市空间的有机组成部分。

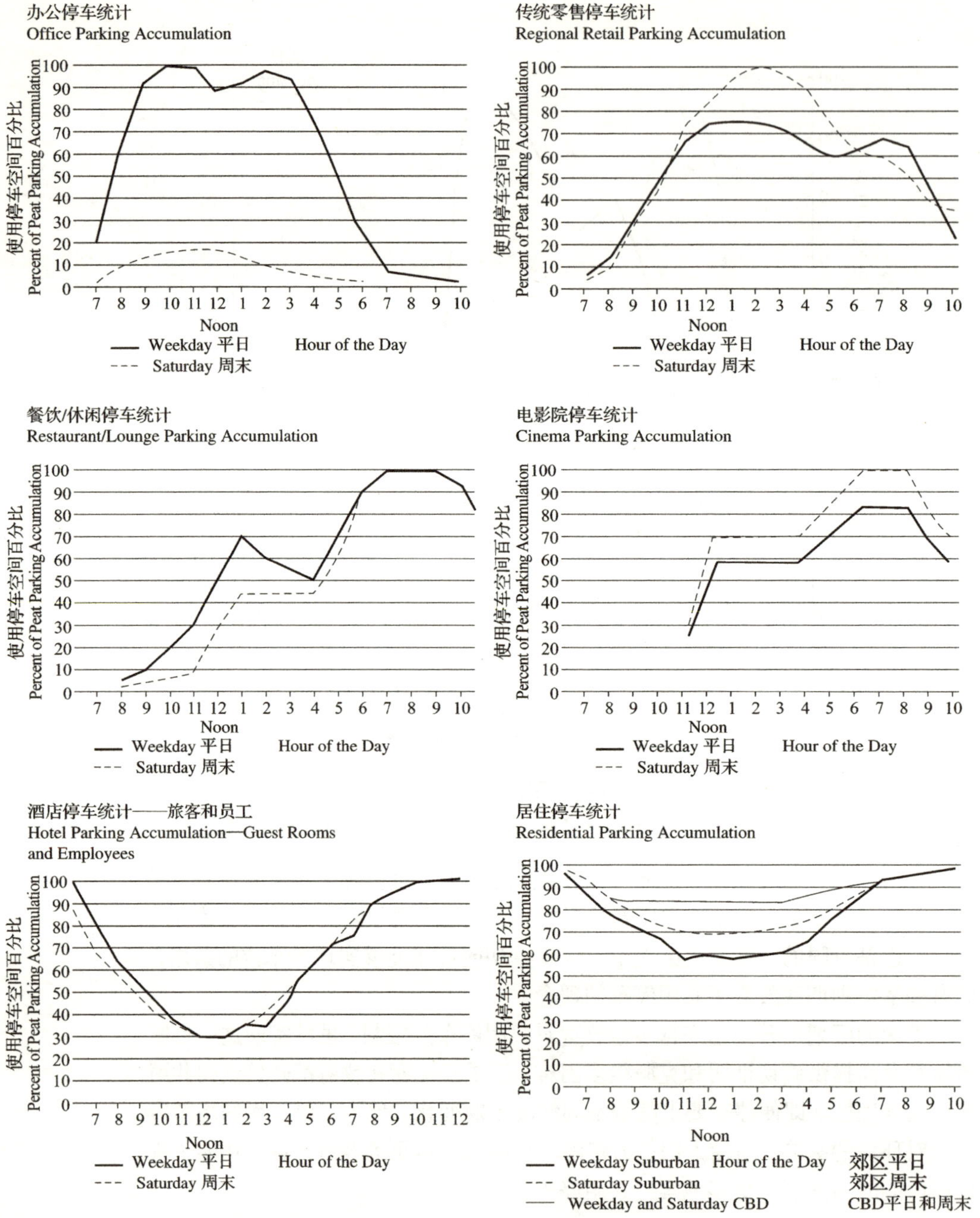

图 4－24　不同功能在不同时间的停车比较

（来源：ULI，Mixed-Use Development Handbook(Second Edition)，P80）

城市建筑综合体作为对城市功能、空间、资源等要素的整合，其城市化空间承载了大量的内容，并直接关系到其本身效益，是其“城市”因素的重要体现，更是其与城市一体化，有机融入城市大环境的决定因素。

在接下来的这一小节里，将围绕城市建筑综合体中的城市化空间展开，从“点”、“线”、“面”三个层面，分别对城市建筑综合体中的城市接口空间（转换口），城市链接空间（联系通道），和城市开放空间（中庭、广场、平台等）的城市化特性进行阐述。

4.3.1 “点”——城市建筑综合体中的城市接口空间

根据不同交通方式来划分，城市接口空间主要分为城市步行接口和城市车行接口。根据不同的空间位置来划分，又可分为地面、地下和空中接口。而根据服务的对象来划分，则可分为公共接口和特定人群接口。下面就以不同的交通方式为基础，来讨论城市建筑综合体中的接口空间。

1. 城市步行接口空间

城市的步行系统主要包含了人行道、商业街、天桥、空中步道、地下通道、城市广场等，城市建筑综合体通过接口空间与这些系统相联系，共同构成城市完整的步行系统。这些空间设置的优劣，将直接影响到进入城市建筑综合体中的人流量，并决定城市建筑综合体的经济产出和总体效率。步行城市接口空间，主要分为地面、地下和空中三种，其中，地面和地下接口空间往往公共人流多，而空中接口则以特定人群为多。

1）地面接口

虽然现今城市地面空间被大量车流占据，但是，地面层在大多数情况下，依旧是步行人流最密集的层面。因此，地面接口也是绝大多数城市建筑综合体中最重要的接口空间。对基地周边不同道路、广场等人流来源的分析是进行地面接口设置的基础。同时，也要根据接口面对的不同人群性质——公共性（如商业入口）、特定人群（如办公入口）——来合理布置接口空间。

需要吸引人流的地面接口空间主要有以下几种类型：

（1）**设置可以使人会聚和逗留的开放空间**，如小广场，凹入式小门厅，大挑檐遮蔽下的灰色空间等。如上海南京东路步行街入口一侧的**上海世贸国际广场**，配合步行街的入口设计，其裙房采用了挑檐设计，其下覆盖了一个 4 层高约 2000 平方米的巨型开放空间，成为步行街入口的一大亮点，并为其内部的商业功能吸引了人流（图 4－25）。

图 4－25　上海世贸国际广场的入口

（2）**入口的设置直接面对主要人流的来向**（商业街、广场、地铁出入口等）。如上海淮海中路上的**大上海时代广场**，通过入口的后退，设置了气势磅礴的正门广场，是淮海路上罕见的开放空间（图 4 – 26）。

（3）**设置室内商业街直接与外部城市空间相连**，以舒适和不受外界干扰的室内空间来吸引人流。如柏林**波茨坦广场**的 **ARKADEN 商场**拥有一条开放式的步行内街，直接与城市空间相连，并有机联系了地块周围的交通（图 4 – 27）。

图 4 – 26　上海大上海时代广场入口广场

图 4 – 27　柏林波茨坦广场的 ARKADEN 商场商业内街与城市直接相连

（4）**设置上升和下沉的台阶**来吸引人流的驻留。如上海的**港汇广场**入口处面向徐家汇中心两层高的大台阶，不仅仅为游人提供了休息的场所，也为商家提供了广告布景和举行促销活动的场所（图 4 – 28）。

（5）**设置位于建筑一侧的开放中庭空间**，来吸引人流的进入。如巴黎意大利广场的**意大利广场商业中心**（ITALIE 2）将建筑的中庭布置在面向广场的一侧，并在内部作台阶式的设计，这样不仅仅吸引了访客的驻留，也延伸了外部的广场空间，并得到了借景的效果（图 4 – 29）。

（6）**以底层架空的方式连接周边的城市空间**，以吸引人流的经过和驻留。如香港中环的**汇丰银行**就将底层完全架空，并结合地形设计为斜坡广场连接了其南北的街道，使得这一广场成为连接两条主要道路的便捷步行空间，吸引了大量人流的经过和驻留（图 4 – 30）。

（7）**在入口设置自动扶梯**，直接将人流引入建筑内部。如**香港时代广场**的底层空间，在架空连接周边道路的同时，设置了四部并列的自动扶梯，联系了地铁、地下商业空间，以及上层的商场中庭，直接将人流引入了建筑核心位置（图 4 – 31）。

在实践中，则往往需要根据基地的实际情况，综合运用以上手法，尽可能增加接口空间的吸引力。

图 4－28　上海港汇广场门口的大台阶

图 4－29　巴黎意大利广场商业中心中庭

图 4－30　香港汇丰银行的架空底层

图 4－31　香港时代广场的底层空间

面对特定人群的接口空间，既要能够对特定人群起到醒目的作用，也要注意避免无关人流的干扰。如**香港会展中心**的车流停靠入口设计在建筑内部架空部分，不仅相对隐蔽，减少了对步行人流的干扰，也避开了城市主要道路的影响，创造了良好的回车空间，减少了对城市交通的影响（图 4－32）。

图 4－32　香港会展中心的落车空间

2）地下接口

现代城市伴随着地下空间的不断开发和利用，以及地铁的大量建设，地下通道、地下商业街、地下车站等空间，越来越多地与城市建筑综合体发生着直接的联系。因此，地下接口，也成为城市建筑综合体设计中，需要认真考虑的一个重要人流来源。总的来说，由于地下空间的开发往往以公共性为主，因此，地下接口所面对的人流也往往是公共性的。

地下接口空间吸引人流的方式与地面接口既有相似之处，也有不同之处：

（1）**设置可以会聚和吸引人流的开放空间**，如下沉广场、地下门厅等。如法国巴黎的**中央商场**所在的**莱阿拉商业区**（Les Halles），采用中心下沉广场式布局，地上二层，地下四层约 5 万平方米的商业空间，其中地下步道的面积达到了 2 万平方米，吸引了来自各个方向中转人流的经过，为其商业功能带来了极大的成功，成为巴黎最热闹和最富有市井文化的场所（图 4－33、图 4－34）。

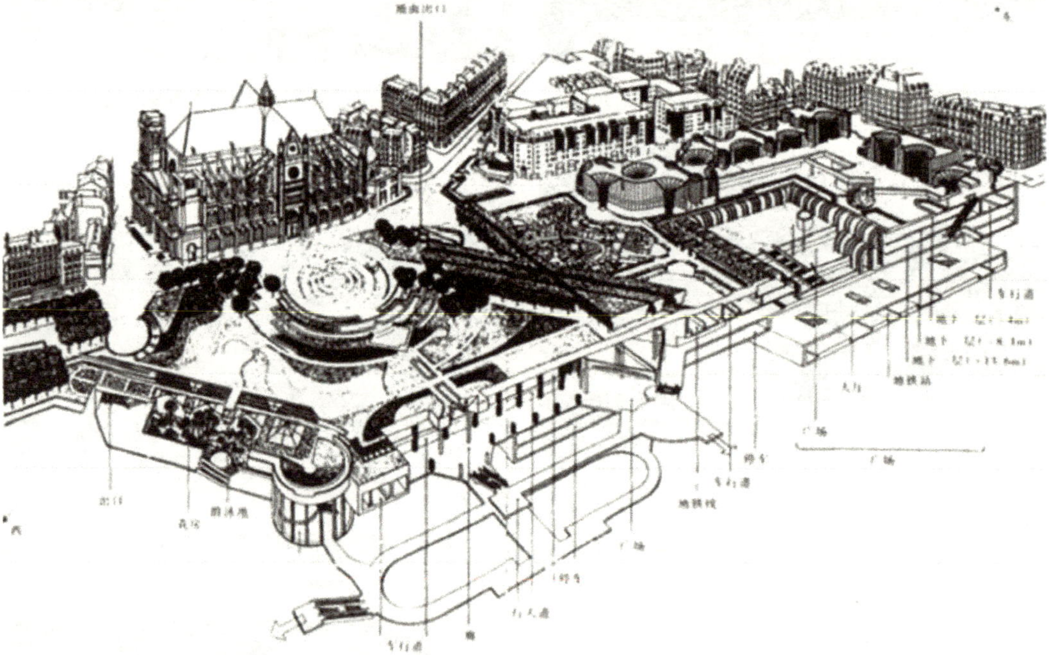

图 4－33　法国巴黎中央商场剖视图（来源：韩冬青，冯金龙，城市・建筑一体化设计，P128）

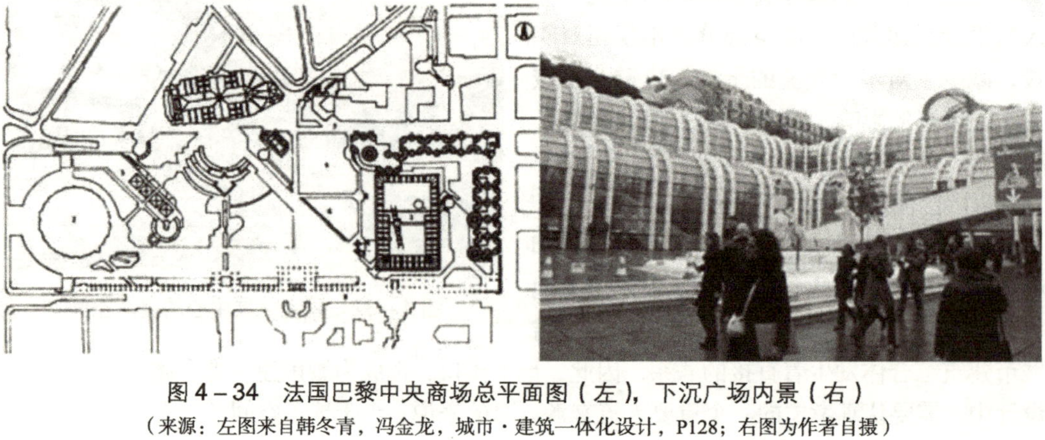
图 4－34　法国巴黎中央商场总平面图（左），下沉广场内景（右）
（来源：左图来自韩冬青，冯金龙，城市・建筑一体化设计，P128；右图为作者自摄）

（2）**设置地下商业街与地下接口连接**，引入人流。如上海徐家汇的**美罗大厦（美罗城）**，地下层就设置了一条商业街包含了餐饮、电玩和零售功能，有两处直接连接地铁出入口，有效引入了人流（图 4－35）。

（3）**设置直通地下的中庭空间**，减少了地上和地下空间的区别感。如美国芝加哥的**伊利诺伊州中心**（Illinois Center）贯穿整幢建筑的中庭空间深入地下层，一侧与地铁站相连，同时也是地铁站进出人流穿越 RANDOLPH 大街的必经之路（图 4－36）。

（4）**在接口处设置自动扶梯**，直接将人流引入内部。如上海淮海中路上的**香港新世界广场**地下层与地铁站相连，通过自动扶梯直接将人流引入联系建筑内部各功能和城市空间纽带的半开放式内庭院（图 4－37）。

图 4－35　上海美罗城地下层商业街

图 4－36　美国芝加哥的伊利诺伊州中心中庭内的下沉广场连接了地铁站（左），剖面图（右）
（来源：韩冬青，冯金龙，城市·建筑一体化设计，P47）

（5）**将地下空间的出入口结合设计到建筑内部**。如上海的**瑞安广场**，将地铁的出入口设置在了建筑的内部，这样使得出入地铁的人流都有进入其下部太平洋百货的可能（图 4－38）。

面对特定人群的地下空间接口，往往连接了地下车库，以服务工作或购物人流为主。这类接口空间也需要注意避免人流的干扰，在设计中往往以垂直向的电梯作为组织手段。

图 4 – 37　上海香港新世界广场内庭

图 4 – 38　上海瑞安广场与地铁站相连

3）空中接口

由于地面空间的日益紧张，伴随着地下空间的开发，空中空间也越来越多地得到设计者的关注。香港在中环、金钟、湾仔的空中步道系统，就是将步行人流完全吸引到了空中层，来打造纯粹空中城市步行系统的典型例证。而在大部分以地面交通为主的城市，空中交通一般以过街天桥或建筑间的空中连廊为主。对于面对空中步道系统和过街天桥的接口空间而言，它们所面对的人流往往是公共性的；而建筑间的空中连廊，面对的主要是特殊人群。

空中接口空间吸引人流的方式主要有：

（1）**设置可以吸引人流的开放空间**，如屋顶平台、空中门厅等。如香港中环的**美国花旗广场**（原香港**万国宝通银行大厦**）前的广场，既是大厦的主要出入口，亦是行人交通的聚集点，根据地段地形分为高低两层，连接着不同方向的行人通道及步行天桥，将中环地区心脏地带以及香港公园与缆车总站等重要环节连成一个全面立体交通网络，这个网络穿插于建筑物中（图 4 – 39）。

（2）**设置空中商业街与空中接口连接**，以引入人流。如香港湾仔的**会展中心旧翼**，其与湾仔步行天桥系统连接的室内空间，就被设计为一条独特的创意商业街，成为了人们乐于选择的一条到达会展中心的路线。

（3）**设置位于建筑一侧的中庭空间，并与空中接口相连**，以吸引人流。如**上海香港广场**的两部分分别位于淮海中路的两侧，其通过一座天桥联系了两部分商业裙房的中庭空间，将它们连为一体（图 4 – 40）。

（4）**设置与屋顶花园等空间相联系的通道**，以吸引人流。如香港金钟的**力宝中心**，裙房花园平台和金钟步行系统连接，使得建筑裙房部分空间成为城市有机组成部分（图 4 – 41）。

（5）**设置与高架轻轨站点的连接通道**，以吸引人流。如上海**龙之梦购物中心**，在空中设置了直接连接轻轨站的通道，使得人们可以从空中直接进入购物中心（图 4 – 42）。

图 4－39　香港美国花旗广场入口空间

图 4－40　上海广场通过天桥联系整体

图 4－41　香港力宝中心的空中花园平台

图 4－42　上海龙之梦商场与轻轨连接

面对特定人群的空中接口空间往往是为商业空间之间的串联而设置的。因此，此类空中接口空间的设置，需将进入人流与建筑内部主要交通系统直接联系，以促进整体商圈的形成。如上海徐家汇的**第六百货**与**太平洋百货**、**汇金百货**之间都设置了连接通道，使得顾客在这三家百货公司之间穿梭自如，不仅仅方便了顾客，也增加了其内部人流。

2. 城市车行接口空间

城市车行系统主要包含了公共和私人交通两种，其中公共交通主要包括了地铁、轻轨、公交车、出租车等等。私人交通则以私人使用的机动车和非机动车为主。与城市步行接口一样，城市车行接口空间同样分为地面、地下和空中三种。

1）地面接口

地面层是公交系统和私人用车最密集的层面，如何处理车流与人流的转换，减少车流对人流的干扰是设置地面接口时需要优先考虑的问题。地面接口面对的车流以公共交通为主，而对于办公、酒店、住宅等功能，也有需要面对特定人流和物流的地面接口。

面对公共交通的地面接口空间主要有以下两种类型：一是设置可以使得公共交通逗留和回旋的开放空间，如小广场、大挑檐遮蔽下的灰色空间等（图 4－43）；二是以底层架空的方式供公共交通停靠。其对人流的吸引方法和地面步行接口类似。如**广州火车东站**，站前广场由高架人行广场层、机动车层、地下三层组成，形成人与车分层分流、室内公交车站、地下停车场、地铁的立体格局（图 4－44）。

面对特定人流和物流的地面接口，则需要注意避免对其他人流和车流的干扰，在人口密集的核心地带，比较普遍的方式是采用底层架空或直接引入地下的方式，在建筑内部解决转换问题，以减少对外部城市空间连续性的影响。如香港上环的**信德中心**，是香港上环地区的一个重要交通换乘枢纽，换乘交通工具涉及海陆空全部，地面层架空，作为公共巴士终点站（图 4－45）。

图 4－43　上海美罗城的地面接口空间

图 4－44　广州火车东站的地面层

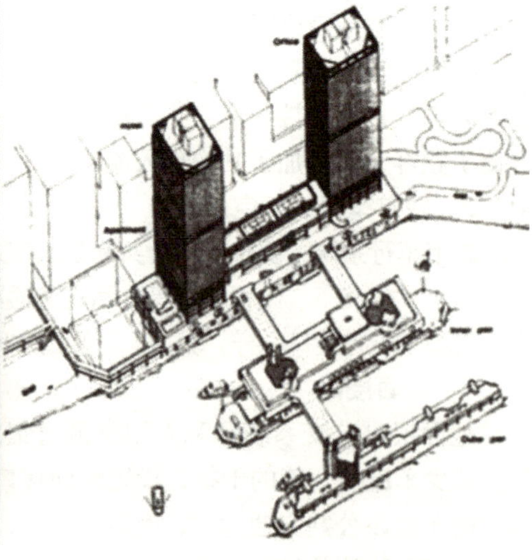

图 4－45　香港信德中心是上环地区的重要交通换乘枢纽，换乘交通工具涉及海陆空全部
（来源：互联网）

2）地下接口

随着地铁的大量建设，地下接口开始逐渐成为城市中重要的转换空间。在香港的城市设计中，大部分在地铁站点周围的公共建筑都设置了与之相连的接口，使得人们不用走到地面即可方便地到达建筑的内部，免除了多余的步行距离，也避免受到外界气候的影响。

面对地下公共交通接口设置类型与面对地下人流交通的接口类型类似。正如前文所述，为保持地面城市空间的完整和连续性，有的城市建筑综合体，已经开始将一些公共小巴和出租车的停靠点设置在了地下。面对特殊人流和物流的接口，也大多设置在了地下。对于此类接口的设置，同样要注意尽可能地避免对公共车流的干扰，并要和建筑内部的相关功能便捷地连接。例如，在香港九龙塘的**又一城**，出租车和小巴的停靠点被设置在了地下一层，地铁的出入口也被设置在了地下一层，九广东铁的出入口被设置在了一层，而特殊人流、物流的接口则被设计在了地下二层，其中公共交通均与中庭空间直接联系，而特殊人流和物流的入口则独立设置，这样就彻底杜绝了公共交通与特殊交通的相互干扰（图 4－46）。

图 4－46　香港又一城的巴士站及出租车停靠站均在建筑内部架空部分

3）空中接口

空中接口往往分为两类，一类是与空中轨道交通，如轻轨等连接的接口，这类接口也可以划分在上文讨论的步行空中接口中，此处不再重复了；另一类则是与城市立体交通系统相联系的方式，这种方式往往是建筑直接与封闭式的汽车专用道连接。这类空中接口为城市建筑综合体选择交通方式提供了更大的弹性，同时也减轻了城市建筑综合体所带来的大量车流交通对城市交通的压力，因而为不少大型城市建筑综合体所采用。如香港金钟的**太古广场**，利用其所处的地形优势，将车流布置到了裙房屋顶上，并与城市高架通道引出的四车匝道相连，不仅实现了人车分流，更在高峰期大大缓解了对城市地面交通的压

图 4－47　香港太古广场的车流交通被布置在了裙房屋顶上

力（图 4－47）。

4.3.2　“线”——城市建筑综合体中的城市链接空间

随着城市建筑综合体在城市中的地位越来越显著，以及城市交通立体化发展，其内部公共空间，越来越多地起到链接空间的作用，成为城市街道的一部分。城市建筑综合体中包含城市链接空间，不仅可以为项目本身提供大量人流，还可为其内部功能提供更多商机。

“人”是城市建筑综合体的动力源泉。因此，城市建筑综合体中的链接空间，首先要考虑其便利性；其次，由于城市建筑综合体中的链接空间是纯粹步行空间，对城市传统步行场所营造的回归也需考虑；最后需要考虑的是其如何与各功能子系统结合，既为内部功能子系统提供更多的可能，也要保证整体系统的高效运行。

城市建筑综合体中的链接空间主要有以下空间形态：线形、放射形、环形、群聚型、方格形、网络形等，下面就按照不同的空间形态来进行分类讨论：

1. 线形的链接空间

线形空间是城市空间最基本的组成元素之一，它两端往往联系两个重要城市节点，也是城市建筑综合体中链接空间的最基本组织模式。城市建筑综合体中的线形链接空间主要有直线形、折线形和弧线形三种（图 4－48），并通常体现为步行街或廊道的形式，这种形式的流线走向明确而具有连续性与秩序感，空间上则缺少核心，当然，在某些情况下，这种线形空间本身就具备核心的意义。这种链接空间多用于流线比较单一的单体型综合体或是大型城市建筑综合体外部空间的组织。[1] 前文所介绍的内街式购物廊，就是典型的线形链接空间，在当代，典型实例有美国圣迭戈市的**霍顿广场**，其创造性的步行内街暗隐轴线直指海滨码头区，并作为市区联系海滨码头区的空间起点。这一线形空间是城市整体空间形体系统的有机要素，在时间维度上则起着延续地区历史文脉的作用（图 4－49）。

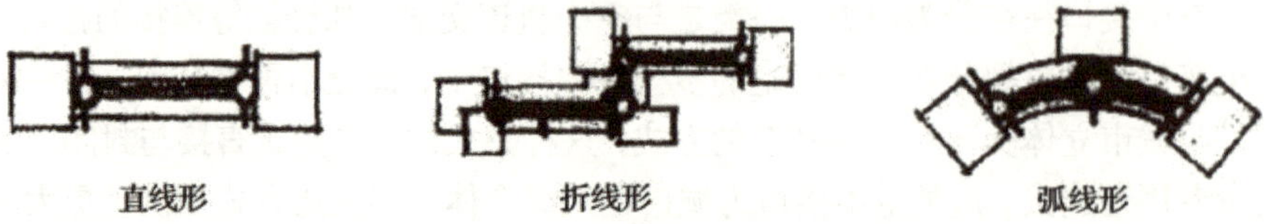

图 4－48　线形链接空间

（来源：苗苗，“链接”空间——建筑综合体动线空间城市性表述 [硕士学位论文]，P18）

1　苗苗.“链接”空间——建筑综合体动线空间城市性表述 [硕士学位论文].大连：大连理工大学.导师：柳长洲.2004：P18。

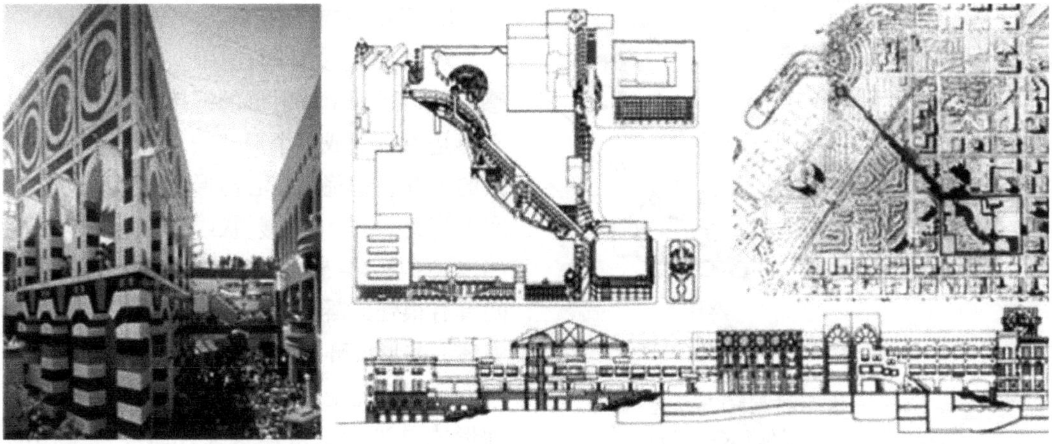

图 4－49　美国圣迭戈市霍顿广场的线形步行空间是城市整体的有机要素（来源：互联网）

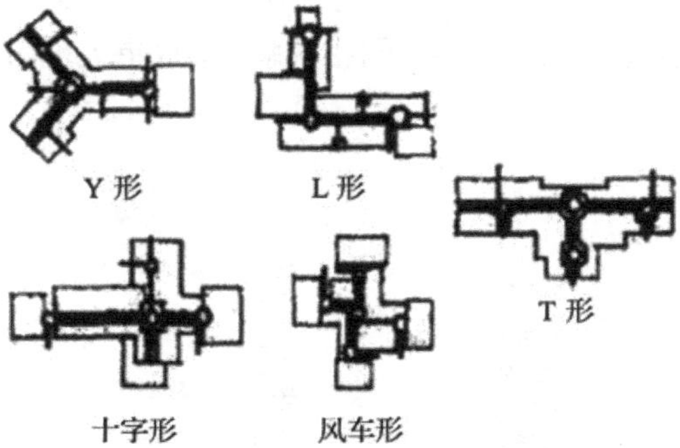

图 4－50　放射型链接空间
（来源：苗苗，“链接”空间——建筑综合体动线空间城市性表述 [硕士学位论文]，P19）

图 4－51　上海港汇广场通过放射形中庭空间组织整体

2. 放射形链接空间

放射形的链接空间往往有强烈的中心感，拥有这类形态的城市建筑综合体往往在周边环境中，具有一定的统领和中心地位。放射形的链接空间，主要有 L 形、Y 形（T 形）、十字形和风车形等（图 4－50）。放射形的链接空间易受地形的影响，空间布置不够灵活，为了避免这种形式造成的迂回情况，许多城市建筑综合体经常采用庭、厅等空间在节点或端头处形成对人流的集散和吸引。而在节点和端头之间的路径，进行适当的设计，布置景观、休闲等设施，减轻冗长和单调感。如上海徐家汇的**港汇广场**正是以一个点式的中庭为中心，向两侧放射出两个线形中庭的做法，来组织其内部的商业空间（图 4－51）。

3. 环形的链接空间

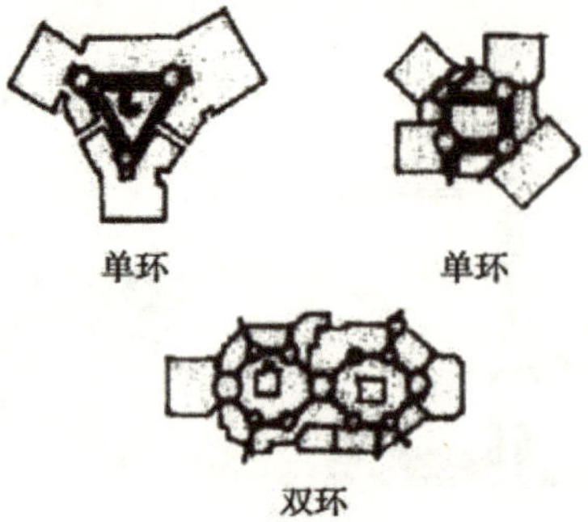

图 4－52　环形链接空间
（来源：苗苗，"链接"空间——建筑综合体动线空间城市性表述［硕士学位论文］，P20）

环形的链接空间往往也有强烈的中心感，只是区别于放射形的链接空间，这种中心感是由一个或多个形状较为规则，规模较大的中庭、庭院为核心而形成的，各功能空间围绕其展开、呈放射状或其他形式与核心相连接（图 4－52）。环形链接空间的核心空间具有很强的凝聚力，将所有的子空间连为整体，并形成环形流线。环形链接空间的适应性很强，能配合多种基地情况，因此，这种形式是当代城市建筑综合体经常采用的形式。如日本大阪的 ORC200 两个超高层塔楼之间设有一个带有玻璃顶的室内广场和一条室内商业街，以室内广场为中心形成了一个环形流线顺畅的公共活动空间（图 4－53）。将主要建筑紧密地连结成一个整体环形链接空间还可以方便地由线形链接空间相联系，形成更大范围的环形链接空间。

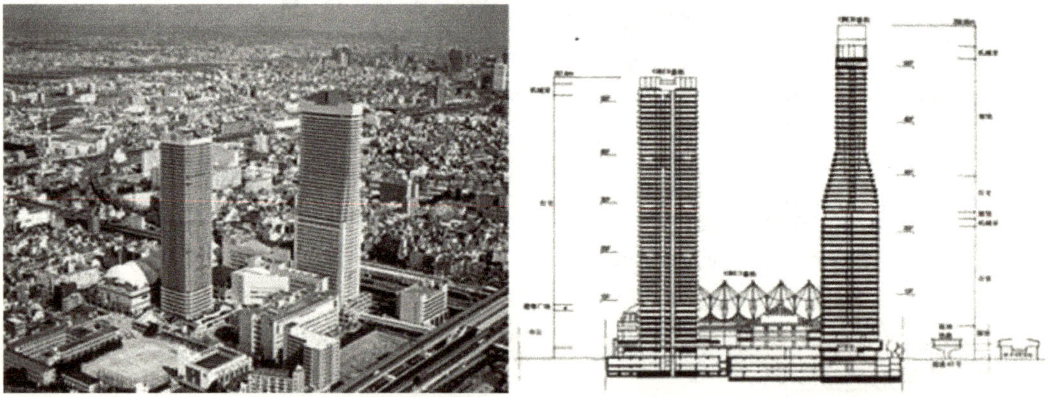

图 4－53　日本大阪 ORC200 通过环形公共空间组织整体（来源：互联网）

4. 群聚型的链接空间

群聚型的链接空间，是利用城市建筑综合体中各功能空间彼此联系的亲近程度来相互连接的，虽然缺乏环境模式的紧密性和几何规则，但是通过轴线对位、中心控制等视线组织手法将子空间有序地连接，看似无序实则有序的手法，可以适应多变化的用地（图 4－54）。群聚型链接空间在城市建筑综合体中的应用并不多见，其布局自由，不易为人掌握，方向性也较差，但是与特殊地形结合使用，往往会取得出人意料而又空间丰富的效果。如日本横滨的**皇后广场**和**横滨标志塔**建筑综合体，由一条 300 米长的室内步行商业街南通**横滨标志塔**，北至**国际会议中心**，东西两侧布置了建筑的其他功能；以群聚型的链接空间为基础，创造了一个综合化的立体城市街区，并以此推动 MM21[1]东侧沿海地段的整备（图 4－55）。又如**香港科技大学**，通过轴线交通组织将自由布局的教学楼、图书馆、餐厅、宿舍、办公室、运动设施有机组织，充分利用了地形优势（图 4－56）。

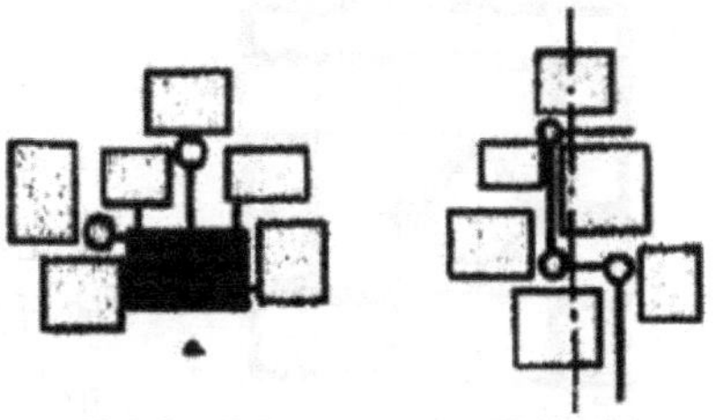

图 4－54　群聚型链接空间
（来源：苗苗，“链接”空间——建筑综合体动线空间城市性表述 [硕士学位论文]，P20）

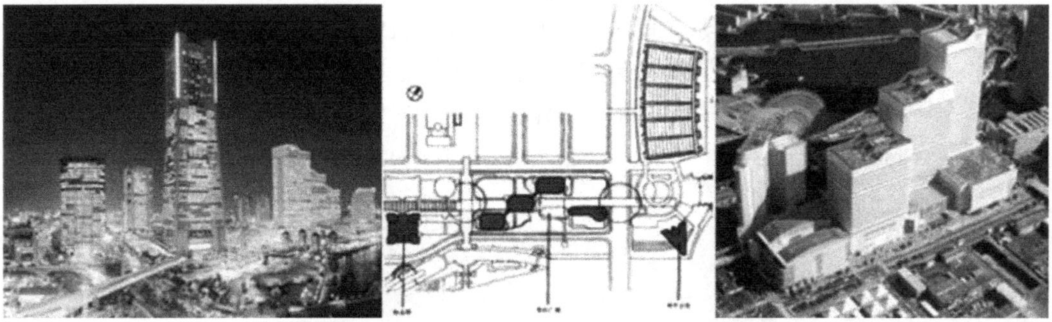

图 4－55　日本横滨皇后广场通过步行商业街轴线组织群聚型的空间（来源：互联网）

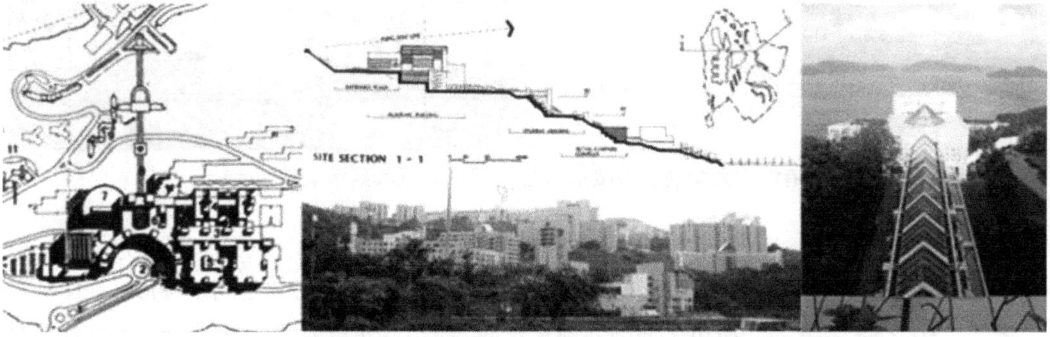

图 4－56　香港科技大学通过轴线交通组织自由布局的校园空间
（来源：黑白线图来自互联网，照片为作者自摄）

1　MM21 全称“横滨未来港口 21”是在邻接市中心部之滨水区域的现有土地及填海造陆区共计 186 公顷的用地上，建设之中的 21 世纪未来都市。基于“能供 24 小时活动的国际文化都市”，“为绿水、苍林、历史所环的人类环境都市”，“21 世纪的信息都市”等三个基本方针建设，是一个拥有 19 万就业人口及 1 万居民而又兼具业务、商业、国际交流等机能的先进市街。

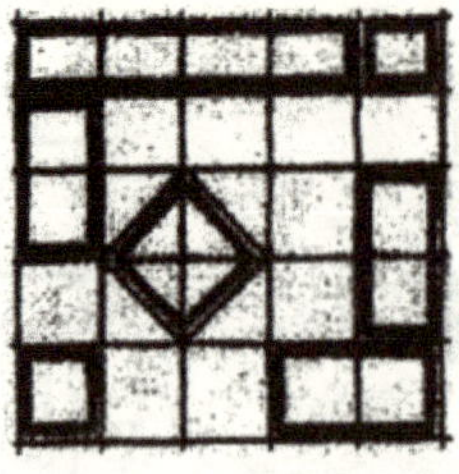

图 4－57　方格形链接空间
（来源：苗苗，“链接”空间——建筑综合体动线空间城市性表述 [硕士学位论文]，P21）

5. 方格形的链接空间

方格形的链接空间是对方格形城市空间的再现，分区内任何一点都是平等的。方格形链接空间既有规则也可有变化，可以通过局部的放开来获得改变视觉与空间连续性的效果。方格形的链接空间在各个方向都是均等的，因此，应用在城市建筑综合体之中，可以有很好的适应性，并可灵活地布置入口、交通、服务和外部空间，甚至更可以有“生长”的可能性（图 4－57）。如**香港城市大学**教学楼，就是通过方格形链接空间来组织建筑功能的典型实例，教室、办公室、餐厅、活动室、体育设施等等空间均以单元的方式有机组织，大楼可根据需要方便扩建（图 4－58）。方格形链接空间也有方向性差，不经济等缺点，人流在其间易于分散，难于引导，并占用建筑中过多的公共空间，影响各功能元素的实际使用空间。

图 4－58　香港城市大学通过方格形链接空间来组织其建筑功能（来源：互联网）

图 4－59　交叉型链接空间

6. 交叉型的链接空间

上述五种链接空间，均是在平面上的空间链接形式，伴随着城市交通的立体化发展，城市建筑综合体中的链接空间也开始有了立体化的倾向来。交叉型链接空间，是线形链接空间的三维叠加，在多个线形链接空间的空间交叉点以垂直交通枢纽来联系（图 4－59）。这种链接空间的方式往往用于作为交通枢纽的城市建筑综合体之中。如德国**柏林的中央火车站**通过空间立体的组织，应用自动扶梯将火车、轻轨、地铁等城市交通体系有机地编织到了一起，使得这些不同方向的在平面上交叉的交通工具之间的换乘变得极其便捷（图 4－60）。

图 4－60　德国柏林的中央火车站通过空间立体的组织，将火车、轻轨、地铁等有机联系

（来源：左图来自互联网，右图为作者自摄）

7. 网络型的链接空间

根据实际情况，将以上几种类型相互综合，从而形成灵活而又连续的空间网络结构，在当代大型城市建筑综合体的设计中，越来越多见。网络型的链接空间可集合以上各种链接空间形式的优点，给人造成丰富的视觉感受。为了避免造成无方向性，设计时可对路径的尺度、规模以及景观形象处理等加以区分并使其有层次感。空间网络的组织容易形成多个空间节点，在节点处的垂直交通设置是设计中的要点。一般来说，自动扶梯可以增强空间网络间的连贯性，而垂直电梯可以增加空间网络的效率，在实际设计中，要灵活运用这两种元素，合理设置这两种垂直交通设施的比例，以形成连贯、通畅、高效的空间网络型链接空间（图 4－61）。

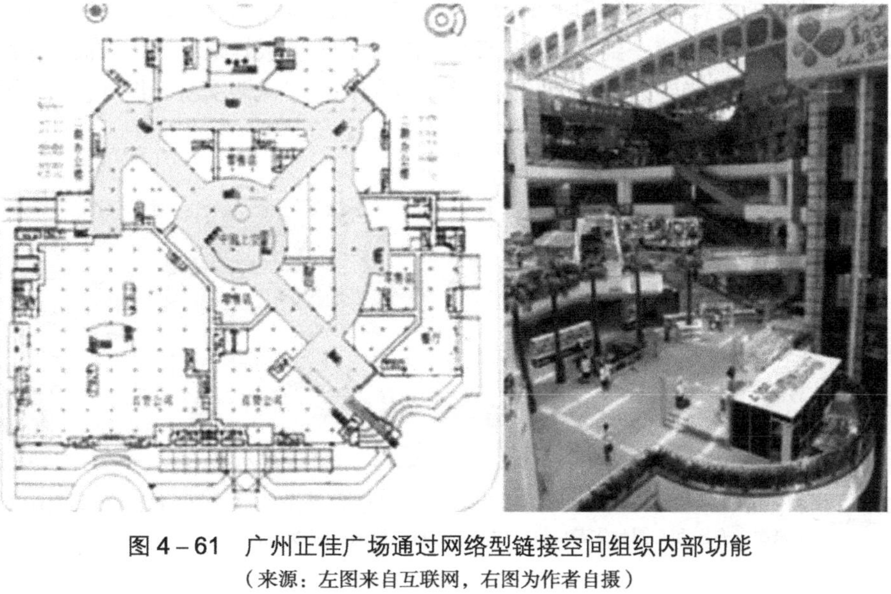

图 4－61　广州正佳广场通过网络型链接空间组织内部功能

（来源：左图来自互联网，右图为作者自摄）

4.3.3 “面”——城市建筑综合体中的开放空间

城市建筑综合体中的开放空间，主要有广场、庭院和中庭三种。平面广场和庭院往往是二维平面空间的组合要素，主要解决各空间功能子系统在水平向度的相互联系；而中庭和立体广场则是三维的立体空间组合要素，可以用来建构地面、地上、地下多向度的立体空间网络体系。城市建筑综合体中的开放空间，和城市的开放空间一样，往往具有交通、娱乐、集会和精神性的特征，下面就围绕这些特征展开，来讨论城市建筑综合体中的开放空间。

1. 开放空间的交通性

在多个交通系统和人流方向会聚的时候，最明智的做法就是利用开放空间的吸纳和调节性来梳理人流。城市建筑综合体中的开放性平台、中心庭院常常具有交通疏导的功能，如香港将军澳的**将军澳中心**，其裙房占据了整个街区，内部为零售、餐饮、娱乐和社区服务功能，裙房上共有12栋54层的高层住宅，裙房屋顶被设计为屋顶花园的模式，成为整个居住小区的公共活动场地，结合住宅底部的空间，设置了游泳池、亲子嬉水池、石卵按摩径、健身室、儿童游乐场、烧烤乐园、保龄球场、室内多用途运动场、互联网咖啡座、计算机室、玩具图书馆、网球场、模型赛车场等设施和功能（图4－62）。与普通的城市开放空间相对比，城市建筑综合体中的开放空间由于其本身的空间优势，更易于对三维的交通流线进行梳理，并创造更高效的交通流线。如香港九龙塘的**又一城**，地下层汇集了地铁、的士、小巴的车站，地面汇集了巴士、步行人流、九广东铁的出入口，空中层又汇集了周边住宅、办公，以及到**香港城市大学**的出入口，整个中庭通过自动扶梯有效地穿插和组织，将这些纷乱的流线统一到了整个建筑空间中来，不仅很好地疏导了人流，也成为当地人出行的必经之地，为其内部商业功能创造了无限商机（图4－63、图4－64）。

图4－62　香港将军澳中心裙房屋顶被设计为屋顶花园的模式成为整个居住小区的公共活动场地

（来源：左图和右图为作者自摄，中图来自将军澳豪庭售楼手册）

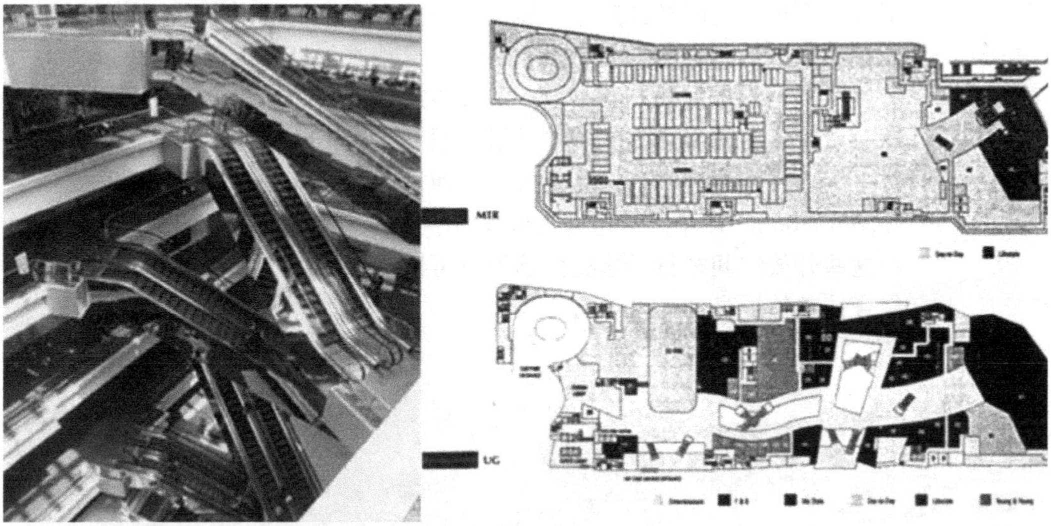

图 4－63　香港九龙塘又一城通过中庭内的自动扶梯组织复杂的城市交通（左），地铁层平面（右上），地下层平面（右下）（来源：左图为作者自摄，右图来自互联网）

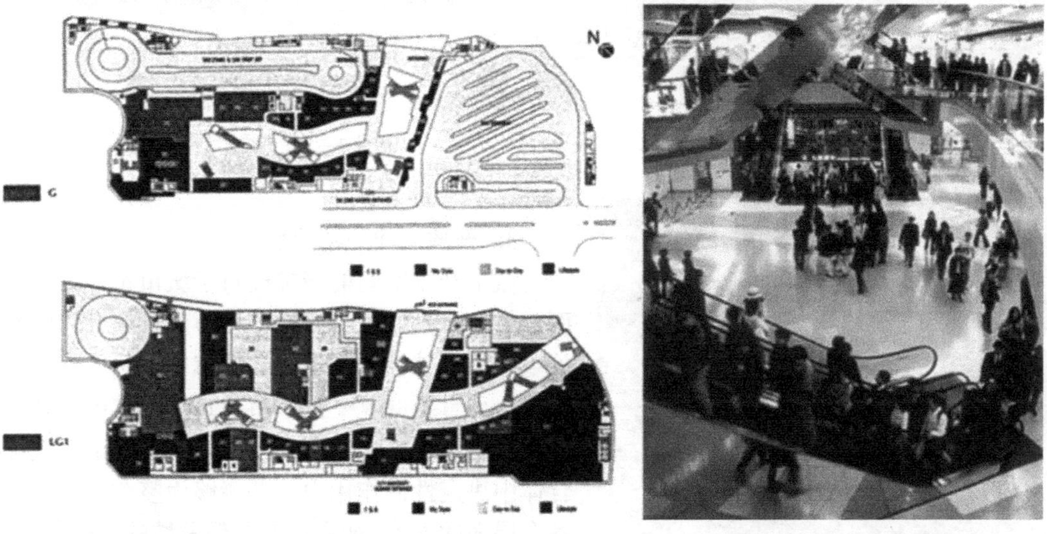

图 4－64　香港九龙塘又一城通过中庭内的自动扶梯组织复杂的城市交通（右），地面层平面（左上），九广东铁层平面（左下）（来源：互联网）

2. 开放空间的娱乐集会性

城市建筑综合体中的开放空间由于处在整个建筑的优越位置，在这些空间内进行娱乐表演等活动比起在一般城市开放空间中能取得更好的效果。尤其是在三维立体空间的环境下，对整体场所的营造和氛围的渲染都有事半功倍的效果。如香港赤柱的城市建筑综合体——**赤柱广场**前的小型下沉式广场，定时举办广场音乐会，为整个赤柱地区增添了额外的活力，同时也吸引了游客的驻足（图 4-65）。又如香港红磡的**国际都会**，提供大型展览场地，方便举办各类推广及宣传活动，例如早前曾举办婚纱展览活动，邀请了多间台北顶尖婚纱及婚礼服务名店，除了提供婚纱摄影优惠套餐之余，还为参观人士作专业形象顾问指导，更有香港名模及歌手等坐镇（图 4-66）。另外，一些明星举行的小型签唱会、活动会，也往往会选择在这些开放空间举行，这类活动不仅可以吸引大量人流，更可为城市建筑综合体整体提高知名度。

图 4-65　香港赤柱广场

图 4-66　香港国际都会

图 4-67　香港朗豪坊中庭的数码天幕

3. 开放空间的精神性

城市开放空间的精神性对于城市精神的形成而言是十分重要的，同样，城市建筑综合体中开放空间的精神性，对于其在城市中地位的确立，也是十分重要的。一旦城市建筑综合体中的开放空间具有了精神性，那它将成为整个城市建筑综合体中决定性的作用力，并能够为整个项目吸引各个层面的人流。如香港九龙**朗豪坊**的中庭空间，通过其独特的空间设计和充满迷幻色彩的巨型数码天幕，营造了这一空间独特的场所感，成为这一建筑乃至这一地区的代表性精神空间。这一空间同时也成为人们到旺角游览的必到之地，香港市民新的会面、聚会的优先选择场所，也成为旺角新的标志性场所，为整个项目吸引了大量的人流（图 4-67）。

4.4　城市建筑综合体的功能组织

当代城市生活的一体化和运作方式的集约化，以及由此带来的高效率和高效益，是激发城市建筑综合体功能组织的原动力。城市建筑综合体的功能组织，就是其内部各功能子系统之间合理综合的内在关联以及这些建筑功能群组与城市功能的合理交织。系统和高效的功能组织，是城市建筑综合体设计的核心内容之一。

4.4.1　功能子系统的协同作用

在评估市场潜力时，开发商需要认真计算同一基地上每个功能的市场支持力，同时，在确定了对每个主要功能的充足市场支持后，也需要进行各功能子系统的协同作用评估。城市建筑综合体可以得到三种功能子系统的协同作用，它们分别是直接支持（即同一基地上的支持）、间接支持，以及场所营造所提供的支持。

1. 直接支持

功能子系统的第一种协同作用，是从同一基地上直接获得的，例如，办公楼上班族、酒店旅客、公寓住户会对附近的零售、餐饮提供支持；办公楼的租户可以为附近的酒店提供一定的客源，并为附近的住宅楼带来一些客户或租户。功能子系统的相邻，以及项目的步行系统设置，是此类协同作用产生的关键。由于零售功能会对其基地市场的用户具有极大的吸引力，因此其市场分析尤为重要。

2. 间接支持

功能子系统的第二种协同作用“间接支持”，是由其他功能子系统创造的适宜环境来提供的。比如，零售和酒店功能不会为办公功能或居住功能提供直接的收益，但是它们却可以作为适宜的环境支持，来使得办公和居住功能获得更高的租金。零售和餐饮功能可以为酒店旅客、上班族、居民提供方便和诱人的购物环境以及良好的场所氛围，并改善它们的市场竞争力。酒店功能同样对其他功能可以提供间接支持，其完善和豪华的配套设施往往能为居住、办公功能增加市场竞争力。另一些功能，如休闲、文化、娱乐功能，同样能通过增强项目的影响力，来提供对其他功能的间接支持，同时，也使得项目的每个组成部分更为团结和更具竞争力。

3. 场所营造

功能子系统的第三种协同作用是由整个项目所营造的场所感来提供的。这种场所在整个城市中是全新和独一无二的，如**上海南京东路步行街**入口处的**宏伊国际广场**，面对步行街西入口设置巨型数码高清屏幕，成为建筑一大亮点，吸引了无数游人的驻足观看，为广场乃至步行街入口营造了独特的场所感（图4－68、图4－69）。

图 4－68　上海南京东路步行街入口空间

图 4－69　上海宏伊国际广场的巨型数码高清屏幕

城市建筑综合体经常被用来帮助衰败的，同时不能扶植单一功能项目的城市中心区来进行更新。比如，被衰败地区包围的，且难以扶持单一功能项目开发的地区，可以通过多种功能在一个相对大尺度下进行综合并形成可以经受考验的多功能中心来进行改造。因此，绝大多数城市中心区的更新项目均包含城市建筑综合体的建设。

近年来，在美国的市镇中心开发的场所营造中，城市建筑综合体经常被使用。它们能够高效地创造中心感和适于步行的环境，并迅速成为新市镇的标志性场所。这些城市建筑综合体往往会包含市政厅和图书馆等功能，以强化项目的中心感和市民特性。

图 4－70　香港时代广场的中庭已经成为铜锣湾地区的重要城市场所空间

不同于大部分单一使用功能的项目，城市建筑综合体往往能为一个区域或地段创造出一个全新的场所。城市建筑综合体以其大尺度的优势，多功能的特点，以及高预算的基础，为创造一个全新的城市空间和营造一种独特的场所范围提供了可能。事实上，公共空间场所营造如果取得了成功，对整体项目的成功将是决定性的。可以说，**城市建筑综合体在场所营造和城市建设上的成功是其他一切成功的基础，也是所有努力共同作用的目标和最终回报**（图4－70）。

4. 功能子系统间的协同作用表

表4－1仅作总体参考的依据，实际的基地市场支持力和协同作用，根据项目具体情况的不同会有很大区别。

混合使用项目中功能子系统之间的基地支持和协同作用表及

城市建筑综合体主要物业类型价值链矩阵 **表 4－1**

混合使用项目中功能子系统之间的基地支持和协同作用表

功能	支持程度
办公	
居住	··
酒店	·····
零售/娱乐	····
文化/市民/休闲	···
居住	
办公	···
酒店	···
零售/娱乐	····
文化/市民/休闲	·····
酒店	
办公	·····
居住	···
零售/娱乐	····
文化/市民/休闲	····
零售/娱乐	
办公	·····
居住	·····
酒店	·····
文化/市民/休闲	····
文化/市民/休闲	
办公	····
居住	·····
酒店	·····
零售/娱乐	···

· ＝无协同作用
·· ＝弱协同作用
··· ＝普通协同作用
···· ＝强协同作用
····· ＝很强协同作用

主要用途组成	住宅	办公	酒店	便利性零售	比较性零售	专门化零售	娱乐：餐饮	娱乐：剧院	运动休闲	健康中心	文化艺术	会议展览	市民设施
住宅		●	×	●	□	□	×	□	×	□	□	×	●
办公	●		●	●	□	□	●	–	□	□	□	●	–
酒店	×	●		●	●	□	●	□	●	□	□	●	–
便利性零售	●	●	●		×	–	□	□	□	□	□	●	□
比较性零售	□	□	●	×		–	●	●	□	–	□	□	□
专门化零售	□	□	□	–	–		□	□	□	–	□	–	–
娱乐：餐饮	×	●	●	□	●	□		●	●	–	●	□	□
娱乐：剧院	□	–	□	□	●	□	●		□	–	●	□	□
运动休闲	×	□	●	□	□	□	●	□		□	–	–	●
健康中心	□	□	□	□	–	–	–	–	□		–	–	●
文化艺术	□	□	□	□	□	□	●	●	–	–		●	●
会议展览	×	●	●	●	□	–	□	□	–	–	●		□
市民设施	●	–	–	□	□	–	□	□	●	●	●	□	

注：矩阵中各种开发类型价值融合水平
●直接支持 □间接支持
－中立 ×潜在市场冲突

在上述综合开发项目各种类型物业价值链矩阵中，应重点分析直接支持（关系以“●”表示）以及存在潜在市场冲突（关系以“×”表示）的物业类型之间的关系

※ 餐饮功能可以从办公功能获得很大的利益
※ 酒店和居住功能间的协同作用以高端酒店和高级公寓之间最为强烈，以低价酒店和普通住宅之间最为孱弱

（来源：左表来自 ULI， Mixed-Use Development Handbook(Second Edition)，P85；右表为作者自绘）

4.4.2 功能子系统的组织形式

功能子系统的组织形式是以城市生活和运作的组合规律为基础，来研究各功能子系统之间内在关联的可能性，并创造出积极效应的功能子系统组合关系。功能子系统的组织形式主要有以下几种类型：

1. 比较竞争型

同类的功能子系统并置，通过提供多种可能性和选择性产生集聚化效应。如比较类零售功能，就是通过有选择的多种可能性形成竞争而提升整体商业效益的。

2. 主从型

以一个或一组功能子系统为主，其他功能子系统为辅的组合方式。如以会展功能为主的城市建筑综合体，辅以零售、餐饮、休闲、停车等功能子系统以保证系统的协调运作。

3. 互补型

功能子系统空间相互补充构成整体，如购物与休闲构成的二元互补，会展、酒店、零售构成的三元互补等。

4. 系列型

对具有互通性和延续性转换关系的功能子系统进行组合。以促进系统的便捷和高效。如对不同交通性质站点（火车、汽车、轻轨、地铁等）进行组合，形成高效集约的交通枢纽中心。

在实际工程中，往往是将上述组织形式灵活地综合运用，以符合实际情况。功能系统的组织同样具有层次性，由建筑到建筑群组乃至城市区段，自下而上，功能组织的外延不断扩大，复杂性上升。城市建筑综合体的各功能子系统的组织形式必须考虑建筑群组乃至城市区段层面的特性，如停车库的设置，就必须在城市区段的层面上来考虑。

另外，现代城市功能组织的变化首先突出显现在交通组织的方式上：交通流量的不断增长和交通工具的多样化与土地有限资源的矛盾促发了城市交通的立体化。交通换乘系统的建立已是现代城市功能组织的关键环节。[1] 现代城市功能组织的明显变化也表现在城市建筑综合体中不同层次间的交织与复合组织，如城市建筑综合体与交通换乘系统的结合，使得城市区段层面乃至建筑层面的功能组织，在城市建筑综合体中高度浓缩，已经没有了明显的界限。

4.4.3 功能子系统的组织原则

城市建筑综合体功能子系统的组织，目的在于形成完整的体系，并创造独特的场所，这与城市的整体机能密切相关，其组织形式应遵循以下原则：

---

1 韩冬青，冯金龙.城市·建筑一体化设计.南京：东南大学出版社，1999：P22。

1. **整体目标**

城市建筑综合体的设计必须考虑城市中各种关系的组合，建筑、交通、开放空间、生态体系、文化传承等因素相互交织，是一种整合状态的系统设计。整体目标要求在充分地评估并对现有资料和实际情况分析的基础上，明确开发定位。不同的定位将导致不同的功能组织，同时，也必须遵循整体优先的原则。

2. **环境影响**

环境是城市建筑综合体存在的前提，也是其发展演变的结果。环境影响一般包括两方面的内容：一是区位环境，不同的区位环境将直接影响城市建筑综合体的功能组合；其次是生态环境，如环境容量、环保指标、自然生态要素等。城市综合体往往会形成庞大的巨型结构或区域，因此，其环境影响的论证是十分必要的。环境影响在城市建筑综合体的设计中往往是双向的，既会由城市环境决定其功能组织，也同样会在其建成后反过来影响城市环境甚至改变原有的城市环境。这一关系，将在下一章“当代城市建筑综合体的外延研究”里详细介绍。

3. **单元适应性**

城市建筑综合体必然包含了不同环境层次及功能子系统。因此，也必须寻求各功能子系统自身目标的满足。**城市建筑综合体整体的成功，必然是由各功能子系统的成功累加而来的。**就某一功能子系统而言，其功能组织既有与整体系统交叉共存的公共性一面，也有其自身封闭、私密、自成体系的一面。单元适应性原则也可以理解为各功能子系统分合有序、各得其所的原则。

4. **组合效应**

诚如前文对功能子系统协同作用的论述，**组合效应是指在大范围、长时段前提下的效益观。**它一方面是指对城市整体效益、区段效益、建筑个体效益各个层面的综合考虑；另一方面是对社会效益、经济效益和环境效益的总体把握，由于各种效益目前都是以占据空间为实质性手段的，因此，以上各大效益的关键在于城市空间效益。组合效应是对那种只考虑短时间内个体利益的效益观的否定。组合效应观点的建立与社会经济体制及其制约下的管理政策导向具有密切关系。

以上各个原则中，整体目标和环境影响是两个大前提，单元适应性是小前提，组合效应则是主要的激励机制。它们相互关联，互为补充。在实际项目中，要按照上述原则进行功能组织的评估和决策，以形成高效集约、积极有序的功能互动机制。

4.4.4 功能子系统组织的新趋势

一般情况下，城市建筑功能群组的组织是以单体建筑为基本单元，在二维平面上以街道和广场等开放空间为纽带，将这些建筑功能单元联系起来的。而城市建筑综合体的出现，则引出了城市建筑功能组织的新方法和新趋势。

1. 功能组织的集约化

集约化是指城市建筑在占有有限土地资源的前提下，形成紧凑、高效有序的功能组织模式。城市建筑综合体是集约化组织方式的具体表现。在当代，功能组织的集约化发展更为突出地表现在城市交通建筑的策划和设计观念的变革上，人们开始将单一站点的概念转变为由不同交通方式有机组合的综合换乘中心。选择不同交通工具的旅客，可在换乘中心内实现紧凑、高效、便捷的转运。

2. 功能组织的复合化

在同一空间中并置和重叠多种功能层次，也是城市建筑综合体中常见的设计手法。城市开放空间的一大特色，就是对不同功能的复合。由于城市建筑综合体融合了城市特性，因此，其功能子系统的组织也必然有复合化的趋势。功能复合化的依据在于城市中人群的公共行为所具有的兼容性，如购物与步行交通、参观游览与休闲社交等行为可以相互兼容。因而，正如本章之前论述的，城市建筑综合体中的开放空间往往复合了多种功能。

3. 功能的延续化

功能的延续化是指多种功能子系统之间的串联、渗透和延续。功能延续化的直接动因来自现代城市生活的多元化和运作的便捷性要求。许多城市公共行为之间具有有机的内在关联，如娱乐与餐饮，交通集散与零售等等。

4. 功能的全时化

城市中不同性质的行为集中发生的时间区段和峰值时间（高峰时间和低谷时间）不尽相同。运用**全时化功能组织**（24 Hour Design Cycle）的观念将发生在不同时段内的功能活动按照其空间位序的不同要求组织成整体，大大提高了城市土地开发和空间营运的容量，同时，也可以使得城市环境更具生气和安全感。

5. 功能的网络化

功能的网络化是对集约化、复合化、延续化和全时化功能组织方式的综合运用。其以地面为基准对城市空间进行水平面和垂直面的综合开发，形成协调有序、立体复合的网络型功能群组。网络化模型的关键在于立体交通网络（机动交通与步行交通）的建立，以及交通网络与各功能单元的多方位连接。

第 5 章　当代城市建筑综合体的外延

5.1　概述

通过上一章对城市建筑综合体内核的全面研究，我们了解到："多样性"是城市建筑综合体的精神所在，"多样性"不仅为各个功能子系统之间的协同作用创造了可能，也为其"城市性"的实现提供了可能。

"多样性"对于城市活力而言至关重要，对于城市建筑综合体同样适用。在接下来的这一章节里，我们把研究重心转移到围绕和依托城市建筑综合体的外部环境上。进一步讨论如何营造"多样性"的城市环境，来形成适于城市建筑综合体发展的氛围，并促进其发展。反之，对于城市建筑综合体而言，也需要通过其"多样性"的氛围来促进城市活力的产生。

"多样性"的城市环境，主要包括了：城市空间环境、城市社会环境、城市经济环境、城市文化环境、城市理论环境、城市政策和法规环境等。

5.2　城市空间环境

城市建筑综合体在创造城市环境的同时，也需要周边城市环境为其提供支持。周边的城市环境如果适于城市建筑综合体的发展，那么就会使其更快和更便捷地融入整个城市大环境中，而更利于其发挥应有的作用。相反，如果周边城市环境不利于城市建筑综合体的发展，则会影响到其作用的发挥。当然，作为城市更新重要力量的城市建筑综合体，在某些情况下，就是用来改变城市环境并带动其发展的，但是，我们应该清楚地认识到，彻底的改变，往往比适当利用有利条件来进行改善要困难得多。因此，在设计建造城市建筑综合体之前，我们必须清晰地分析其周边城市环境的利弊，并对其优点加以利用。而从城市的角度来看，也要尽可能地提供利于城市建筑综合体发展的多样性环境。城市空间环境主要包括了：城市区域环境、城市交通环境和城市生态环境。

5.2.1　城市区域环境

简·雅各布斯在其著作《美国大城市的生与死》一书中，提出的城市多样性核心四要素之一是**"小街段之必要"**。她认为城市空间能提供大量的短街段，也就是说，在街道上能够很容易拐弯的情况下，能够产生多样性。这一导则同样适用于城市区域环境以及城市建筑综合体内部的设计要求。

孤立而互不关联的街道街区从社会角度讲，会陷入孤独无助的处境，并难以形成区域环境。自我隔离街道的经济效应会受到很大限制，而只有当街道与邻近的另一条街道在某处会合时，这两条街道上的经济资源才能会聚。单调冗长的街道，不仅会隔离常规的使用者，同样会影响到来访者：人们在经过这一区域到另一个目的地的时候，往往别无选择。假设这一区域能够提供一条含有购物、餐饮、观赏等活动的漫步道，那么这个区域将不仅获得额外的经济效益，还能为来访者提供多种选择，整个区域也能更好地展示其内部风情。

概括下来，长街段的区域对城市环境多样性有以下几点不利因素：

（1）相互隔离了街道间的经济效应；

（2）隔离了相同目的的到访者，使得人们无法聚到一起形成一种相互关联的交叉使用资源，阻碍了不同首要用途的有效融合；

（3）阻碍了城市能够提供的进行孵化和试验的优势，因为很多小行业或特色行业依靠从一些经过大街道交叉口的人群中吸引顾客。

反之，短街段的设置，则会为城市区域环境的多样性创造有利因素：

（1）**使街道间的经济效应便于会聚**；

（2）**使城市街区的使用者拥有对街区的内在有机的交叉使用，便于不同首要用途的有效融合**；

（3）**推动了城市提供进行孵化和试验的优势**。

因此，**城市区域环境应通过小街段的设置，来增加街道的使用频率，以创造有利多样性发展的环境**。而在城市建筑综合体的设计中，如果所在的区域本身已经拥有了这种多样性，则应该继承、强化这一特点；而如果所在区域本身不存在产生多样性的条件，就应该在设计时考虑通过增加能够带来活力的街道来打破区域内原有的沉闷气氛。如美国纽约的**洛克菲勒中心**，其基地占有了位于第五和第六大道间的三个街段，为了改变先前的自我隔离的街道局面，建筑师在基地内另增了一条街道。正是这条街道的设置，使得这一中心成为一个完整的中心（图 5－1）。是用途的流动性和道路的互通性，而不是建筑的同一性，才使城市的街区能够共享城市具有的各种用途，不管那些街区主要是以工作场所为主还是以住宅为主。[1]

1　简·雅各布斯（Jane Jacobs）.美国大城市的生与死（The Death and Life of Great American Cities）. 金衡山译. 南京：译林出版社, 2005：P203。

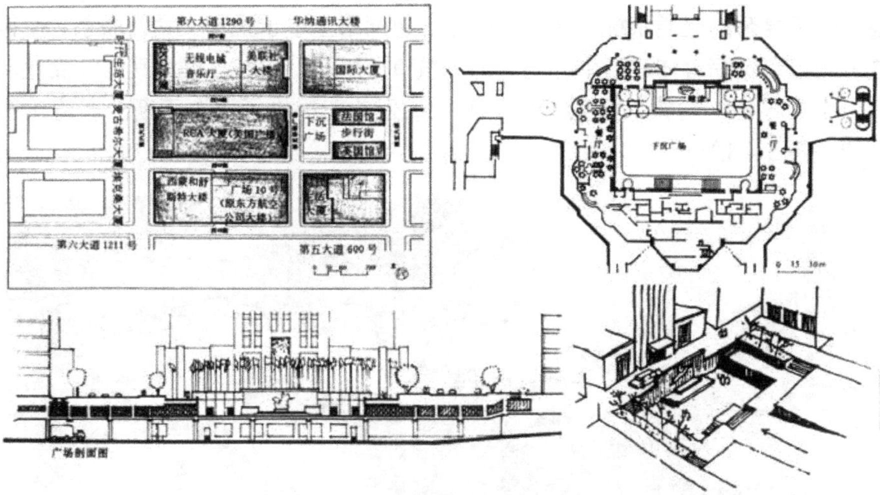

图 5－1　洛克菲勒中心的公共空间

（来源：王建国，城市设计，P156）

另外，我们在设计城市建筑综合体时，需认识到，**短街段的设置不是目的，而是通向目的的一个手段。短街段只有在它们以自己特有的方式发挥作用时，才能有效地帮助生发多样性。**

5.2.2　城市交通环境

现今城市交通日趋立体化，空中、地面、地下的交通系统相互结合、补充，共同创造了丰富的城市交通环境，为创造城市多样性提供了有力保证。同样，现代城市建筑综合体也为各种交通系统方便、快捷、高效地换乘创造了可能，交通系统的引入也为城市建筑综合体提供了大量的各个层次的人流，为其多样性创造了条件。因此，**对于城市建筑综合体而言，与城市各交通系统的关系是至关重要的。**反之，**城市各交通系统也只有通过城市建筑综合体的有效组织，才能完成与周边城市有机、顺畅和高效的连接。**

一般来说，城市建筑综合体对城市交通的组织方式有平面式和立体式两种。平面式包括混合式和分流式两种，处理较为简单。立体式则主要包含了局部立体式、双层立体式和多层立体式。对交通系统换乘的组织，则往往是通过其内部的开放空间如广场、庭院、平台、中庭等来达到的。

当代城市建筑综合体的设计中，由于其所处位置重要，城市交通环境复杂，实际采用的组织方式往往是双层立体式或多层立体式为主，局部结合其他各方式的做法。如香港中环国际**金融贸易中心**，地下三层有香港机场快线中环终点站，地下二层有两条地铁的换乘站，地下一层为停车库，地面层是公交、小巴、出租车的停靠站并拥有集散大厅，二层连接了中环步行系统，三层则有酒店的入口平台，整个建筑通过平台、立交、天桥、中庭等一系列开放步行空间合理地组织了复杂的交通系统。这一立体的交通网络互不干扰却又紧密联系，使得这一城市建筑综合体成为中环地区的“城市心脏”。同时，也为其内部商业步行街中的零售、餐饮、娱乐、休闲等一系列功能提供了源源不断的客流（图5－2、图5－3）。

图5－2 香港国际金融贸易中心整体模型（左）、一层回车场地（中）、内部商业空间（右）
（来源：左图来自互联网，中图和右图为作者自摄）

图5－3 香港国际金融贸易中心一层交通大堂（左）、屋顶公园（中）、二层步行空间（右）

5.2.3 城市生态环境

城市生态环境能为城市建筑综合体的多样性创造良好的基础。城市建筑综合体由于其巨大的体形，会对城市的生态环境造成一定程度的影响，如何利用原有生态环境的优势并结合到设计之中，或者利用城市建筑综合体的巨构特点，改变原有生态环境中的不利因素，是城市建筑综合体要获得成功所需解决的问题。破坏或无视原有生态环境的做法，不仅会造成生硬的与周边环境不和谐的结果，更会走向整体失败的局面。

香港金钟的**太古广场**利用了其所在基地的山地生态环境特点，将车流交通层设置在裙房屋顶层上，从城市高架上引入匝道，很好地解决了内部车流问题，也避免了对地面繁忙交通的影响。同时，建筑师结合地形，通过自动扶梯的设置，将半山公园与地面层相连，增强了城市与生态环境的联系。将自然植被保留，并结合到宾馆、住宅内庭院的设计中（其中有一棵 120 岁老榕树的保护，堪称世界上最昂贵的生态保护实例）。整个设计充分利用了基地原有的生态环境，并在其基础上进行强化，取得了很好的多样化效果（图 5－4）。

图 5－4　香港太古广场保护的榕树（左）、裙房屋顶绿化及采光天窗（中）、连接半山的交通系统（右）

诺曼·福斯特的**香港西九龙文化中心**设计方案，则是对城市生态环境的一种创造。他将填海区域作了阶梯性的设计，并将建筑屋顶设计为绿化平台，以增加香港高密度下的绿地空间。同时，它又设计了一个覆盖项目整体的巨型屋顶，通过不同材料和技术的运用，试图改变这一区域的小气候。**福斯特**这一系列创造性的设计，改善了九龙区域的整体生态环境，并创造了香港沿海独一无二的生态景观，最终获得了香港政府和专家评审的青睐，获得国际竞赛第一名，并将得以实施（图 5－5）。

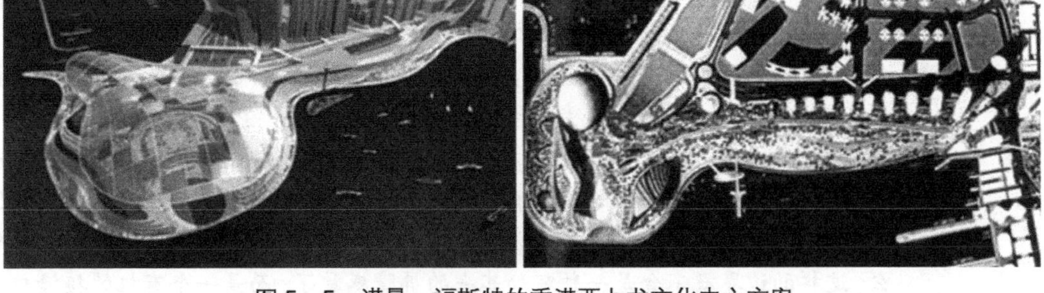

图 5－5　诺曼·福斯特的香港西九龙文化中心方案

（来源：香港西九龙中心官方网站，http://www.dragoncentre.com.hk）

图 5－6　广州中国大酒店
（图片来源：互联网）

广州的**中国大酒店**建设则是破坏城市生态环境的典型。设计方案削去了与越秀山隔街相望的象岗山 2 万多立方米的山体，最高处达到了 20 多米，而像岗山不仅仅是广州这个平原城市十分难得的自然生态要素，还是古代南越、南汉国王宫的领地，山下有重要历史价值的古南越王墓。这幢建筑虽然单体精彩，但是从生态环境的整体角度来看，无疑是生硬的（图 5－6）。

5.2.4　城市边界环境

城市中单一用途与另一单一用途之间的边界，往往会成为窝藏破坏力的街区。但是，在大多数情况下，交界地带也可以发挥积极作用。因此，城市环境中，**与单一用途，尤其是铁路、河岸、校园、高速路、大型停车场和大型公园相邻的城市建筑综合体的设计需要格外谨慎。**产生这种问题的根源是作为"邻居"的交界处对城市的大部分街道使用者来说，是一个死角。对大部分人在大部分时间里，这些区域是"此路不通"的意思。因而，交界处的街道往往起到的只是终端作用，而很少为人使用。于是，与之邻近区域的使用率也会很低，从而形成一个用途的真空地带。这样的地带还会扩大，并进一步影响城市环境的多样性。

交界处的真空地带主要是由于缺乏人气形成的：

（1）有些交界处不允许两边交叉使用，如铁轨和高速公路等；

（2）单一用途的使用密度相对于其拥有的区域来说太低，如停车场等；

（3）单一用途无法被穿越，并与往来者无多大的关系，如大学校园等。

交界处真空地带的危害主要有：

（1）阻碍多样性和社会活力的生长；

（2）将城市分割，使其难以发挥整体作用；

（3）生长并进一步形成城市的不安定因素。

因此，城市边界环境的设置，需要发现位于交界空间上的用途，并且创造新的用途。在保持城市正常部分各自形态的同时，突出它们之间的互构关系，并使得这种关系明晰、充满活力和无时不在。正如**凯文·林奇**在《城市意象》一书中写到的："对一个边界地带来说，如果人们的目光能一直延伸到它的里面，能够一直走进去。如果在其深处两边的区域能够形成一种互构的关系，那么，这样的边界就不会是一种突如其来的屏障感觉了，而是一个有机的接缝口，一个交接点，位于两边的区域可以天衣无缝地连接在一起。"

当城市建筑综合体与边界地带相邻的时候，在设计时需牢记上述原则。另外，在有些情况下，还需要依靠城市建筑综合体强有力的干涉作用来克服城市边界环境原有的真空现象。以城市建筑综合体本身具有的高密度、多样化，来帮助克服这一现象，并起到限制作用。这样，在城市建筑综合体的干涉下，就可以形成整体区域的活跃和混合，并减少产生边界的因素被利用来产生不必要的交界地带的可能性。

另外，在城市整体的设计中，也应该尽可能以混合形态组合成城市复杂有序的全部内容。这样，就可以从根本上避免城市边界环境真空现象的发生。

5.3 城市社会环境

纵观历史，强势专制的社会环境往往会抑制城市多元化环境的产生；而宽容的社会环境，则为城市多样化的产生提供了条件。当代社会，随着人类文明程度的提高，整体社会环境更趋宽松，在城市建筑综合体的设计中，已经开始有政府职能机构、市民活动设施等包含了社会性因素的功能被引入。因而，**城市建筑综合体在当代社会也开始起到了营造和改变社会环境的作用，甚至成为政府形象的代言人。**

5.3.1 社会环境的干预性

社会环境对城市建设的干预主要是通过行政组织、行政手段，按照行政方式来组织指挥并监督的。行政因素的介入有助于项目按统一步骤，有条不紊地进行建设，特别是在当今城市建设存在多重经济形式及错综复杂的制约因素的情况下，如果运用得当，将具有任何其他因素都无法替代的作用和效能，亦能保证城市经济有序发展和环境建设的可靠质量。

行政化的建设决策过程也存在很大的缺点。首先，行政因素注重的是人与人的工作关系，而不注重人际情感的交流，其干预方式基本上是强制性的。其次，行政因素不注意不同经济利益的要求，而事实上，当今市场经济条件下的城市建设行为和目标价值取向在很大程度上与经济利益有关。

同时，建设决策和管理权向高层呈金字塔状聚集，但任何人都不是万能的，过分夸大城市设计建设中的行政决策权会削弱城市环境的动态适应性，无形之中也就容易轻视公众参与和多元决策的有效作用，从而与当代日趋开放的社会结构产生矛盾。

社会干预如不恰当地掌握分寸，不注意因地制宜和持续更新，也会给城市建设带来危害，而且这常常具有不可逆性（图 5－7）。社会的干预还具有明显的阶级属性，不同的社会体制和统治阶级对其有不同的理解和要求。它既可为社会进步和历史发展服务，亦可为反动阶级所利用。[1]

香港政府对经济不干涉的政见可谓独树一帜，这也为香港社会、城市由经济来调控的发展模式提供了可能。在实际的城市建设中，香港政府的角色也是

1　王建国.城市设计.南京：东南大学出版社，1999：P48。

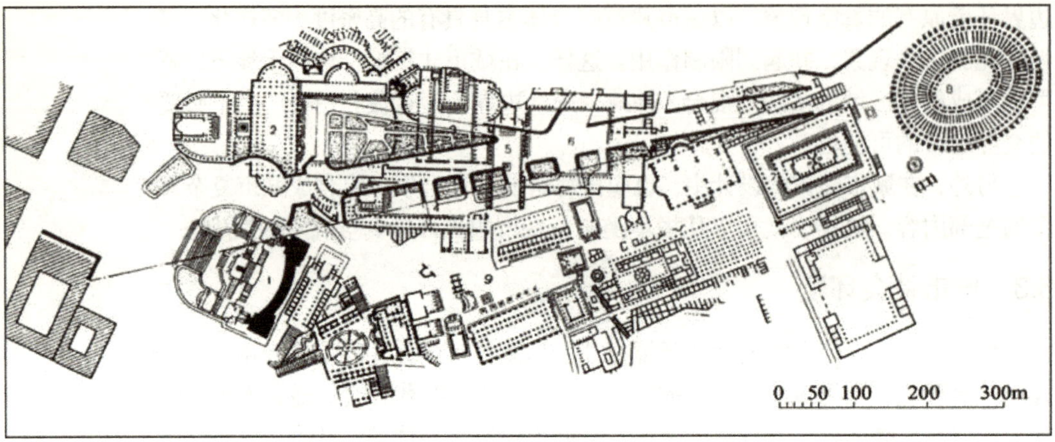

图 5－7 意大利罗马墨索里尼时期开辟的帝国大道严重破坏了古罗马固有的城市肌理
（来源：王建国，城市设计，P47）

十分谦虚的，一个项目往往在政府、开发商与建筑师三方的共同协作下完成。如香港九龙**朗豪坊**的建设，由政府、开发商、建筑师三方共同协作讨论，方案几经易稿，其研究论证竟长达 15 年之久。相比较香港，我国内地政府、开发商和建筑师之间自上而下的合作模式就过于死板和容易产生问题了。[1]

5.3.2 城市建筑综合体对社会环境的帮助

城市建筑综合体的高效多样及开放的特点，易于营造一个开放、自由和丰富的场所氛围，这与现代政府力求达到开诚布公的社会形象不谋而合。因而，在城市建筑综合体的设计中，开始包含有体现政府职能的功能元素，同时，在政府建筑的设计中，也开始越来越多地加入向公众开放的元素，甚至将本身设计为城市建筑综合体的形式。

诺曼·福斯特设计的**柏林议会大厦**穹顶，就是一个典型的公共开放空间，这个空间集合了采光、通风、游览、展览等一系列开放性的功能，同时也象征了德国政府执政的透明性（图 5－8）。而**丹下健三**设计的**东京市政厅**，也在建筑内部围合了一个市民广场，以期达到市政府提出的要求市政厅包含一个“让市民们感到亲近自然的广场”的任务。虽然广场的设计由于缺乏与周边的联系而没能起到城市公共活动空间的功能，但是也从一个侧面体现了政府希望亲近市民，包容市民的意愿（图 5－9）。

1 详见第 11 章“城市建筑综合体在我国的发展趋势研究”中的论述。

图 5－8　柏林议会大厦穹顶，集合了采光、通风、游览和展览的功能

图 5－9　丹下健三设计的东京市政厅，在建筑内部围合了一个市民广场

（来源：互联网）

由**同济大学建筑设计研究院**设计的**杭州市民中心**，以“杭州之心”为主题，将整个市政府设计为一个城市建筑综合体。整个项目不仅包含了市政府的功能，同时，在裙房的部分还包含了市民中心、集中办事中心、城市礼仪门厅、城市规划展览馆、图书馆、健身中心，以及地铁等一系列城市功能。同时，整个项目还将在建成后，成为杭州与萧山合并，钱塘江新区中心区域的核心。建筑的空间组合方式采用以市政办公楼围合内庭及市民中心的形式，象征了杭州市政府“亲民性”的良好社会意愿（图 5－10）。

5.4　城市经济环境

对于当代城市的发展来说，经济环境是其主要的推动力量。香港政府甚至以不干预经济的模式，来以经济为城市发展的决定性作用力。而城市建筑综合体的发展，从某种意义上来说，也是由经济环境来推动的。经济因素往往会贯彻到各个方面，因而经济环境也是一个很宽泛的概念，许多相关问题本文的其他各个章节已经涉及，在这一小节里，将就经济环境影响下住宅密度所产生的

图 5－10 杭州市民中心是一个包含了政府办公和大量市民功能的城市建筑综合体
（来源：同济大学建筑设计研究院）

经济效应，多样性的自我毁灭，以及影响城市建筑综合体发展的各种资金流三个方面，来讨论经济环境与城市建筑综合体的关系。

5.4.1 住宅密度所产生的经济效应

简·雅各布斯在《美国大城市的生与死》一书中，所介绍的城市多样化的另一个要点是**“密度之需要”**，即人流的密度必须达到足够程度，不管这些人是以什么目的来到这里。这是保证城市多样性的一个重要条件，住宅密度对城市区域未来的发展非常重要，因此，住宅密度成为城市经济环境的一个重要指标。

对于一个地区来说，住宅区首先要有足够密度，促进多样性产生的其他因素才会发生作用。而合适的城市住宅区密度，需要依靠实际情况来判断，如果这个密度阻碍了城市多样性的生发，那么它就是不合理的。在不同情况下的尺度也是不同的，过高密度同样会阻碍多样性的发生，因为过高的密度往往会造成地区建筑类型的单一，从而使得人口和企业的多样性下降或趋于滞缓。

城市中大量人口的存在应该作为一个事实来接受，并作为一种资源来对待和使用。在需要激活城市生命力的地方，提高人口密度，同时，把目标集中在促进街区生活的活跃程度上，不仅在经济而且要在视觉方面，竭尽全力地激发和增加多样性。正如**简·雅各布斯**所说：“人口的集中是一种资源，我们的任务应该是提高城市人的生活——在这样的条件下（我们希望），即，既有密度又有足够的多样性，以此给城市人口提供一个发展城市生活的良好机会。”[1]

因而，在城市建筑综合体的设计中，必须考虑周边环境的住宅密度问题。过低的密度会不利于对多样性的支持，而导致整体失败。在这种情况下，应该

---

1 简·雅各布斯（Jane Jacobs）.美国大城市的生与死（The Death and Life of Great American Cities）. 金衡山译. 南京：译林出版社, 2005：P243。

通过增加项目内住宅功能的比例或增加吸引人流的特殊功能要素，来弥补项目人流密度的不足。如上海浦东陆家嘴的**正大广场**，由美国**捷得建筑事务所**设计，作为商业建筑设计的专业公司，他们为这一项目创造了丰富的内部空间和良好的购物环境。项目建成以后，无奈周边地区发展尚不完备，基本都是办公建筑，无法提供足够的住宅密度，尤其是夜间下班以后，人流更是稀少，最终使得三楼以上大量商铺难以维持，纷纷倒闭。而同在浦东地区的**第一八佰伴**则情况完全相反，其为大量成熟的住宅区包围，这些住宅区为其提供了足够的住宅密度，同时又地处拥有大量办公楼的繁华地段，使其开业以来的经营情况一直十分良好（图 5－11）。

图 5－11　上海浦东第一八佰伴为大量成熟住宅区包围（左、中），而正大广场则地处办公区域（右）
（来源：互联网）

5.4.2　多样性的自我毁灭

城市中多样性的自我毁灭往往是由于某地区过于成功，打破了所在区域的平衡所引起的。多样性的自我毁灭可以发生在街道，也可以发生在一个区域里。这种自我毁灭的过程大致如下：城市中一个拥有混合用途的地方多样性发展得非常成功，于是，争夺空间的激烈竞争就在各功能之间展开了，最终获胜者往往只是小部分功能，而这个地方的成功则是由所有的功能一起创造的。这种竞争的结果只能是赢利高的功能挤兑赢利低的，最终导致当地经济和社会层面上相互支持的最错综复杂、最成功的机制在这个过程中被毁灭了。[1] 自此，这个区域或街道无论在视觉还是在功能上，变得越来越单调和萧条，最终衰败而成为边缘地区。

要阻碍在一个地段过分地复制一种用途，关键就是要将这种重复分散到别的地方去。概括下来，主要有三种分散的方法：第一是**多样性的强制划分**，这样的手段保证了区域内一些特别用途的弱势功能和老建筑不被挤兑，从而防止

1　简·雅各布斯（Jane Jacobs）.美国大城市的生与死（The Death and Life of Great American Cities）. 金衡山译. 南京：译林出版社, 2005：P267。

同一模式的重复；第二是**公共建筑的独立性**，即公共建筑的地产应受到特别的保护，不受其他功能的挤兑；第三是**竞争性的分散**，即增加城市中拥有活力和多样性区域的数量，以分散不必要的重复。

同样，在城市建筑综合体与城市环境的关系，以及其内部各功能的设置方面也要防止这种多样性自我毁灭情况的发生。在论证城市建筑综合体功能伊始，就需调研周边环境的首要功能发展情况，如果已经到了多样性的极限，则需**避免对已有功能的重复**。同样在项目本身的功能设置中，尤其在后期管理中，一定**要防止高营利功能对低营利、不营利功能的挤兑**。

上海普陀曹杨路地区的**沪西工人文化宫**地区，经过长时间的历练，逐渐形成了以少女服饰及饰品为主的小商品市场，而近年为了拓展市场空间，在曹杨路地区兴建的两幢商厦：**银宫商厦**和**新西宫商厦**却得到了两种截然不同的结果。**银宫商厦**紧贴**沪西工人文化宫**，与原有市场相连，拥有极佳的地理位置，但是其在定位方面，过于重复了老市场获得成功的服饰和饰品功能，整体单调而无特色，最终走向了多样性之自我毁灭的道路，商铺纷纷倒闭，成为一个无人问津的空城（图 5－12）。而**新西宫商厦**，与**沪西工人文化宫**相隔有几百米远，隔了一条交通干道，其地理位置并不优越，但是它在功能的设置方面力求突破，在一层设置了小吃一条街，在顶层则引进了最新的大头贴照相一条街，填补了原有的市场空白。而在其他各层，根据日、韩、港等地的成功模式，设置了不同主题的购物街。它最终吸引了大量的客流，甚至还抢了老市场的风头，大获成功，每日尚未开门就有大量少男少女等候在外，周末更是火爆异常（图 5－13）。

图 5－12　上海曹杨地区的银宫商厦由于多样性的自我毁灭导致了商铺纷纷倒闭

图 5－13　上海曹杨地区的新西宫商厦通过多主题的特色经营成为此地区最火爆的零售商厦

5.4.3　影响城市建筑综合体发展的各种资金流

资金流是影响城市建设的重要因素之一，它们能够帮助建立城市内在的成功机制，但是资金作为一股强大的势力，既能造成城市的衰退，也能促使城市的再生。资金的来源、目的，以及能否到位，是其主要的特点。资金流主要有三种来源：一是来自常规的，**非政府借贷机构的信贷**；二是由政府提供的，**源自税收的资金**；三是来自非官方的，**非正式的私人或私有组织的投资。这些资金在城市急剧性变化方面会起到决定性的影响，而在渐进性变化方面则影响很小。**

城市发展的理想状态是渐次的、持续的、复杂的和温和的，而非剧烈和迅猛的。因此，作为产生城市急剧性变化的城市建筑综合体，建设资金的使用一定要十分谨慎，要防止以上三种资金急剧性使用所产生的急剧性效应。政府资金尤其应该避免急剧性的使用，以免让私人或私有组织的资金有机可乘。

香港九龙**朗豪坊**的土地征用过程就显现了政府对城市更新的极大耐心。**朗豪坊**项目早在 20 年之前已经传出兴建的消息，此时，一些私人及私有组织的资金就开始准备急剧性地注入此地，从而大捞一笔，而此时政府吸取了先前方案流产的教训，并不急于动手，一方面逐个与业主接触，一方面进行项目的调研论证工作（其本身就需要长时间的准备）。在反复论证的 15 年时间里，彻底拖垮了投机资金的信心，最终顺利完成了土地征用的任务，保证了项目的顺利进行。

5.5　城市文化环境

城市文化环境主要表现在城市文脉的传承上，城市文脉是城市多样性历史积累的表现。而城市建筑综合体作为城市的重要组成部分，不仅应该从原有的城市文脉中吸取利于其发展的元素，增加其与周边环境的联系，成为城市不可缺少的一部分；更应该传承、发扬、甚至改进城市文脉。本节将从老建筑的必要性、城市建筑综合体的精神性及对周边的带动性两个方面来讨论城市文化环境与城市建筑综合体的关系。

5.5.1 老建筑的必要性

简·雅各布斯在《美国大城市的生与死》一书中，提出的城市多样化的另一个要点是**"老建筑之必要"**，即一个地区的建筑应该各式各样，年代和状况各不相同，应包括有适当比例的老建筑。这里所说的老建筑，并不是特指那些有一定历史价值的老建筑，而是还包括了那些能为使用者提供廉价使用空间的有了一定年代甚至破旧的老建筑。新老建筑的混合，保证了城市高产出、低产出、中产出、无产出企业混合的多样性存在。**城市是一个生命体，任何生命体自我更新的方式都是通过新陈代谢来达到的。**老建筑与新建筑的混合，老建筑被新建筑逐渐淘汰，新建筑逐渐变为老建筑，或被翻新或继续为新建筑淘汰，这一过程，正是城市新陈代谢的过程。生硬的成片拆除、重建，应该尽可能避免。

旧建筑固有的混合用途以及在费用和趣味性上的多样化对形成居住人口的多样性和稳定性以及企业（商业）的多样性都是至关重要的一环。如香港九龙的**重庆大厦**和**美丽都大厦**就是在经济力量作用下，自发形成的建筑综合体典型实例。**重庆大厦**在 1961 年建成后，原用途是居住，因为所处地位优越，遂陆续被各种不同功能占据，其中廉价旅馆最集中，占到了其中 1/3 的面积，自发填补了市场空白。这里集中了来自全球 120 个国家的住户和商户，被美国《时代》杂志评为亚洲最能反映全球化的地方，也是最能反映香港多元文化特色的地方（图 5－14）。**城市需要各种各样的旧建筑来培育多样性的首要用途以及第二类用途。同时，它们也需要旧建筑来"孵化"新的首要用途。**

图 5－14　香港重庆大厦（左、中）和美丽都大厦（右）是在经济作用下自发形成的城市建筑综合体

因此，在建设城市建筑综合体时，必须对基地原有及周边的老建筑进行考察、论证。在可能的情况下，可保存适当老建筑，进行改建并为整体所利用。

而对于周边区域而言，城市建筑综合体则需处理好与这些老建筑的关系，尽可能少地破坏老建筑之间原有的关系，以保证它们的多样性，并与新创造的多样性结合，共同为所在的区域创造活力。如法国巴黎**巴士底歌剧院**（Opera de Paris Bastille）的设计就十分注重新建大型综合体和原有城市肌理的融合。在**巴士底广场**（Place de la Bastille）周围地块建设体形巨大的歌剧院综合体，稍不小心就会破坏这一地区的城市历史肌理。建筑师**卡洛斯·奥特**（Carlos Ott）采用了视觉消减体量的做法，将歌剧院主体尽量远离**巴士底广场**，并在入口处设置了大台阶，在延伸了广场的公共空间的同时，帮助削弱歌剧院的体量感。另外，其立面设计也采用零碎的构图，并十分注意同周边历史建筑的衔接和对位（图 5－15）。

图 5－15　法国巴黎的巴士底歌剧院十分注重与周边城市肌理的融合

（来源：右上图来自互联网，其余为作者自摄）

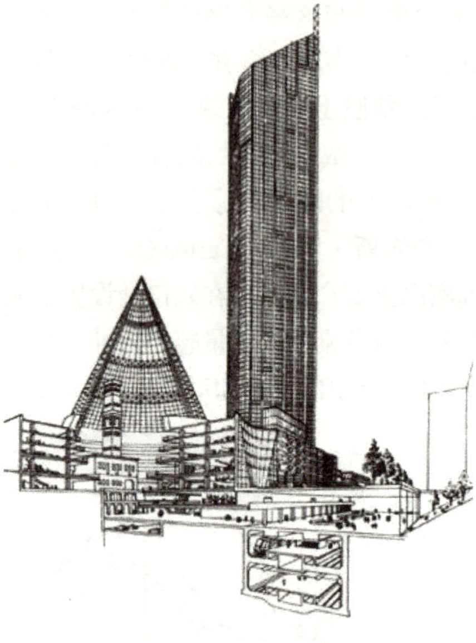

图 5－16　墨尔本中心剖透视
（来源：韩冬青，冯金龙，
城市·建筑一体化设计，P56）

在新建的城市建筑综合体中保留历史建筑，还能起到创造独特场所和延续文脉的作用。如**黑川纪章**设计的**墨尔本中心**（Melbourne Centre），设计者在必须保留场地内古建筑和连接地铁出入口的限制条件下，创造出一个既属于综合体自身又属于城市公众的锥形透明中庭，并使之深入到地下二层，进而横向延展至地铁站大堂，连续流动的空间使得城市交通、古建筑文物与商业娱乐多项要素之间互相穿插结合，以此激活商业销售并为人们带来一体化的城市体验。以内庭的方式进行古建筑保护一方面巧妙地化解了新旧建筑间尺度的巨大差异，同时又使得内庭更具城市公共空间的意味[1]（图 5－16、图 5－17）。

图 5－17　澳大利亚墨尔本的墨尔本中心结合历史建筑保护创造了独特的公共空间
（来源：互联网）

5.5.2　城市建筑综合体的精神性及周边带动性

格式塔（Gestalt）心理学认为，人对城市形体环境的体验认知，具有整体的"完形"效应，是经由对若干个别空间场所、各种知觉元素体验的叠加结果。

1　有关老建筑在城市建筑综合体中的使用，详见第 7 章"城市建筑综合体的规划与设计"中　"7.10 城市更新和历史保护"的介绍。

人的知觉心理流是无法割断的，而这种知觉心理不仅取决于作为生物体的人，而且还取决于作为文化载体的人。特定地域文化共同体的生活方式和传统惯例，会给居民心目中留下持久而又深刻的印记。这个共同体即是所谓社区，而居民对社区的认同归属意识社区性。城市建筑综合体的设计必须考虑到为人们的生活提供良好的场所和物质环境，并帮助定义这些活动的性质及内涵。**城市建筑综合体的精神性体现，就是要反映作为整体的社区特点及社区性。**例如，**香港中环中心**十分注重与周边社区的衔接。设计者将塔楼置于基地中部，周围布置了与周边楼房尺度相仿的裙房，并在其中布置以零售、邮政、银行等服务设施并与中环步行系统相连，同时还设置了小尺度的开放空间和绿化广场，使得这一超高层建筑与周边多层的老建筑有机地联系成了整体，延续和改进了当地的文脉，成为社区的精神中心（图 5 – 18、图 5 – 19）。

图 5 – 18　香港中环中心的设计十分注重与周边社区的衔接

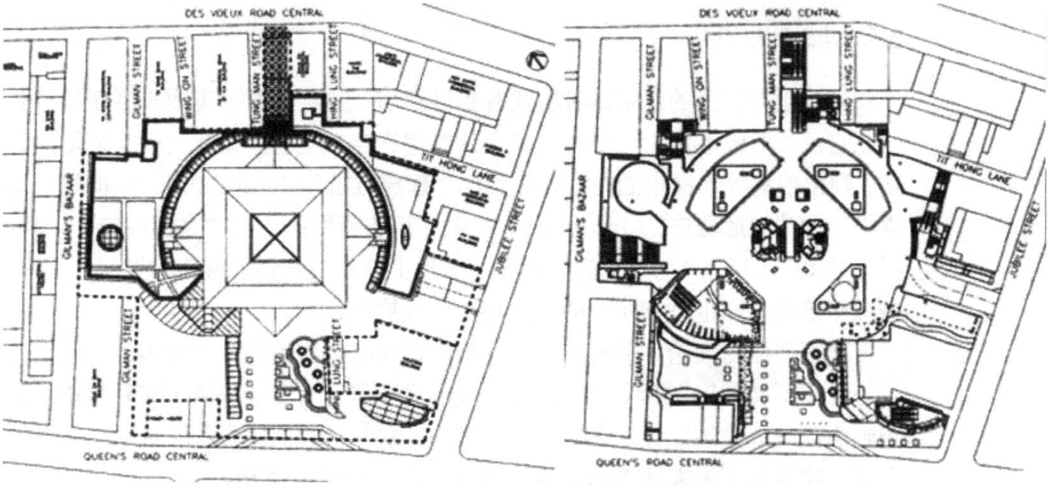

图 5 – 19　香港中环中心总平面图（左）、一层平面图（右）

（来源：香港中环中心官方宣传册）

城市建筑综合体通过其拥有的巨大能量，有时候能影响到一个地区的更新甚至改变当地的文化环境。例如，香港九龙**朗豪坊**的地块，在以前是香港出了名的烂地盘，这里临近以“黄、赌、毒”而著称的砵兰街，人员结构非常复杂。而在**朗豪坊**的兴建伊始，就开始有一些中高档商家入驻砵兰街。由于商家纷至沓来，砵兰街的商铺租金开始十级跳，从每平方英尺10港币上升到200多港币，至**朗豪坊**开业前，已经有大量中高档餐饮店进驻砵兰街。随着店铺的转型，警方也配合**朗豪坊**的落成开业而密集式地扫黄，使色情事业日渐萎缩，而那些有营业执照的夜总会、麻将馆、桑拿按摩等，随着铺位租金的上升及整条街的陆续转型，也会逐步迁出砵兰街[1]（图5－20）。

图5－20　香港九龙朗豪坊不仅为周边社区提供了社区设施，还带动了周边的发展，解决了社会问题

由此可见，城市建筑综合体的周边带动作用是惊人的。因而，在设计之初，一定要充分论证其对周边环境的影响性，以免使得整个区域往不尽如人意的方向发展。

5.6　城市理论环境

理论是对实践的总结，对实践有指导作用，同时也通过实践来不断检验和修正自己。把城市作为一个整体来设计的理论自古就有，如意大利文艺复兴时期，**阿尔伯蒂**等人提出的向心式星形的**“理想城市”**（Ideal City），20世纪初**玛塔**提出的**“线形城市”**（Linear City），**勒·柯布西耶**提出的**“光辉城市”**，**赖特**提出的**“广亩城市”**等等。这些理论，多多少少都影响到了城市的发展。同样，城市建筑综合体也是在相关的理论环境下发展起来的。

丰富多样的理论，影响和指导了城市建筑综合体的多样性发展。而城市建筑综合体所展现出来的多样性，又为城市建设理论的发展提供了多种可能。影响到当代城市建筑综合体发展的理论环境，主要包括了社会各界对未来城市的设想，建筑师对未来城市的设想，城市设计理论家对城市结构的理论和思潮，

1　方雅仪. 朗豪坊效应——中产店急进驻，砵兰街铺租十级跳. 香港：Singtao Daily，HIC. 2004-8-6。

以及建筑师提出的城市设计理论。下面，我们就来逐一介绍这些理论环境及其对当代城市和城市建筑综合体发展产生的影响。

5.6.1 社会各界对未来城市的幻想

20世纪是人类社会和文明飞速发展的一个世纪，在这样的背景下，人们对未来城市的幻想也不断涌现。

20世纪初的**“未来主义”**思想，曾对未来城市有一系列的幻想，并通过效果图的方式进行表达（图5－21）。**“未来主义”**的建筑观点虽然带有一些片面性和极端性质，但它的确是到第一次世界大战前为止，西欧建筑改革思潮中最激进、最坚决的一部分，其观点也最肯定、最鲜明、最少含糊和妥协。它是近半个世纪以来许多改革者的零散思想的集大成和深化的产物。不仅如此，直到20世纪后期，在世界上一些著名建筑作品中，我们还能看到这样那样的未来主义建筑师的思想火花，如**巴黎蓬皮杜文化中心**（1972~1977）和**香港汇丰银行大厦**（1979~1985）等（图5－22）。

而电影《大都会》更是通过影像将导演对未来城市的设想展示给观众，导演借鉴美国20世纪20年代摩天大厦的国际风格，跟艺术指导设计出具有史诗规模的超级未来城市景观。《大都会》的布景让人大开眼界，也是流传至今并对后人产生巨大影响的主要内容（图5－23）。

日本动画大师**宫崎骏**在其作品《天空之城》中，描绘了一个浮在空中并为一棵大树覆盖的空中之城，而在《哈尔的移动城堡》中，则塑造了一个会行走的城市，这些都表达了这位动画大师对城市的幻想（图5－24）。

图5－21　“未来主义”对未来城市的设想

（来源：左图及中图来自 Rem Koolhaas，Delirious New York，P84，P124；右图来自王建国，城市设计，P58）

图 5－22　巴黎蓬皮杜文化中心（左、中）和香港汇丰银行大厦（右）

图 5－23　电影《大都会》中未来城市的场景
（来源：互联网）

图 5－24　宫崎骏动画中的天空之城（左）
和移动城堡（右）
（来源：互联网）

图 5－25　“空中城市”模型
（来源：互联网）

5.6.2　建筑师对未来城市的设想

建筑师可以说是一个对人类城市发展考虑最多的群体了，而建筑师对未来城市的设想也是层出不穷的，20 世纪对城市建筑综合体形成有一定影响的代表性设想有：

1. 矶崎新的“空中城市”（Spatial City）

其核心思想是在现有的城市上，再规划另一个空中的城市，它将通过垂直的竖向交通功能跟地面直接联系（图 5－25）。

2. 哈伦的“行走城市”（Walking City）以及柯克的“插座城市”（Plug-in City）

这两种对未来城市的幻想，是根据工业化的预制和大规模生产，结合有关新科学技术的幻想而产生的。其具体表现为由**阿基格拉姆集团**使用波普艺术结合科学技术幻想和城市建筑设计，提出的骨架式巨型结构作为提供水电等基本设备服务，而住宅、商店、办公等单元可以插入该巨型结构的形式（图 5－26、图 5－27）。

图 5－26　“行走城市”
（来源：王建国，城市设计，P58）

3. 菊竹清训的“海上城市”

日本的新陈代谢派代表**菊竹清训**设计的**海上城市**方案中，城市像帽贝虫般附着于海面漂浮的大圆筒的内外壁上。菊竹的浮动城市是建筑史上新陈代谢运动中最富诗意的幻想。

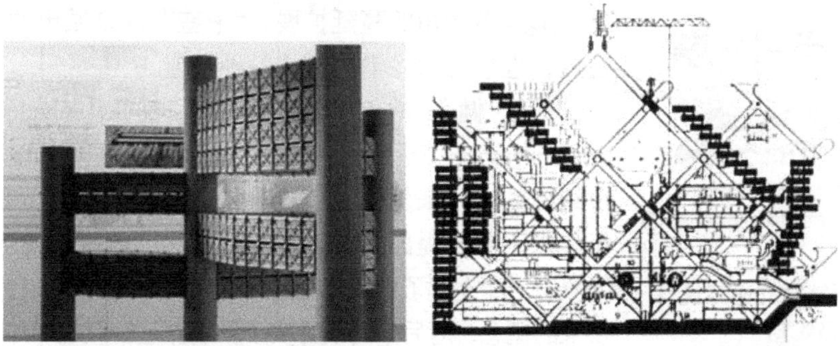

图 5－27
“插座城市”
（来源：互联网）

4. 黑川纪章等的“新陈代谢理论”

以**黑川纪章**为代表的新陈代谢学派认为从宇宙到生命，都有新陈代谢过程，人们的任务是促进这种新陈代谢的实现。他们把现代文明和作为这种文明集约化场所的城市，看成是新陈代谢的哲学范畴。新陈代谢学派的城市设计构想中畅想成分多，对未来城市和建筑的发展有很多启发，其中某些局部还得到了实现。他们追求的是功能、技术和艺术的有机结合，自然和人工环境之间的和谐，历史与现代之间的对话。

另外，也有一些团体或学术组织提出对未来城市的设想，如人们在 20 世纪 20 年代设想的 21 世纪城市，以及新加坡 **SPUR 组织**对亚洲未来城市的设想（图 5－28）。

图 5－28　新加坡 SPUR 组织对亚洲未来城市的设想
（来源：韩冬青，冯金龙，城市・建筑一体化设计，P15）

5.6.3　城市设计理论家对城市结构的理论和思潮

在 20 世纪 60 年代，现代主义经历了鼎盛时期以后，其理论和方法对功能分区过分强调，背离了生活的具体和多样性，城市功能的割裂造成环境呆板枯燥，缺乏生气和人情味，由此受到了普遍的质疑。在这样的背景下，城市设计理论空前活跃，各种新理论、新观点和新方法纷纷登台亮相，并表现出了**结构主义**（Structuralism）和**人文主义**（Humanism）的两种倾向。

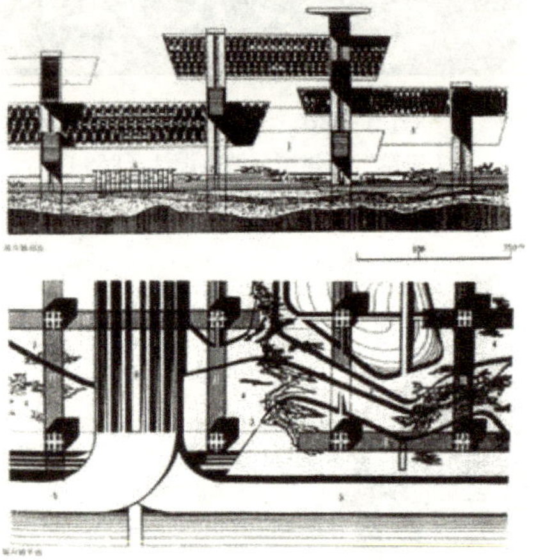

图 5－29　丹下健三的“锁状交通系统”
（来源：韩冬青，冯金龙，
城市·建筑一体化设计，P7）

1. 结构主义的倾向

Team10 的**“簇群城市”**（Cluster City）理论是其理论的综合体现。他们认为在新的社会条件下，需要采用一种更为灵活的群体设计方法，以适应不断改变的社会。**“簇群城市”**以**“干茎”**（Stem）为骨干形成多触角的蔓延扩展，**“干茎”**既是城市的通道，也包括为住宅服务的各种设施。

丹下健三的**“锁状交通系统”**（Cycle Transportation System）和**“中核系统”**试图从城市结构的本质来驾驭城市的整体形态。20 世纪 60 年代**丹下健三**提出**“锁状交通系统”**和**“中核系统”**的概念，建立起了城市、交通和建筑空间有机联系和换乘的概念，对后来的设计实践影响深远，但是却与城市现状存在巨大矛盾，难以完整实现（图 5－29）。

美国城市设计理论家**亚历山大**（Christopher Alexander）1965 年发表的《城市并非树形》一书中，对传统的将城市系统逐层分解为不同的等级层次，要素属于且仅属于某个局部，局部属于整体的**“树形结构”**提出了疑问。他认为现实中的城市生活远比所谓**“树形结构”**要复杂得多，元素与元素、层次与层次之间在很多状态下是交织在一起且相互重叠的，可称之为**“半网络结构”**（Semi-lettice）。

2. 人文主义的倾向

凯文·林奇（Kevin Lynch）的《城市意象》强调了人对城市的实际知觉和感受，讲述了有关城市的面貌及它的重要性和可变性，赋予了城市视觉形态的特殊且新鲜的设计问题，提出了一种我们由此可以开始在城市尺度处理视觉形态的方法，以及这些城市设计中的首要原则。

扬·盖尔（Jan Gehl）在《交往与空间》一书中写道：“小，通常是最有效率的。”“当小型、生动的单元被大型的单元取代时，街头生活就会大大减少。”[1]他把人在社区公共空间中的活动分为必要性活动、自发性活动和社会性活动三种类型，并倡导重塑城市交往空间来对自发性活动的引导和对社会性活动的激发。

1　（丹麦）扬·盖尔著.交往与空间. 何人可译.北京：中国建筑工业出版社，2002。

简·雅各布斯（Jane Jacobs）等学者综合了社会科学的研究成果，把建筑、环境和人联系了起来，针对现代主义刻板的功能分区，他们指出：城市的特性来自丰富的融合。这一思想被称为**“有机的复合”**（Organized Complexity），其含义是：功能多样混合以满足人们的多种需要，提供丰富的活动空间环境（图 5－30）。

人文主义和结构主义从各自不同的层面和视角对现代主义城市理论提出修正。结构主义旨在建立一种动态的城市整体秩序，形成开放系统，以此来改变城市机体既彼此割裂又混乱的局面。人文主义则着力呼唤一度迷失的人文精神，使“人”重新成为环境营造的基本宗旨。[1]

图 5－30　典型的人文主义城市视野

（来源：韩冬青，冯金龙，城市·建筑一体化设计，P8）

5.6.4　建筑师提出的城市设计理论

当代，建筑师提出的影响城市及城市建筑综合体发展的城市设计理论有：

1. 雷姆·库哈斯（Rem Koolhass）的“拥塞文化”和“大”的理论

库哈斯在其著作《癫狂的纽约》、《小、中、大、超大》、《大跃进》中，将城市与建筑的关系发展到了极致，提出了所谓**“大”**的建筑。他认识并接受了巨型建筑和巨型城市的现实，坦言“即使是最具活力的建筑物的持久性和大都市的不稳定性也是不相容的。在这场冲突中，大都市无疑是胜利者。”超越了一定的体量之后，一个建筑就变成了**“大”**建筑，这样的建筑再也不能被一种单一的建筑形式所控制，甚至不能被任何建筑形式的组合所控制。**“大”**建筑不再需要城市了：它与城市抗衡，它代表城市，它占领城市，或者更准确地说，它就是城市。他将**“拥塞文化”**上升为一种新美学，连同他的**“享乐主义科学”**一起作为设计追求的目标。毋庸置疑，**库哈斯**诚实地指出了我们的城市与建筑所面临的现状，认识到了技术、信息、社会、人口、经济和流动性对我们生存环境的塑造作用，提出了建筑取代城市的概念并将其运用到实践中，他的言论是使人震惊和具有开创意义的。

2. 理查德·罗杰斯（Richard Rogers）的“紧凑城市”理论

出版于 1998 年的《小小地球上的城市》一书，是一本欧洲建筑师对于当今城市发展的代表性论著。**罗杰斯**在书中提及的**“紧凑城市”**——一个密集的社会多元化的城市——的概念，强调应该摒弃单一功能的开发和汽车的主导地

1　韩冬青，冯金龙.城市·建筑一体化设计.南京：东南大学出版社,1999：P8。

位，其发展围绕着公共交通节点的社会和商业活动，它是邻里关系的网络结构，容纳多样的个人和公共活动。他建议城市应尽可能地密集，以社区为单位进行设计，应该便于交流，容易沟通，交通方便，可持续发展。此类城市的核心，必然是现代城市建筑综合体。现今香港的城市建设正是这一理论的体现。[1]

图 5－31 美国旧金山的内河码头中心是波特曼“协调单元”理论的充分体现
（来源：互联网）

3. 约翰·波特曼（John Portman）的“协调单元”理论和“中庭空间”

波特曼自 20 世纪 60 年代开始参与开发设计大型城市建筑综合体，他是房产商兼建筑师，他的理论与设计代表了当地开发者对建筑的要求。**波特曼**认为从城市总体看，建筑综合体是城市的“细胞核”，而自身又是功能综合且协调的“细胞”——**“协调单元”**。他的这一**“协调单元”**理论的基本思想，大都被贯彻到建筑综合体设计中。在波特曼的许多大规模城市开发项目中都包含着一些共同的元素：（1）对城市街区极限认识的取舍；（2）把建筑群体包含进一个大型的室内外行人均可辐射到的综合统一体之中；（3）交通的分离和等级组织（包括步行、公共交通及私家车）；（4）对邻近综合体开放性联结的弹性和可行性。[2] 事实证明，他的设计原则在一定程度上是适用于城市建筑综合体的。如**波特曼**在美国旧金山的**内河码头中心**（Embarcadero Center）是**“协调单元”**理论的充分体现，其通过一条连续的步行街将分散在各个地块的部分有机联系，相对于同时代的其他项目，和周边环境的结合更为紧密（图 5－31）。另外，**波特曼**创造的“中庭空间”也为城市建筑综合体的发展打下了良好的基础（表 5－1、表 5－2）。

---

1 关于香港城市建设思想，详细请参考第 13 章“适于我国城市建筑综合体发展的外部因素”“13.3 香港当代城市建筑综合体建设的特色”中的论述。

2 韩冬青，冯金龙. 城市·建筑一体化设计. 南京：东南大学出版社，1999：P17。

传统建筑和有中庭的建筑在造价方面的比较 表 5－1

	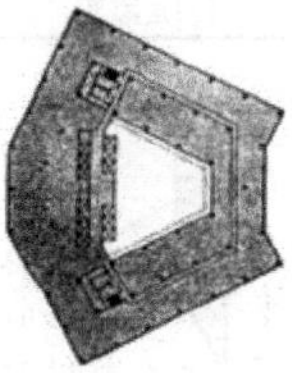		拥有中庭的建筑节省费用 节约共计约3500万美金
形态	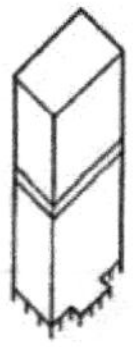 传统建筑	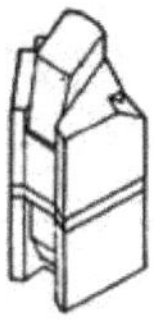 拥有中庭的建筑	
结构	 钢结构	 钢筋混凝土结构	\$2383000
表面材料	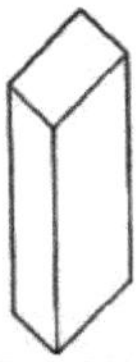 293000 平方英尺	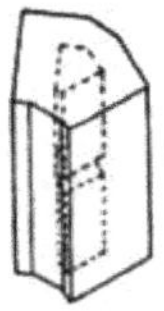 外部 231700 平方英尺 内部 66000 平方英尺	\$360000
电梯	 二十部电梯	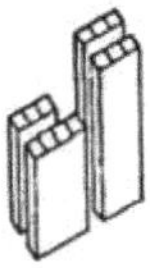 十三部电梯	因为电梯高度减少节约\$400000 因为电梯数量减少节约另记
设备	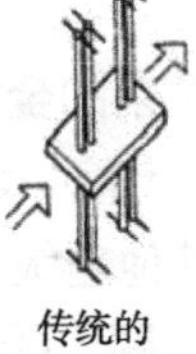 传统的	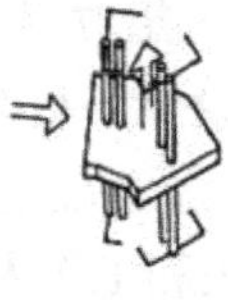 可将气体排放到中庭内	因为外立面建造减少节约\$360000

（来源：整理自 Eberhard.H.Zeidler，Multi-Use Architecture in the Urban Context，P133 图片）

传统建筑和有中庭的建筑在城市空间营造方面的比较　　表 5-2

	传统建筑	有中庭的建筑
城市空间	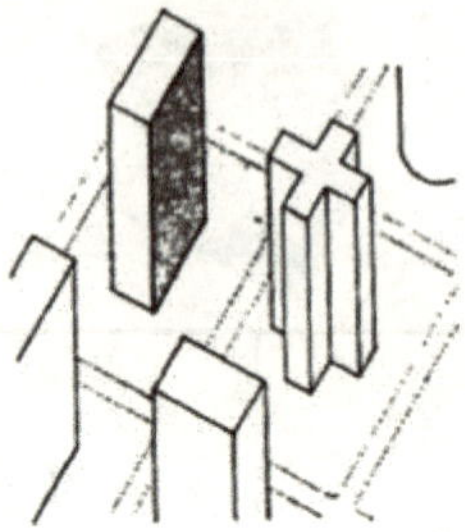 空地	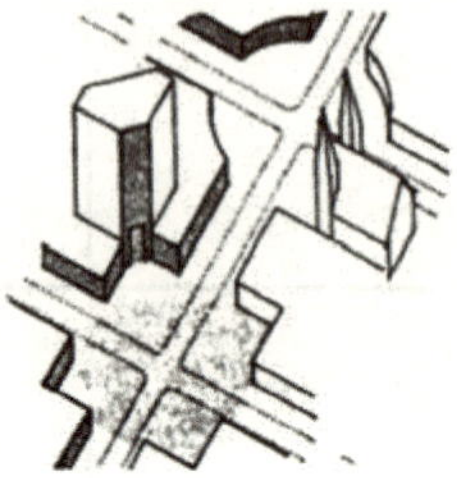 广场
街道边界	 视觉平台	 人行道
水平城市空间	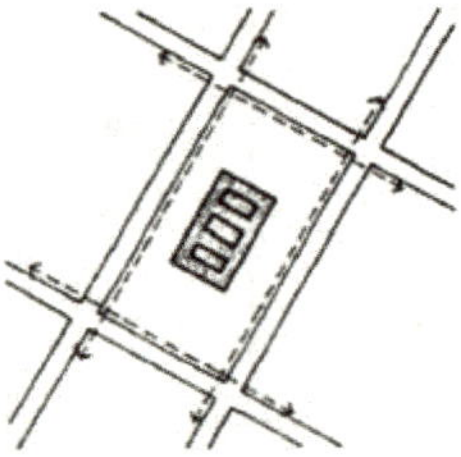 大堂	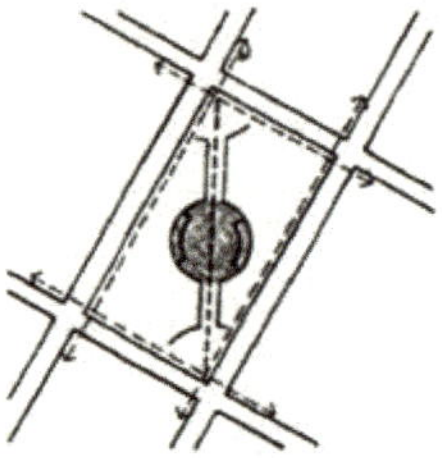 公共空间
垂直城市空间	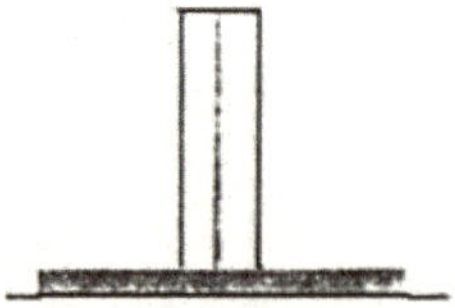 电梯核心筒	 公共空间

（来源：整理自 Eberhard.H.Zeidler，Multi-Use Architecture in the Urban Context，P133 图片）

5.6.5　有关未来城市的设想方案

人们对未来城市的设想方案中，以日本东京的**金字塔城**最具有代表性。这座城池高达 1.07 公里，覆盖陆地和海洋。数十幢 100 多层的摩天大厦置身其中，可容纳 25 万名居民和工作人员。就像其他超级大楼一样，建造金字塔城的目的就是为了解决东京拥挤和环境破坏等问题。自动机器人将以新一代碳材料建造这座城市，城内的气候将由太阳能和风力控制（图 5－32）。

图 5－32　日本东京的金字塔城

（来源：互联网）

图 5-33　“X-Seed 4000”摩天巨塔方案

（来源：互联网）

2007 年，日本**大成建筑公司**又提出了“X–Seed 4000”摩天巨塔方案（图 5–33）。如果建成，它将成为东京的城中城，它仿照富士山的形状建造，高度达到 4000 米，根据**大成建筑公司**的蓝图，**“X–Seed 4000”**摩天巨塔将拥有 800 层楼，可以同时居住 100 万居民。同时，它将是一座可以自给自足的人工智能型生态城，主结构是钢骨，外墙则使用太阳能板，利用太阳能为巨塔提供主要能源；巨塔内部将尽量自然采光，并且能根据外部天气变化自动调节照明亮度，大楼内部还有人造公园等“自然风景”，用水将会是 100% 的循环水。[1]

5.7　城市法规和政策环境

土地使用功能划分与历史上阶级的产生是密不可分的，而真正作为一种模式是在工业革命时期，中产阶级诞生之后才开始的。资产的私有化，对个人社会权利的保障等，都是促进相关法规、政策出台，以保证土地使用功能划分的要素。确保建筑环境的安全，以及对区域内部人员行为的控制，鼓励了土地功能单一化思想的传播。

随着城市的进一步发展，以及在 20 世纪 60 ~ 70 年代间人们对城市问题的反思，人们开始越来越多地意识到城市土地用途单一化的问题，并开始了新一轮的土地混合使用实践。但是，相关法规和政策虽然在相应变化，却没有完全体现出支持混合使用开发的倾向。事实上，时至今日，大部分土地使用法规和政策或多或少都会限制甚至禁止混合使用土地开发。如果政府投资者希望鼓励混合使用开发，则必须修改相应的法规和政策，并在以下几个方面有所动作：

1　杨宗. 日本欲造摩天巨塔 800 层楼可住 100 万人. 南京：扬子晚报，2007-8-27。

（1）编制更有弹性的土地法规；

（2）编制对混合使用开发更具鼓励性质的设计标准；

（3）对混合使用开发项目的审批过程进行改善和合理化，减小开发商的风险性；

（4）在合适的区域通过公开会议或专家研讨会的方式来确立混合使用开发目标。

最重要的是，政府需对混合使用概念持赞成和拥护的态度，并能够主动寻求利于其发展的方向。[1]

美国城市的混合使用开发走在世界前列，其相关法规和政策也较为完善。即便如此，美国至今也仍旧在寻求能为混合使用开发提供更多促进作用和更大弹性的法规和政策。在这一小节里，将通过对美国历史上有关混合土地开发的法规和政策比较，以及对现今美国最流行的三种混合土地开发的法规和政策的介绍，来讨论适于城市建筑综合体发展的法律和政策环境。

5.7.1 美国历史上有关混合土地开发的法规和政策比较

近年来，有关弥补传统分区法缺陷的思考主要有两个倾向：一个是在合适的尺度下对不同土地使用功能进行更有效和良好的规划；另一个则是对更好的设计、更适意的场所、价格合理的住宅等目标的强化。为了达到这些目标，美国政府采用了大量法规和政策手段，主要包含了允许土地混合使用开发和鼓励土地混合使用开发两类。从法规和政策的角度来看，对土地混合使用开发的支持，包括了对公共利益的支持，其中包括：（1）社区拥有对消极开发阻止或改变的权利；（2）社区拥有向社区以外的以土地开发为目的的人或团体收取费用的权利。**过分强调公众的权利也会造成公众对一些错误开发的盲目保护，因此，相对宽松的法规和政策环境，会更利于良性开发的展开。**下面我们将这些法规和政策通过列表的方式，就其概念、优点和缺点进行比较研究（表 5–3）：

美国历史上采用的主要区划法比较表　　　表 5 – 3

态度	名称	基本概念	赞成意见	反对意见
限制土地混合使用开发	分区法（Zoning）	分区法作为历史上最早出台的控制土地使用的法律，其严格死板的限制，使得房地产开发商不堪忍受。广大低收入阶层更喜欢混合使用的环境，更倾向于在周边地区购物。这一阶层成为抵制相关政策和法规对城市土地用途进行限制的主要力量	历史上最早出台的控制土地使用的法律	死板苛刻的限制条件，阻碍了城市建筑综合体的开发

1 ULI. Mixed-Use Development Handbook(Second Edition).USA: Urban Land Institute,2003: P142。

续表

态度	名称	基本概念	赞成意见	反对意见
允许土地混合使用开发	表现标准法（Performance Standards）	不同于分区法对土地使用功能的限制，表现标准法是通过对使用功能的排除，来确定最终包含的功能的。详细说来，表现标准法并不限制土地上的使用功能，而是通过对这些功能的分析，来排除会对其他功能或者土地造成不良影响的功能	表现标准法，相对传统的分区法更为人性化。这项法规为一些对环境影响很小的工业功能的自由布置开了绿灯	实际能够被排除的功能很少。导致容易通过表现标准法评估，但是对整体毫无帮助的功能被整合到了项目中，最终影响了混合使用开发的结果
	转移分区法(Transfer Zoning)	转移分区法，允许了历史保护区域的土地拥有者可以在不开发其土地的情况下，获得预计的开发利润。其前提是他将土地开发权出售给了其他的开发商，而这一开发商可以在另外一个无历史保护要求的土地上获得更高的容积率奖励以补偿他在历史保护区域的损失	对于历史区域的保护有积极的作用	对土地功能性质决定的要求很高。由于涉及所在地区利益，土地拥有者很少会将奖励点出售给不熟悉的开发商，限制了土地的开发
	上空开发权和共管权(Air Rights Versus and Condominium)	上空开发权和共管权则在空间范围内允许了混合使用开发。不同于上空开发权需要对延后的利益进行详细的描述、论证和划分，共管权允许开发参与者拥有部分或全部的开发内容。共管权允许了政府和私人开发商可以参与到项目的整体开发中，并在共同拥有土地的基础上，分别拥有各自的物业	共管权回避了上空开发权强制的非重叠性划分所带来的麻烦。共管权的保守性也有利于减小项目发展的风险性，并避免了类似项目的重复开发	共管权也有不足之处，尤其是在项目整体包含了混合使用开发的时候，一个土地拥有者就可以轻易地否决有利于整体发展的决议，从而影响整体的发展
鼓励土地混合使用开发	分区奖励法(Incentive Zoning)	分区奖励法主要是通过如果开发商对某一条款满足，则额外奖励一些可开发空间的方式来进行的。这一政策和法规为城市建筑综合体在美国发展创造了良好的条件	具有一定的弹性，使得开发商可以根据实际需要来进行选择性的开发	其导向性对城市的建设造成千篇一律的做法。还造成了地区密度增加，但是却无预期城市建设效果的局面
	契约分区法(Contract Zoning)	契约分区法，是将分区的协商同开发商将要开发项目的预期权利结合起来进行考虑的法规和政策。其具体操作的方式是由市政府和开发商缔定契约，在双方同意按照特定方式开发土地的条件下，由开发商进行土地分区使用规划	它可以更便捷地控制开发商，也可以使所有的开发商都参与到整个项目的设计中来	契约的制定需要经过充分全面地论证，在没有类似项目经验的情况下，较难把握

续表

态度	名称	基本概念	赞成意见	反对意见
鼓励土地混合使用开发	活动分区法（Floating Zoning）	社会往往会要求混合使用开发要满足“健康、安全和道德”三方面内容。活动分区法被用来决定采用何种程度的混合使用开发来满足上述要求。它通过原有区域在满足一定条件下，可变更原有分区用途的方式，来灵活解决实际问题	具有一定的灵活性	决策审批层会有一定的难度，需要经过充分论证
	比例分区法（Percentage Zoning）	不同于新区规划，在历史城区进行设计则必须考虑与原有文脉的关系，比例分区法就是为了适用于这种情况而诞生的法规和政策。比例分区法，是将每个组成功能在一个区域内所包含的土地（或在建筑中占有的面积）按照最小比例进行分配的一种方法	不变的比例，体现了这种政策一定的强制性，但是它的确能够压制混合使用中某一功能过分强势而导致整体失衡的情况发生	具有一定的强制性，灵活性较小
	混合使用分区法（Mixed-Use Zoning）	允许不同的功能（如居住、商业、办公）可以同处在一个区域内，并使得它们拥有合理和协调的关系	利于充满活力的、有步行倾向的社区和邻里中心的营造。由于可以预先指明混合使用开发区域的位置，相邻区域的反对意见可以预先表明	要求专业的团队进行管理
	重叠分区法（Overlay District）	规定一个特殊的区域以提供对混合使用开发的管理和促进。它可以被叠加在普通的分区上使用，也在社区制定的区域作为独立的法规来使用	利于充满活力的、有步行倾向的社区和邻里中心的营造。由于可以预先指明混合使用开发区域的位置，相邻区域的反对意见可以预先表明	会增加原有开发法规和政策的复杂性。需要专业的团队来进行管理
	计划单元开发法（Planned Unit Development）	修改土地开发法规来鼓励开发商在他们选定的土地上进行混合使用开发。开发商的计划需通过土地所在社区提出的标准才能得以实施	消除了开发商需经过的繁重再分区开发手续的负担。使得开发商能够创造充满活力的、有步行倾向的社区和邻里中心	相邻的社区很少会赞同新规划的开发计划。需要专业的团队来进行管理
	详细规划（法 Specific Plan）	对于项目的详细规划，上至整个项目的开发计划，下至基地的位置、大小，和使用的具体建筑类型。可以通过将不同的功能在项目中的邻近布置，来促进混合使用开发	提供了开发商设计具有创造力、活力、全新的混合使用开发项目的最大限度弹性	相邻的社区很少会赞同新规划的开发计划。由于方案会不断调整，所以造成了管理难度的上升

5.7.2 混合使用土地法规（Mixed-Use Ordinances）

混合使用土地法规指导下的区域和大部分支持混合使用的法规（如计划单元开发法和详细规划法）指导下的区域不一样。这一不同点主要表现在这些区域不仅允许混合使用的存在，甚至还鼓励或迫切需要它们。**美国规划协会**（American Planning Association）指出："许多美国城市已经拥有了允许不同土地用途适当混合的分区法规；例如，一个社区可能会允许居住功能存在于一个办公区域。然而，这一'允许'的方法并不能真正激发功能的混合……如果一个社区希望鼓励混合土地使用，它就不仅仅只是允许居住功能的存在，而是应该促进他们与社区固有功能的融合。"（Teresa Zogby，1979）

早期混合使用土地法规指导下的实例中比较有代表性的有1974年在华盛顿建设的几个商业和居住混合区域。新的混合使用土地法规为这些区域创造了多样化和适宜的环境（中等收入的住宅，适于步行和自行车行驶的环境，创造白天和夜间丰富活动的零售或服务空间，以及对历史场所和建筑的保护）。自此之后，混合使用土地法规指导下的项目在美国各地蓬勃发展，至今有不少项目仍在建设或将要建设。

5.7.3 规划单元开发法规（PUDO，Planned Unit Development Ordinances）

"规划单元开发法规"长久以来被用来激发更具创造力的开发手段，尤其是在城郊项目开发中。它们往往作为开发项目当地分区法规的一部分来为项目的设计和开发增加弹性。

比较典型的方法是，通过开发商和当地规划部门的协商，在当地法规的限制下，共同创造一个特殊方案。这一过程可以为开发商提供以下潜在益处：可以获得更高的开发密度，更具弹性的设计，节省结构开销，以及增加可营销性。对于项目所在的社区而言，**"规划单元开发法规"**可以使其对项目更具控制性，从根本上保护开放空间，减少开发无边界蔓延所造成的损耗。

如果**"规划单元开发法规"**正确实施，它可以为混合土地使用开发创造弹性。通常情况下，**"规划单元开发法规"**更适于市郊项目的开发，它可以使项目的功能、密度和开放空间的布置更具弹性，并促进混合土地使用往紧凑的方向发展。美国大量的混合使用城镇中心就是在这一开发法规的指导下建设的。

5.7.4 传统邻里开发和精明增长法规（Traditional Neighborhood Development and Smart Growth Ordinances）

近年来，在美国的许多地区，**"传统邻里开发和精明增长法规"**会作为调整性工具和传统分区法平行使用。这些法规很少更改原有的开发标准，但是会促进混合使用开发的进行。

"传统邻里开发和精明增长法规"包括总体、政府、市民功能、商店门面、附带住宅，和商业空间等的设计标准。这一法规通过一系列非常特殊的契约来控制项目的功能安排：

（1）传统邻里开发的土地区域需要被划分为街区、街道、节点、可选择性的绿地区域；

（2）类似的土地分类需沿街布置，不同的土地分类则应该邻近地段后方的界限；

（3）大尺度的独立功能（如会议功能、剧院、体育设施等）应当布置在沿街居住空间的后部或上部；

（4）店面的土地功能分配需要包括居住和商业功能。

总的来说，**“传统邻里开发和精明增长法规”**在大量功能混合方面具有很大的弹性，但是对这些功能如何安排、设计和开发的说明要求却很高。它们比**“规划单元开发法规”**更注重说明性，并被主要用来在允许混合使用开发的同时确定首选的城市设计模式。

第3部分　“融合”
——城市建筑综合体的开发过程

城市建筑综合体项目运作的一般流程

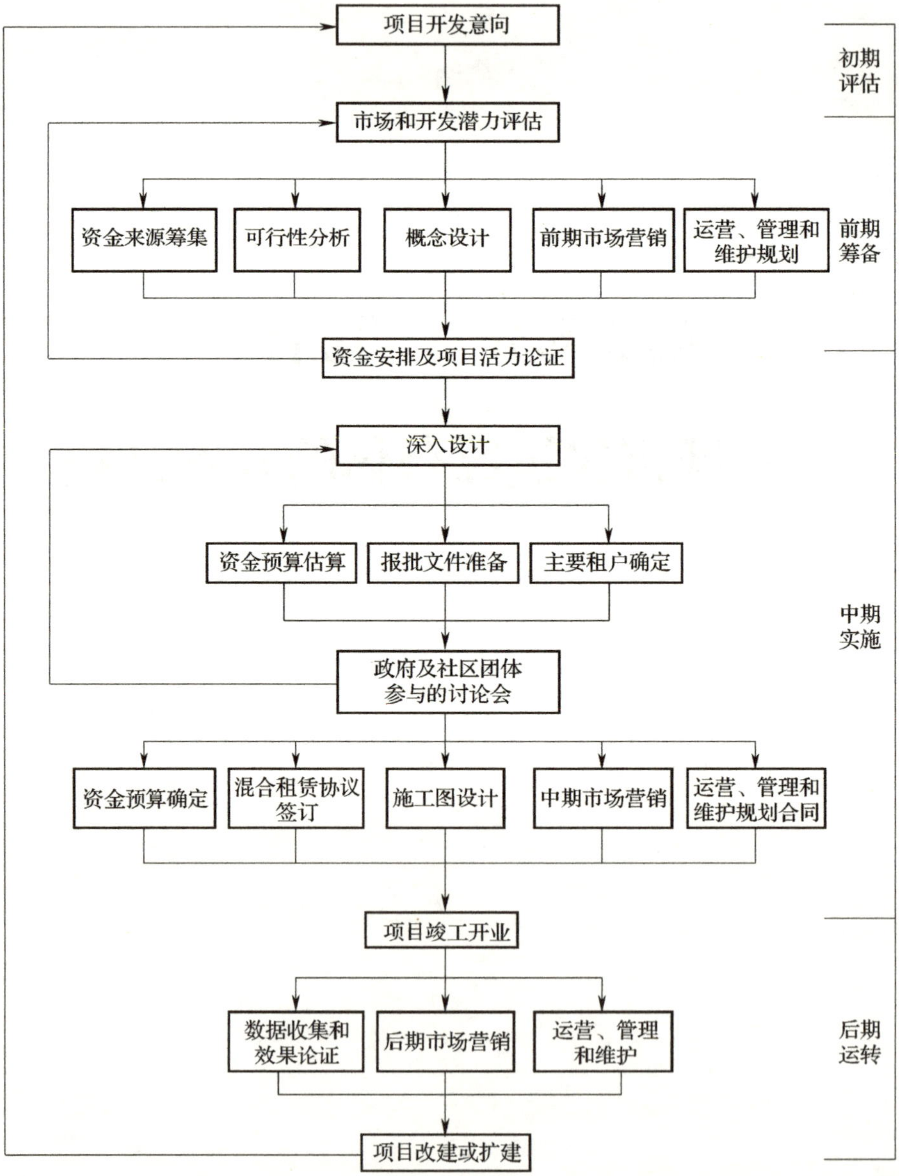

城市建筑综合体开发各阶段主要工作

	策划论证 第6章	**规划和设计** 第7章	**市场营销** 第8章	**运营、管理和维护** 第9章
初期评估 第4~5章	市场开发潜力评估	概念提出	概念提出	概念提出
前期筹备	1. 限定市场； 2. 创造租户的混合、各功能混合的内容及比例； 3. 分时及分阶段开发； 4. 各功能布置与聚合； 5. 论证项目的经济生命力	1. 概念设计，确定项目基本形体和体量； 2. 深入设计，准备分类说明书，开发商最终报批和签订内部协议所需材料； 3. 施工图设计	1. 吸引办公、零售功能的主要租户和酒店的运营商； 2. 制定市场营销策略； 3. 为项目命名； 4. 针对主要租户期望的营销	1. 分配责任和费用； 2. 满足各功能子系统的运营细节要求； 3. 对中期实施及后期运转阶段运营、管理和维护内容的规划
中期实施	1. 政府的批准和授权； 2. 混合租赁协议签订； 3. 租户的确定	1. 施工图设计与调整； 2. 结构造价计算； 3. 为签订合同以及实际施工提供依据	1. 项目说明书和市场营销材料； 2. 以基地为基础的市场营销； 3. 营销和出租特定功能； 4. 公共媒体宣传； 5. 各功能子系统营销	1. 运营、管理和维护合同的协商； 2. 合同中的基础问题； 3. 公共区域的维护和使用标准； 4. 公共事业和空调系统； 5. 成立物业管理公司
后期运转	市场开发的数据收集和效果论证	扩建和改建	1. 开业庆典活动； 2. 运营中的活动； 3. 对各功能子系统的持续营销和联合营销； 4. 公共媒体宣传	1. 变更设计和审批； 2. 安全性管理； 3. 经济管理； 4. 特殊问题管理； 5. 资源管理

第 6 章　城市建筑综合体的策划论证

6.1　概述

城市建筑综合体的设计与单一功能建筑的区别是，它很少受到第三方参与者与建筑开发商的影响。它的设计往往是在未来租户并不知情的情况下进行的，即使在主要租户确定的情况下，他们的特殊要求也很少能够改变整个项目的设计。城市建筑综合体策划论证的六个主要步骤包括：

（1）限定市场；

（2）创造租户的混合，创造各功能混合的内容及比例；

（3）分时及分阶段开发；

（4）各功能的布置与聚合；

（5）论证项目的经济生命力；

（6）实施项目。

6.2　限定市场

"失败的计划，导致计划的失败。"这一真理运用在对城市建筑综合体开发的描述上，是再贴切不过了，失败的计划只能得到很少甚至没有经济回报。为了尽可能减少方案的冒险性和准确对市场进行定位，必须采用拥有严密逻辑顺序的调查步骤，并由论证小组来实施。其主要过程如图 6-1 所示。

6.2.1　市场定位

为使城市建筑综合体能更好地与当地市场和消费者相匹配，必须进行详细的市场定位分析，对整个项目的设计进行指导。比传统的市场分析更为深入的是，这种严密的分析主要通过对潜在市场的数量和质量进行深入研究，来确保对市场机遇和顾客需求没有遗漏。市场定位分析的结果对以下几方面的内容起到了决定性的作用：

（1）**开发的级别**（大小、分类、及混合的类型）；

（2）**市场营销**；

（3）**出租情况**；

（4）**运营计划**。

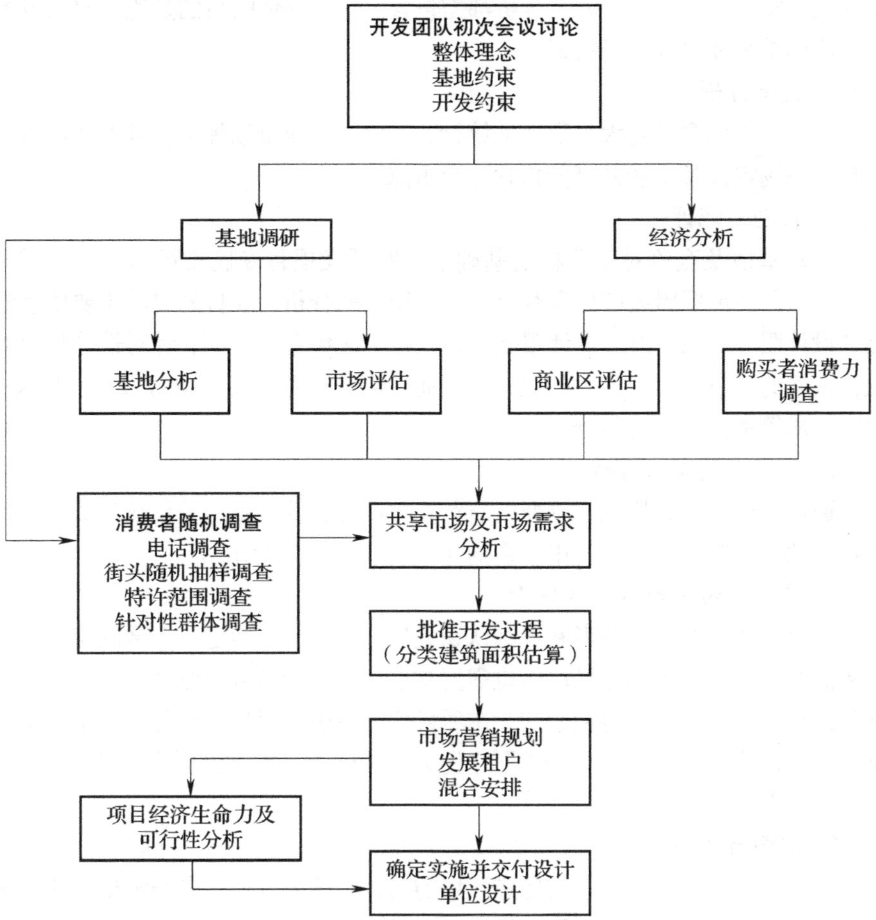

图 6－1　城市建筑综合体市场定位一般流程

开始进行市场定位工作之前，业主及开发团队将进行首次讨论会，这一会议的核心内容是使所有的参与者对项目的目标达成共识，并清楚认识到项目所面临的挑战。在会议结束后，将会进行接下来的几项工作。

6.2.2 基地调研

基地调研包括了基地分析和竞争市场评估两部分。

1. 基地分析

仔细分析基地的特性以确定对整体开发的重要性。其中，基地的特性，如基地现有的覆盖情况，基地与其所面对市场的现有关系，基地与周边环境使用情况的比较，交通联系情况，以及周边竞争对手的情况等，必须被认真研究，以正确认识基地的特性，使得项目开发能对其先天情况扬长避短。

2. 竞争市场评估

对当地竞争市场现状的评估也是必须进行的。在这个评估中，主要竞争对手的运作特色、竞争力及弱点分析都需包含。这一评估的目的是避免对市场饱和功能的重复和寻找市场机遇。

6.2.3 经济分析

经济分析包含了对大量数据的统计，其中，商业市场评估，消费者消费力分析，市场定位及市场共享分析是三个重点。

1. 商业市场评估

在对基地及竞争对手分析的基础上，对开发项目专属市场的评估也需进行。这一评估包括周边市场现有及潜在作用力的分析。项目的成功主要依靠的是其设计服务对象，由于设计服务对象在每个区域明显不同，针对性分析会为项目未来的竞争力带来很大的提升。因此，需要在每个设计中对人口、收入、家庭构成等重要参数进行分析。

2. 消费者消费力分析

通过上述统计和研究，可列出消费者对各功能的消费力分析统计表，这一数据对功能的布置及在项目中所占的比例，有重要参考作用。

3. 市场定位及市场共享分析

在对商业市场及消费者有详细认识之后，需为项目确定一个最能满足市场需求的合适定位。目标市场群体也需要被确定，在现有和计划竞争的基础上，项目最佳的运作位置也将被确定。在项目位置被确定以后，在各功能子系统在整体中所占位置及对目标市场不同作用力的基础上，各功能子系统间的市场共享计划也需确定。

6.2.4 消费者研究

在很多实际项目中，通过良好规划的消费者研究程序，市场定位可获得很大的帮助。总体来说，有四种主要的消费者调研方法，可以适应不同的需要和情况：电话调查、街头随机抽样调查、特许范围调查、针对性群体调查。这四种方法都能对市场定位的深入研究提供帮助，调查的结果不仅仅可以在新项目的开发中起到关键作用，也可以为现有区域的改造提供参考。

6.3 创造各功能混合的内容和比例，以及租户的混合

6.3.1 创造各功能混合的内容和比例

在进行了市场定位以后，需要对城市建筑综合体所包含的功能进行确定。首先，需要确定项目的基础功能及补充功能；随后，则需提供若干选择性方案以进行比较。

1. 确定基础功能

市场定位提供了基地对各个功能的市场支持力信息。通过这些信息，开发商会确定一种功能作为基础功能——项目中最具活力和效益的功能。在有些情况下，由于市场表现出对多个功能支持的平衡性，则可能确立多个基础功能，

但是在多数情况下，基础功能只有一个。

有些情况下，由于产生利益较小，最具支配力的功能不一定是基础功能。这种情况往往会在一些政府投资的项目中产生，其包含的大量居住功能虽具有支配地位，但由于其包含的办公和零售功能是主要收益来源，而使得它们才是真正的基础功能。由于社会因素对项目的形成具有决定性的作用，因而经济因素并非决定建筑综合体混合功能内容的首要因素。

在大多数私人投资的项目中，决定性地位的功能和基础功能是一致的。同时，基础功能在项目早期就已经非常明显，甚至有的基础功能在市场分析之前就已经被确定。

2. 办公功能作为基础功能

20 世纪 70 年代间的大量城市建筑综合体都以办公功能作为基础功能。在这些项目中，办公部分确立了整个项目的特性，并成为其他功能如酒店和零售功能的主要市场支持。

有多种因素会影响到办公功能在城市建筑综合体中的混合比例。例如，在开发商拥有大量预订租户的情况下，项目则会优先适应这些租户的要求，而将其他功能放在次要的位置。近年来，在亚洲地区（尤其是东亚和东南亚地区），依旧有大量以办公功能作为决定性功能和基础功能的开发项目。以办公功能为主的塔楼成为了这些项目的标志性空间，如马来西亚吉隆坡的双子塔、中国杭州的**浙江环球中心**[1]（图 6－2）。这些项目的开发商需预先确定大部分空间的出租市场以防止空间闲置对整个项目造成灾难性的损害。

图 6－2　中国杭州的浙江环球中心（来源：互联网）

除了塔楼式的办公空间，尤其是在大量建设的市郊项目中的城市建筑综合体，往往会采纳更小型的办公建筑。它们往往使用几幢较小的建筑来组织办公空间。其优点如下：可以为办公空间的平面布局和大小分割提供更多的弹性；可以为分期建设提供可能，并降低空置的风险性；同时，也能为追求个性的小租户提供不同的选择，使其独用一幢建筑的愿望成为可能。

1　2004 中国十大新地标建筑，杭州第一高楼，同西湖文化广场的文化设施（博物馆、剧院等）配套建设，形成互补的局面。

3. 居住或零售功能作为基础功能

自20世纪90年代以来，越来越多的城市建筑综合体开始将居住或零售功能作为基础功能。总的来说，以零售或居住为基础功能的项目，同以办公功能为基础功能的项目无论在外观上还是在给人的感受上都是不一样的。如上海的新天地，就是以零售功能作为基础功能的城市建筑综合体项目，与以办公功能为基础功能的项目相比，其空间尺度感更易吸引人们的进入（图6－3）。这类项目在20世纪90年代的城郊区域以市镇中心或交通性城镇中心的形式大量开发。

图6－3　上海新天地的空间尺度易于人们的接近（来源：互联网）

4. 以一组平衡的功能作为核心

有些项目并没有明确的基础功能，而以一组相互平衡的功能为核心。在这些项目里，各个功能被安排在不同的体块之中，并由一个集合商业功能的公共开放空间进行串联或并联，项目没有一个统一的名字，其每个组成部分均有其各自的区域特点和独立的入口。

5. 功能的适应性

不论促使建筑综合体选用何种功能混合的内容和比例，其功能必须与相关市场相匹配。有些适应性的产生是很自然的。如一个一流的酒店管理者只会选择拥有相应水准的办公、居住、零售功能的城市建筑综合体环境。

零售功能往往会造成适应性方面的矛盾。这是由于其往往需要通过对各类市场的吸引才能获得成功，而其所面对的大部分市场都在基地之外。如果零售功能比其他功能所占的比例小，矛盾（如形象问题）就会发生。由于零售功能往往在项目中起到个性塑造和形象创造的作用，这个问题就显得尤为重要。

另外，有些办公租户会认为项目中的某些功能（如特定的零售功能或娱乐功能）是不利因素。这些矛盾可以通过设计来解决，但前提是，这些问题要在策划论证阶段被提出。

6.3.2 创造租户的混合

在确定基地消费潜力后，就可以对混合功能的划分进行定性分析了。在每个功能分类**资金周转率**（Turnover）的基础上，每平方米混合功能的营业利润就可以被计算出来，以之为依据，来决定每个混合分类所需要的空间大小。

对零售功能的布置，就是将预定租户和固定租户混合，并补充以比较性零售为主的辅助租户。预定租户和固定租户，往往是购物活动的启动者，如食品商店（我要一些吃的）或电影院（我要看电影）。辅助性租户，则需要依靠大量经过的人流中有购物冲动的个体来购买其商品。这类租户包括了经营时尚产品、服装、鞋类、手工艺品及新奇饰品等的商户。

最初租户的混合确定以后，需要绘制一个总体布置图，作为进一步讨论的基础。这一总图包含了以下内容：

（1）零售、餐饮、娱乐等固定租户的位置及组成；

（2）购物流线布局；

（3）与其他功能子系统的整体联系；

（4）指出能够激发整体项目潜力的触媒部分。

以建筑平面图为基础的租户混合总图，就这样被绘制了出来。这一详细的分类说明，为以后进一步分析提供了指导性的基础（图 6－4）。

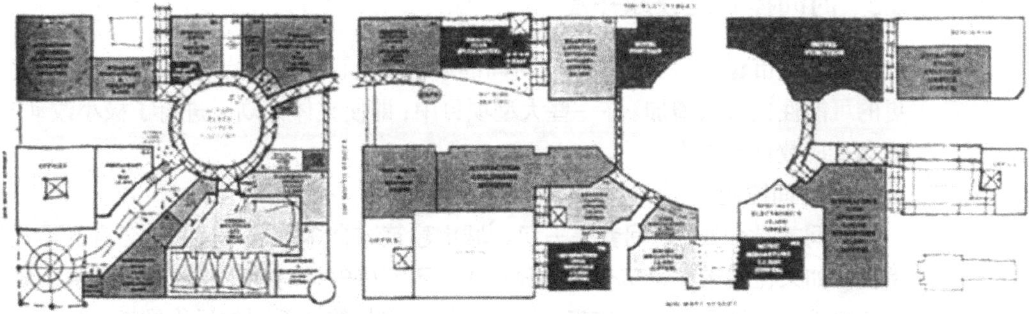

图 6－4 美国捷得建筑设计事务所为某商业建筑绘制的租户混合总图

（来源：The Jerde Partnership with Vilma Barr，Building Type Basics for retail and mixed-use facilities）

6.4 各功能的布置与聚合

在功能混合的内容和比例确定以后，就是将各功能在基地上聚合，进行规划和布置的时候了。这一过程不需提供详细设计，只需将每个功能布置在合理的位置上，以比较计划和基地是否匹配。同样，这一过程也需要对开放空间进行聚合，因为它们是成功营造场所氛围的重要元素。开发商在进行功能布置和聚合的时候，需要有一个城市设计的整体概念，这点将在下一章详细介绍。

每个混合的功能都必须达到一个**临界大小**（Critical Mass），才能达到基本的运营效果，但是这个临界大小在城市建筑综合体所提供的环境中，往往较之普通建筑要大。如旅馆功能，最少可以包含 60 ~ 70 个房间，而在城市建筑综合体中，则最少需要达到 125 个房间，大部分都会在 300 个房间以上[1]。如果市场要求建筑综合体提供更大的影响力，那么每个组成部分的**临界大小**，可能会显著增加。

然而，尺寸和密度并不能够决定项目的**临界大小**，空间布置和功能的结合才是确定**临界大小**和协同作用的最终要素。规划和设计所扮演的角色在决定空间布置和功能关系的前期是非常重要的。停车和服务设施的布置，车流出入口的设置，以及电梯和自动扶梯位置的确定，同样是早期设计的一部分。

首次聚合和布置设计，需要提供多个选择性的方案。**虽然这一设计是初步的，但是却是整个设计过程中最重要的阶段，它将提供决定整个项目物质关系的基础。**在选择性方案被提出后，详尽的经济分析将会判断出方案是否具有经济适应性，以及哪一个方案最具经济性。这一过程包含了对每个方案的开销、收益，以及预期回报值的估算。

6.5 时间控制及分期开发

由于城市建筑综合体需要长时间的策划和论证，整个计划在这个过程中变更的可能性也大大增加。在一些大型项目中，即便整体计划只进行了极小改动，也会造成数百万损失。

6.5.1 时间控制

时间就是金钱，时间就是一切。[2]城市建筑综合体就是对这两句名言的最好例证。如果在城市建筑综合体的设计中，不好好安排时间，利润就会消失。城市建筑综合体涉及了不同市场，这些市场有着与整体不同的运作周期。如果其中的一个功能子系统出了问题，会影响到整个项目，尤其是平衡性项目的成功。这一问题使得开发商在计划时，必须为每个功能子系统的变化留出更多的弹性，以使得在策划时期一个功能子系统的改变，不会影响到其他功能子系统的活力。

---

1 ULI.Mixed-Use Development Handbook(Second Edition).USA:Urban Land Institute,2003: P91。

2 英文原句："Time is money. Time is everything."出 ULI.Mixed-Use Development Handbook(Second Edition).USA: Urban Land Institute,2003: P92。

6.5.2 分期开发

分期开发是许多开发商用来解决时间控制的方法。这种方法使得开发商可以在市场能够接受的时间范围内进行项目开发，减少他们的风险性和负债额度。现今，大型城市建筑综合体分期开发的实例在我国非常常见，如上海南京西路的**恒隆广场**、北京的**中国国际贸易中心**[1]、重庆的**财富中心**[2]、武汉的**新世界国贸大厦**（原国贸大厦）[3],其中**北京国贸**通过 20 年间分期建设、不断完善，成为持续发展的分期建设典型，而武汉的**国贸大厦**作为烂尾楼在改换东家后通过改建成为另类的分期建设代表（图 6－5、图 6－6）。虽然分期开发是许多大型项目的唯一选择，但也同样能够为小型项目带来益处。

图 6－5　北京中国国际贸易中心（左）、武汉新世界国贸大厦（右）（来源：互联网）

图 6－6　重庆财富中心（来源：互联网）

1　国贸地处北京中央商务区的核心部位，地铁国贸站与各线地铁相通，地理位置优越，交通十分快捷。是目前中国规模最大的综合性高档商务服务企业之一。

2　2004 中国十大新地标建筑，重庆北部新城的新中心，重庆多元中心城市的一个新的副都心。各种物业之间实现充分的资源共享，价值最大化，无论是工作、生活或休闲，都在 15 分钟高效城市圈中一并完成。城市中心将以一种理性、通透、高效的组合秩序展示于世人，成为新重庆、新北部理性主义精神的象征。

3　2004 中国十大新地标建筑，将中国建筑的庄重感和国际流行趋势自然融合，是武汉的城市象征。2000 年部分完工后，成为烂尾楼，2004 年被香港新世界公司收购后经过改造于 2005 年完工。

没有一种确切的方法是最适合城市建筑综合体分期开发的，但是，它的分期开发必须包含以下几方面内容：

（1）首期的建设决定了整个项目的基调和形象，因此，它必须依靠自己的成功来推动整个项目的发展。

（2）需要仔细考察开发团队对于复杂项目的处理能力和资质，以确定项目能按时、按计划完成。同时进行多个项目的开发会对开发团队造成过重的负担。

（3）虽然正在进行的阶段最重要，但是开发商必须经常考虑以后的计划。每一期的建设都要有功能和经济上的活力，以适应未来发展需要的弹性。

在零售功能为基础功能的项目中，首先进行零售功能建设是常用手法，并可以成为分期建设的基础。例如，在以零售功能为底层联系空间的项目中，其上部的居住、办公、酒店等功能都可以方便地进行分期建设。

6.5.3 分期开发的阶段分配

分期开发阶段分配的可能性非常多。建设的项目越大，其建设的阶段就会被划分得更多。分期开发有时候会造成业主的更换，例如美国弗吉尼亚州雷斯顿（Reston）市的市镇中心项目，其业主就几经更换。原始开发商**雷斯顿地产开发公司**和 Himmell & Co. 将项目出售；项目的第一期现在由 Equity Office Properties 拥有，而第二期则由购买了其土地的 **Terrabrook 公司**进行开发。第一期的开发强调了办公功能及商业街道的零售和餐饮功能的开发。而第二期则在强化了第一期的功能的基础上，增加了居住功能，以完善整体的混合使用。项目的几个独立地块在 2001～2002 年间又进行了以居住功能和办公功能为主题的开发。项目整体分期开发的阶段分配包含了地块弹性使用以及强烈场所感营造（图 6－7）。

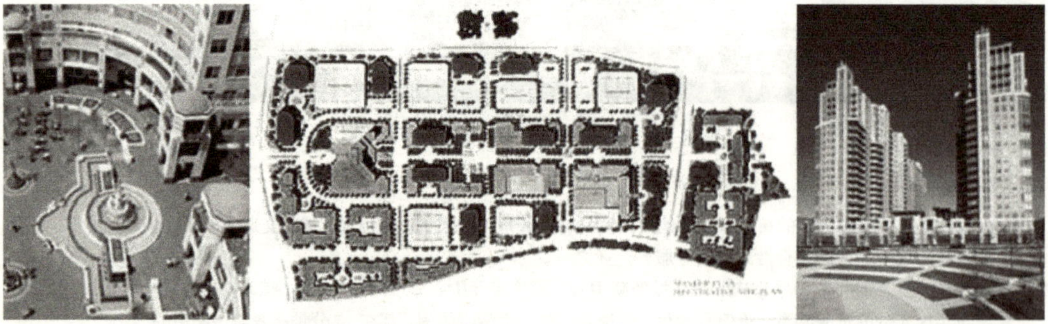

图 6－7 美国弗吉尼亚州雷斯顿市的市镇中心（来源：互联网）

6.5.4 整体性结构的分期建设

整体性结构和竖向混合的城市建筑综合体同样可以被分期建设。当然，这样做会给施工带来很多麻烦，但是如果规划得当，则同样可以取得很好的效果。如上海徐家汇的港汇广场，第一期进行了商业裙房的建设，开发商在建成后通过几年积累，形成一定的商业气候并收回一部分投资后，才开始第二期办公塔楼的建设。在二期办公塔楼建成后，又在原有裙房的基础上，追加建设了电影院功能和高档公寓。由于前期设计为二期开发预留了充分的空间，在二期施工期间，并没有影响到一期建设内容的营业，而在二期投入使用以后，很自然的和一期融为了一体，为整体画上了完美的句号。

在有的项目中，整体性的结构可以被一次性建设完成，但其内部功能的填充则分期进行。例如，匈牙利布达佩斯的 **Westend City Center**，所有部分同时施工，但根据不同使用者的要求在不同时间段完工。其零售部分在 1999 年圣诞前期完工，并趁着圣诞的商机对整个项目进行推广。之后，其他功能在首次推广活动所引发的热潮下逐一开业，这一过程持续了一年。其中，办公功能于 2000 年 7 月开业，而酒店功能则选在 9 月开业（图 6－8）。

图 6－8 匈牙利布达佩斯的 Westend City Center（来源：互联网）

6.6 论证项目的经济生命力

一旦开发程序被最终敲定，项目的经济生命力也就被随之决定。为了对其进一步论证，需提出实质性的计划和预算。这一计划和预算是决定开发商对项目整体经济分析和估算的关键因素。**预算计划表**（Pro forma）包含了总投资、运作花费，以及收入之间的调和等内容，是衡量项目经济可行性的主要参考依据。总投资是整个项目的花费，包括了结构体系造价（硬指标）和开发所需的费用（软指标）。其中，开发费用包括了建筑及工程设计费、出租委托金、政府的税收和许可证费用等。

初步设计为项目的可行性分析提供了可能。在这一可行性分析中，对开发过程和基地的评估都是针对**预算计划表**的。**而正确的结构造价预算，是评估的**

关键因素。

6.7 实施项目

在一个项目被设计完成并准备开始施工之前，还有需要通过几个重要的环节：获得政府的批准，通过谈判签订项目混合租赁协议，确定一定比例的租户，以及确保施工贷款的顺利获得。

6.7.1 政府的批准和授权

以美国为例，在20世纪60年代，获得一个土地开发权并不比继承遗产来得简单，并通常需要与政府协商谈判。1969年，联邦政府通过了**国家环境政策法案**（National Environmental Policy Act），其中包括了**空气清洁法案**（Clean Air Act），其目的是监督地方政府对由大型项目和交通产生的空气污染问题采取措施。在加利福尼亚州，**加利福尼亚州环境质量法案**（CEQA）要求开发商提供其开发项目对环境影响的量化结果，并提供减轻的措施，以达到可接受的范围。

谈判和审查环节包括了公众的参与和旁听，并可提出否定意见。虽然审查的过程往往由专门组委会进行，但是最终决定权则在一个选举产生的团体（如城市议会）手里。

居住区域的功能变更越来越难以实现。居住区的房产拥有者相对以前已经更好地组织并有了更大的决策权。即使在一个商业区域内进行功能变更也不再那么容易。因而，**同房产拥有者或其他社区团体之间的协商工作，已经成为项目开发过程中的必要环节。**经过这一系列的协商会对项目最终的建筑美学和经济结果产生一定影响。因此，项目对公众要求的适应性是十分重要的，公共社团会对考虑了他们利益的方案更为支持。

6.7.2 混合租赁协议的签订

混合租赁项目往往需要在开工之前，由主要合作者之间签订混合租赁协议。其内容包含了大量的操作性内容，如租户在每周哪几天哪几个时间段营业，在主要承租商户拥有自己的区域及停车位的同时，允许顾客自由地穿越这些空间，对公共区域开销的支付（如公共停车场的照明），以及对公共区域维护费用的支付（如公共景观的维护）等。

6.7.3 租户的确定

美国零售业要求在项目开始建设之前，必须有一定比例的出租空间被预订。通常这个比例要占到整个项目出租空间的50%以上。这一政策是在对混合出租和**预算计划表**综合考虑的基础上提出的对开发商的保护政策。除了需提供一定比例的预租空间外，开发商还会对其预定的租户进行考察，以确定他们对整个项目是否有帮助。其中，有一定经济实力的国际性大公司往往更易受到开发商的青睐。

第 7 章　城市建筑综合体的规划与设计

7.1　概述

城市建筑综合体的开发往往涉及了大量复杂的设计工作，这些设计内容不仅包括建筑设计，还包括城市规划和城市设计。场所营造、公共开放空间布局、内部组成的互补关系，以及共用停车问题等等，只是整个项目获得经济成功的一部分要素。虽然平庸的设计并不会毁了一个单一用途的建筑，却往往是造成城市建筑综合体失败的开端。

大部分城市建筑综合体项目面临一系列规划上的挑战，这些挑战所涉及的建筑及工程上的难度，远远高于普通类型的建筑：

（1）将每个功能子系统合理设计和布置，以发挥其最大潜力，并同时将它们合为一个整体，使之互利；

（2）提供一个高效的基础结构平台（停车、服务、公用事业、高效的机械、电力和结构系统），以满足每个功能子系统的不同要求；

（3）将公共交通、私人交通、货车、停车以及步行交通系统有机组织，提高效率；

（4）通过对水平和垂直步行系统的合理设计，为各功能组成部分提供便利和高效的入口及联系；

（5）提供单一用途建筑难以拥有的亮点，如激动人心的共享空间，能提供多种活动的公共空间等，以创造场所的独特个性，吸引大量的人流；

（6）将个性化组成部分在项目中会聚，以创造和谐而又独特的建筑个性；

（7）在现有社区的基础上，创造分别适于内部和外部的人和城市尺度，尤其是在城市建筑综合体的密度、体量、形象均与周边环境大不相同的情况下；

（8）将每个分期开发的部分规划为能自给自足的整体，为后期建设与之结合打下基础；

（9）在项目中尽量包含不同运营周期的功能，使开放空间和基础设施能够 24 小时全天候运转；

（10）各部分的设计过程要尽可能包含各方面的专家——如城市设计师、景观设计师，结构工程师以及建筑师——同样在管理团队中亦是如此。

总的说来，城市建筑综合体的设计过程，是一个场所营造和城市建设的过程，而不仅是一幢建筑的建造过程。它需要全面的视野，这一视野来自各个方面，如开发商、城市设计师、政府投资者、重要租户、酒店运营商、社区组织等，并最终综合各方面意见（图 7－1）。在当代，为形成这一视野，合作者举行越来越多的公开讨论会。另外，政府意愿的过早介入往往对整个项目而言可能并无太大益处。

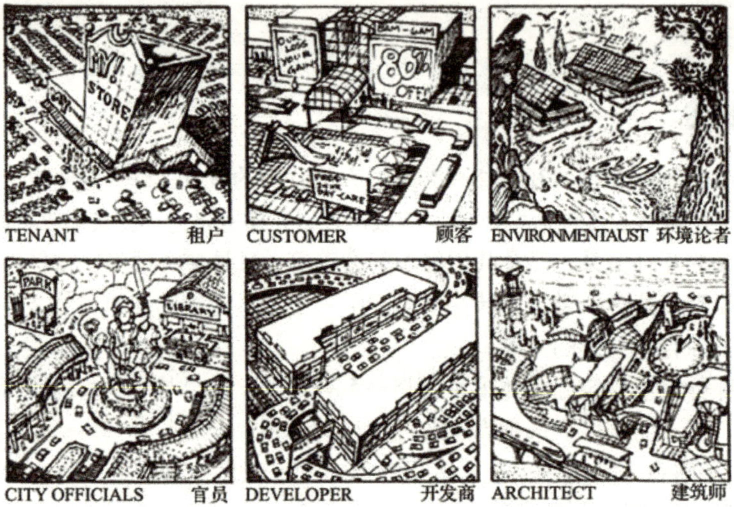

图 7－1 美国捷得建筑事务所所作有关不同利益群体对购物中心建筑理想模式的漫画
（来源：The Jerde Partnership with Vilma Barr，Building Type Basics for retail and mixed-use facilities）

7.2 设计过程和设计团队

城市建筑综合体的规划和设计是一个漫长的过程，从总体的概念设计开始，在整个项目的目标确定后才进入细节设计。规划和设计的过程会对各方面因素进行综合而往折中的方向发展。城市建筑综合体的规划和设计要经历一系列不同方案的对比研究。因而，城市建筑综合体的规划和设计需要在设计师和开发商强有力的领导下合作完成。

7.2.1 设计过程

虽然没有两个城市建筑综合体的设计过程是完全相同的，但是，每个项目都会包含以下三个主要的阶段：概念设计、深入设计和图纸设计。

在概念设计阶段，项目的基本形状和体量将被决定（包含了交通系统的布置和公共空间特性的决定），从而确定了项目的整体定位和设计目标。这一过程包含了大量的数据研究，投资的预算也在这一时期被确定。

在概念设计提供的合理概念基础上，深入设计包含了对各个组成部分更详细的设计和发展。其中包括了对整体结构和设备系统的选择；对项目各部分的设计，包括了平面图设计、建筑立面设计、材料选择，以及适当的细部设计等；详细分类说明书的准备；对开发商最终报批和签订内部协议所需材料的准备；以及对造价估算的更新和建造计划表的准备。

施工图纸的绘制主要在图纸设计阶段完成，它们是结构造价计算、签订合同，以及实际施工的基础。因此，它们必须尽可能详细，与此同时，开发商则要制定详细的**预算计划表**并提供**工程进度计划表**。

7.2.2 对设计师和承造商的管理

城市建筑综合体的设计会涉及大量建筑师。一种典型的方法是由一个城市规划和设计公司设计总图，并将各功能组成部分划分，以供各专门建筑师来进行详细设计，并由工程师、景观设计师及其他专家来进行专门的细节和节点设计。

在概念设计阶段为项目服务的设计团队在深入设计阶段可能会被更换。这是由两方面原因造成的：一方面，概念设计阶段往往要求设计团队更具总体意识，而在深入设计阶段则需要团队具有深入设计的能力；另一方面，进行概念设计的设计团队往往被专门用于对整体定位的开发，之后则由负责深入的设计团队接手。

有的开发商更喜欢和已经多次成功合作的设计公司合作，因为这样更能保证项目高效地进行和开发商意愿的达成。

7.2.3 合作和领导

虽然设计主要是城市设计师、建筑师、工程师和规划师的职责，但是，同开发商及其他核心团队的密切合作是对项目合理性、可行性、经济性等多方面内容的保证。这是因为城市建筑综合体涉及各种功能的混合，而功能的选择对项目的发展具有很大的影响，因而开发商在其中要起到更为重要的作用。开发商对整体市场的把握是至关重要的，一个经验丰富的项目管理人对开发商而言是不可或缺的。

开发商的基础角色是团队领导者，要将所有成员团结一致。成功地将项目涉及的大量设计咨询组织、工程师、委托组织，以及施工队组织到一起是非常困难的。创造这种合作的过程，被称为“**协同创造**”(Co-creativity)。“**协同创造**”可以被比作为一个爵士乐队，由大部分人提供一个基本旋律，同时给独唱者充分自由的发挥空间。

在设计阶段，投入资金包括了各种来源，其中有各功能子系统代理商投入的资金、主要承租人投入的资金、合作开发商投入的资金、公共贷款，以及政府投入的资金等，每一笔资金的投入都与整体息息相关。**协同工作是设计过程中最重要的一个环节，没有一个人或团体可以从头至尾地了解城市建筑综合体的各个细节。**

为确保项目的实施可行性，总承建商应在设计前期就参与到设计团队中

来。他们的参与可以帮助论证设计结果的经济性，以决定整体的功能组成。承建商的参与可以有效避免由于改变功能组成对项目造价产生影响的问题。

由于城市建筑综合体涉及了大量的设计人员，其设计费用要远高于普通建筑。参与的人员越多，则越需要讲究合作效率，一个总规划师或总建筑师往往会担任起总指挥的角色。

7.3 位置和基地

城市建筑综合体的设计是从对所在基地的区域特性分析，以及对可在基地上建设内容的设想开始的。对设计的重要影响因素，除了市场因素外，还包括了基地的大小和位置，容积率要求和土地价格，地形和基地现状，基地与邻近道路和公共交通的位置关系，以及周边现状等等。

位置和土地价格，包含了可开发密度，影响到整体的安排。市中心小面积高价格的土地，往往会促成高层建筑的开发，而郊区大面积低价格的土地则会鼓励水平向和低密度的开发。

7.3.1 位置和基地大小

位置和基地大小是决定设计的基础。城市建筑综合体可以在各种大小的土地上开发，同样，如前所述，它们的开发环境也涵盖了从高密度的市中心到低密度的市郊区域的各种地块。市中心的开发用地往往较小，而市郊的开发用地则往往较大。因而在市中心的城市建筑综合体往往采取集中紧凑布局，而在市郊的城市建筑综合体则可以有较为灵活的布局。

7.3.2 允许密度和土地价格

允许密度和土地价格与基地所处位置息息相关。重要的位置，即便对密度没有严格的要求，但是高昂的土地价格，不可避免地会促使设计往垂直的方向发展。在土地价格、市场需求，以及允许密度的共同作用下，决定了项目是否要采用高层的形式。市郊土地由于其较低的土地价格对允许密度的低限制，为建筑设计提供了更大的弹性，使得城市建筑综合体的设计有更大的发挥空间。

7.3.3 地形和基地现有状况

基地现状中，能对设计起到影响的因素有：地形、土质、现有建筑或现有用途。处于灰色地带的基地上，往往会有大量废弃的老建筑，它们具有可通过改造而为项目服务的可能性。在这样基地上的项目开发，往往包含重新梳理原有城市肌理的可能性。

7.3.4 基地和邻近道路及公共交通的位置关系

基地拥有和邻近道路及公共交通系统的出入口是很重要的，但是，设计也不能像美国市郊传统的购物中心那样成为道路的奴隶。基地的入口应该提供一个明显和充满个性的形象，以吸引人们的进入。

引人入胜的城市建筑综合体往往不会将其内部所有的内容都向周边道路

展示，相反，它们创造一定的神秘感，以吸引人流的进入。这一结果可以通过将城市建筑综合体内部的开放空间与主要城市街道连接的方式来达到。

在基地附近有公共交通经过的情况下，从公共交通站点进入基地的步行人流需要被重点考虑。

7.3.5 周边用途和城市文脉

在城市建筑综合体的项目中，基地周边的使用状况以及更大范围内的社区情况，是重要的设计依据。为对周边社区形成积极影响，城市建筑综合体要尽可能同周边社区相关联。达到这一目的的最好方法，就是为周边区域提供一个良好的场所，以强化整体社区的意象。

城市文脉设计在市郊和城市中心区的项目开发中的区别很大。在一个发展完善的环境中，城市建筑综合体的设计必须重点考虑文脉设计，而如果获得成功，项目将会对整个区域的文脉有延续甚至提升的作用。而在市郊，城市肌理并不成熟，周边环境甚至不能提供一个步行入口，在这种情况下，城市建筑综合体就需要在这一车行围绕的环境中，创造一个适于步行的“绿洲”。同时也要合理梳理车流，毕竟，车行交通是市郊环境的决定性力量。

7.4 城市设计和场所营造

城市设计理念在过去的 20 多年时间里发生了巨大的变化，因此，当今的城市建筑综合体设计与 20 多年前有了很大区别。在美国，当今的城市建筑综合体设计更注重对步行环境的营造，更趋向于采用多层的设计而尽可能避免高层的使用。同时，这些设计更多地采用向自然开放的街道、广场、绿化和公园等开放空间为核心，而减少了对封闭中庭、通道或地下空间的使用。总的来说，美国当代城市建筑综合体的设计更像是区域设计而非一个建筑设计，更像是场所营造而非独立项目。[1]

即便伴随着这些改变，城市建筑综合体的城市设计依旧需要遵循一些基本原则。城市建筑综合体需要各功能间紧密的联系，无论是水平还是垂直向的，这样的联系，不仅仅可通过对各功能的合理布局获得，也可以通过强烈的视线联系、考虑周全的步行系统、合理布置的电梯及自动扶梯、良好的指示设计、吸引人的街道景观设计，以及精心的停车布置来获得。**所有这些元素的使用都是为了帮助访客识路，使得他们能够方便地知道自己所在的位置和如何抵达想去的地点，并鼓励他们在项目内闲逛而不受迷路的威胁。**整个设计同样要通过以下内容来达到以上的目的：与其周边环境便捷的联系，每个组成部分的独特个性，高效的流线系统和基础结构，建筑装修的材质，以及整个项目的外形。

---

1 ULI. Mixed-Use Development Handbook(Second Edition).USA: Urban Land Institute,2003: P174。

7.4.1 城市设计的开始

最适合开始城市设计的地方是公共空间和交通系统。在城市建筑综合体中，这些内容是各功能子系统之间的负空间，如街道、步行街、广场、平台、中庭、零售内街等。这些空间如果设计得当，可以创造一个诱人的“公共王国”，将访客引向项目的各个功能子系统，并将项目营造成一个独特的场所。

概念设计必须划分出供汽车行驶的道路，开放式的步行空间，封闭的中庭和通廊，或者以上形式的综合。划分依据主要由基地特性和项目要求决定，并受到设计理念的影响。

1. 中心组织元素

使用街道的项目往往有两种形式——在现有街道周围进行设计的项目和创造新街道的项目。使用现有街道的项目往往位于城市中心成熟区域，而创造新街道的项目则往往是大型开发项目或是涉及对旧商业中心、工业设施改造的项目。使用开放广场和步行空间为中心组织元素的项目往往在较小的地块上建设，它们周边被街道限定，并仅在内部提供步行开放空间。

使用封闭式中庭、内廊或购物中心作为中心组织元素的项目曾经在 20 世纪 70~80 年代间，在美国广为流行。现在这种做法仍旧在一些情况下被采用，尤其是在亚洲地区，这种类型的城市建筑综合体依旧是主流的。

2. 各功能的整合

除了中心组织元素外，需在开始阶段进行功能整合的总体布置。不论采用何种形式的组合，设计师都需牢记，**将不同功能整合在一幢建筑内，并将一个功能叠合在另一个功能之上，将远比把它们布置在不同的建筑中要复杂和昂贵。**

这一复杂性还同时体现在结构的造价和市场销售两个层面上。其中，最复杂的还是建筑结构与系统的布置，它们包括了柱网布置、管道布置、空调布置、入口布置以及循环系统布置等。如果不同功能被布置在不同的建筑物内，那么针对它们的布置就和普通建筑一样了，最终只需在连接层考虑这些功能的整合即可。

市场营销的问题同样十分重要。功能的叠加也会引发租户间的矛盾，有些办公租户不希望他们位于零售或娱乐功能的上方，同样的情况也会发生在一些住宅和酒店的使用者中。这些问题，需在各功能的整合时小心处理。

3. 整体设计理念

虽然最初的设计概念是由基地要素推动的，但是，它也同样会受到城市设计师及总规划师的设计理念和设计手法的推动。只要我们对比**纽约世贸中心重建国际竞赛**的各种方案，就会发现不同的设计理念在同样的基地上会产生如此不同的结果（图 7－2）。

图 7－2　美国纽约世贸中心的代表性重建方案，左上为最终方案

（来源：互联网）

设计者和开发商之间会针对哪种设计理念最适于项目的实际情况而争论很久。在 20 世纪 70 年代以前，人们认为建筑的标志性是最重要的，因而往往采用高层的形式；而到了 20 世纪 80 年代以后，随着对历史保护和文化传承兴趣的增加，**“文脉性”**的设计开始为许多城市设计师推崇，他们将设计与和谐、尺度感、历史感，以及新老平衡联系了起来。这些设计理念，在今天的城市建筑综合体设计中依旧很常见。

设计理念是形成设计总体框架的基础推动力量。因此，对于开发商而言，他应该尽量选择与他理念类似的建筑师和城市设计师。

7.4.2　与周边环境的联系

基地位置、城市文脉和气候因素是决定总体设计的关键因素。采用内向不开放的布局而不采用更为开放的方案，往往是由项目所处的基地位置和周边环境的城市肌理所决定的。

内向的布局方式是受到城市周边环境影响的结果，如美国 20 世纪 70 年代内向式设计的流行，就是受到当时城市周边环境无法亲近的影响。随着城市环境的改善，美国 20 世纪 80 年代后的城市建筑综合体项目，开始以室外公共空间作为开发重点。而到了 20 世纪 90 年代以后，项目的开发越来越多地以城市主街作为焦点，顺应了城市肌理，并为其增加了积极因素。

在市郊地区，项目很难与周边环境联系，因此，往往会采取一些内向的做法。这种情况无甚不妥，这是因为位于市郊的城市建筑综合体更着重于场所和城市肌理的创造，它们往往会作为市郊未来发展的核心，以吸引对其周边地区的开发。

在市郊开发的城市建筑综合体，无法回避其对于停车场地的需求。为了避免大面积的地面停车场孤立项目所带来的危害，往往通过使用停车构筑物的方法来解决这方面的问题。实际使用中，往往采用以地面层作为零售功能，或用居住或其他功能将其包围的方法来使得这些构筑物能够融入项目整体。

项目的室外设计和外形往往需平衡多方面问题。项目需通过提供强烈的形象、气质和个性来获得成功，但是这些因素必须以能为周边环境提供贡献为前提。**城市建筑综合体的设计要避免形成堡垒式或纪念碑式的建筑，而应该试图创造一个场所，使之成为连接社区内不同用途和区域的“桥梁”。**如荷兰阿姆斯特丹的**国家科技中心**（NEMO）位于海底隧道的出入口上，外形酷似一艘巨大的船正驶离港口，具有很强的标志性，科技中心其地面广场、楼面平台和屋面广场通过垂直交通和大台阶组合成一个立体的城市生活空间（图 7－3）。

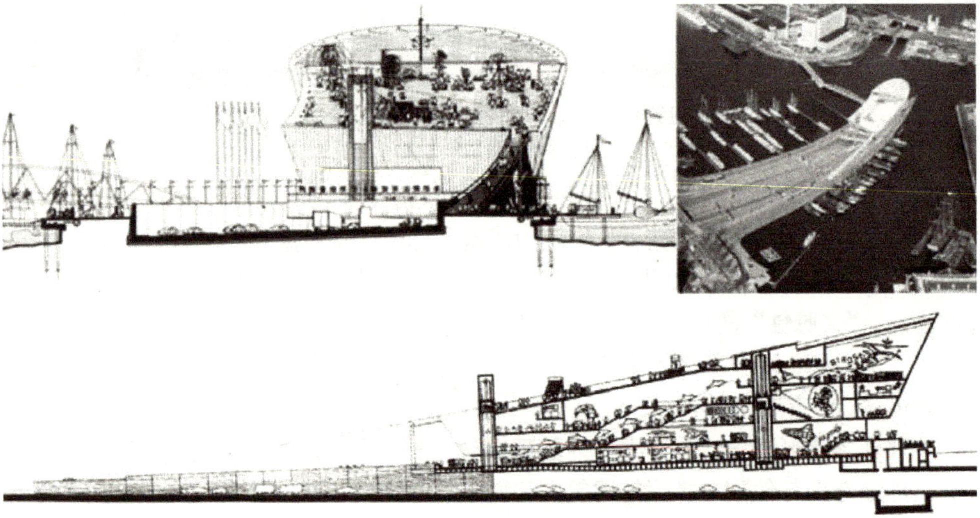

图 7－3　荷兰阿姆斯特丹的国家科技中心

[来源：(美)彼得・布坎南编著，蒋昌芸译，伦佐・皮亚诺建筑工作室作品集（第四卷）]

7.4.3　内部关系的创建

优化各功能子系统，必须考虑它们的个性和安全性，它们之间联系的重要性，以及在何种中心组织元素周围布置它们。对于各个功能子系统所面临的特殊问题，将在本章第五节“首要用途的布置和设计”讨论。

由于各功能子系统间的关系是城市建筑综合体开发的重要方面，整体设计需在反映它们个性同时，优化它们之间的关系，以及与周边环境的关系。内部的交通系统，需要能够使人在视觉上区分各功能子系统的区别，并理解它们的内在联系。

虽然对基地外部市场的吸引是设计重点，但是不同的功能子系统还是需要在空间上相互关联来最大化它们的协同作用，以增加各自的市场份额。总之，不论在设计还是市场营销上，都要考虑各功能子系统之间的相互补充。

无论公共空间如何布局，为各功能子系统间创造强烈的互补关系是项目成功的关键。功能子系统的布置往往从零售功能开始，这是因为它们是公共空间设计的组成部分。零售功能是所有功能子系统中最公共化的，因而也是联系其他功能子系统的基础，同时，它也可以作为联系项目周边环境的要素。[1]

7.4.4 视觉联系和步行系统

强烈的视线联系可以通过空间方向性和中心开放空间来达到。主街、中央公园或广场的使用都是达到这一目的的好方法。**一个好的城市建筑综合体，在其中的人们能很方便地找到它的核心部分，然后便捷地识别出其主要组成部分。**

城市建筑综合体中的步行系统在步行主干道不是太长的情况下[2]才能发挥最佳效果。街道、廊道、广场、平台等空间可以通过与步行主干道的连接来增加它们的可达性和连接性。同时，也需要保证次级连接对主干道不造成干扰。为优化流通性和联系性，步行主干道需要有一个中心集散地以强化视线的方向性。

当步行主干道是一条街道的时候，许多设计者认为应该将街道划分为若干个短街区（约 300 英尺，即 91 米左右）。而在有的项目中，设计者通过创造更短的街区（约 200 英尺，即 60 米左右）来获得多样化的联系和步行景观。

垂直联系是另一个重要层面。统计表明，顾客不愿意在水平距离上步行超过三个街区（约 1000 ~ 1200 英尺，即 305 ~ 365 米之间）来进行购物。因而，通过电梯和自动扶梯联系的垂直叠加购物空间可以在较小的基地上，创造更多的商业机会。

7.4.5 车行系统

高效的内部车行系统，是保证使用汽车的访客能够便捷地到达目的地，保证车行或步行访客均有一个愉快的经历，并保证所有功能子系统都能为停车空间服务的基础。高效的设计并不一定要做到人车分流，共用广场的设计同样可以得到很好的效果。

服务和物流设施的设置需谨慎考虑。卸货坡道往往是不受欢迎的，但是由于其必要性，必须小心安排。对于大型城市建筑综合体尤其是包含高层的项目，设置地下货车出入口和服务区域，往往是解决问题的最好方式。而位于市郊的城市建筑综合体，也可以使用隐蔽的小路或服务性内院来应对这一问题。

7.4.6 景观及街景

项目的景观和街景设计同样是非常重要的，需谨慎对待以下问题：能提供

---

1 对于零售功能公共性和基础性的详细介绍，详见第 12 章中 “12.2 城市建筑综合体中的零售功能” 的论述。

2 根据美国城市土地学会的研究，其最佳长度在 1000 ~ 1200 英尺，即 305 ~ 365 米之间。

遮阴的树木大小及种类，座椅的设计和布置，阳台的宽度，人行道的材质和宽度，水景及雕塑的特性和位置，灯光的使用，以及标识的使用（这一部分将在下一小节详细叙述）。所有这些内容应共同作用，从而吸引访客的进入和增加其对内部探索欲望。

有些景观元素是城市设计的基础，如街道和人行道的尺度，而另一些则是重要的细部设计。照明设计在室外布置中尤其需要被注意，因为夜间活动往往是城市建筑综合体成功的重要方面，灯光是夜间氛围营造的决定性要素。对于喷泉、剧院入口，以及酒店停车场的照明，需结合它们独有的气质来进行设计。

绿色植物可以被用来创造一种自然氛围，这种氛围可以有效地衬托人工建造的环境，如街道、停车场或内庭空间。不少景观设计师在城市建筑综合体中采用的是一种主题式或叙事式的设计手法。在下文“公共空间和适宜的场所”小节内，将对景观问题进行进一步的讨论。

7.4.7　标识

良好的标识设计不仅是城市建筑综合体高效流通的保证，也是创造项目形象和商标设计的必要组成部分。为了给使用者提供相关线索，其位置、方向，以及租户标识的设置十分重要。贯彻整个项目的统一指路及相关标识，强化了来访者的体验，帮助他们识路，并给他们留下了积极的印象。显著的租户标志，对于项目的营销和对顾客的吸引都是很重要的。如上海**曲阳家乐福生活广场**，2006年底原**家乐福曲阳超市**在改造后成为一个以**家乐福大卖场**为龙头，其他零售和娱乐功能为辅助的生活广场。**家乐福**位于这一综合体的下两层，而其他功能均位于建筑上部，为了使顾客能够了解其上层零售和娱乐功能的内容，设计师在曲阳路玉田路口的街角上布置了大型广告牌，与传统广告牌不同的是，它由各个主要零售和娱乐功能的商标品牌组合而成，而且可以根据内部承租商的变化，进行替换更改。这样的广告标识设计，很清晰地告知了来往人群其内部的主要功能，并利用品牌效应，吸引人们从地面层来到其内部上层（图7－4）。

图7－4　上海曲阳家乐福生活广场的标识被布置在建筑最醒目的外立面上

整体设计理念会影响到标识的设计。如果项目位于市中心区域并以街道为其主要步行开放空间，那么它的标识设计会是小巧并与周边环境相匹配的。如**麦当劳快餐**在意大利古城中的标识，不仅仅比通常情况下的小，而且颜色也变为了更适合古城基调的褐色（图7－5）。事实上，在城市建筑综合体和城市肌理中，过多的标识，尤其是方向性的，会造成负面效应。在这种情况下，最佳的设置方式，是对其进行简化和概括处理，以延续区域本身的城市肌理。如巴黎地铁的指示方向标识，简单清晰地表达了指路信息，而且只在会产生疑惑的地方出现，清晰明了地指示了复杂的地下交通（图 7－6）。

图 7－5　意大利古城中的麦当劳

图 7－6　法国巴黎地铁内的标识

在有大量功能子系统组成的城市建筑综合体中，标识设计需在整体设计中得到重视。在包含交通功能的项目中，良好的标识设计能确保访客不会迷路，这样的指示标识往往包括了标明所有主要功能和步行系统的整体地图，并被布置在建筑入口和所有重要的位置，以确保访客能够在对整体把握的基础上进行识路（图 7－7）。

标识系统需为开车的访客和步行的访客提供不同的指示系统。在有些项目中，在进入项目的主要道路路口，就布置了清晰的标识，标明了项目的名称和到达停车空间的路径。这样的入口标识，有时也会包括对项目主要的零售、酒店及办公租户所在位置的指示。

确定租户的标识能够在附近的街道上被看见是十分重要的，尤其是在市郊项目中。如上海**来福士广场**在福州路一侧的标识设计，由于福州路仅双车道宽，人行道也十分狭窄，人们在其上活动时根本无法感受到**来福士广场**的高耸塔楼。因此为了使人们能够了解其裙房内部的主要功能，设计师在靠近街道的裙房墙上布置了**来福士广场**的标志和其中主要零售和娱乐功能的商标，来吸引在福州路上面活动的人流注意（图 7－8）。

图 7－7　香港朗豪坊内的标识

图 7－8　上海来福士广场外部的标识

步行系统的标识，要从停车空间和步行入口开始设置，并要在中心集散场地设置。这些标识有时也会包括对项目中向公众开放的各个功能位置的指示（私人住宅的入口往往不会被标出，因为它们是不对公众开放的）。标识设计有必要进行对需求标识地点的预测，因为一旦来访者在需要的时候无法找到标识，会令他们非常失望。

每个标识上所包含的信息，将直接影响到其利用率。即便处于步行状态的访客有时间停下来仔细阅读标识，他们也更倾向于保持运动的状态来进行阅读。因此，拥有过多信息的标识反而不如仅包含少量有用信息而能够被快速理解的标识来得有用。清晰易懂的图标利于快速传达信息，而标识的连续性和一致性也是十分重要的。人们会不停地前进直到他们找到一个标识，而能提示人们正在正确的方向前进的辅助标识也很受欢迎。

在有些情况下，标识由于没有连续布置或没有良好照明，而很少被人们所注意。这样的问题在城市建筑综合体这样的包含大量信息量的建筑中更加严重。为了使信息能被便捷地理解和接受，标识上的信息可以被划分为若干小信息，并按照目录分类排列，其信息要能够清晰地表达它们的含义并被它们服务的对象所接受。

问讯处也常见于城市建筑综合体之中。它们不仅仅能够提供问讯服务，还兼作商务中心以及宣传资料、建筑地图及优惠信息的发布场所。因此，问讯处的设置也需醒目并布置在建筑的关键位置。例如，香港九龙塘的**又一城**，将问讯处设置在中庭空间交叉的节点上，并在其上方悬挂了一个巨大的红色问号标志，使其功能在建筑的大部分地方都能一目了然（图 7－9）。而上海徐家汇**港汇广场**的问讯处标志则为了符合整体的室内装修氛围而设计得十分淡雅（图 7－10）。

图 7－9　香港九龙塘又一城的问讯处

图 7－10　上海港汇广场的问讯处

城市建筑综合体的标识设计，可以结合到室内装修中，而成为建筑的有机组成部分。例如，上海**正大广场**的楼层标识就结合到铺地装修中，成为很好的装饰（图 7－11）。标识设计同样也要考虑到变化的可能，以适应内部租户或格局的变化。例如，**巴黎国际会议中心**的标识设计，为了适应其内部租户经常更替的情况，而设计成可以随时更换的插牌方式，使得其内部格局的变化可以很快体现在内部的指路标识上（图 7－12）。

图 7－11　上海正大广场的楼层标识

图 7－12　巴黎国际会议中心的标识

租户标识同样是重要的。在传统商场内租户标识设计的做法可以沿用到内向式的城市建筑综合体中来，而在开放式布局尤其是主街式的项目中，则可以使用更加多变和弹性的设计。开发商和设计师往往会寻求营造一种不同寻常的氛围，在这种情况下，租户的标识设计就无需严格控制了。许多租户越来越多地倾向主街式的环境，其中一大原因就是可以自由设计他们店面的外观而不受限制。

最后，**标识设计需与整体景观相匹配。**在内向式的城市建筑综合体中，项目内的标识是专属性的。由于这类项目比普通的建筑更难于理解，因而通常需要更多的标识，它们往往还需要标识了酒店、办公、剧院及所有零售功能位置的地图。开放式的城市建筑综合体则需要较少的标识，这类项目中使用的标识与内向式的项目中的是不同的，它们的设计要与城市景观和街景相匹配。

标识设计往往会牵涉到开发项目的统一性。但是有的设计师则认为，区域间标识设计的区别，同样是可行和有效的。

7.4.8　建筑的外形和形象

在最后，整个城市建筑综合体项目必须以一个一致的城市设计形象和建筑外形展现在世人面前。**这一形象应当是在展示每个组成部分的个性同时，整体而又连贯的。**许多设计师参与的大型项目中，统一的规定指标是把握整体的有效方法。

对于立面的不同处理手法，是体现不同部分个性的有效办法。每个组成部分都应该有其独特的建筑个性。这一目标，往往是通过不同建筑师设计来达到的。如德国柏林的**波茨坦广场**，由**伦佐·皮亚诺**进行总体设计并制定规定指标，再由其他建筑师按照总体方向分别对各个部分进行设计，形成了丰富而又统一的结果（图 7－13、图 7－14）。如果对丰富的城市意象有所追求，有些开发商及总体规划者甚至让参与的建筑师之间对各自的设计互不知情，以使得最终的设计有一种自然生长出来的城市意象，而不具有明显统一规划和设计的痕迹。如德国柏林**阿尔多·罗西**设计的 **Schutzen 街大院**，为了适应周围的历史街区

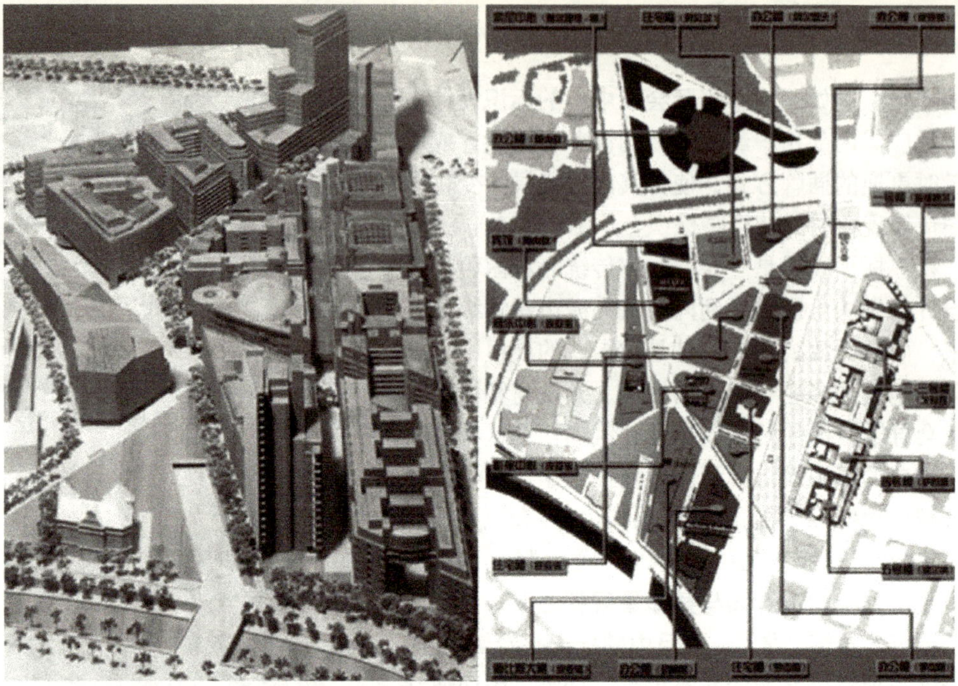

图 7－13 柏林波茨坦广场模型（左）、总平面图（右）

（来源：互联网）

图 7－14 波茨坦广场中不同建筑师的作品，左：伦佐·皮亚诺，中：理查德·罗杰斯，右：赫尔穆特·杨

尺度，将冗长的立面分割为若干小段并以不同的元素和色彩组合，给人以历史积累而成却又和谐统一的街区意象（图 7－15）。

在各功能子系统被紧密结合的情况下，各自入口的分开设计就尤为重要了。而它们的入口设计，也要有各自的特色。零售功能的入口应当十分明显，它们

图 7－15 德国柏林的 Schutzen 街大院

可以是充满色彩甚至鲜艳的；住宅的入口往往是安静和谦虚的；办公和酒店的入口则是显眼而精致的。即便是所有的功能被安排在了一个整体结构中，成功的设计同样能在外观上对不同的功能有所体现，并为租户和顾客创造强烈的场所感。（入口和功能的个性创造，将在下节中详细讨论）

整体形象不应过于追求完美和过度设计，一些不相称的因素是可以允许存在的，它们可以增加项目的真实性。

7.5 首要用途的布置和设计

城市设计理念为各个功能子系统的布置提供了一个框架，但是功能子系统的具体布置，需要依赖功能营销和运作的需求。没有正确的布置，办公功能很难达到理想的出租使用率；没有个性化的设计，零售功能无法吸引足够的租户和客源；同样，没有良好位置的酒店和没有良好景观的住宅会在与对手的竞争中处于下风。

城市建筑综合体中各功能子系统的布置，是成功或失败的关键因素，一个功能子系统的布局失败将给整体带来影响，甚至会超过多个功能子系统成功布局给整体带来的好处。功能子系统的布置需考虑以下几个问题：通路和入口、地址、个性和识别性、安全性、市场可营销性、与其他功能的联系、所有权，以及项目组成成分对项目成功的重要性等。

7.5.1 零售、娱乐功能的规划

如果零售功能作为城市建筑综合体的核心组成部分，那么项目整体的设计就需着重考虑诱人和高效的零售空间设计。正如前文所讨论的，零售功能是塑造公共空间和交通系统的重要因素。**因此，零售功能和公共空间是项目的设计起点。**

1. 零售功能的布置

零售功能被布置在项目中心，有两方面原因：一方面，混合了餐饮、娱乐等功能的零售空间，可以成为激发人流对其他功能使用的源泉；另一方面，零售功能以步行人流的穿越为命脉，为创造这样的环境，比较理想的方式就是使步行交通系统直接穿过或连接零售空间。另外，由于零售功能要尽可能地面向各类市场，将它置于项目中心的同时，也要避免它与周边区域的分隔。

总的来说，**零售功能在城市建筑综合体中的基础作用日趋明显，同时，它也是为整体吸引客源的重要手段。**城市建筑综合体的开发商往往本身就具有零售业背景，或拥有相关合伙人。然而，**零售功能仍旧是城市建筑综合体中最易处理不当的功能。**

2. 识别性和入口设置

虽然吸引力、个性和入口是所有零售建筑都需要考虑的问题，但由于其相对其他功能更善于吸引人流，因而在城市建筑综合体中更为重要。零售功能的

图 7－16　205 大楼内部的锥体中庭

外部环境和建筑设计需要能够被方便地识别。如德国柏林的**老佛爷百货**所在地 **205 大楼**，法国建筑师**让·努维尔**在其内部设计了若干锥体的中庭空间，为零售功能创造了独特个性（图 7－16）。

充足的停车位和便捷的车辆出入是同样重要的，尤其是在市郊的城市建筑综合体，它们需要和拥有大面积停车场的购物中心相竞争。城市建筑综合体中的零售功能无需为了竞争而盲目地增加停车空间，足够的停车空间是必需的，但是可以通过分散地设置小型停车场、独立的停车建筑、由建筑围绕的停车庭院等方法，来减弱停车场对整体带来的视觉影响。在市中心，会有一些公共停车建筑，零售功能需要与这些建筑紧密连接，以吸引人流经过。另外，零售功能的入口应该设置在主要的商业街上。

3. 主街式零售设计

在美国，近年来城市建筑综合体的一大发展趋势就是创造传统主街购物模式。这样的趋势要求在设计中合理组织人流、车流，以及沿街停车。整体来说，整个项目需作为一个被街道划分的区域来设计，而非一个完整的建筑。在主街式的零售设计中，主要发挥作用的是一层空间，二层空间也应充分开发和利用，可布置餐饮、剧院等功能。

4. 商店门面设计

零售功能的门面设计（尤其在主街式零售设计中），需要重点考虑。如前文所述，零售商之所以越来越喜欢主街式零售环境，是因为可以获得比在内向式的项目中更多的设计自由。因此，我们可以推断，对于零售租户过多的限制，会导致其离开。从另一个方面来说，如果在总体设计时能和租户合作，共同创造整体的设计主题，则会对项目的开发很有益处。

7.5.2　居住功能的规划

居住功能布置的关键因素包括了安全性、私密性、舒适性、建筑风格，以及视野。居住功能是城市建筑综合体四个主要功能中，最不具公共性的，因此，它往往被布置在总体中强调安全性和私密性，并具有舒适性和景观性的位置。居住功能在城市建筑综合体中有很多种布置方式，包括了在塔楼上部、零售功能上部，以及独立布置等方式。

1. 独立布置的居住功能

独立布置是最简单的布置方法，它造价最节约，潜在矛盾最小化，防火要求较低，并易于经营。独立布置的居住功能也会对主街式的设计产生影响，因为沿街建筑需要足够的高度来营造适宜的尺度感，而居住功能往往是用来叠加在其他功能上的补充成分。有时候，居住功能的独立布置，也是由一定的经济原因造成的。

2. 布置在零售功能上方的居住功能

尽管在零售功能上方布置居住功能在市中心的建筑中非常普遍，但是认为这种做法是不可取的观点持续了相当长的时间。近年来，这一观点有了很大的改变。**在零售功能上方布置居住功能的做法在市郊的城市建筑综合体中成为常见的做法。**这样的布置有时候还是政府施加压力而形成的结果。在美国的一些城市，如果不在开发的零售功能上部布置居住功能，是不会得到政府开发许可的。从城市设计的角度来说，这样的布局方式有利于增加街道两边建筑的高度，并帮助城市尺度感和场所感的营造。

3. 布置在混合使用塔楼中的居住功能

在一些大城市市中心的城市建筑综合体项目中，居住功能有时候会被布置在混合使用的塔楼中。在这样的情况下，居住功能往往会被布置在塔楼的上部以获取更好的景观，并增加其在城市中心区的商业价值。在大部分混合使用的塔楼中，居住功能的入口并不需要设计得十分明显。事实上，这些入口往往设计得相当低调，以避免这些私人住宅引起不必要的注意，越是不明显的设计，越会为其带来安全性。因此，居住功能入口往往设置在安静的次要街道上，以避开主要的商业区域，它们也可以被设置在退后于繁忙商业区域的安静内院，或者在裙房的上部或屋顶平台上。如香港卫星城**沙田**，整个地区都以城市建筑综合体的模式开发，其所有住宅的裙房均作为商业开发，并同车站、市民中心、图书馆、政府用房等连为一体，住宅的入口均位于裙房内部相对较为隐蔽的部位，由专人管理，裙房屋顶平台均为住宅住户的私人空间，商业部分的顾客无法进入（图 7 – 17、图 7 – 18）。

图 7 – 17　香港沙田城市广场整体模型（左）、外景（右）

图 7－18　香港沙田城市广场商场内景（左）、裙房内的私人住宅入口（中）、市民活动中心（右）

4. 不同居住功能的混合配置

城市建筑综合体中，有时候会包含不同居住类型的混合配置。在有的项目中，会包含出租公寓和出售住宅的混合，而出租公寓也会包含不同房型以适应不同需求。总的来说，居住功能的混合需要根据不同的总体目标来确定，并应具有一定的弹性，以适应市场变化。

7.5.3　办公功能的规划

一流的办公建筑，不论是独立还是在城市建筑综合体之中，都必须有独特的个性以期获得最大的回报。总的来说，**办公建筑获得个性最好的方法有以下几个：显著的位置，优秀的建筑设计，引人注目的高度，以及强烈的入口形象。**

1. 位置和个性

办公功能的公共性比零售和酒店功能都要弱。因此，在整体设计中它往往会被布置在一个显著但相对独立的位置。办公功能的设计需要在彰显个性的同时，与零售、酒店功能紧密联系。另外，办公租户是零售与餐厅的重要客源之一，因此，办公功能的布置也要强化这一关系。

当办公建筑位于主街或其他重要城市环境中，它必须有与之相匹配的设计、吸引人的门厅空间和相关的良好环境。在混合使用塔楼中，混合使用的环境会影响到办公功能的个性，但是这个问题可以由塔楼整体的高度和体量所带来的强烈的标志性所抵消。同时，底层大堂的设计，也能给人带来整幢楼均为办公功能的印象，而事实上，办公功能仅仅占有了塔楼的一部分。办公功能同样可以通过其本身高质量的服务来创造个性，如北京三元桥的**佳程广场**采用国际最新楼宇发展理念 3F 新概念："Full Design"、"Full Facility"、"Full Service"，依此制定"以客户为中心"的 3F 全新概念的发展策略，使得其在楼宇设计、设施设备及管理服务等方面远远领先于一般意义上的甲级写字楼（图 7－19）。

办公功能的位置好坏，与其所在街道的位置也有很大关系。街道位置的不同在市中心更为明显，位于重要区域或邻近主要街道，比实际地址更重要。办公功能也可通过独特的外形来提升地段优势和吸引人们的眼球，如北京亚运村的**兰华国际**，采用非直线几何轮廓及 LOW-E 双层中空全玻璃幕外墙，以其新颖、独特的建筑风格，最具潜力和不可复制的中心位置，成为亚运村地区的标志性建筑，提升和改善亚北地区的商务环境（图 7－20）。

图 7－19　北京佳程广场

（来源：互联网）

图 7－20　北京兰华国际

（来源：互联网）

2. 入口

由于办公功能需要被布置在能为其提高知名度的位置，它的入口必须能够从城市外部空间被便捷地识别，并应该被布置在高知名度的街道上。早期的部分城市建筑综合体项目中，办公功能的入口被设计在了零售功能内，使得其难于被发现，从而减弱了其竞争力。

如果办公功能与零售功能相连接，为满足不同租户的需求，需设置两个入口，一个面向主要街道，另一个面向零售功能内部。当办公功能位于一个市镇中心或其他开放性的环境中，那么它应该拥有自己独立的门厅，并有入口面向独立停车建筑或提供停车的侧街。这样的设计，使得办公功能能够在拥有独立个性的同时，与项目中步行和零售环境连为一体。将办公功能布置在公园或公共空间周围，可以增加入口的景观，并增加其商业价值。

不论在何种情况下，都不能使其他租户的步行交通流线穿过办公功能的门厅。因为这样会带来与办公功能无关的人流，从而影响到办公功能的正常发挥。

7.5.4　酒店功能的规划

对于酒店功能设计和布置的四个要点是：可识别性、入口设置、安全性和标识设置。强烈而又独立的建筑形象是最理想的状态，但不是在所有的情况下都能满足这样的要求的。例如，在混合使用一体化结构的塔楼建筑中，酒店功能只有拥有了良好的标识系统和明显的入口才能获得好成绩。在市郊环境中，能从主干道上被看见（尤其是其标志或商标）是酒店功能成败的关键。在项目内部的可识别性也是十分重要的，酒店品牌的影响力越大，酒店功能的影响力和可识别性就越强。因此，商标也能为整体项目创造强烈的形象。

1. 位置和可识别性

与居住功能类似，酒店也需要合理布置以使得它们易于识别和拥有良好的景观视野（这是酒店功能一个重要的卖点，尤其是在市中心的时候）。如上海

明天广场，波特曼事务所将酒店部分布置在塔楼的最上部以获得最佳视线（图 7－21）。在混合使用的市镇中心内，酒店功能往往会被布置在道路的终点或是整个项目的中心。

2. 入口、大堂和中庭

无论酒店功能被布置在哪里，入口的设置都必须是明确的，同时应该位于一条相对次要的道路上，以使得旅客能感到安全和舒适。入口必须提供可供汽车停靠、出租车下客，以及行李装卸的区域。另外入口和大堂不能被设计为吸引其他人流或项目内其他功能的出入口，因为这样做会造成流线的混乱以及破坏酒店大堂气氛，并引发安全问题。同样是**明天广场**的酒店大堂，利用塔楼上部酒店部分和下部办公部分的形体扭转形成了空中大堂，由电梯直达，不仅解决了流线干扰还获得了极佳的景观（图 7－21）。

图 7－21　上海明天广场外景（左、右），空中大堂（中）

（来源：互联网）

同酒店的大堂一样，其中庭空间也可以被作为整个项目的公共空间，但是，这样的设计在近年越来越少使用。这是因为，酒店的中庭同大堂一样，要尽可能地避免无关人流的穿越，为酒店创造一个安静而又私密的环境。

7.6　公共空间和适意的场所

正如前文所讨论的，设计一个吸引人的“公共王国”是城市建筑综合体设计成功的基础。适意的场所，不论是开放式还是封闭式的，大或是小的，绿地还是硬地，应该被设计成一个为整体服务同时具有强烈场所感的空间。**这些空间起到了连接项目与周边环境，项目内各组成部分，以及空间之间的视觉联系的作用，并为整个项目提供了主题、乐趣以及刺激点。**

虽然在单一功能的建筑中，吸引人的公共空间和适意的场所已经获得了成功，但是在城市建筑综合体特性（巨大的体量、多样的功能、超前的发展观念）的影响下，使得它们有更大的空间来创造更戏剧性和激动人心的场所。在一些项目中，这些空间所取得的成功，使得它们几乎从整体中分离出来成为独立的功能，它们成为人们心目中远胜项目中其他组成部分的记忆。如北京长安街上的**华贸中心**，以三个不同性质的室外公园空间为中心来组织建筑空间，它的出现使 CBD 繁华地段东移，这座气势磅礴的国际化商务建筑群将成为沿国宾道进入长安街的第一道亮丽景观，确立 CBD 商务地标（图 7－22）。

图 7－22　北京华贸中心以三个不同性质的室外公园空间为中心来组织建筑空间
（来源：互联网）

公共空间和适意的场所，在城市建筑综合体中的形态是多样的。它们包括了街道、城市广场、绿化、公园及花园，散步场及庭院，有遮蔽的室外空间，以及中庭和内廊等。通常情况下，一个城市建筑综合体往往会包含以上类型中的几种。

7.6.1　街道

不论何种性质的项目，即使是一个混合使用的塔楼，在大部分情况下都会与街道在某个层面发生关系。

使用街道作为主要的开放空间，为项目提供了充满活力和适于步行的环境。这样的环境无论对开车还是步行来访者而言，都是便于欣赏和进入的。在城市中心区，使用街道作为项目主要的开发空间，可以方便地与周边城市环境相连。在市郊，使用街道作为主要的开发空间，使得项目可以创造一个在市郊区域很难拥有的市镇中心氛围，也使得其他开发项目可以方便地与之连接，使得城市肌理的生长以一种有序和诱人的方式进行。

在城市建筑综合体中，零售性质主街的使用，可以提供一个充满活力和生气的开放空间和强烈的主题焦点，并为公共区域创造一个框架。有的开发商还利用现存街道，通过增加步行广场、街景等方法将它们进行了扩建，成为项目的核心。如前所述，街道本身也可以通过街头绿地和景观营造成为类似公园的场所。

7.6.2　城市广场和城市街区

城市广场是城市建筑综合体中最常见的公共空间，它们与绿地最大的区别就是包含了相当比例的硬地，当然，它们也会包含一定比例的绿化。**城市广场成功的关键是有明确的边界限定，并为一些能使其拥有生命力的功能所环绕（如零售和餐饮功能等），拥有足够的日照，以及吸引人的景观，其中包括树**

木、水面、喷泉等小品和座椅（图 7－23）。如香港东涌**东荟城**，室外建有一个新型全天候音乐喷泉，此喷泉平时是隐藏在地下，关闭时可以完全利用空间从事其他活动，即使喇叭也是隐藏在地面，开启时成为广场的一大特色（图 7－24）。又如德国柏林的**新克兰茨勒之角**（Neues Kranzler Eck）城市建筑综合体，在围合的城市公共广场上布置了巨大的鸟笼，饲养了各种鸟类，成为视线的焦点（图 7－25）。

图 7－23　法国巴黎蒙马特高地小丘广场的周边建筑是广场活力的依托

图 7－24　香港东涌东荟城，室外建有一个新型全天候音乐喷泉

图 7－25　德国柏林新克兰茨勒之角在围合的城市公共广场上布置了巨大的鸟笼

当我们想起那些在办公建筑前空空荡荡的广场的时候，很容易就能理解广场的布置和设计应该避免怎样的问题。成功的广场设计必须尽可能避免其成为没有吸引力的空间；而成功的关键因素就是广场与周边道路和建筑的关系了。早期的一些城市建筑综合体项目中，广场并没有被周边建筑明确限定，或位于较高的层面上并与周边街道和步行系统相脱离，使得这些广场最终失败。

近年的一些城市建筑综合体项目中，开始越来越多地使用广场作为“**城市街区**”（City Square）。所谓“**城市街区**”就是周边被建筑和适意的功能所环绕的广场。它并不一定是长方形的（往往有多种形态），在三面或四面被建筑环绕，边界清晰，一面或多面朝向零售或餐饮功能，并位于商业和市民活动的中心。

7.6.3 城市绿地和街区广场

近年来，城市绿地和街区广场在城市建筑综合体的建设中被越来越多地使用，并往往同市镇中心、主街和其他适合街道的设计一同被使用。城市绿地和街区广场可以完全被绿色植物所覆盖而和公园类似。它们与城市广场的区别是拥有更多的绿化和更大的面积，同时它们的城市属性也比城市广场少，并往往被更小尺度的建筑围绕。和城市街区一样的是，它们也经常包含了喷泉和其他水景，并面对零售空间以活跃其内部氛围。城市绿地和街区广场与城市广场一样需要类似的要素来获得成功：**限定良好的边界，使其成为适宜环境的周边功能，以及诱人的景观**（图 7 – 26）。

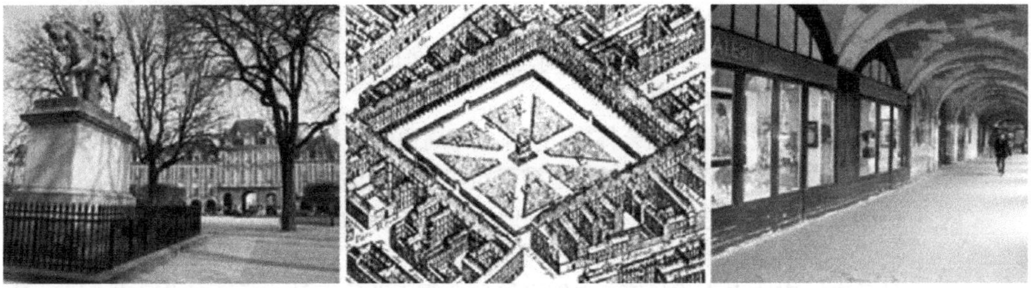

图 7 – 26 法国巴黎的沃日广场拥有成功街区广场的要素：限定良好的边界，使其成为适宜环境的周边功能，以及诱人的景观

（来源：左图及右图作者自摄，中图来自蔡永洁，城市广场，P51）

城市绿地和街区广场往往会具有市民特性，成为市民聚集的场所。同时，它们提供了一个连接现有步行系统的网络，扩大了公共区域的面积，并包含了大量的景观元素。如广州天河的**中信广场**和**广州火车东站**之间的城市新轴线区域，成为这两个城市建筑综合体共同开辟的城市绿地，结合火车东站的步行层面抬高，设计了玻璃墙瀑布水景，被命名为新世纪羊城八景之一：“**天河飘绢**”。为这一轴线区域创造了令人难忘的场所感（图 7 – 27）。

图 7－27　广州火车东站与中信广场之间的玻璃墙瀑布水景“天河飘绢”

图 7－28　日本大阪的难波公园鸟瞰（来源：互联网）

7.6.4　公园和花园

公园和花园同城市绿化和街区广场的形式类似，但比它们的面积更大，周边的围合也更少，活力和适宜性也更小。当计划在项目中包含公园或花园时，开发商必须清楚地认识到，与公园相邻的零售功能并不会发挥其应有作用，除非被独立布置（零售功能在街道两边布置）。公园和花园总体来说是提供人们逃离城市的喧闹，安静休息的地方，而并不是商业用途的。在有的案例中，公园和花园被建设在其他功能之上，位于顶层，如日本大阪的**难波公园**就是设立在一个城市建筑综合体的裙房屋顶之上，结合裙房的高低起伏，为高密度的城市建筑综合体环境提供了丰富的室外空间（图 7－28）。

7.6.5　散步场和内庭院

在不少城市建筑综合体中，包含了与周边街道和交通隔离的安静散步场和内庭院。内庭院有多种形式，往往被建筑包围，并远离周边道路交通。如法国巴黎的**国立图书馆**，建筑师**多米尼克·佩罗**在其内部设置了巨大的内庭院，种植大量树木，为图书馆裙房内部营造了独特的环境（图 7－29）。散步场则往往是线形的并有一定的大小或长度，它们可能包含露天购物区域或重要的临水景观路。这些区域能在城市建筑综合体中创造远离城市街道的噪声、车流和废气的公共空间。小型内庭院可以在建筑之间创造亲密的环境。如果有可能，城市建筑综合体的主步行道会同水景相结合，而湖泊和河流的景观也同样会在可能的情况下被结合到设计中来。同水景结合，会为整体项目创造独特的场所氛围。

7.6.6　被围合的公共空间和中庭

20 世纪 60 年代，**波特曼**在**桃树中心**创造了现代中庭空间以后，这一潮流在酒店及城市建筑综合体中流行了几十年。虽然在近年来，中庭的热度在美国大大降低了，但是在亚洲及欧洲的大型城市建筑综合体中，依旧屡见不鲜。在这些地区，被围合的大空间仍旧是新颖和与众不同的概念，并可以创造充满个性体验的场所氛围。中庭和内廊在这些项目中被作为独立的元素发挥中心组织的作用。

图 7－29　法国巴黎国立图书馆内部设置了巨大的内庭院，种植大量树木

（来源：Dominique Perrault 1990~2001，Spain: EL Croquis，2001.1）

1. 酒店中庭

在有些城市建筑综合体之中，将酒店中庭作为中心焦点和人流集散场所来使用。酒店中庭可以产生戏剧性的效果，同时被多个楼层的人所注意，如美国亚特兰**大桃树中心**的**马里奥酒店**的中庭空间（图 7－30）。由于酒店的本质是为商业服务的，因而充满活力的大厅是可以被接受的，即便这样做会给进入客房增加麻烦。总的来说，如前文所讨论的，由于酒店中庭会给酒店的安静和安全带来隐患，因而在近年的设计中，这种形式的空间已经很少再使用了。

图 7－30　亚特兰大桃树中心马里奥酒店中庭空间

（来源：互联网）

2. 商场中庭和内廊

商场中庭和内廊是城市建筑综合体中常见的公共空间。在当代城市建筑综合体项目中，商业空间被设计为垂直向的。串联垂直向的商业空间最好的方法就是使用中庭，它可以为顾客在提供垂直向的视线联系同时，创造一个诱人的中心环境，如上海**恒隆广场的**商业空间就是通过一个狭长形的中庭和内廊空间组织的（图 7－31）。

图 7－31　上海恒隆广场的商业空间

（来源：互联网）

图 7－32　香港沙田新城市广场的商业内廊

内廊在水平向布置商业空间的城市建筑综合体中被使用。它们通常以拱形和透光材料覆盖的购物通廊形式出现。在城市建筑综合体项目中，商业内廊通常会被用来在水平向联系各个功能子系统，如香港沙田的**新城市广场**（图 7－32）。

3. 作为中心空间的中庭

非商业功能的中庭，在城市建筑综合体中往往起到连接各功能子系统并创造项目公共核心空间的功能，同时也能为整体项目营造独特的场所氛围。许多开发商和设计者开始发现，**开敞的空间更易于营造场所感。因此，在近年的新项目中越来越少使用封闭的中庭，而公共中庭的设计也越来越具有开敞性**。例如，德国柏林的**波茨坦广场**（Potsdamer Plaza）**索尼中心**（Sony Center）的中庭，由七栋办公楼围合而成，由一个 69 米高的圆蓬状膜结构屋顶覆盖。中庭内的广场设有丰富的水体和绿化，并向周围开敞，免费的无线网络和大屏幕上不停播放的视频吸引了大量游客的驻足，并使得中庭内在任何时间内都很难找到空闲的座椅（图 7－33）。

图 7－33　德国柏林索尼中心的中庭
（来源：互联网）

7.7　停车空间的设计

“形式追随停车设计。”是近年来在城市设计领域广为流传的一句话。这句话揭示了在城市设计，尤其是城市建筑综合体设计中所面对的一个主要问题：如何解决停车问题。在当代城市建筑综合体中，停车功能往往占据了大量的土地和建筑内部空间，最大限度地高效解决停车问题也是项目所面临的主要挑战。

停车功能是大部分城市建筑综合体必需的组成部分。**它能够影响到整体的运作效率、形象和成功**。因此，城市建筑综合体中的停车功能应该被反复推敲，并由一个经验丰富的团队来统筹设计（这个团队包含了由城市设计师和交通停车方面的专家组成的经验丰富的顾问团、项目建筑师，以及项目管理者三方构成）。同时，**停车部分决不能被当成附属功能，并应该在项目策划阶段就开始考虑。**

共用停车[1]问题是停车空间设计的开始，当这一分析完成之后，以下问题需要彻底论证评估：

（1）采用何种形式的停车设计——地面停车、地下停车，或地上建筑内停车——相关的费用及利弊；

（2）不同的停车需求和不同土地使用功能特点；

（3）停车功能在基地上的位置和步行系统的关系；

（4）停车功能出入口的布置和设计；

（5）停车功能内部的流线、视线、车位设置和装修；

（6）停车功能的方向标识设计；

（7）安全性设计，包括了光照和停车控制系统设计；

（8）地下停车库的安全性和反恐设计；

（9）室外设计和材料的选用；

（10）付费系统的设计和对使用者的划分。

与单一功能建筑的停车场不同的是，城市建筑综合体的停车场地往往有多个出入口，其中有些是收费的而有些是免费的，有些是被限制使用的而有些没有。城市建筑综合体提供了许多选择，但如果这些选择没有被规划好，就会使得访客产生疑惑，尤其是在一些有特殊用途的部分。

在合理的安排和设计下，共用停车能减少停车功能所占有的空间。同样，优秀的设计也可以通过增加与公共交通系统和周边环境的联系，增加步行进入项目的访客数量，来减少对停车空间的需求。例如，餐饮功能在办公功能步行范围之内的项目，就需要更少的停车空间。又例如，在酒店功能能够方便地到达办公功能的情况下，办公功能所需的停车空间也会少些，因为酒店旅客只需步行即可到达办公场所。

7.7.1 地面停车和建筑物内停车

在停车设施的规划中，基础性的决策就是对停车方式的选择。究竟是选择地面停车、地下停车，还是地面建筑物内停车，或是综合的方式，是一个有关经济性、土地利用率和审美等方面的综合性问题。建筑结构内停车空间的造价要高于地面停车，而地下停车库单位面积的造价则往往是地面停车建筑物的近两倍。

建筑内停车往往是在土地昂贵和地面空间不能满足停车需求的情况下采用的。地面停车在位于市郊的城市建筑综合体开发中一般能够部分或全部满足项目的停车要求，但是成功的项目，往往还是会采用结构内停车的方式，为未

---

1 详见第 4 章中“4.2.10 停车设施和共用停车”小节的介绍。

来发展预留更多的空间。

经济因素并不能作为决定采用何种停车方式的唯一理由，在设计的过程中，市场因素、设计因素和其他实际操作因素也需要被综合考虑。同时，项目使用者的停车需求也要被考虑进去。建筑内停车的方式对使用者而言可以缩短其与目的地之间的距离而提供更好的便利性。但是对于市场需求而言，地面停车是人们更喜欢的方式。有些司机由于较难从建筑内的停车库调遣他们的车辆，而不喜欢建筑内停车的方式，也有些司机觉得在建筑内的停车库无安全感。对于不习惯建筑内停车的人们来说，地面停车确实要更方便和安全一些。以上这些非经济性因素，也需在决策采用何种模式的停车形式时被考虑进去。

建筑内停车对土地的紧凑使用和提高城市建筑综合体功能子系统的使用效率是十分有益的。人们可以通过建筑内的垂直交通快捷地到达目的地。

7.7.2 首要用途的停车设计

城市建筑综合体中的停车设施设计，必须完全包容各功能子系统对停车功能不同要求甚至矛盾。设计团队需要保证停车设施在服务各个功能的同时，能够为整体提供积极的作用。高效和可操作性，并非城市建筑综合体中停车功能设计唯一的目标。设计者需考虑使用者对其设计结果的接受性，并论证其设计是否同时能够被开车的访客和步行的访客接受。

另外，在考虑全局设计的同时，设计者也要意识到首要功能的作用。以零售功能为主的项目的停车设计与以居住功能为主的项目是截然不同的。零售功能需要的是高周转率的停车设施。一些主要的零售商在合同中会要求开发商提供停车协议，这个协议确定了停车设施的出入口数量、停车费用以及每位客户可以获得两小时以上停车时间的要求。另外，停车费用在时间上的变化也是用来提高周转率的有效方法。

办公租户一般会要求独有的停车空间，并要保证这些空间在他们上班期间不被购物或酒店的旅客占有，尤其是在他们迟到或加班的情况下。酒店租户往往会需要一个专门为其员工服务的停车空间，而居住用户也需要固定的停车空间。停车设施的设计者和管理者需要合理地安排这些不同的要求，并在最大的限度内协调它们之间的矛盾。

7.7.3 停车布置和步行空间的连接

停车设施的布置必须考虑同时满足周边道路和内部功能的高可达性，并同时要尽可能地隐蔽，以减少对城市视觉环境的影响。在当代城市建筑综合体停车空间的设计中，采用了大量的方法和技术来帮助对其空间的创造和设计。

一种方法是对沿街停车的自由使用，这种方法能够为零售功能提供便捷的停车布置。许多以主街为核心的项目，在街道两边均提供了平行或斜角停车的方式，以服务零售租户。另一种方法是采用分散的小型停车场。虽然这种方法并不高效，但是可以避免大型停车场所带来的负面效果。[1]

在当代城市建筑综合体中，经常会使用在停车建筑的底层布置零售和服务功能，以提供更有吸引力的街景和步行环境的做法。将停车空间为其他功能空间环绕也是一种普遍的做法，围合所使用的建筑体量相对停车建筑应该较小，以减少对周边环境的负面影响。停车功能也可以被布置在其他功能不能很好运作的区域，如面对铁路、公路等负面环境的区域。

要尽可能减少停车设施对环境的影响，最好的方法就是采用地下停车，尤其是在土地昂贵的地段，较高的造价却可以换得更高的投资回报。采用地下停车，还可以尽可能地减少地面停车位，提高城市设计的质量，提升步行空间的品质，最终超出城市建筑综合体的预期目标。

连接停车功能和项目其他各部分的步行通道需要谨慎设计，并要尽可能拉近它们之间的距离。步行通道的形式是多种多样的，如步行桥，人行道，电梯，自动扶梯、大厅等等。在采用地下停车时，到达不同功能应尽量分别设置电梯。连接步道的设计要尽可能地令人愉悦和适宜。停车设施的出入口使用率甚至会高过项目地面层的步行入口，而成为整体最主要的出入口之一。因此，城市建筑综合体的停车出入口，不能被当作整体的后门，而要被当作第二入口来设计。

7.7.4 停车设施的入口和室内空间

高效率的停车设施设计要求出入口的高可达性。在城市建筑综合体中，往往要求对一些特殊功能设置不同的停车出入口。总的来说，停车出入口的设计要更趋向于优先考虑方便地进入设计，以加快车辆进入停车设施的速度。不同国家和地区的法令往往包含了对出入口设计的特殊要求，而这些要求经常会和实际要求产生矛盾，这就需要通过设计师的协调了。

对于停车设施的内部流线设计而言，最重要的是便捷和易于使用。这要求一个从没有使用过这些设施的访客能够很快地理解和正确地使用它们。停车设施内的流线种类包括了直线形、环形，以及结合型，具体采用的类型是由基地的大小、地形、停车设施的大小以及这一地区的习惯所决定的。

城市建筑综合体中采用共用停车的设施在一天中的各个高峰时段都会有大量出入车流。因此，停车设施的出入口和流线应该在一些区域设置易于使用的双向运行线路。各功能子系统的大小和分类是决定车位尺寸设置的重要因素。如果一个项目主要包含了零售功能，其车位的周转率会很高，因而应设置标准尺寸的停车位为主。而对办公功能为主的项目而言，因为其车位周转率很低，因而应设置尺寸较小的停车位。固定使用的停车位应该标识出来，并安排在特殊位置。

---

1 详细请参考第 5 章“当代城市建筑综合体的外延研究”中对城市真空地带的讨论。

当停车设施针对不同用户划分时，就需要采用内部控制手段来确保这种划分，分层设置是一个比较理想的处理方式。

合理布置的标识是任何停车设施高效、顺畅与成功的重点，这点对城市建筑综合体中的停车设施尤为重要。标识应该包括：

（1）公共街道入口处的方向标识；

（2）标明基地周边道路出口的指示标识；

（3）指定停车区域的内部指示标识；

（4）可使用车位的指示标识（在一些大型设施中会使用电子标识来动态指示空闲车位的位置）；

（5）项目内各个功能子系统的方向指示标识（往往通过色彩和图形使其更加直观和有效）。

这些标识应该能够快速地传达信息，位于便于看清的位置，并尽可能不要同时指示太多的方向，以免造成司机短时间内难以判断的情况。车库内的标识应该指明电梯、楼梯和出口的方向。

7.7.5　停车设施的室外设计和材料

由于停车设施是城市建筑综合体中一个很大的组成部分，其设计必须和整体相协调。停车设施的设计应当强化整体形象，供停车使用的建筑外部材料必须与整体统一。如果停车库处于明显的位置，其外部设计必须采用恰当的设计和材料；而如果它被其他功能部分所遮蔽，那么其外部设计就不是很重要了。对于地面停车场而言，良好的景观和绿化设计是非常重要的。

7.7.6　停车库的安全性和反恐设计

设计应该强调通往电梯和楼梯的视线及步道，步道的内装修、色彩及照明也应当让人有舒适和安全的感觉。由于城市建筑综合体中的停车场每天至少要运营 18 小时以上，其内部日夜的安全性必须得以保证。因此，电子安全系统、其他安全设施和电子监视器是必要的。

在美国“**9·11 事件**”以后，公共建筑的反恐设计得到了空前关注。现在，反恐设计已成为纽约公共建筑的一项最重要的指标。从社区规划、公用建筑兴建翻修、公共场所安全保卫到核电站的急救方案，都增加了一项新指标——反恐。联合国在进行大楼翻修规划时也将反恐内容纳入进来，防爆炸、防生化、易疏散和易监控成为翻修工程中的基本要求。

汽车作为一种普通交通工具，最易被改装成恐怖袭击的工具，并具有高机动性和难以监控的特点。停车库作为城市建筑综合体中汽车集中停放的空间，一旦成为恐怖袭击的目标，将会造成的连锁毁灭效应是惊人的。因此，一方面，我们要通过主动监控来控制汽车恐怖袭击的发生；另一方面，我们也要在汽车库的设计和布局方面来减少恐怖袭击对城市建筑综合体可能造成的伤害。

停车库所在位置的选择可以很大程度上减少恐怖袭击可能造成的伤害。在

中国国家大剧院的评审过程中，**戴复东院**士曾作过一个主题发言，建议将停车库的位置从大剧院建筑的正下方地下移动到离大剧院主体有一定距离的绿化广场地下。其原因就是避免可能的恐怖袭击对大剧院主体结构造成损害，而造成无法弥补的损失，这一提议得到了所有专家的一致认同，并最终得到采纳。**在城市建筑综合体的建设中，我们同样要重视这一问题，在条件允许的情况下，停车库应该尽量远离主体结构和人员密集的场所布置。**

总之，停车功能的设计和停车体验对项目的整体都是十分重要的。**对于停车空间的适当投入和精心设计，会在日后的运营中得到长久的回报。**这是因为开车到达城市建筑综合体的访客不是少数，而这些访客对项目的视角，往往是从停车空间开始的，因此，停车空间的设计也必须被认真对待。

7.8 城市建筑综合体的空间组合方法

城市建筑综合体的空间形态格局首先取决于其内部功能组织需求，而环境、社会、经济、文化、政策、法规等因素则是影响其空间形态的修正因素。因此，城市建筑综合体的空间组合是多方面因素共同作用的结果，其组合方法也以适应多方面的综合要求为最终目的。

7.8.1 空间组合的目标

建筑与城市之间的互动机制是城市建筑综合体空间组织的根本原动力。同时，城市建筑综合体的空间组织方法，也必须回应城市环境所提出的资源要求与制约条件。因此，城市建筑综合体的空间组合原则往往是下述目标综合的结果：

（1）实现各功能子系统的合理归属及其属性，包括各功能子系统在整体所处的空间位置，空间特性以及空间容量等；

（2）实现空间组织的整体系统性，以保证项目的有序工作，并符合城市人群的行为活动规律以及人对空间的认知规律和舒适度的要求；

（3）实现城市空间资源的综合开发利用，对城市空间实现三维开发；

（4）实现人工构筑要素与生态要素的有机整合，把城市建筑综合体开发对自然生态的破坏和侵占降至最低点，甚至能够改善局部小环境。

7.8.2 空间组合的方法

基于上述目标，在城市建筑综合体设计中，各功能子系统与城市开放空间的组合，一般包含了以下几种形式（图 7－34）：

1. 分离

通常运用城市建筑综合体中的开放空间，对不同功能子系统按其适宜的空间区位以分区、分组或分层的手法进行组织。**各功能子系统之间不构成直接的联系而拥有相对的独立性。**其中的开放空间则仍有共同使用的可能性。分离的

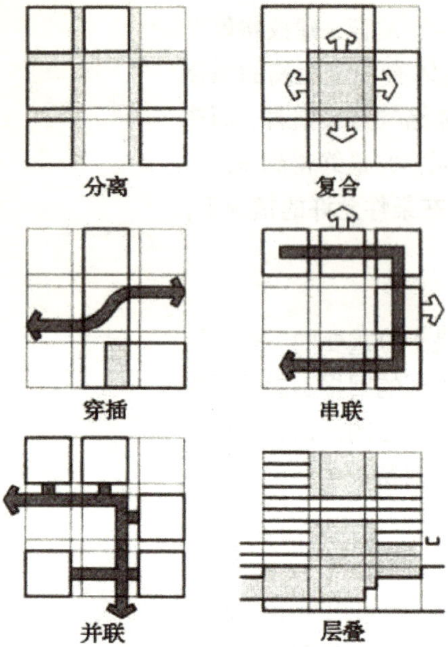

图 7－34　空间组合的方法

（来源：韩冬青，冯金龙，城市·建筑一体化设计，P27）

手法可以保证私密性和独立性较强的单元免受干扰，使用分离手法的功能子系统往往位于整体区划的外围。如城市建筑综合体中的居住、办公功能往往被布置在基地边缘或高空层的相对独立区域。

2. 复合

城市建筑综合体中的有些组成部分，尤其是开放空间往往具备了双重或多重属性。这种复合空间由建筑内部使用者和市民共同使用，以使得城市建筑综合体与城市同构，并大大提升了空间的使用效益。例如香港**半山步行系统**，政府投资建设的初衷是方便半山居民出行，但是在建成后成为了复合空间，吸引了大量游客的到来，而带动了周边地区尤其是**苏豪**（SOHO）区的商业开发（图 7－35）。复合空间的组合方法适宜于开发性、公共性程度高的功能子系统，如零售、娱乐、交通、休闲等。复合空间由于不确定归属关系，往往会有难于管理的问题，因此，需要进行相应的设计处理和制定对应的管理方法。[1]

图 7－35　香港半山步行系统在方便半山居民出行的同时，吸引了大量游客，带动了周边发展

3. 穿插

在有些特殊地形或立体交通系统的背景下，往往会运用到**穿插的空间组合方法，在三维空间中组织功能子系统与开放空间，**如日本**九州转运站**入口，就整合了建筑与城市的人流和车流系统，形成别具一格的立体式建筑入口空间形

1　详细请参考第 9 章“城市建筑综合体的运营、管理和维护”中的详细介绍。

态（图 7－36）。穿插的组合方法，还涉及到了城市交通路线上空权和下空权的开发归属问题，它是对城市土地利用极限的挑战。另外，穿插的空间组合方法，为城市的自然景观要素的保护和利用，以及城市生态环境的改善也提供了新的

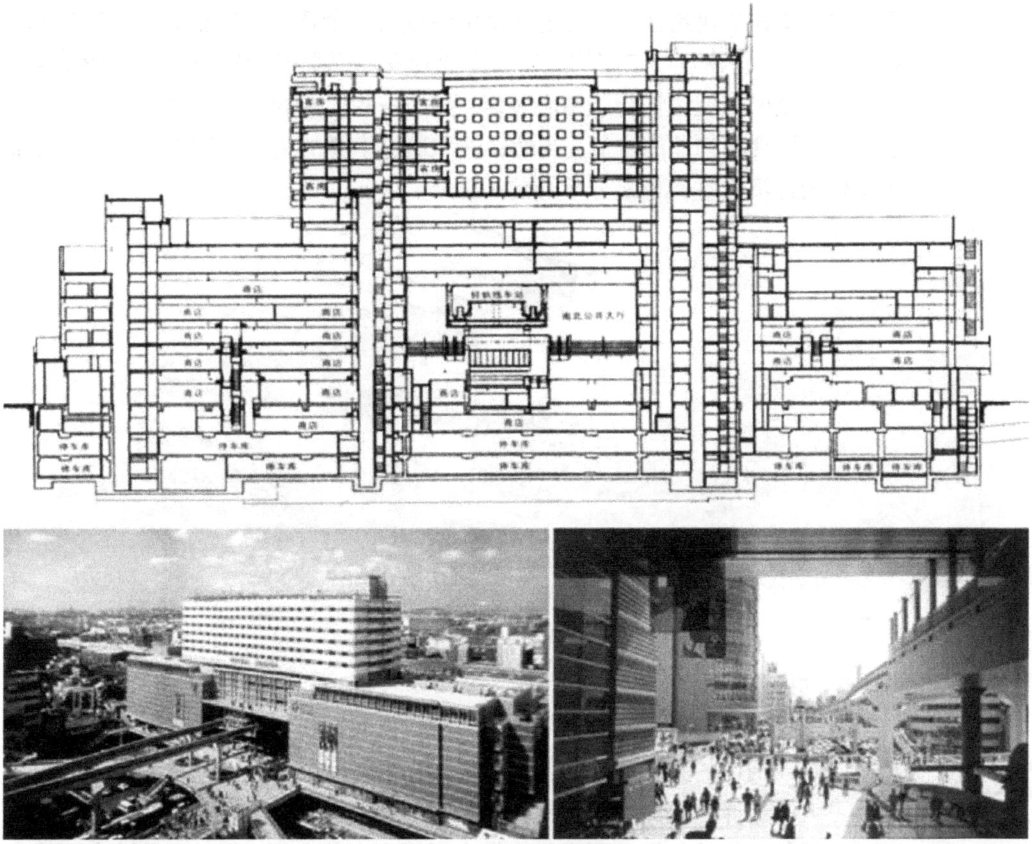

图 7－36　日本九州转运站入口整合建筑与城市的人流和车流系统，形成立体式建筑入口空间形态

（来源：韩冬青，冯金龙，建筑·城市一体化设计，P131～132）

可能，如**杨经文**的**城市生态走廊**概念，从水平和垂直两方面对城市环境进行考虑。他认为：实现生态的联系能够确保物种之间的联系，互动和流动，更可以在各种资源之间共享。生态性走廊能让我们的城市模式从生物学意义上讲更具可行性。除此之外，由于城市中大多数的建筑物都不是单层，我们的设计可以从地基到屋顶进行垂直生态设计（图 7－37）。

图 7－37　杨经文的城市生态走廊概念

（来源：互联网）

4. 串联

若干功能子系统通过开发空间相互串联起来，不设严格的空间分割，保持一种彼此流通、延续、渗透的状态，从而在建筑内部形成连续的城市空间体系。香港**中环的步行天桥系统**及其连接的楼宇就是使用了串联组合方法的典型实例，中环的各个建筑在二层通过天桥串联成为一个整体，虽然上部的功能各不相同，但是这些建筑的二层均进行了商业开发，而因为涉及到建筑的形象问题，这些公共空间由业主进行了精心装修，甚至一些很老的物业也愿意在下部空间装点，以体现其物业的价值，当然，这和通过串联的组合手法为这些空间带来了良好的经济效益，也是分不开的（图 7－38）。

图 7－38　香港中环步行天桥系统

5. 并联

若干功能子系统与开放空间相连，在各自保持相对独立性的同时，又构成了彼此延续相通的关系。与串联的方式相比，其人群步行轨迹对各功能子系统具有更大的选择性和灵活性。

由于各功能的归属感更明确也带来了管理上的方便，相对于香港**中环的步行天桥系统**，香港**湾仔的步行天桥系统**则采用了并联的方式，二层的步行空间并不穿过建筑内部，而沿建筑的外围发展（图 7－39）。

串联和并联这两种空间组织方式，由于其各自不同的特性常常可以同时运用，相互补充，从而增加其广泛的适应性，这两种组织方式还可以进一步演化为不同的形态，如单线形态、围合形态和放射形态等等。

6. 层叠

城市建筑综合体的各功能子系统及开放空间通过垂直方向的叠合来进行空间组织。**层叠的组织方法是城市空间利用趋向立体化发展的一种表现形式。韩冬青、冯金龙**教授在《城市・建筑一体化》一书中，将垂直向区位构成从上至下分为以下九个层次：

（1）**超高层区**（超出地面 100 米以上），独立性强，其功能以办公为主；

图 7－39　香港湾仔步行天桥系统

（2）**高层区**（地上 9 层以上，100m 以下），较强的独立性，其功能以办公、居住、旅馆为主；

（3）**中层区**（地上 5～8 层），其功能以办公、商贸、居住、旅馆、商业为主；

（4）**近地面区**（地上 2～4 层），较强的公共性和开发性，其功能表现为地面功能的延伸；

（5）**地面层**，较强的公共性，在市区核心地段，其功能以商业、娱乐、社交、商务、办公、公共、交通为主；

（6）**地表层**（地面以下 5 米），其功能以市政设施、管线、停车场为主，有时也作为地面功能的延伸；

（7）**地下浅层区**（地面以下 5～10 米），其功能以零售、娱乐、停车和行人交通为主；

（8）**地下中层区**（地面以下 10～20 米），较强的独立性和封闭性，其功能以地铁交通为主，兼零售；

（9）**地下深层区**（地面以下 20 米以下），较强的独立性和封闭性，其功能以多层次的地铁交通为主（图 7－40）。

虽然这种划分方式只是概括性地表述了现代城市空间的使用情况，并不具有普遍适用性，但是我们从这九个层次的性质可以看出，越是接近地面层，其空间性质越是趋向开放和密集，其区位价值也越高。城市建筑综合体的层叠功能组织也需要注意到这个特点，根据功能子系统及开放空间的性质，来合理安排它们的三维定位。[1]

1　韩冬青，冯金龙. 城市・建筑一体化设计. 南京：东南大学出版社，1999：P29～32。

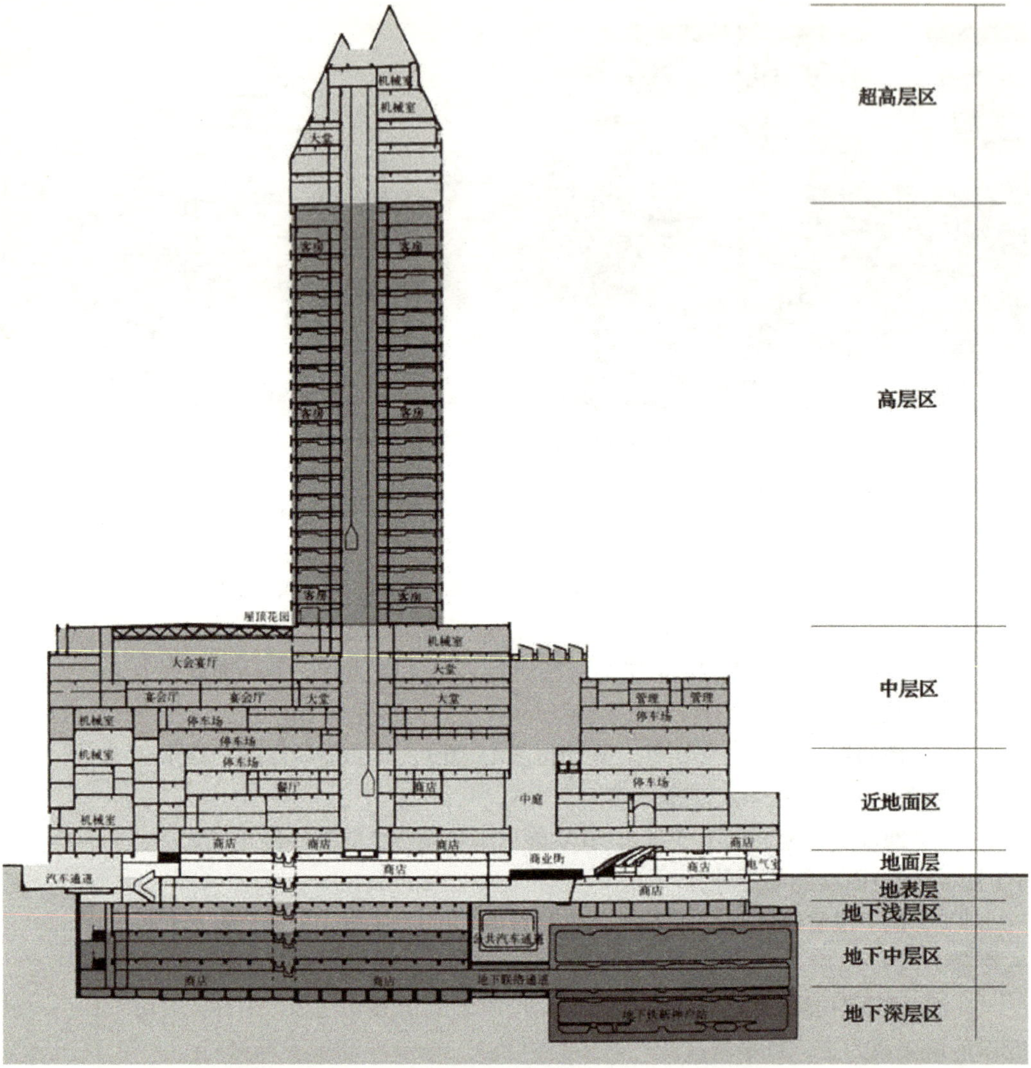

图 7－40　城市建筑综合体的各功能子统及开放空间垂直方向的叠合

在城市建筑综合体的具体设计中，分离、复合、穿插、串联、并联、层叠组合的方法要综合起来灵活运用，面对不同的设计对象、功能要求、规模层次、所处地段和环境特征来设计丰富的城市建筑综合体空间形态。

7.9 城市建筑综合体的时间组合方法

在之前对城市建筑综合体的功能组织新趋势的论述中，曾经提到过城市建筑综合体功能全时化的新特点，的确，在当代城市的发展中，时间作为第四维的空间因素，越来越多地被运用到了城市设计中来。不注重时间组合会对城市建筑综合体的使用率造成影响，如深圳**地王大厦**，功能以办公功能为主，功能组合不是很合理，在夜间无法对其商业功能提供直接支持，造成昼夜人流差异大，影响其使用效率（图 7－41）。因此，在城市建筑综合体的设计中，在考虑其功能子系统与开放空间的空间组合之外，也有必要考虑其功能子系统与开放空间之间的时间组合。和城市建筑综合体的空间组合一样，时间组合也是多方面因素共同作用的结果，而时间组合相比较空间组合，则会受更多因素的影响而难以把握。其组合设计往往依靠的是经验数据和对类似项目的研究结果。

图 7－41　深圳地王大厦
（来源：互联网）

7.9.1　时间组合的目标

建筑的 24 小时连续运转和使用是城市建筑综合体时间组合的原动力，如何使得城市建筑综合体在 24 小时内高效运作是时间组织的最终目标，其往往是下述目标的综合结果：

（1）**实现各功能子系统的合理归属及其属性，包括各功能子系统在全天候所处的时间位置、时间特性和时间的段等；**

（2）**实现时间组织的整体系统性，以保证项目的有序运作，并符合城市人群的行为活动规律，以及人对时间、空间的认知规律和要求；**

（3）**实现对城市建筑综合体时间、空间资源的综合开发利用，对城市建筑综合体的空间实现四维开发；**

（4）实现城市建筑综合体土地开发和空间营运容量的增加，同时使得城市的环境更具生气和安全感。

7.9.2　时间的组合方法

基于上述目标，在城市建筑综合体的设计中，各功能子系统与城市开放空间的时间组合，一般包含以下几种形式：

1. **补充**

补充的方法是指选用一种功能子系统来弥补某一时间段内项目整体的使用空缺。补充的方式可针对项目整体评估后的缺陷进行针对性完善，往往适用于对一些特殊功能子系统的引入。时间组合除了需要考虑全天候 24 小时的因素外，以周和年为周期性的因素也需要考虑。比如，城市建筑综合体中的办公功能能为零售功能在平日提供稳定的客源，而在周末和节假日，则不会对其提供丝毫帮助；同样，居住功能对其在节假日也不能很好地发挥支持作用。此时，在项目中引入作为补充因素的文化、市民公共活动、休闲等功能子系统，就能够在这些特殊的时间段对整个项目进行补充了。如**上海科技馆**的地下空间在 2006 年底完成了整体商业开发，利用其与地铁站相连的优势，对这一地区所缺

图 7 – 42　上海科技馆地下结合地铁站进行商业开发

乏的商业功能进行补充，使得整体更趋完整，也为这一地区的夜间时段增添了活力（图 7 – 42）。

2. 共享

共享是指某一功能子系统为其他各功能子系统同时使用，以提高此子系统的使用效率，节约空间，并减少不必要的浪费。共享的时间组合方法往往使用在对服务性质功能子系统的安排上，如服务性零售、停车、休闲及交通等功能。服务性零售设施的设置不仅要考虑对整个项目其他功能的方便使用，同时也要考虑其 24 小时全天候的服务性，它们必须与公共开放空间同构成为其一部分，反过来，这些功能（如便利店）也是城市 24 小时安全的有效保障。停车功能的共享组合方法主要体现在共用停车上，这在本文第 4 章的“4.2.10　停车设施和共用停车”一节内已经详细讨论过了，这里就不再重复。共享的时间组合方法，是提高城市空间利用效率的最重要的也是最复杂的方法之一，是城市建筑综合体为城市发展提供的新可能。如日本东京的**胡萝卜塔**以一个近似走廊式的五层高的矩形中庭为中枢，由商业将高层塔楼、多层剧院和北面的电车车站联结成一个四通八达的相互贯通的公共活动空间，共享中庭和商业空间一起在全天被城市和其他功能子系统共享（图 7 – 43）。

3. 复合

复合是指在同一时间段内，对同一功能子系统的多重利用。类似于空间组合的复合手法，同样是对开放性公共程度高的功能子系统如零售、娱乐、交通、休闲，以及公共开放空间更适宜。这些功能子系统和公共开放空间，通过同一时间内的多种属性复合，可以增加这些空间的选择性，使其更具城市性。如零售空间中穿插娱乐、休闲功能，可以丰富人们在购物时的选择性；而公共开放空间如中庭，也可以考虑在特殊时间段（如节假日），补充些活动零售摊位、娱乐设施、舞台表演场地等，以营造更浓厚的场所感，吸引更多人的到来和驻留。如上海浦东**正大广场**、徐家汇**港汇广场**，以及香港**沙田城市广场**的中庭中，都设有流动货柜，充实中庭及交通空间的同时，也增加了商机和商业氛围（图 7 – 44）。而香港深水埗的**西九龙中心**则更是以全港最多的流动车仔档闻名。

4. 叠加

叠加的时间组合方法是指同一空间在不同时间段根据需要，在功能上进行转换，以适应不同的需要。换句话说，叠加是不同功能在一个空间内，在不同时间上的叠合。叠加的组合方法往往适用于一些空间较大，易于灵活布局的功

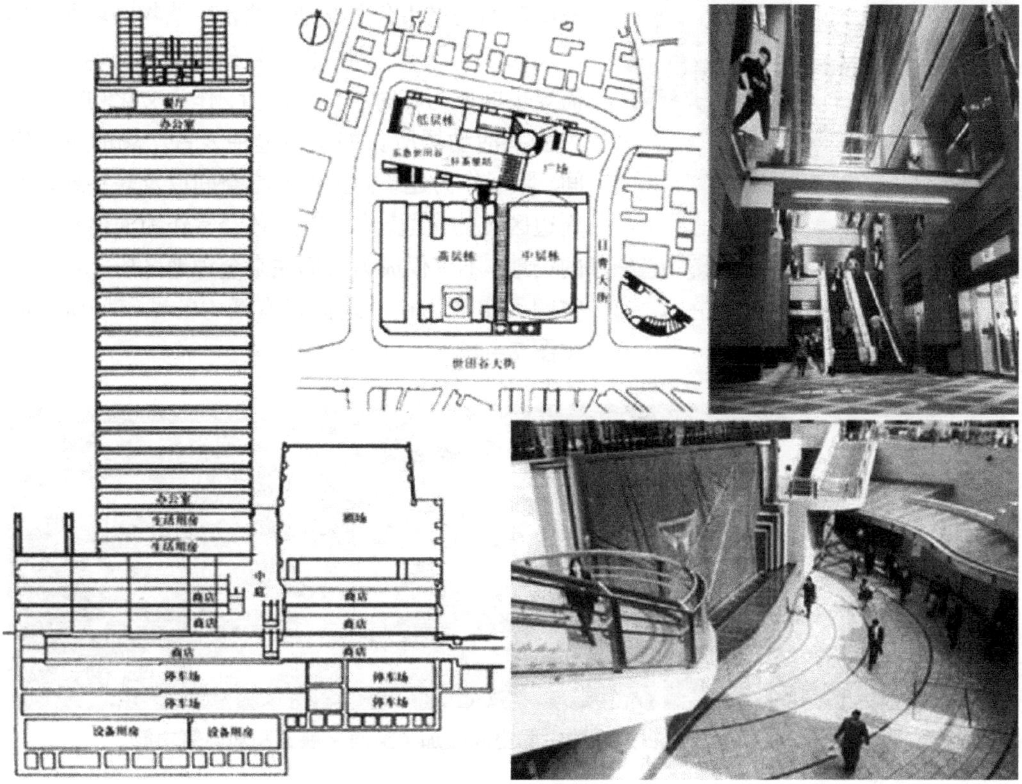

图 7－43　日本东京的胡萝卜塔

（来源：覃力，日本高层建筑）

图 7－44　香港沙田城市广场（左）、港汇广场（中）、上海正大广场（右）的流动货柜

能子系统，如会议设施、市民公众活动设施，以及公共开放空间等（图 7－45）。会议设施往往包含了许多大空间，这些空间在开会之余可供不同社团组织进行多用途的使用，甚至还能作为冷餐会等餐饮功能的使用场地。市民公共活动设施，在白天可供社区学校使用，在夜间则可供夜大学、夜校等组织使用。中庭空间、公共平台等开放空间，是最适于功能的时间叠加了，这些空间在清晨可以作为休闲设施为其居住功能的住户和周边社区的居民提供晨练的场所，在日

图 7－45 上海南京路步行街广场在不同时间叠合了不同功能

间则转换为城市公共交通、交流、购物的场所，到了夜间或节假日，则可作为娱乐功能的场地，如有需要也能成为临时展览的场所，作为文化功能或市民公共活动场所。如香港金钟**太古广场**的中庭空间，除了作为建筑内部的共享空间以及联系地铁和周边区域的交通转换空间，还经常作为演出和展览的场地，不仅仅成为人们往来金钟地区乐于经过的空间，也成为这一地区最有活力的城市场所空间（图 7－46）。

图 7－46 香港金钟太古广场的中庭空间叠加了交通、展览和演出等功能

7.10 城市更新和历史保护

城市更新和历史保护，是城市建筑综合体开发过程中的重要因素。**历史建筑往往能够提供与历史相联系的特性，并增加项目整体的丰富性和同历史文脉的连贯性。**

城市更新和历史保护主要有两种类型：一种是城市建筑综合体中历史建筑的保护和适应工作，另一种是对现有项目或区域的改造和新空间的创造。进行这些工作的动机非常广泛，从试图给新建项目注入历史特性，改建现有建筑使其新生，到更新一个城市区域各方面都有涉及。

7.10.1 在城市建筑综合体中使用老建筑

老建筑，尤其是历史性建筑，有时会被当作标志性要素使用在城市建筑综合体中。有的项目会保留一幢，而有的则会保留一系列的历史建筑。有时候，整幢历史建筑会被改造为城市建筑综合体。而越来越多的非历史性老建筑，也开始在城市建筑综合体的项目中被利用到整体中来。

对老建筑的保护往往会造成项目的紧张状况，尤其是在涉及包含大量各种历史背景的建筑的时候。哪些建筑该保护，哪些该被拆除，以及在历史特性、现代功能，以及优秀设计之间的争论，往往会在开发商、政府机构、历史建筑保护组织和社区团体之间激烈地展开。

保护历史建筑是十分重要的，但是有时也会为项目带来不少的问题。因为这些建筑是无法移动的，它们往往会作为基地的焦点被进行设计，但是它们也必须与整体相协调。因此，在有些项目中，它们成为决定规划平面的决定性因素。如荷兰**阿姆斯特丹的中央火车站**，为了不破坏历史建筑，将现代化的车站设于地下，并附带开发了大量的商业和服务附属设施（图 7－47、图 7－48）。将老建筑通过改造变成城市建筑综合体会面临很多的挑战，其中有不少是难以预测的。例如，其结构存在的隐患，其空间对现有标准难以适应等问题。因此，这类项目有时需要对原有结构进行调整以适应新的功能需求。有时候，也会在原有结构的基础上进行加建，来创造新的环境。总之，进行混合使用改建的老建筑，应该尽量选用有较大体量而具有一定适应性的。通常，改建的对象应该尽量选用那些有特别历史纪念意义或有建筑价值的对象，这样，在改造其内部的同时，不会面临来自各方面的过多阻力。同时，这些建筑的结构必须过关，并拥有一定的历史特性和文脉延续性，以使得改建的工程能得到良好的回报。

图 7－47　荷兰阿姆斯特丹火车站外观

图 7－48　阿姆斯特丹火车站地下空间

例如，上海淮海中路的**中环广场**，其商业裙房就是由历史建筑改建而来的。它最初作为**法公董局**，后又是**比乐中学校**址，90 年间曾数易其主。20 世纪 90 年代初，淮海中路商业街全线改造，**法公董局**被确定须严格按照文物保护的要求进行保留。为此，**中环广场**的开发商专门为老建筑的保护、新老建筑的连接进行了设计。老建筑用特殊的方法进行了全面清洗，并在新、老建筑间仅 15 米宽的空间内设置一个中庭作为共享的过渡空间，使新老建筑浑然一体。**中环广场**修复费用是重新造一幢新楼的 6 倍，但它堪称淮海路上最亮的亮点，并为**中环广场**创造了独一无二的场所氛围（图 7－49、图 7－50）。

7.10.2　对现有城市建筑综合体的改造和更新

城市建筑综合体和所有的建筑一样，都需要通过改造和更新来适应时代的需求。如香港中环**置地广场**的零售部分，是香港名店及名牌的集中地，因为渐渐难以跟上时代潮流，近年业主对其进行了里外翻修，通过室内装修及室外立面的改观给人以焕然一新的感觉，并增设了一座酒店作为对整体功能的补充（图 7－51、图 7－52）。

图 7－49　上海中环广场

图 7－50　上海中环广场中庭

图 7－51　香港置地广场 LV 总店

图 7－52　香港置地广场中庭

在美国，20 世纪 60~80 年代间建造的大量城市建筑综合体已经不能符合现有的使用要求了。有必要对其进行重新布置和设计，并改善原有的场所氛围。这些早期的项目往往都是巨型结构和整体性的，同时与周边环境不是很协调。它们往往是内向封闭的，通常以商场为中心，很少拥有室外的公共活动空间，最重要的是，大部分项目都缺乏对于步行空间体验的设计。

在有些案例中，改造工作并不包含整体的重新设计，而是对整体的一次升级。例如，混合使用塔楼，并不易于改造，对于它们所要做的，一般会集中在地面步行区域的改建上。

下面，将通过对两个实际工程的介绍，分别从改造封闭空间和填充新功能两个方面来讨论对城市建筑综合体的改造和更新。

1. 文艺复兴中心(Renaissance Center)的封闭空间改造

拥有 511000 平方米建筑面积的**文艺复兴中心**位于美国底特律(Detroit)城的中心腹地，在 1996 年被**通用汽车公司**(General Motors Corporation，简称 GM)收购。这个项目包括了总面积为 242000 平方米建筑面积的四幢 39 层高的办公楼和一幢被办公楼围绕的 74 层高的拥有 1342 个客房的酒店。**文艺复兴中心的**全面改造工程是世界上最大的城市建筑综合体改造工程之一(图 7-53、图 7-54)。

图 7-53 美国底特律文艺复兴中心
(来源：互联网)

大部分改造工作都集中在了下部的 5 层建筑上(37000 平方米)，其中包括创建一个 5 层高的玻璃围合的冬季花园，对零售功能的重新布局以创造 14000 平方米的零售和专门服务空间(包括了 320 个零售租户，18 家餐厅和特色饭店)，一个 3250 平方米的通用汽车博物馆和一个 3700 平方米的展厅，以及一条 3.6 米宽的连接四幢办公楼的环形步道。建筑的入口和停车空间也进行了改善。

这个项目的更新还包括了以下的关键元素：

(1)**主入口和新的大型内廊**——更新方案为**通用汽车公司**总部创造了一个新入口。杰斐逊(Jefferson)大街上的水泥墙被拆除，代之以一个玻璃和钢结构建成的入口，并引向了一个大型内廊和一个多层接待中心。

(2)**冬季花园**——这一新建的封闭中庭提供了面向底特律河和加拿大的全景视野。这一高耸的 5 层高的结构内包含了雕塑、开花的植物、树木、室内及露天的咖啡馆，以及在一个区域内的零售购物车。中庭面向了底特律河边的散步道，这一步行道也为绿色景观所装点。

图 7-54 文艺复兴中心改建外观
(来源：ULI，Mixed-Use Development Handbook (Second Edition)，P228)

（3）**文艺复兴中心的主塔楼**——四幢办公塔楼和中心塔楼也进行了更新。每个塔楼都重新进行平面布局，更换全部电梯，并被重新装修。7000名**通用汽车**的雇员将会在这四幢A级办公楼内工作。位于酒店二层的全新环形通廊为办公人员和访客提供更好的流通性和便捷性。

（4）**通用汽车大学**——在项目的二楼，设立一个汽车制造大学，提供超过1400门课程为员工的培训所用，还包括配备电脑的教室、会议室和休息室。

（5）**底特律马里奥（Marriott）酒店**——位于中心塔楼内的酒店更新花费了一亿美金，对其内部功能进行适当调整以适应新的要求，客房则进行重新装修。

（6）**停车场**——新建了三个停车建筑，分三期完工。其中，包括一个五层的专用停车建筑，和两个下面两层为商业功能的停车建筑。

图7－55　美国波士顿保德信中心鸟瞰
（来源：互联网）

2. 保德信中心（Prudential Center）的重新布局和功能填充

保德信中心是战后城市更新工程中大型城市建筑综合体项目之一。它拥有650000平方米的建筑面积，共花费了10年建造完成。**波士顿政府和城市更新管理局**通过减税的方法鼓励了这一项目的开发。其52层高的主楼成为波士顿最高的建筑，并成为城市更新运动的标志（图7－55）。

虽然项目的办公和居住部分取得了成功，但整体的城市设计却是失败的。设计在一个开放广场上的塔楼，与周边的城市肌理格格不入，基地的边界形成一条环路，阻碍了步行的流通和进入，最终导致了零售功能的失败。

20世纪80年代，归功于新一轮的经济投入，**保德信中心**的开发商认识到建筑更新的可能性。其相邻的279000平方米**科普利广场**（Gopley Place）城市建筑综合体的成功开发，使得它拥有了更新并与之结合成为一个整体的契机。

20世纪90年代，随着经济的复苏，波士顿成为美国最火爆的市场之一。**波士顿财团**将这一项目的商业组成部分购买下来，开始项目改造。整个项目对原有空间进行改造，并加建了一些新建筑：一幢79000平方米36层的超高层办公楼，一幢12000平方米的住宅，一幢11层18600平方米的高层办公楼，一个6500平方米的街区市场，一个37000平方米包含大量住宅功能的建筑综合体，8400平方米的零售功能和1800平方米的连接原有二层购物拱廊的封闭式步行街。分期投资总额近10亿美元（图7－56）。

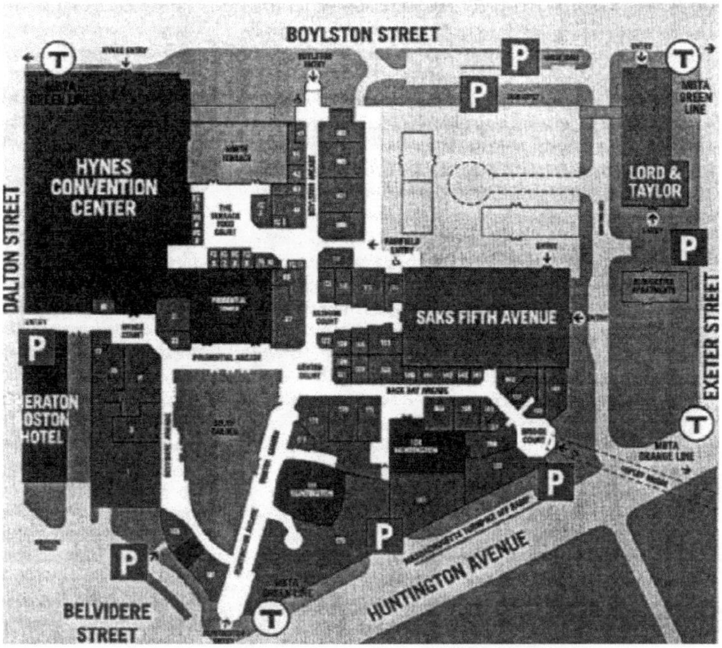

图 7－56　保德信中心地面层平面图

[来源：ULI，Mixed-Use Development Handbook (Second Edition)，P232]

整体设计意图是将原有项目融入周边居住功能的街区，并创造一个活泼的和令人难忘的城市场所。新建建筑被布局在综合体的周边，一个完整的步行系统和零售廊道，以及与公共交通的联系，共同增加了进入和穿过整个项目的人流。这些新功能也解决了周边社区对更多公共空间的渴望，以及居住和办公租户的每日需求（图 7－57）。

整个项目的基石——亨廷登（Huntington）大街 111 号——提升了整个项目的个性。这一普通的建筑，通过平静的表现，以传统材料——混凝土、玻璃和铝材——同周边的环境取得了协调。与之对比的是，耸立其后的通过铝材和玻璃装饰的高层塔楼，成为这一地区的标志和城市天际线的重要组成部分。

新的冬季花园则改善了与周边马克贝（Back Bay）和绍森德（South End）

图 7－57　保德信中心鸟瞰

（来源：互联网）

区域的步行联系。一个室内的由开放空间和流通道路组成的横部面尺寸为长 15 米宽 10 米的线形公园，为**亨廷登大街 111 号**提供了一个巨大的出入口，并为下部地铁车站提供了新的连接。冬季花园的周边由零售功能围合，包含了充足的座椅，并被作为一个 0.5 公顷大小的新建室外公园的延伸。

第 8 章　城市建筑综合体的市场营销

8.1　概述

城市建筑综合体的市场营销在开发阶段早期就开始进行战略筹备工作。对于城市建筑综合体的市场营销而言，虽然每个功能子系统都有其“最佳营销”方案，但是其整体的营销必须被考虑到个体的营销计划中。当一个功能子系统被考虑加入项目的时候，其对整体市场的可操作性应当被论证；同样，也需要论证这一功能子系统与城市建筑综合体整体的结合，对其本身的市场可操作性能否带来提升。在理想状态下，城市建筑综合体中的每个功能子系统均能达到以上两项，但是在开发商的报告中，我们会发现在实际情况下往往很难达到预期目标。

一个良好的市场营销方案是建立在潜在合作关系基础上的，同时，它也确立了每个功能子系统各自的价值。潜在合作关系在市场营销的可行性分析中被确认，并在项目的设计与规划过程中被不断更新。

本章将从项目整体营销的论述开始，进一步讨论市场营销的手段和战略以及每个功能子系统的一般营销方法。

8.2　前期市场营销策略

前期市场营销策略在项目委托或正式宣布之前就开始了，它们的主要目的是吸引办公、零售功能的主要租户和酒店的运营商。对于大部分项目而言，经济可行性与主要租户对其的认同密不可分。由于居住功能往往不能提前找到主要租户和业主，因此这部分的营销一般都要到动工之前才开始进行。

8.2.1　市场营销策略的发展

整个项目的营销预算应当与整个项目的开发规模，每个功能子系统的大小和比例，以及所面临的市场竞争相匹配。项目整体营销与个体营销的策略往往是不同的，因此，整个项目的营销预算将需要足以支持比一般项目更多和更为创新的市场营销策略。

1. 平衡的方法

对于整体而言，最大的挑战就是找到一种能平衡整体营销完整性和个体独立性的方法。市场营销应当集中创造一种场所感以及拥有高知名度和高品质的形象，并以此在市场上获得一个良好的位置。而随后各个功能子系统的营销则可以建立在整体声誉的基础上。如广东东莞的**第一国际**项目，负责营销的**德思勤地产**将整体目标定位为通过对东莞城市价值、中心区域价值的传播来推广和提升其价值（图 8－1）。

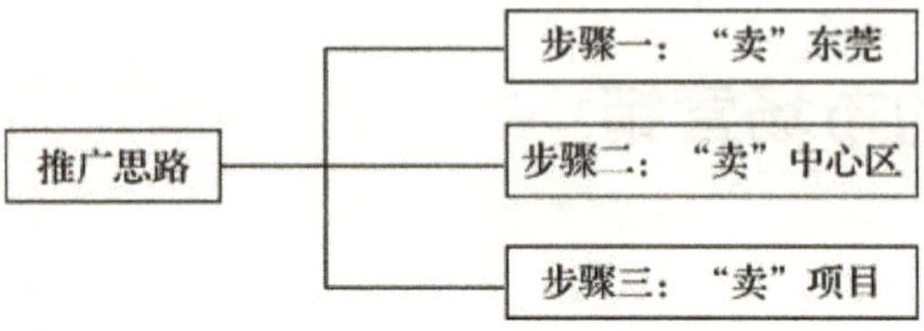

图 8－1　东莞第一国际推广思路解析图
（来源：龙固新，大型都市综合体开发研究与实践，P185）

由于城市建筑综合体的尺度往往很大，因而需要一个专门的市场营销团队。而城市建筑综合体的复杂程度，也决定了其需要各种外部专家和资源的帮助。市场营销团队同时也起到了协调各种专家和经纪人的作用。前期市场营销活动主要包含了项目命名，项目各功能子系统命名，项目各部分空间及单元的出租和销售，广告宣传，公共关系协调，营销中心管理，各种表演组织和市场营销活动安排。每一项活动在整体中，在每个功能子系统中，在市场营销的每个阶段都扮演了不同的角色。

在整体开发阶段，伴随着项目计划的确定，一系列战略性市场营销决定会作出。这些决定包括：项目发布的方式和市场营销中心的位置（包括了它在项目开始和进行中各阶段的形象和大小）。在这个时期，开发商应当在专家们的协助下划分哪些营销活动将在营销中心内进行，而哪些营销活动将主要依靠外部活动或其他安排进行。

2. 前期的推广

项目发布是前期市场营销的关键。一个令人印象深刻的发布活动可以帮助决定项目今后的发展趋势，并能够为以后的市场营销活动打下基础。而那些吸引以项目可行性、经济性或公共吸引力为重的客户为主要目标的项目，其发布活动更适宜低调处理。

发布活动也可以由开发商出资，在当地、区域、国内或国际的商业出版物或商业杂志的显著位置刊登整幅彩色广告的方式来进行。通过社区活动、评论节目、政府演讲等形式来对项目进行发布，也是很好的营销手段。如东莞**第一国际**项目，制定了两条推广主线：一是解决项目如何说的问题，始终宣传项目的属性——"中央财富区"，利用事件营销和主题推广语确立项目的高度，使项目在公众心目中形成强势占位，统领项目的销售推广全程；二是解决产品如何售的问题，对不同功能采取各个击破的推广策略，分阶段、按次序进行销售推广（图 8－2）。

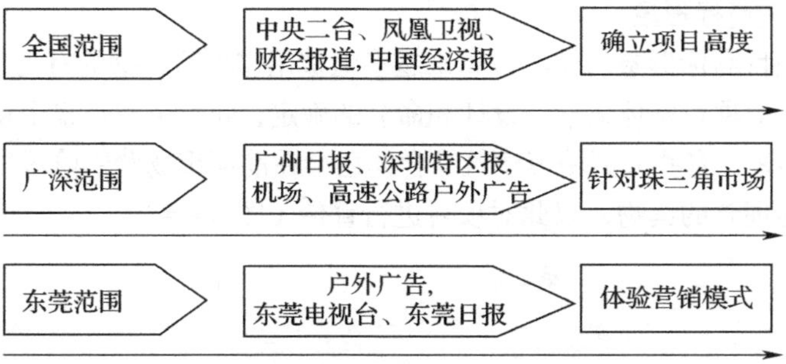

图 8－2　第一国际推广层次和传播通路解析图

（来源：龙固新，大型都市综合体开发研究与实践，P185）

知名的办公租户或零售商，大型的酒店运营公司的委托参与，也可以被用作前期营销的好素材。著名商业投资者在早期的加入会对其他的投资者起到吸引的作用。这一阶段需着重讨论的是，究竟是建立一个在基地外的市场营销中心，还是于整体动工之前在基地上建立这一设施。不论它被建设在哪里，都需要有项目的等比例模型、总平面图、效果图、设计动画，甚至虚拟现实模拟设施等展示内容。[1] 在必要情况下，也会在市场营销中心内布置一个等比例的居住单元，为住宅营销所用。市场营销中心的主要目标是为客户展示他们将要获得的事物。

提前在互联网上进行项目的网站建设，也是前期市场营销的有效手段。如香港旺角**朗豪坊**，在开业前就在网上设立了介绍网站，并专门设计了一个虚拟女孩作为其形象代表，使得广大市民在开业之前就对其充满了好奇，集中了全香港的关注度（图 8－3）。

图 8－3　香港旺角朗豪坊以虚拟女孩作为形象代表

（来源：朗豪坊宣传手册）

1　市场营销中心的建设费用是十分昂贵的，在美国，这样的一个中心往往需要至少 10 万美金的投入。

3. 创造商标形象

创造项目商标形象的做法也越来越多地被用作项目营销的有力手段。商标形象包括了对项目整体概念、设计和命名的确定，同时也使得整个项目更具凝聚力。近年来，有些大型城市建筑综合体还会在前期市场营销阶段发行详细解读整体商标理念的读物，以此对项目进行宣传（图 8－4）。

图 8－4　意大利米兰 City Life 城市建筑综合体的理念解读宣传册

（来源：City Life 宣传册）

任何前期营销工作的重点都是使整个项目建立标志性的形象（一个拥有优越的地理位置和适意的地方），使得人们确信项目的质量、声望、便利性和附加价值优于任何其功能子系统独立建设的情况，并优于任何竞争对手。前期市场营销应以项目整体的潜在合作关系为重点，例如，居住、工作、休闲的有机结合，以及特殊商业租户或专业投资商在这种混合使用情况下的相互作用和获利。这些前期市场营销所创造的印象会在随后的市场营销活动中被不断地强化（图 8－5）。

图 8－5　香港又一城标志（左上），香港国际金融中心标志（左下），香港朗豪坊标志（右）

（来源：互联网）

8.2.2　为项目命名

为项目命名同样是前期营销工作中的一个重要工作。

项目的名字，是项目重要的价值资源。好的名字能使人印象深刻，使得方案具有地标作用，并能唤起人们对项目整体形象的记忆。选择良好的名字是城市建筑综合体成功市场营销的基石。另外，命名工作同样需考虑对项目各功能子系统的命名。

1. 命名的想法和来源

从城市建筑综合体市场营销的角度来说，其命名所要解决的首要问题是项目的特性究竟是什么，它的位置，它的主要租户，它的历史背景，它的预期市场都可以被结合到名字当中，以获得令人印象深刻的效果和市场价值。

从对20世纪80～90年代10年间40多个城市建筑综合体项目的回顾可以发现，以项目所在地理位置命名，是其中大部分开发商的选择，其次是以项目的历史背景命名，第三则是以滨水环境来命名。以滨水环境来命名的方式易于使人联想到一种独特的场所感，因此，水也是大部分项目市场营销所青睐的对象。另外，还有以主要租户的名字来命名的方式，而在少数情况下，也有以开发商或开发团队命名的方式。[1]

很少会有开发商放弃为整体命名的权利而依靠项目各组成部分的命名来塑造项目的整体形象和进行市场营销的情况出现。这是因为，如果没有整体的命名，会给人以各组成部分各自为政和没有必然联系的印象，而减弱整体形象。**核心团队往往是决定市场营销计划和对项目整体命名的决策者，它能够快速和正确地回馈命名的可行性。**

2. 对各个功能子系统的命名

在项目整体命名完成后，下一步就是对各个功能子系统的命名。为了能够强化各功能子系统和项目整体间的统一性，可通过将各功能子系统的名字与整体的名字之间产生一定程度关联的方法来达到。如果项目中的酒店功能是由连锁运营商管理，如**希尔顿国际酒店管理公司**(Hilton)或**凯悦国际饭店集团**(Hyatt)，它们的命名则应该保有其品牌的名字，同时，也可以缀以项目整体的名字以强化其与整体的关系。相比酒店功能而言，其他功能组成部分的命名手法就非常多了。

城市建筑综合体中办公功能可以通过其地位和位置来命名。如**香港国际金融中心大厦**，一期、二期塔楼就分别命名为“IFC1”和“IFC2”。如果有租户预租了一整幢办公楼，那么这幢楼的名字则可以以租户的名字来命名。有时候，办公功能会在拥有其官方名称的同时，拥有另一个人们熟悉的别称。如美国阿灵顿市（Arlington）的 **Pentagon City** 城市建筑综合体办公部分的官方名字是“**华盛顿大厦**”（Washington Tower），但是在通常情况下，人们往往会叫它“**Pentagon City 大厦**”（图8–6）。

1　有关美国近年代表性城市建筑综合体命名分类统计的表格详细请参考附录H。

图 8－6　美国阿灵顿 Pentagon City
（来源：互联网）

零售和酒店功能的名字内往往都会包含项目整体的名字，这是因为它们的特性与整体之间的关系非常密切。在整体和各功能子系统有效的命名关联建立后，商业广告会对市场整体进行持续强化，反之亦是。有的项目会从其零售功能的名字中抽取一部分加入整体的名字中。当项目整体的名字被定为如“城镇中心”时，其零售功能的名字通常会和整体的名字一致。

为了居住功能营销更好，其命名往往会比较独特，尤其是在零售或办公功能处于统治地位的情况下。居住功能的命名可以与整体有关，也可以独立存在。如果项目的首要功能是居住功能，那么它的名字也可能会成为整体的名字。有的住宅开发商更倾向于使用他们自己的品牌商标来对居住功能命名。特殊或历史性的居住建筑往往需要有不寻常的名字，尤其是当它们在商业背景之下。如果居住功能由一个著名的代理商开发，那么利用代理商的声望来命名，会使得居住功能获得更高的商业价值。**在任何情况下，居住功能都会拥有一个名字，而不仅仅是一个地址，这个名字应与其力求传达给市场的整体形象相关。**

8.2.3　针对主要租户期望的前期市场营销

前期市场营销的效果主要依赖于开发商准备充分的展示活动。对于酒店和零售功能的营销而言，这些展示活动被寄予了很高的期望。大部分城市建筑综合体的开发商会力求吸引一家著名的酒店运营商，这一努力是十分重要的，因为不同的酒店运营商会直接影响客房使用率，同时，酒店级别和商标的确认将会体现整个项目的定位标准。

有些城市建筑综合体在项目完成了一段时间以后，才吸引到相应级别的酒店运营商加盟，而之前由开发商自己独立运营，在这段时间内酒店的使用率很低，经济效益也不理想，并会使项目整体的形象大打折扣。在一些特殊情况下，独立运营的酒店也能取得成功，如一些著名的历史品牌酒店。

大尺度的零售功能要求专门化的开发，如果零售功能的大小和一个购物中心类似，那么前期市场营销工作就需要寻找一个购物中心开发商作为风险合作伙伴。当然，也可以采用由购物中心开发商反过来寻找开发非商业部分合作者的模式。在前期营销的过程中，主要购物中心、餐厅、多屏幕的电影院或是高级零售店都应该认真对待，以吸引足够的固定租户。在通常情况下，零售功能只有获得足够的固定租户委托，才能够满足其经济运作要求。如果零售功能是一个次要组成部分，其市场营销策略就需根据其他功能的出租情况来决定。

对于办公功能而言，由于潜在主要租户的数量非常巨大，因此，对主要租户的吸引很难定位，而开发商必须在了解了市场情况和潜在增长的办公市场投资者之后，再制定市场营销计划。在任何市场中，能够明确租赁要求的租户数量有限，开发商必须努力去寻找这些租户。同当地房地产经纪商良好的关系是很重要的，这是因为那些潜在的租户往往会通过当地的房地产经纪商来帮助他们选择办公场所。

在高速发展的市场中，愈来愈多的公司在寻找他们新的国际或地区总部的办公场所。因此，前期市场营销的范围应当扩大到全国甚至全世界范围。同拥有国内或国际关系的房地产经纪商合作是重要的工作，许多大公司会通过它们总部所在城市的房地产经纪商物色他们新的办公场所，而这些办公场所所在的项目可能还在施工，甚至还仅仅在筹划阶段。

8.3 项目开发阶段的市场营销手段和策略

一旦项目发布，开发被确认以后，市场营销的重点将会转移到市场营销材料的设计制作，以基地为基础的营销、出租、促销，以及通过公共媒体来进行推广等方面上来。这一阶段的市场营销要采用各种手段，在强化各功能子系统的同时对项目进行整体营销，提供详细的介绍和效果图使得人们将项目当作城市中的一个新场所，积极对各功能子系统进行营销和出租，并将项目向媒体和社区团体推荐以吸引来自社会各方面的注意。

8.3.1 项目说明书和市场营销材料

吸引人的项目说明书是有效传达开发商概念的工具。项目说明书通常是彩色印刷的，并包含了总平面图、室内外的效果图、各层平面图，以及项目及其各组成部分的各种细节。城市建筑综合体说明书最好用的形式是拥有插图并能被方便地裁剪，而为各个潜在的租户提供针对性说明的折叠形式。在这种形式的设计中，每个功能组成都能清晰地表达专属自己的市场营销信息，并能在由这些个体说明组成的整体环境中，获得附加价值。这一形式也可以通过添加新部分而方便更新。

有的开发商会针对不同的功能组成部分使用不同的说明书，尤其是居住和办公功能。但是，这类方法只有在其与整体市场营销紧密联系的基础上，才能很好运作。单独的说明书，容易使阅读者忽略这一功能在整体中所能获得的益处（图 8－7、图 8－8）。

8.3.2 以基地为基础的市场营销

在项目尚未建成阶段，拥有效果图、模型及多媒体设施等展示手段的市场营销中心，依旧扮演着市场营销的主要角色。由于大部分城市建筑综合体都是由几部分组成的，模型是重要的传达整体概念和开发计划的手段，它们不仅可以强调个体功能，也能清晰地表述各功能子系统之间的关系和开放空间及适意的场所。效果图、多媒体视频等方法，也可以有效地传达设计意图，而最新的营销方法是采用电脑虚拟技术和模拟器。

图 8－7　Abacoa 市镇中心的说明书
（来源：ULI，Mixed-Use Development Handbook (Second Edition)，P242）

图 8－8　林德伯格市镇中心的说明书
（来源：ULI，Mixed-Use Development Handbook (Second Edition)，P244）

在基地周边布置有详细介绍和效果图的展板能引起那些居住和生活在周边人们的好奇心，尤其是那些项目目标市场所针对的人群。如广州天河的**太古汇**，在建设的同时，通过“围墙”营销，通过一些感性的手段，让经过的人先被这个广告的意念所吸引，并有所思考领会，继而对**太古汇**有所期待（图 8－9）。对于在城市中的项目而言，施工基地周围的围墙可以成为市场营销和与周边社区沟通的途径。例如，在围墙上安置由周边学校学生绘制的关于基地发展历史的壁画可以成为施工过程中市场营销的一种手段，并可以尽可能地减少乱涂乱画现象的产生。在市郊，尽早地完成入口的景观设计以及布置以信息和图片展示牌是营销项目的有效手段。

图 8－9　上海 IFC 工地围墙的宣传广告（左），南京路诺基亚新店装修期间的宣传广告（中），广州太古汇的围墙营销（右）

8.3.3　在开发过程中营销和出租特定功能

对于办公功能而言，其建造完成前的一段时间是十分重要的。将办公功能成功出租所需的时间是衡量其在经济方面成功的有效依据。通过说明书和视频的结合展示，能将开发商力求创造的项目及其环境最全面地展示出来。PowerPoint 等电脑展示软件已经代替了传统的幻灯方式，同时，这些软件也提供了针对不同租户进行不同目的编辑的可能。办公空间的预租越成功，整体就能获得越多的利益。对于房地产经纪人和专业出租团队的使用要取决于开发商的管理方式和对当地市场的开发经验。但是，对于广告等公共宣传手段的使用，在市场营销的整个过程中是不可或缺的。

在项目完工前的集中销售，对居住功能而言同样十分重要。由于高额的投资，使得居住空间如果能越快出售或者出租，整体的获利越大风险则越小。潜在消费群体是十分广阔的，因此居住功能不需要吸引固定租户。在当地媒体的宣传如刊登在当地报纸显著位置的广告，在营销的过程中能够起到重要作用。另外，电视和电台的广告宣传也是十分有效的。居住功能待售单元营销与其他功能不同的两个重要方面是：居住功能的不同单元往往具有不同的平面，另外，开发商还要为潜在购买者创造贷款的可能性。

与办公和居住功能不同的是，零售和酒店功能往往需要更全面的市场营销手段，对于这两种功能的营销要开始得很早，并在项目的整个生命过程中，始终保持高速步伐。开业前的营销只是它们整体营销的第一阶段。零售功能在开业前的市场营销重点主要有两点：吸引高质量的租户，以及在公众当中培养兴趣和好奇心。零售功能必须在开业之前完成大部分的出租才能保证项目成功。大部分零售功能在开业前至少要达到 60% 的出租率，不然就有可能被公众认为是失败的。这一印象很难在将来被扭转，并会对整体造成消极影响。由于必须拥有公众广泛的认知和兴趣的支持，在开业前对零售功能的整体营销是十分重要的。如果零售功能给人以方便和服务良好的印象，那么人们对零售功能开业的期待，也会促进其内部空间的出租。

对于酒店功能在开发过程中的营销比其他功能要复杂很多，这是因为它受到了三方面作用力的影响：一是对著名酒店品牌运营商的吸引；二是通过创造广泛的社会关注度来吸引人们在开业后入住；三是通过营销，促进与其他商业内容的合作，以增加客房的夜间需求量和举办会议的需求。尤其是一些会展酒店，与主要会议承办方的协商应在项目开始几年前就进行。因为酒店的运营商将起到决定性作用，所以要尽可能早地确定酒店运营商。对酒店的营销同时也需要更广泛的努力，这些努力将不仅仅针对本地市场的，还应面对国内和国际市场。

另外，成功的首期市场营销，还能带动项目后几期的营销。如广东东莞的**第一国际**，在一期解筹开盘后，由于成功的营销取得了供不应求的局面，许多客户无法认购，开发商通过及时的“退筹返利”政策结合二期认筹，为接下来的市场营销打下了良好基础（图 8 – 10）。

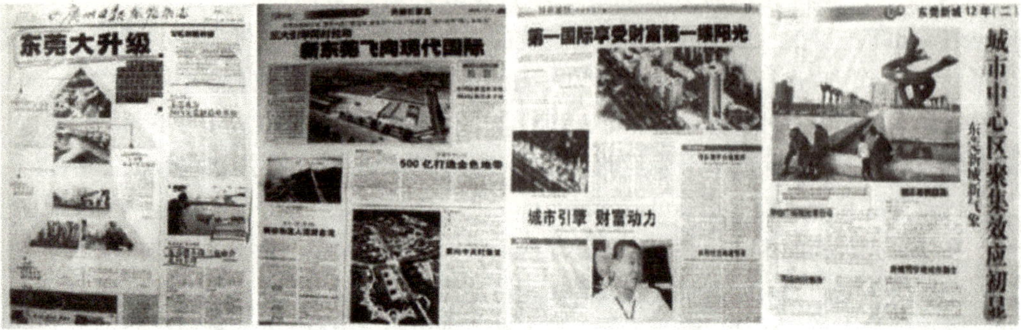

图 8－10　有关东莞第一国际的大量报道

（来源：龙固新，大型都市综合体开发研究与实践，P185）

8.3.4　公共媒体和市场营销

城市建筑综合体通过有效的市场营销，能够成功地吸引媒体和公众的注意。报纸和其他新闻媒体，可以帮助发布项目主要活动的消息，如项目的正式发布和奠基仪式。其他的营销手段还包括吸引当地的名人（如娱乐和体育明星）入驻项目等。

事实上，每一个城市建筑综合体都是具有新闻价值的：不同寻常的混合使用规划、基地特征、建筑设计、主要租户、政府或私人参与的突破性创造，等等。这些都是媒体的新闻素材。负责项目市场营销的专家可以同当地报纸地产板块的编辑保持良好关系，并为报纸提供不仅包括事实和数字，还包括开发理念在内的设计思想，以使得有关报道更具人情味。城市建筑综合体可以成为首页新闻，也可以出现在地产板块，简洁、彩色和便于重印的图像，如总图、平面图和效果图，尤能起到宣传作用。

随着项目的进展，市场营销要持续聚焦在整体上，并突出主要功能子系统的重点，如主题庆祝活动以及各个功能子系统的完工或开工庆典。项目内各功能子系统的推销、出租和销售应当被尽可能强化，这是因为，每个功能子系统成功的市场营销会创造一种趋势，可以推动项目整体的成功。

总的来说，**这一阶段的市场营销应当着重推广项目整体的概念，并在周边环境中创造出一个积极的形象。**

8.4　办公功能的市场营销和出租

虽然对于大多数城市建筑综合体而言，其办公、零售、酒店、居住功能的市场营销及出租开始的时间和过程类似，但是，也存在一些潜在的不同。每个城市建筑综合体的各个功能子系统之间，也有不同的市场营销和出租或出售的问题。

8.4.1 办公功能营销策略

在整体营销的前期，市场营销队伍必须决定办公功能位于整体的何种位置是利于营销和出租的；解决这样一些问题，例如布局在哪里可以使得办公功能增加出租率，或能在市场竞争中获得优势地位，如何在营销策略中利用这些优势等。

如果项目包含了不止一幢的办公建筑，则必须开发一种关联性的战略营销手段，以使得每一幢建筑营销之间衔接的连续性。这也是前文所述的整体命名策略实施的要点。虽然与整体的一致性是重要的，但是办公组成部分，尤其是综合体式的，需保留一部分个性，市场营销团队应当参与建筑设计和命名的过程，以及对建造顺序的决定。

前期营销中，对期望拥有命名权并拥有高知名度租户的引入，可以影响到整体项目和其他功能子系统的命名。知名品牌租户的加入，可以吸引同一领域其他租户或依赖这些品牌租户生存的租户进入。在柏林，**波茨坦广场**中的**索尼中心**（Sony Center）专门进行了一个开业庆典，来吸引人们对这一庞然大物和其主要租户的注意，而在这之前，整体的混合使用形象，可能会由于主要租户索尼公司过分抢眼的表现而被歪曲。这种潜在的可能要在项目整体及各功能子系统命名时重点讨论，并充分考虑其可能带来的积极或消极影响。

8.4.2 办公功能的出租

对办公功能的出租所需考虑的内容包括：究竟使用外来的房地产经纪商、专门的内部出租机构，还是两者联合的组织。外来的房地产经纪商会因为对项目不带有感情因素，以及对整体概念的不充分认识而不能全面地介绍项目。因此，只有通过对项目所处的具体环境和针对实际情况的分析，才能作出正确的选择。拥有国内及国际市场的项目，则应该需要一种不同的方法来面对当地市场。问题的关键在于采用何种方法能够为项目整体创造预期的租户混合结果和发挥项目的位置优势。决定采用何种方法的两个关键因素包括：一个因素是开发商在当地、国内、国际市场运作方面的眼光，另一个因素是在竞争市场中对于预租需求的努力。

在项目完工后，如何再次出租办公空间的问题需在项目的后期开发管理中考虑[1]，开发商所期望的结果是在租期期满之后能获得更高的租金。

8.5 零售功能的市场营销和出租

零售功能的市场营销从零售功能布局的时候开始。[2] 零售功能的市场营销

1 详见第 9 章“城市建筑综合体的运营、管理和维护”有关小节的论述。

2 具体请参考第 4 章“当代城市建筑综合体的内核研究”和第 7 章“城市建筑综合体的规划与设计”中的相关章节。

过程中，其他需要决定的问题还包括零售开发商对市场营销的参与，以及对内部或外来房地产经纪商的使用。

8.5.1 零售功能市场营销策略

零售功能在整体所占的比例在很大程度上决定了其采用的营销和出租手段，如果零售功能是小型的并以为主要功能提供服务和便利为主，开发商会趋向于雇用熟悉当地租户的外来房地产经纪商；而拥有零售功能营销及出租专家的大型开发组织，则会通过内部员工来解决这一问题。

在有些情况下，开发商会使用两个不同的团队来分别负责本地及国内市场和国际市场的租户。在零售功能处于项目主要地位时，整个项目的主要开发商一般会是零售开发商。如果开发商没有开发零售功能方面的能力，则会邀请拥有此方面经验的开发商合作开发。在零售功能作为独立的整体并为独立开发商运作的情况下，其市场营销和出租的责任就应该由这个开发商承担。

如果零售功能被独立开发，那么其代表应当成为管理团队的一员并尽早参与整体开发过程。在这种情况下，零售功能的特色和品质，将由管理团队讨论决定；同样，零售功能和其他功能子系统之间命名的关系，也将通过讨论来决定。**零售功能是项目整体中服务周边社区频率最高的功能子系统，所以，对它的市场营销是会贯穿在项目的整个生命周期之中。**

虽然零售功能具有独特的季节性市场，但是同样应参加项目整体的推广活动。零售功能也可能会针对整体的需要提早或延迟营业时间段。零售功能中的餐饮服务单位，可为整体其他租户提供包餐服务。而零售空间也可能为在其营业时间以外的社区聚会或活动提供空间。大部分零售功能都会拥有独立的市场营销基金，以支付促销活动的费用。

8.5.2 零售功能的出租

零售功能的市场营销应该包括对有关服务范围内人口统计和竞争对手的数据收集。零售商往往也会对项目的总平面，零售部分的平面布局，以及停车问题的解决方式感兴趣。因此，零售功能的市场营销必须能够提供标明停车设施的总图。他们同样希望了解**普通区域维护**（CAM）费用的解决方案，以及这些费用总额。最后，他们也会希望了解零售功能中的其他租户情况。这些材料都需要准备好，供零售功能的市场营销所用。

参与**国际购物中心会议**（ICSC）对寻求国际租户能提供很大的帮助。**国际购物中心会议**专门致力于购物中心开发和管理，在其会议和交易展示会上，寻找店铺的租户和寻找租户的开发商就得了最好的交流机会。因此，**国际购物中心会议**为城市建筑综合体开发商寻求租户和合作伙伴提供了重要的机遇（图 8－11）。

对租户混合情况的调控是十分重要的，尤其是对那些寻求特色的小型零售中心。**出租百分比**（Percentage Leases）是衡量零售功能出租情况的一个重要数据。通过对这一数据的分析，业主可在零售商达到一定销售额的基础上适度增加租金。这种分析的方法，较适用于大型购物设施，而非服务型零售功能。在零售功能的出租和运营阶段，需要开发商充分调动其丰富知识和经验。

International Council
of Shopping Centers

图 8－11　ICSC 的标志

（来源：互联网）

8.6　居住功能的市场营销、出租和出售

居住功能的市场营销策略，会根据其采用出租或是出售的形式而产生很大的不同。如果采用了出租的方式，它们采用的营销方式由它们是否计划在未来转化为出售的形式而决定。

8.6.1　出售型居住功能的市场营销

出售型居住功能可以从混合使用的环境中获利，尤其是在整个项目拥有独特个性或位置的情况下。不同于办公和零售功能习惯使用内部团队进行营销，居住功能更愿意使用外来房地产经纪商。豪华住宅的销售能够通过和高端酒店品牌的合作获益。一般来说，对于出售型居住功能各单元的销售往往是一次性的，转让的情况只会零星发生。当转让的情况发生时，单元的业主有权自己选择房地产经纪商。而能否获得更高的售价，则需依靠房地产经纪商对单元附加值所进行的推销来决定。整体项目的营销团队需为再销售市场准备足够的说明书和信息，方便房地产经纪商提供给未来的买家。

8.6.2　出租型居住功能的市场营销

出租型居住功能的市场营销与出售型居住功能截然不同，也与其他各功能子系统的营销很不一样。通过市场分析，与会包办空间布置和创造不同格局的办公功能租户不同，会更关注单元的大小、位置及出入口和其他租户之间关系的零售功能租户、出租型居住功能的租户更关心房型和面积大小。每一个单元必须被设计为可随时入住的状态。

租户在选择居住单元时，往往会将位置放在第一位，而将所在楼层、景观及租金放在第二位。出租单元室内装修的标准取决于项目的市场定位。同样，市场营销中强调的单元特色、安全性、位置优势、与周边零售功能的邻近及可达性、与公共交通的关系、停车和出租价格也由项目的市场定位决定。市场营销的期望目标能够达到出租市场火爆的局面，这样出租单元在原有租期期满以后，能以更高的租金租出。

出租型居住功能市场营销的最大卖点是其位于城市建筑综合体中的位置。

城市建筑综合体在周边市场内的主导地位，对居住功能的出租有很大的促进作用。通过有效的市场营销，出租型居住功能可以获得额外的赢利和租金的快速提升。

出租型居住功能的市场是广泛的，出租单元可供项目内其他功能的租户及他们的雇员租用。此外，城市建筑综合体的各功能子系统间的协同作用，为其租户在使用其他功能组成部分时获得益处提供了可能，例如，租户和他们的访客能在酒店获得折扣，他们也能在同一项目的餐厅中享有折扣。如果市场营销团队需得到各功能子系统之间的合作协议，则需要在项目开发的早期阐明这些观点。

8.6.3 居住功能的市场营销工具

在普通住宅的市场营销中，其功能本身往往优于环境作为营销的重点，而在城市建筑综合体中，对场所和地位的营销更为优先。**拥有诱人的购物环境和适宜的公共场所的城市建筑综合体背景，往往能成为引起人们对居住功能的关注和兴趣的关键。**因此，以“居住、工作、休闲”作为市场营销的重点，往往会取得很好的效果。

采用单元模型是大部分居住功能成功营销的先决条件。单元模型应在项目竣工之前被安置在显著的位置。例如，一个真实尺寸的公寓单元模型可以成为营销中心的一部分。模型也可以在住宅竣工之前被安置在开发商的办公大楼内，或是位于零售功能内的市场营销中心内。

8.6.4 居住功能针对的目标人群

城市建筑综合体中居住功能的市场营销目标人群主要包括了各种没有小孩的家庭类型：单身、年轻夫妇、同性伴侣、子女成人的家庭及离婚人群。出售型居住功能所针对的客户群比出租型的往往更为年长和富裕。当然，出租型居住功能同样也能够因为混合使用的环境，而吸引到一定比例的富裕人群。**营造优质的生活品质是市场营销的主要策略，令人适宜的设施如游泳池和健康俱乐部只是起点，方便性、社区性、娱乐性和文化性的创造是人们更为期待的。**

如果项目的办公功能拥有相当数量的全国性和跨国性公司租户，就会存在为这些公司的员工提供居住空间的市场。应对这一市场的，是以出售和出租居住单元相结合的被称为“**协作单元**”(Corporate Units)的居住功能。这种单元实质上类似于酒店功能，虽然与出租单元没有太大矛盾，但它们与其他的出售单元会产生一定矛盾，这点需要在设计中格外注意。

8.7 对酒店运营商的吸引和酒店功能的市场营销

如果市场分析确定了酒店功能将成为项目整体的组成部分，对酒店功能级别选用的评估将和整个项目的总图设计一同开始。酒店功能从经济到豪华包括了相当多的类型，评估工作需确定适于整体定位的酒店级别。

8.7.1 将酒店功能与整体定位相匹配

在寻找酒店运营商的过程中，最重要的是寻找适合项目整体的品牌。如果整体以高端办公和零售功能为定位，那么酒店就同样需要拥有高端品牌。同样，如果项目针对办公租户的目标是中等的，那么开发商则应该寻找中端酒店运营商。酒店级别的选择与项目所在的位置有很大关系。在项目包含或邻近一个大型会展中心的情况下，酒店必须与周边的其他酒店针对同一市场而竞争。在位于城市中心区的情况下，酒店的潜在服务对象包含了各种层次的人群，对酒店级别的选择就要依赖于项目的其他功能子系统定位和市场深度了。

奢侈型酒店也开始占领了酒店市场的一部分。因此，在需要的情况下，也要考虑这种类型的酒店如何与整体相协调，与之相匹配的，一般是豪华公寓和高档生活购物中心。

8.7.2 对酒店运营商的吸引和合作

一些开发商会给所有适合的酒店运营商发送包含可行性分析的**建议征求书**（RFPs）。开发商会在作出决定之前挑选 2~3 家运营商进行深入对话，而不是直接接受最好的提议。

在选择酒店名字和运营商之前，开发商需了解运营商的以下情况：

（1）对城市建筑综合体市场定位的回复；

（2）对开发商目标的回复；

（3）在公众、其他业主和开发商，以及出租机构中的声誉；

（4）经验、能力、稳定性和持续增长力的记录；

（5）提供完整和可靠的市场营销服务、运营控制、经济报告，以及开业前的管理和技术服务的能力；

（6）拥有的开发专家；

（7）在其他城市建筑综合体中的运营经验；

（8）与整体项目间相关的经济目标和经济约束；

（9）标准运营合同。

一旦酒店运营商被确定，开发商要与运营商一起工作以确定酒店功能与项目中其他功能子系统的关系。例如，一个强有力的办公功能可以为酒店吸引短期或长期停留的商务旅客；同样，酒店也能为其提供会议和活动的空间。如前文所述，在各功能子系统相容的情况下，酒店的命名可以为酒店和其他功能子系统提供市场营销的优势。[1]

---

1 ULI.Mixed-Use Development Handbook(Second Edition).USA: Urban Land Institute，2003: P254。

8.8 项目竣工后的活动组织和市场营销

城市建筑综合体的官方开业庆典（可能不与各个功能子系统的开业庆典同时进行），为整个项目的营销提供了较之单一使用功能项目开业所能带来的更好机会。大型城市建筑综合体往往会分期开发，因此，“完工”这一概念很难被限定。开业庆典可能只是在项目部分完工的背景下进行。在项目竣工开业并逐渐成熟之后，则可以引入新的市场营销主题。

8.8.1 开业庆典活动

项目的开业庆典活动，可以被规划为一个系列活动，其中可以包括邀请当地著名的社会领导和商界明星参与的开幕式、娱乐活动、烟火表演和大量其他活动。这样的**庆典活动强化了项目的场所感，并增加了每个功能子系统的访问量**。在开业庆典活动进行的时间段内，通过当地报纸进行大量广告宣传是十分必要的，广播和电视广告可在有效的情况下适当使用。项目开业的时间应当选在公共媒体的宣传力度处于高峰的时候。

8.8.2 运营中的活动

除了大型的开业庆典，其他的一些活动可以被用来在运营的阶段促进整个项目的完整性。如**中信城市广场**结合各品牌店的宣传，成功举办一系列如**理查德·克莱德曼**钢琴演奏会、新年倒数、世界名车嘉年华、著名影星影迷见面会等大型推广活动，以及各类市政论坛等群众性活动，充分发挥广场的市政功能，展示国内外文化，促进商品交流（图 8–12）。朴实、简单的活动同样能够成为有效的市场营销手段和管理的工具，并能创造收入。在政府和私人共同开发的项目中，政府投资者能成为对活动支持的重要角色。美国得克萨斯州爱迪生市的 **Addison Circle 城市建筑综合体**，整个项目的市场营销得益于公私合作的关系，当地的媒体和出版物都对其进行积极的宣传，组织的活动也吸引了周边社区的热情参与。例如在 2000 年 4 月爱迪生市的所有居民、商人和雇员都被邀请来参加名为 **“Blueprints at Addison Circle”** 公共艺术雕塑的揭幕仪式，共同回顾爱迪生市的历史和展望未来（图 8 – 13）。

图 8 – 12　深圳中信城市广场成功举办了大量促销活动

（来源：互联网）

组织一个大型的活动需要大量的时间、智慧和装饰品。对于大型特殊活动而言，可以雇用专业公司来进行组织。它们也可以协助物业管理及市场营销团队，来进行活动的组织和规划。内部管理团队、外来专业公司，以及专业顾问的协作是组织一项成功活动的有力保证。

8.8.3 项目竣工后各功能子系统的市场营销

项目竣工后的市场营销重点，是尽可能达到满额出租率并保证项目稳定持续的收入现金流。整体的竣工，也为各功能子系统的市场营销创造了各自的机会。一系列的为房地产经纪商、办公空间规划者、住宅室内设计师、新闻记者等计划好的游历活动，可以激起人们对城市建筑综合体的新一轮兴趣。市场营销的强调对象在竣工后将转移到各功能子系统上。例如，在办公功能竣工前，对于办公空间的营销要依靠材料介绍和虚拟体验的手段；而在办公功能竣工后，营销的重点则转为了向潜在客户表明整体项目的其他各部分会按计划逐一完成。这一阶段的市场营销有其独特的挑战性，营销商在推销一些处于半成品环境中的建筑。以上的因素也从侧面说明了市场营销必须在城市建筑综合体规划阶段就开始运作的原因。同时，对于在首期内完成内容的决定，会对整体市场的营销产生很大的影响。

图 8－13 Addison Circle 的“Blueprints at Addison Circle”公共艺术雕塑

（来源：互联网）

不仅仅是办公功能，居住功能有时也需要在建成后进行销售或是出租。这是因为室内布置和居住的尺度感很难在缩小的比例中被体现出来，实物是更有效的营销工具。居住功能营销的高峰时段一般是在项目开业前后的 1～2 年时间里。在这一时期里，进行大量的印刷品广告、电台广告，以及电视广告宣传是最有效的手段。同一项目中零售功能所能够提供的支持服务和成功形象，也能够在居住功能的销售和出租中扮演重要角色。

在酒店功能开业后，其大部分的市场营销活动均会由运营商来组织，其中包括专门的酒店市场营销团队，以及酒店运营商统一的国内、国际营销和预订机构。酒店功能的市场营销努力方向着重的是创立酒店的独特性。市场营销必须在超越本地市场的层面进行，并依赖于专门团队和独特方法。**不同于办公和居住功能的营销，酒店功能的营销是一个更为连贯的活动。**位于城市建筑综合体的环境中，是酒店功能市场营销的一大特色，如果整体拥有显著的场所特色，将会为酒店功能增添额外的光彩。

对大型零售功能营销也是一个持续性的活动。虽然个体商户也会有自己的促销行为，但总的来说，零售功能需要整体性的营销。零售功能市场营销的两个主要手段是商人联盟和市场营销基金。商人联盟是一种传统的方式，主要由商人们自己控制，但仍需开发商担任主要职务并提供经济来源。市场营销基金是一种比较新颖的方式，它们完全由项目的开发商管理和支配。这一方法的好处是将零售功能的领导者从处理繁重的内部问题和对细节工作的组织中解放了出来，使其有更多的时间来考虑零售功能整体的市场营销，而非其内部关系的协调。

在有些情况下，零售功能会同时拥有商人联盟和市场营销基金，以使得零售商能以他们喜好的方式进行市场营销，而整体的管理者则可以致力于更广阔和长远的战略目标。在任何情况下，市场营销基金对城市建筑综合体中的零售功能会更有效。这是因为其领导者可以更多地关注整体市场营销的动向，而不用通过并不精通整体营销策略的零售商来作出决定。

在一般情况下，租户会被定期征收一定的费用以支持基金运作。而在有的情况下，基金是从租金中得来的。大部分零售功能的管理者发现在一年中集中举办 5~6 个主要促销活动，并适当补充一些小活动是十分有效的营销手段。营销活动必须以促进销售而非吸引人们来参加活动为主要目标。在有的项目中，零售功能的管理者倾向于避免进行大型促销活动，而更倾向于集中资金进行媒体广告宣传。对于城市建筑综合体的广告宣传而言，不存在实用和快速的规则；市场营销的广告宣传，主要依赖于报纸和其他媒体广告不同的混合方法，以适应不同的零售功能和项目整体的需求。

第 9 章 城市建筑综合体的运营、管理和维护

9.1 概述

由于融合了政府及私人投资的大型城市建筑综合体在近几十年得到了很大的发展并趋于成熟，它们也成为大型建筑运营、管理和维护的实验地。早期的城市建筑综合体由于缺少复杂的业主结构关系，因此并不需要复杂的运营、管理和维护方法。现今，早期不成熟的方法也已经逐渐被适合项目新特性的方法所取代。总的说来，对于城市建筑综合体的运营、管理和维护所采用的结构而言，并没有简单的公式可以直接套用。此外，这一结构也必须反映出不同项目及其主要功能子系统的特性。

在本章，将讨论一些城市建筑综合体在运营、管理和维护中，会遇到的主要问题以及一些用来处理特殊问题的特别方法。在本章内，同样会涉及一些特殊的管理问题，如噪声、气味、停车、交通和促销的管理。另外，也会包括对城市建筑综合体资源管理的介绍。

9.2 运营、管理和维护所面临的问题及挑战

城市建筑综合体需要复杂的管理结构，但是其设计目标却要尽可能简化和直接。这一目标同样适用于城市建筑综合体的内部结构。但是项目的特性及包含的大量功能，从一开始就使它们陷入复杂化的境地。政府及私人的合作会大量增加运营、管理和维护所需解决的问题。

有两个问题需在确定管理计划之前提出：如何在各功能子系统之间分配运营的费用和责任？如何在总体开发和管理计划中更好地满足每个功能子系统的运营需求？

9.2.1 分配责任和费用

在可能的情况下，采用集中式的管理，仍旧是最利于成功运营、管理和维护城市建筑综合体的方法。一个典型的城市建筑综合体会拥有 3 个或 3 个以上的独立收益实体，每一个都需要独立的运营、管理和维护。但是，**只有在一个具有全面眼光的整体运营、管理和维护结构的领导下，各个功能子系统之间管理的矛盾、运营的困难以及不同的维护标准等一系列问题才不会影响到整个项**

目以及各功能间的协同作用。

整体管理体系，可以协调各功能子系统之间的关系并提供安全性，确保各功能子系统之间不产生对立情况，确保公共区域的建筑外部空间被管理，提供共用停车，并提供公用事业和其他通常所需要的服务。

城市建筑综合体管理的两个主要挑战包括：责任的最优化分配，以及整体管理费用在各个功能子系统之间的合理分配。在各功能子系统拥有不同运营需求和动机的情况下，想要很好地解决这两个挑战会尤为困难。例如，大型零售功能会与居住及办公功能之间，在对安全布置、停车管理、垃圾处理、清洁和投递时间、促销及活动安排各方面产生不同的需求。这些矛盾应当在整体运营、管理和维护结构的设计中被解决。

若政府功能和政府的参与或兴趣卷入项目之中，会引发一系列其他问题。政府对提供服务或参与费用分担的忽视，往往会和私人开发商对项目运营、管理和维护的要求产生矛盾。例如，政府部门更关心的是资金的投入而不是未来运营的费用，他们会把运营、管理和维护费用看作一种财政负担，并回避它们。与之相对的，为了保持竞争力，私人开发商往往会提供高于政府机构的运营、管理及维护标准设置，而对于政府机构而言，这是很难做到的。在社会因素的影响下，政府机构很难对运营、管理和维护提供一贯而持久的支持。面对这一问题的解决的方法往往是在整体的运营、管理和维护中安排额外的资金来强化总体控制，以有效地解决矛盾并提供适应性结构。

9.2.2 满足各功能子系统的运营细节要求

在通常情况下，当项目已经构思并处于发展状态，开发商并不会为各功能子系统的运营细节要求提供优先权。虽然对单一功能和单一业主的项目而言，在项目构思期间进行运营安排的时间是充分的，但是，对于城市建筑综合体而言是远远不够的。**城市建筑综合体的开发商发现：对于运营、管理和维护的安排必须同项目的规划设计和经济规划同样优先，并且要在项目的各个阶段被重新评估。**

因此，城市建筑综合体的前期规划阶段中也必须包含对项目运营、管理和维护的规划。这一工作不仅要在项目竣工后进行，还要在项目基础结构尚未完成前的各个阶段进行。这样才保证了具有逻辑性并有效的运营、管理和维护策略在项目设计和开发阶段能够逐渐形成；并有效地支持了所有合作者的共同目标，为租户、业主和社区强化了项目价值。

以下的运营、管理及维护问题应当在规划前期解决：

（1）空间及系统的安排，归属和共享；

（2）公用区域使用权的限定；

（3）公用和公共区域的责任分工和费用分配；

（4）维护外部组成部分，包括景观、停车区域和建筑外立面的责任分工和费用分配；

（5）停车管理和共用停车；

（6）外部标识、外观变化的批准和控制标准制定，以及维护的责任分工；

（7）公用系统（可能在有些区域重叠）的开销分配；

（8）垃圾处理、积雪清理和其他公共服务的责任分配；

（9）提供保安和安全措施，尤其是在公共和私人区域的边界地带；

（10）市场营销的责任分配；

（11）公用区域事故和损坏的责任分配；

（12）公用区域和开放空间的活动安排及责任分配；

（13）运营时间公共空间的使用权（如公共交通的出入口、项目中的公共通道）和安全性之间的潜在矛盾，尤其是在各个功能子系统运营时间以外的管理。

以上问题在项目规划和设计阶段相对于在建成运营阶段要更易于解决。

9.3 运营、管理和维护合同的协商

运营、管理和维护合同需要综合各方面问题，并依赖于项目包含功能的数量和特性，项目的设计和规划，以及政府投资者所扮演的角色。只有通过所有功能子系统的共同协商，才能得到被各功能子系统都接受的公平法定合同。同时，要对合同谨慎操作来应对现有和未来的拥有权及运作问题，使项目在合同的帮助下获得长久的成功。

9.3.1 参与者

虽然大部分城市建筑综合体是由一个或多个私人团体共同创造，但也有不少项目包含公私合营的团体参与。尤其是一些有跨国合作背景的项目，更是包含了复杂背景的参与者。许多城市建筑综合体同时包含拥有一致或不同兴趣的参与者，他们中的一部分并非以经济利益为目的，特别是在公私合营或不以营利为目的的团体参与时，这一情况更加显著。

在通常情况下，政府机构参与的项目会包含创造就业机会和开放空间，或提供公共设施的要求。而不以营利为目的的组织，如博物馆或表演艺术团体会将其所有的可用资源投入其首要目标，并倾向于从一些必需的开销如**公用空间维护费用**（CAM）中解放出来。因此，开发商必须对他们各自的目标充分了解，并相应调整部分功能子系统的营利目的，在这样的情况下，分歧的目标才能被吸收并协调到运营、管理和维护的体系中。

9.3.2 合同的建构

当到了进行运营、管理和维护合同建构的阶段，需确定投资效率和运营目标。而对每个功能子系统能所能支持的运营、管理和维护方法以及能够承担的基金金额有全面的认识也同样重要。需要注意的是，有的团体可能反对或无法承担特别的运营、管理和维护方法甚或是基金，却能够为整体提供其他帮助。

例如，在美国亚特兰大市的**林德伯格**（Lindbergh）**城市中心**，当地公共机构无法交纳公共空间维护费用，但却能为项目提供安全性。

运营、管理和维护合同，会参照其他合同范本，如施工、运营和互惠合同，来创造三维划分，其中包括一个或多个街道层面的上部空间和上空权划分。合同应该包括以下主要内容：对突发情况缓和、缓冲的处理方法，每个业主的建设义务，使用、运营、维护和改造每个组成功能的权利，保险要求，转移购买权和优先购买权的限制，意外赔偿，抵押权和保护措施等。这一合同应当精确地描述所有共享组成部分，为它们创造应有的便利性，并合理分配各个功能子系统对它们的维护责任。

合同需针对项目及其包含的各功能子系统进行详细定制，对它的建构是多种学科共同努力的结果，其中有运营、设计、经济、法律及其他可能的专业知识和专门技术。**对于合同的建构需要在项目的概念阶段就开始进行，并在前期开发阶段就开始整体运作。**

运营、管理和维护合同的协商，包含了以下几个方面：

（1）认识到不同的运营、管理、维护责任在各组成功能之间的合理分配是建构合同的前提条件；

（2）创立处于公共区域功能子系统的私人或政府特性；

（3）确定政府和私人对于公共区域的建设目标；

（4）对运营、管理和维护结构以及每个参与者的目标进行评估，同时，也对每个参与者的能力和创立特殊场所的愿望进行评估；

（5）评估项目在不同方法下的运营、管理和维护的利弊及所需费用；

（6）讨论为达到目标而采用的特殊运营、管理和维护结构；

（7）确定应被分配的运营、管理和维护费用；

（8）确定这些费用的分配方式。

协商过程需要平衡各功能子系统的利益。由于完成符合项目实际情况的合同是一个漫长的过程，需要经过一个过渡阶段，为功能子系统混合和费用分摊的进一步协商预留足够空间。最初的投资评估，帮助确定了协商费用。决定合同建构的其他要素包括：每个功能子系统对参与运营项目的兴趣，公共团体的目标，以及开发商在类似项目中的经验等。总的来说，成功运营、管理和维护的关键是对整体的**核心控制**（Centralized Control）。

9.3.3　政府与私人的协商

拥有政府和私人合作开发项目经验的城市，会尽可能地减轻政府在运营、管理和维护中的角色分量。政府代理机构在问题必须通过合同方式来解决以外的情况下，会避免为运营、管理和维护问题作决定或签合同。如果在维护不当或是管理问题需马上解决的情况下，开发商会承担很大的风险。因此，与对**核心控制**的需要一样，对运营、管理和维护责任的确定也应当在开发阶段尽早解决。

涉及公共使用区域的协商应注意以下问题：

（1）虽然项目开发会获得政府领导层的同意，但是，运营、管理和维护的某些方面可能会涉及那些持不同意见的政府部门或独立代理机构，而形成公共目标的矛盾；

（2）应当尽可能避免可能需要被公开协商的立场，通过媒体对项目的立场和目标进行报道，会引起社区的期待，并提升各功能子系统达成一致的难度；

（3）由政府投资者主持的协商，会包括使**政治协商委员会**（Negotiations Policy Committee）满意的额外负担，并可能会为协商所涉及的所有部分增加难度。

9.4 运营、管理和维护合同中的主要内容

城市建筑综合体的特性是多种多样的，因此其运营、管理和维护合同的特性也很不一样，这是由其所处位置、功能的布置、所有权及其他一些项目本身所包含的内容决定的。在一般情况下，一些基础概念和问题会出现在大部分合同中，它们包括：公共区域的维护和使用标准，公共设施和中央空调系统（HVACC），设计更改批准，安全性和经济管理等。

9.4.1 基础问题及其相关事务

一系列潜在事务对于所有专业的运营、管理和维护合同而言是非常普通的，签订合同的各部门应该确定以下问题：

（1）合同是否提供管理公共区域和内部功能空间边界区域的有效手段？

（2）合同是否创立统一的运营、管理和维护标准而无视所有权归属？

（3）合同是否为所有业主提供保护以防止项目各功能子系统的不同所有者或承租商之间产生矛盾，从而造成对整体的损害或反作用？

（4）合同是否通过对各种要求的公平衡量，进行机制合并和责任分配？

（5）合同是否为项目的合作者提供公平的经济分配原则？

（6）合同是否保证了政府参与的连贯性，以确保除政策变化以外政府代理机构的适当参与？

（7）合同是否保证了私人开发商责任的连贯性，以确保其对项目中部分内容的变化进行控制或负责？

（8）合同是否提供了一个可变和弹性的机制，以应对不可预见的情况和事件？

由合同指导下的物业管理公司承担了城市建筑综合体开发的运营、管理和维护，以及公共区域的维护工作。物业管理公司拥有对使用其内部团队或外来房地产经纪商来为业主或各个功能子系统的运营商提供服务的选择权。**物业管理公司的构成由合同细则确立，并由此成为项目整体唯一的运营、管理和维护实体。**它有确定合作和运作目标的责任，也有对项目整体运营、管理和维护责任，并可以在需要的情况下设计一系列细则、附属法律文件和附属合同。通常

情况下，物业管理公司是一个非营利组织，并不会存在利益分配问题。每一个功能子系统根据对整体所投入的资金和贡献的服务被赋予相应的指导权。为了保证物业管理公司成员对整体运作情况的了解，要定期汇报项目内雇佣或解雇员工及承造人员的情况，定期进行整体运作工作总结，并对可能需要团队成员来解决的额外活动进行公告。

9.4.2 公共区域的维护和使用标准

由于城市建筑综合体的形式是各种各样的，因而公共区域的形式和外延也非常之多。不论对何种公共空间进行管理，物业管理公司将对这一区域内所有的维护服务负责。取决于公共区域的特性，维护内容可包括建筑室内及内部系统的维护、街道的清洁、积雪的清除、景观的维护、垃圾的清理、装修的修复以及其他所有保证项目能够在一定标准下运转的工作。有时，物业管理公司也会被要求对非公共区域提供特殊服务。物业管理公司可以对实现这些目标的有效方法自由选择，例如，直接选择员工执行，转包部分工作给一个独立的维护公司，或者向开发商购买管理服务等等。

不论公有区域是内向围合还是外向开放的空间，物业管理公司都会通过他们的权力来制定这些空间的使用标准，并保有对在这些空间内举行活动的管理权。物业管理公司向公众、租户、商户、工作人员和顾客在项目运营时间提供专属入口，而在非运营时间则提供管理入口。他们的权力还包括了对商户、租户、开发商、城市、市民团体或其他试图使用这一区域进行销售、演出、展示活动、其他促销活动和特殊活动发布许可证。物业管理公司会为这些活动所产生的公用设施消耗和维护工作收费。

9.4.3 公用事业和空调系统

物业管理公司需对部分或所有公用事业以其认为最合适的方式进行装修和布置，其中包括照明设施、电力系统、燃气或天然气系统，以及用水系统。对公有区域分摊收费的要求，意味着对线路、管道以及其他公用事业必须根据不同使用功能的需求而分开设置。项目的整体设计决定了实现这些要求的可行性，而可行性应当在物业管理公司成立之前确定。对于公共设施的分摊计费的方法可以根据租户的使用面积或其他公平的方法来计算，而这一方法同样需在物业管理公司成立之前确定。

物业管理公司负责运营、管理和维护封闭公共空间的空调系统，并自由选择最佳的管理方法。由于空调系统同样有分开计费和控制的需要，它们必须与城市建筑综合体内其他私人控制的设施分开布置。空调系统分开布置的可行性应由工程研究来决定，如果分开布置不可行，则需要用一种基于按比例分配费用的方式来进行费用分摊。

9.4.4 变更设计的审批

对可能会影响到项目外观、安全、便利性或公共区域有效使用的变更设计进行审批，是物业管理公司在项目竣工后的另一个主要职责。这一职责可能也会涉及到私人业主控制的各种要素，如标志、永久性广告、室内装饰和各功能子系统的外部设计变更（如屋顶上的附属物）。虽然这一审批职责可能会限制个体的市场性，但是如果这一措施失效的话，会损害到整体的长久利益。

9.4.5 安全性管理

物业管理公司应对公共区域的个人和财产安全负责，他们应当在各个时间段提供保安人员，并同在公共和私有区域边界工作的其他保安人员协同工作。他们应当拥有一个中央监视系统或雇佣一支专门的保安队伍。物业管理公司可能需要同所在城市的警察机构协商并签订有关公共区域内的巡逻合同。**总之，物业管理公司需要同城市公共警察机构和各功能子系统的私人保安力量共同协作，以保证项目整体的安全性。**

9.4.6 经济管理

物业管理公司应统一管理并有权向各个功能子系统收取服务费用。它们应该根据项目位置或开发过程中政府和开发商之间的土地出租合同，制定评估标准和收费公式，同时也需提供一个弹性机制以在不平等情况发生时，对原有公式进行修正。由于大量市民也会无偿使用城市建筑综合体中的公共区域，物业管理公司应当保有向城市或其他政府实体收取管理基金的权力。

9.5 运营、管理和维护的方法

城市建筑综合体运营、管理和维护的方法是在不断的实验和错误中发展，达到所有功能子系统都能接受的结果，并由主要参与者来最终决定。对于城市建筑综合体总体来说，将项目划分为若干独立的部分来进行管理的早期模式，已经逐渐被更集中的管理模式替代。运营、管理和维护的模式包括：由单一的私有组织管理进行，由若干私有组织联合管理进行，由公私合营组织管理进行，以及通过“**经济振兴组织**”（Business Improvement Districts）[1]的模式来进行。

9.5.1 总体方法和问题

一般情况下，开发商会有几种总体的方法供选择，每一种都包含了大量技术和不同手段。这些方法体现在以下的物业管理公司模式中：

（1）开发商拥有所有权并管理所有功能，并对一些特殊部分进行转包；

1 BID 全称“Business Improvement District”，又译“经济振兴特区”。所谓 BID，实际上是一种民间的非营利性经济促进会，根据都市发展规划，自主组织并经营区域内的经济和社会活动。具体做法是政府将本区域内固定资产税的一部分作为特定税，专门划拨给各 BID，由他们自行掌握，用于本地区的经济与社会发展。目前全世界有数千个 BID 组织，除了美国以外，在加拿大、澳大利亚、加勒比地区、欧洲以及南非等地都可以看到这样的组织。仅纽约市，就有 41 家（曼哈顿 18 家、布伦克斯 3 家、布鲁克林 13 家、皇后区 7 家），其业务范围从地区保安、清扫、路灯及路椅的设置，到信息产业、旅游业以及职业教育等。BID 的主要财源来自财产税（Assessment）。2000 年一年中，整个纽约市有 5200 万美元用于各 BID 发展资金。

（2）创立一个独立的运营、管理、维护实体，代表各功能子系统的兴趣方向；

（3）将项目的参与者根据特殊组成部分或位置分区进行责任划分；

（4）在包含大量业主的情况下，将公共区域的责任或特有的运营管理功能授权给一个相关实体。这一实体往往是总开发商，在少数情况下是项目中的其他参与者；

（5）创造一种分区管理系统，并由多个拥有独立所有权的机构进行管理。

对于政府和私人投资者责任的划分，是一个重要问题。虽然私人投资者在认识到分配合理性的情况下同意分担开销和责任，但是，政府投资者在公共兴趣和社会目的驱动下，导致他们关心的问题与私人投资者很不一样，而使得这个问题很难解决。下面，通过一些实例来具体介绍解决城市建筑综合体运营、管理和维护的方法。

9.5.2 由开发商直接管理的模式

由总开发商或业主直接负责项目的管理，并将一些特殊部分转包给拥有特殊技能的外来公司，是私有性质的城市建筑综合体最直接的管理方法。在美国孟斐斯（Memphis）的**皮博迪广场**（Peabody Place）项目中，开发商和业主 **Belz Enterprises** 管理并监督了整个项目，同时，他们将居住和办公空间的每日运营工作转包给了专门的公司，并直接管理了酒店和零售功能，其中还包括了对零售功能的具体分配（图 9－1）。

图 9－1　美国孟斐斯的皮博迪广场

（来源：互联网）

德国柏林**波茨坦广场**的**索尼中心**，由荷兰 **Tishman Speyen 财团**在一个财产管理和出租合同的约束下，全权负责整体的出租和资产管理。其中包括了出租管理、服务和保安合同，装饰和采购以及对租户的协助和协调。这些内容由全时段工作的 16 人 组成的物业管理公司完成。开销通过一个复杂的计算公式来完成，并分配到每个租户身上。物业管理公司将公共空间的开销分为了四个部分：各个租户的独立开销、各个建筑的独立开销、各个租户使用开销以及整体项目的开销。物业管理公司通过把各租户的直接开销数据代入这一公式来分摊公共空间开销的方法，使得所有的租户都确信他们支付的费用是合理的（图9－2）。

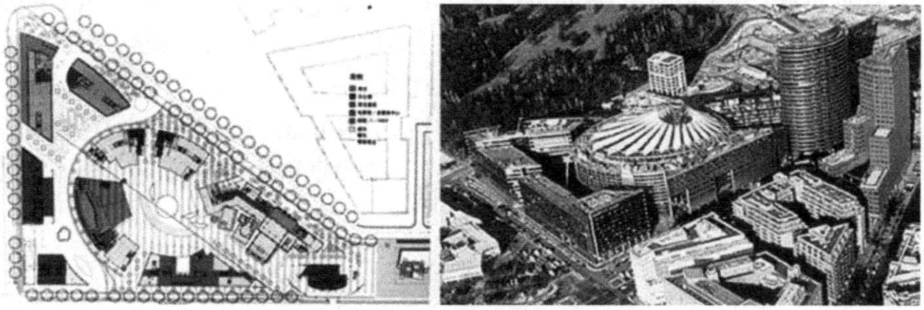

图9－2 德国柏林波茨坦广场的索尼中心
（来源：互联网）

9.5.3 私营组织单独或联合管理的模式

私营组织的单独或联合物业管理公司也经常被使用来管理整个项目。虽然联合可以通过多种方式建立，但是其基础框架主要包含两种联合模式：一种是包含居住功能的联合模式，另一种是不包含居住功能的联合模式。在一定时间以后，联合模式能形成更好的社区感，并使得各自业主更清晰地了解其在整体中应有的位置。

在美国 Abacoa 市镇中心的城市建筑综合体中，由开发商和一个实体来管理公共区域和设施。开发商创造了一个伞状合伙模式来进行对所有公共区域的运营、管理和维护，而没有将这些工作包含到开发公司中来。在伞状合伙模式下，出租型住宅功能租户的分摊费用加入到其租金当中，对于零售功能而言，其分摊的费用加入到了公共空间维护费用中，并转入到伞状合伙模式的基金中。虽然这一模式十分简单，却满足了城市建筑综合体发展的需求（图9－3）。

图9－3 美国 Abacoa 市镇中心
（来源：互联网）

9.5.4 银泉（Silver Spring）市中心的公私合作方法

在美国马里兰州（Maryland），蒙哥马利县（Montgomery）的银泉市中心，**彼得森公司**（Peterson Companies），**Foulger Pratt 公司**（Foulger Pratt Companies），以及 **Argo 投资公司**（Argo Investments）三方签订的总体开发合同指导着城市更新的进行。这一项目包含 5 万平方米左右的私有混合使用开发（包括了零售、餐饮、娱乐功能），其中有一个食品市场，一个多银幕影院，一个拥有 150～200 间客房的酒店，以及近 2 万平方米的 A 级办公楼，并包括了居住功能。这一项目同时还包括了一幢市民建筑，一个车库，一个重建的剧场，一个喷泉和对街景的改进。整体基地被两条主要道路一分为三（图 9－4、图 9－5）。

图 9－4 银泉市中心鸟瞰

（来源：互联网）

图 9－5 银泉市中心通过公私合作进行城市更新

（来源：互联网）

在独特的开发合同作用下，开发商成为公共区域改建的主承造商。这一合同通过将公共区域改善与整体开发肌理捆绑在一起的做法，有效地消减了在城市建筑综合体开发过程中常常会出现的一些矛盾和拖延现象，并确立了一种政府与私人合作开发的模式。合同中还明确了所有公共区域改建所需的费用将由蒙哥马利县来承担。每一个公共区域的改建工程均由开发商组织设计，并需通过县政府的审批，总开发费用的最大值由改建区域开发合同限定。合同规定，开发商将获得 4%的开发奖金，同时为鼓励其节约开发费用，节约下来费用的 70%将由县政府回收，而 30%则由开发商保留。

公共空间的维护费用同样建立在一个独特的结构下。根据马里兰州的法律，县政府创建了一个**银泉**（Silver Spring）**城市区域物业管理公司**，这一公司将负责整体的运营、管理和维护，其内容主要包括了对文化休闲设施的支持，对城镇广场和内部开放空间商业活动的管理，对人行道上街道景观的维护，对保安措施的加强等一系列有助于强化商业和居住环境社区场所感的事务。

另外，开发商为项目的内部公共空间创造了一种所有权和维护义务间的关联模式。这一关联模式，也可以通过和城市整体取得联系，来增加项目的安全性和提高维护效率。如果县政府不选择建立城市区域，开发合同中的其他条款也会达到同样的结果。区域的基金来自于区域内各业主的会费。虽然这一开发合同的部分特色是由马里兰州特殊的法律条款所决定的，但是其大部分特色是可以在大多数法律的权限下被引用的。

9.5.5 布鲁克林区（Brooklyn）的区域管理

区域管理是近年来发展最迅速的开发管理领域之一。将一个区域（如城市中心区或艺术和历史区域）的相关组成部分所包含的大量独立所有权，以及城市建筑综合体所包含的管理要素，合并到更广阔范围的管理系统内，可以在管理现有项目的同时，谋求更为系统的整体开发。

在 **Metro Tech** 项目中，**Forest City 公司**（Forest City Enterprises）是以深化布鲁克林城市中心区更新为目标的 25 个街区联合组织的主要参与者。这一商业改善街区提供了更大范围的公共安全和卫生服务，同时，也提供了一系列其他以增强这一区域基础质量和社会质量为目的的服务。Metro Tech "**经济振兴组织**"包括了较大的合作者如 **Metro Tech 中心**中的租户和其他的商业组成部分；150 个商铺、饭店以及服务设施，城市、州和联邦的机关，三所大学、三所中学和其他一些教育机构，以及少量的居民。在整体区域的协同作用下，**Forest City 城市建筑综合体**拥有了高水平的运营、管理和维护基础以及公共安全性，成为一个成功的项目（表 9－1、图 9－6）。

纽约布鲁克林区改造项目统计表　　表 9－1

项目名称	纽约布鲁克林区改造项目
地理位置	紧邻纽约最繁华的曼哈顿区
开发商	纽约经济发展有限公司 纽约市政规划局
开发时间	2003~2013 年
总占地面积	A 区：68.5 万平方米，含公园、道路等市镇公用设施 B 区：40 万平方米 C 区：108.5 万平方米总建筑面积
总建筑面积	A 区：79.6 万平方米 其中：甲级写字楼 45 万平方米，住宅约 25 万平方米，商业 9 万平方米
就业效果	拟创造 1850 个工作岗位以及 8000 个建筑职位

（来源：龙固新，大型都市综合体开发研究与实践，P128）

9.5.6 欧巴布也那中心（Yerba Buena Center）对多种功能和实体的管理

在 20 世纪 60 年代，“**欧巴布也那中心**”在作为一个城市更新项目开发时，仅包含了办公和会议功能，并没有包含居住功能。如同当时的大部分城市更新项目，项目的焦点集中在了物质更新层面上。同时，开发商还推断一旦项目完成，市场会持续推动项目的更新。

当时选定了一个总体开发商，将开放空间开发的任务委托给了这个开发商。然而，总体开发商并没有能够一直坚持下去，整个项目在长时间发展的总图（一系列的法律法规延迟了原始方案）作用下和大量社区组织的参与下开发。到了 20 世纪 90 年代，它已经成为综合了公共和文化功能，包含了私有高端商业设施，融合了大量公共空间的居住功能，并有大量开发商合作建设的包含若干城市建筑综合体的区域（图 9－7）。

图 9－6　纽约布鲁克林城市中心区更新项目

（来源：龙固新，大型都市综合体开发研究与实践，P128）

图 9－7　美国旧金山的欧巴布也那中心

（来源：互联网）

旧金山城市更新管理局针对“**欧巴布也那中心**”的现状，制定了将这些公共和私人的使用者联系起来，使他们产生凝聚力，以一同运营、管理和维护“**欧巴布也那中心**”的目标。实现这一目标的重点是利用**莫斯科尼（Moscone）会议中心**对于游客的巨大吸引作用，来使得这一区域成为城市的核心地带。城市更新管理局认为维护这一区域的两个要点是：维持 4 公顷面积的公共开放空间及文化设施的基金，以及代表周边区域的资金持有者是否会投资这一区域和预见必然发生的变化。

这一项目的基金获取是通过**分开计算法**（Separate Account），并由项目内的私人开发商提供租金支持来达到的。基金用来雇佣一个专业公司为花园和大楼提供管理服务，24 小时保安，以及花园内所有活动的持续运营、管理和维护。

旧金山城市更新管理局同一个活动策划公司签订协议，并提供了管理基金以对每年 70～90 个活动提供支持。这一努力使得“**欧巴布也那中心**”的公共空间充满了活力，并为居民和游客提供了所需要的吸引力和安全感，这些活动集中在花园当中，提供了一个城市范围的适意公共空间。

“**欧巴布也那联盟**”作为一个私人会员组织创建于 2001 年，拥有 153 个会员，其中包括了开发商、文化设施，以及周边居民的综合组织。其目的是吸引拥有资金的赞助商，这是一个非政治性的团体，以处理交通管理、运输问题以及避免不必要的破坏为主要的努力方向。因此，它的功能更类似于传统的市民合作组织。另外，一个新型的“**经济振兴组织**”正在筹备建立，目的是使运营、管理和维护合同中没有覆盖的项目周边区域获得安全保障及应有的管理和维护。

一般来说，这一方法更适用于拥有一定历史背景的项目。**随着城市的发展，越来越多的曾经经历更新的区域到了需要再次更新的时候。因此，在有效的资金，有凝聚力的邻里关系，以及综合了各方面力量的团队的共同作用下，对政府和私人投资孜孜不倦地维护是十分重要的。**

9.6 运营、管理和维护中的特殊问题

有一些特殊的问题需要在计划和合同中注意：气味、噪声和灯光控制，停车安排，车流和运输管理，联合促销。这些问题如果没有适当处理，会对整体的运营、管理和维护带来很大的麻烦。

9.6.1 噪声、气味和灯光的控制

城市建筑综合体的运营、管理和维护中所面临的最麻烦的问题是对令人不快的噪声、气味和灯光的管理。物业管理公司需要很谨慎地处理货车的进入、卸货、装货，并要对餐厅、酒吧、夜总会、娱乐设施等产生噪声、气味和灯光的来源进行监督。如果不处理好这些问题，则可能会激怒租户、居民及访客。噪声、气味和灯光的管理问题需要在设计阶段小心对待，否则它们可能会变成不能解决的问题。然而，在很多情况下，矛盾是不可避免的，因而必须通过谨慎地管理来应对这些问题。

在城市建筑综合体中，处理邻近居住功能的餐饮和娱乐功能所产生的气味、噪声和灯光是一个重点。在处理过程中，需要分析以下问题：

（1）是否需对餐厅的运营时间、室外座位及室外音乐进行限制，以保证不影响住户的睡眠？

（2）是否要对室外座位产生的噪声进行分贝限制？

（3）当餐厅必须被布置在住宅下方，或者邻近住宅时，是否应当预先决定排放烹调气味的风口的位置，以及这些气味是否需要进行一定的处理才能被排放？

（4）是否应限制室外照明（如霓虹灯、闪光灯和高亮度的灯）？

（5）应对餐厅的建筑设计、装修设计、标识以及室外座椅提供什么程度的限度控制？

（6）如果商业功能会产生大量的垃圾，是否应对垃圾储藏和垃圾运输进行时间上的限制？

（7）是否应该对餐厅的运输时间进行限制？

（8）是否应该对餐厅使用的车行道类型和总数量进行限制？

（9）餐厅的使用者应该在哪里停车？如何混合餐厅和其他商业功能才能不影响到整体的停车和运营需求？

（10）是否可以允许餐厅的使用者进入社区限制范围？

（11）是否允许餐厅拥有进入位于社区内其他部分娱乐功能的入口？

货物装卸平台及垃圾转运处的噪声和气味可能还会有其他潜在问题，临时性事件和娱乐活动所产生的噪声和灯光也需要被小心安排。在大部分情况下，主要的娱乐秀和节日活动应尽量安排在周末。在这些时间举行活动，可以在吸引项目内居民的同时，为零售功能带来更多的客流，并避免与办公租户产生矛盾，同时刺激酒店周末的生意。

9.6.2 停车

停车的管理应该同城市建筑综合体其他方面的管理并列进行。开发商及运营商应尽早提出停车需求以获得专业的建议。功能化的设计（布置了停车功能的总体布局，出入口的位置，以及与基地内外公共区域的关系）是停车设施长期成功运营的基础。

对于停车的管理依赖于项目的特性可以是多种多样的。在决定采用何种管理方法配合不同方案时，有几个要点需要注意：

（1）交通应当尽可能地快速运转以使得停车空间获得最大的利用率。车流应合理布置以防产生堵塞的情况。中心布置的收费处可以帮助司机更快地通过系统，良好的流线设计和标识布置是高效运转的基础。

（2）为短暂停车的来访者创造适意的环境，如有遮阳的、阴凉和方便的出入口。

（3）专家应协助业主决定收费结构并以此作为安排停车空间的依据。

（4）设计收费结构是项目管理的重要方面。零售顾客的停车要求在大部分项目内都具有优先权，这对零售业的成功及其能支付的租金都是极重要的。总体来说，保留车位的情况应尽量避免，但是可以适当提供车位的包月服务。

（5）在大部分情况下，停车功能的收入应当从项目的整体收入中独立出来。这一独立的资金使得停车空间的管理者能够对停车要求的变化作出相应的调整。

9.6.3 车流及交通管理

大型城市建筑综合体往往是大量交通的目的地和源头，这就生发出了对项目交通问题的研究要求，其结果成为申请政府批准材料的重要部分。研究结果将会被用来作为审批的参考要素，并作为项目改进的依据。

由于每个项目都是不同的，并没有相关的标准来确定如何解决这些问题。因此只能依靠社区提出的合理要求，以及相关政策和法规来共同形成解决方案。一般情况下，应拒绝增加项目车流及交通管理问题的税收，并提供解决消极影响的方法。

9.6.4 联合促销

联合促销活动为办公和零售功能创造了服务市场营销目标的特殊形象，并成为构成整体形象的重要要素。它也开始成为运营、管理和维护合同中的一项越来越重要的责任。在许多案例中，管理者在专业工作团队协助下，在一年内不间断地组织各种活动。

城市建筑综合体中的联合促销对定期合作活动提出了需求。物业管理公司应该组织各个功能子系统的管理者定期对其管理内容进行讨论，并且使得他们对其他商户正在和将要进行的工作有所了解。例如，在表演艺术中心进行一个重要或特殊的表演活动期间，会在夜间为餐饮功能带来很大的客流，餐饮功能的管理者需对这样的情况有所注意和准备。同样，联合促销也会为其他功能带来额外的人流。

在多个功能复合的开放空间中对于租户参与和支持的需求是更加强烈和复杂的。因此，物业管理公司有必要定期与租户会面，并将他们根据兴趣划分为不同的小组，促销活动应该在零售、餐饮以及手推车式的流动零售功能中同时进行。

以下工作可以帮助强化物业管理公司的作用：

（1）定期进行租户之间的针对未来发展方向的协调会议；

（2）积极地寻求来自租户的想法以确定对顾问专家的选择和充分利用；

（3）为租户提供促销材料，以促使其支持特定的主题和活动；

（4）增进租户对联合促销活动的参与以体现其想法和对整体的关心。

促销活动是多种多样的。对于市场营销和促销活动的控制性要求也可能是构成合同的重要元素。

物业管理公司持续向租户和居民传递信息是很好的方法，尤其是对项目最新的建设进展，新用途和租户的加入，以及项目将要举行活动等信息的通知。项目网站的更新，E-mail 电子邮件的发送，以及定期的例行会议是确保足够交流的有效方法。充分了解项目的最新信息和动态的租户不易对项目内发生的事件产生不快或愤怒情绪。

9.7 资源管理

城市建筑综合体是年轻的地产开发项目，但是相对其他的项目它们更耐久并拥有更长的生命周期。因此，对其建立一个强有力的资源管理计划是十分有必要的。有些早期的城市建筑综合体如20世纪30年代建造的**洛克菲勒中心**，至今仍起着城市地标的作用。如果没有通过恰当的管理，它们是不会拥有现在的地位的。另外，在一些已经完成了几十年的项目中，几易其主的情况并不鲜见。

一个粗略的统计显示，城市建筑综合体的开发商往往更专注于开发的各个阶段以及项目的短期表现而非其最终的命运。[1] 然而，城市建筑综合体的生命预期值，应当会比传统项目的生命周期要长。**因此，负责任的项目开发商不能只考虑自己的计划和策略安排，还要对整个项目长远的资源管理策略进行细致地考虑。**

9.7.1 退出策略

理想状态下，整体的运营、管理和维护合同应当提出一个或多个控制现有业主退出和新业主进入的策略。在大型城市建筑综合体中，往往拥有大量的开发商和不同地产类型的拥有者。应选出领导性的开发商或业主，他们拥有项目完成前后对项目中的其他开发商或业主出售其地产并退出项目的批准权。

在退出策略不完备的情况下，遇到没有涉及的问题，会引起矛盾并难以协商，因此，合同需在事后进行修改。总之，不同项目的开发过程会遇见不同的管理矛盾，并最终会形成不同的管理策略。

9.7.2 最大化资源的附加价值

资源管理也包括以优化地产价值和表现为目的的发展战略管理。发展战略中包含了持续性市场研究、营销、开发和出租。在许多案例中，城市建筑综合体在正确的发展战略管理的努力下，成为吸引新租户和新功能的磁石，并为改善整体资源的价值创造机会。**城市建筑综合体在不断地发展、成长和改善，其经济表现在整体趋于成熟后往往会有更佳表现。**

城市建筑综合体持续性的成功，依赖于开发商是否能够成功地贯彻运营、管理和维护合同，并对项目及时进行动态管理和追加投资来保证项目符合时代性，在新的市场机遇下占有优势位置，而拥有优秀的表现。[2]

9.7.3 表现评估

项目的运营、管理和维护效果主要与项目的经济表现相关。同时，物业管理公司要寻求项目在 100%占有率的前提下提高收益和合理化运作费用，以达到令业主满意而又稳定的收入资金流。虽然有些备受瞩目的城市建筑综合体遇

---

1 ULI.Mixed-Use Development Handbook(Second Edition).USA: Urban Land Institute,2003: P282。

2 详细请参考第 7 章“城市建筑综合体的规划与设计”中所列举的有关开发商重新投资、设计、装修原有城市建筑综合体而增加其附加价值的实例。

到了经济问题，但是事实表明，城市建筑综合体能取得相对于单一功能建筑更高的租金收入和销售量。

大部分城市建筑综合体拥有高于平均水平的租金收益和占有率，但它们并不能获得超过竞争对手的投资回报率。这是因为，尽管它们有高租金收益和潜在价值，它们的复杂性使得它们的开发费用远高于它们的竞争对手，并影响到它们的投资回报率。另外，城市建筑综合体往往会以高端市场为目标，导致了高投入和高价格的开发结果。虽然能获得高额的租金收益，但并没有相应的高回报率。

关于城市建筑综合体投资回报的详细数据很难获取，这是因为大多数业主和开发商并不愿意泄漏这一数据。另一个原因是它们的经济表现不像办公、工业、零售及居住等功能分类那样有统一而完备的跟踪记录体系。因此，很难客观地了解这些项目究竟给投资者带来了多大的回报。尽管如此，从一些公开项目中搜集的数据来看，城市建筑综合体通常还是能获得令人满意的市场结果的。对于开发商而言，最大的挑战就是如何通过合理的开发和运营投入来达到这些令人羡慕的结果。

第4部分

“和合”

——城市建筑综合体的再认识

第 10 章　城市建筑综合体在我国的实例研究

10.1　概述

在对当代城市建筑综合体开发过程的完整介绍以后，从本章开始，将把研究重心转向我国，在本文最后的几个章节里，将综合之前的研究内容对我国城市建筑综合体的发展进行全面的介绍和分析。本章节将通过对我国 2000 年以后建成或将要建成的四个实例的介绍和分析，分别从整体开发中的适应性，城市建设中的延续性，建筑造型设计中的真实性，以及社会体制改革中的亲民性四个方面来探讨我国城市建筑综合体建设中遇到的一些代表性的问题。这四个实例包括：

1. 安徽芜湖天泰大厦

通过对亲身参与这个项目从投标到施工图绘制的全过程的总结，叙述了设计单位为了弥补甲方对城市建筑综合体开发经验、资金周转能力，以及对城市周边关系处理能力的不足，针对性地提出了对实施经验、经济实力、城市环境的适应性为主的项目整体开发的适应性设计方法，力求使得项目的实施能够有更多的弹性，来为第一次进行城市建筑综合体开发的甲方降低开发的风险性。

2. 香港九龙旺角的朗豪坊

通过亲身体验和考察，叙述了香港旺角朗豪坊城市建筑综合体漫长的开发过程（过去），与周边城市肌理的结合和独具匠心的空间布局（现在），以及通过零售为核心辐射带动整个地区的发展远景（未来），展示了该城市建筑综合体对所处地块、旺角地区，乃至整个香港特殊形态的决定性影响力。

3. 郑州郑东新区会展宾馆

在对郑东新区会展宾馆国际评标会全过程旁听的基础上，将参赛的七个方案分为“美”（美学层面）、“善”（文化层面）以及“真”（技术层面）三类进行介绍和探析。结合方案比较、评委发言和评审结果，总结出在我国设计当代城市建筑综合体时，建筑师在追求审美层面的“美”、文化层面的“善”的同时，更应当注重建筑建构技术层面的“真”。

4. 杭州市民中心

通过对主要建筑师的采访以及对项目的跟踪考察，对杭州市民中心将不仅显示出权力与威严，同时也将显示出市民化的亲和力的特色进行介绍。总结出设计单位的“亲民性”设计理念，根本目的是将城市核心建筑的尊严和民主开放的城市社会生活的魅力调和在一起。“亲民性”是指杭州市民中心要最大限度地为社会公众服务，建筑和设施、信息资源、管理手段、开放程度及工作时间等方面都亲近民众，具体涉及整体功能组织的开放性、服务功能的多样性和空间形态的人性化尺度。

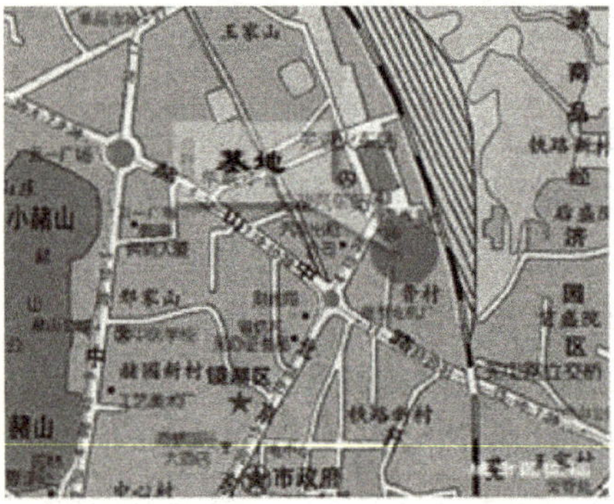

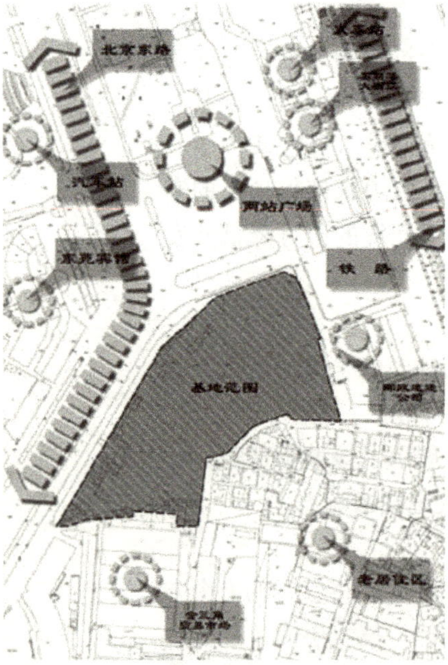

图 10－1 天泰大厦基地区位分析
（来源：项目文本）

10.2 安徽芜湖天泰大厦——整体开发中的适应性[1]

设计以“人本、自然、生态、文化、融合、科技、实际、安全”为中心原则，以整体社会效益、经济效益与环境效益三者统一为基准点，着意刻画优质生态环境，为居民塑造都市中自然优美、舒适便捷、卫生安全的怡然栖息之地。

——天泰大厦设计说明

10.2.1 背景及现状分析

“**天泰大厦**”基地地处镜湖区，为芜湖市的经济文化中心地段。基地位于芜湖市火车站、汽车站两站广场的南面，北京东路东边，沿北京东路展开，位置十分显要，可以说是芜湖市陆路门户。南面沿北京东路与市政府遥相呼应，东侧为芜湖旅游商品经济园区，西侧遥望浩渺长江，并有“赭山公园”、“赭塔晴岚”、“玩鞭春色”等名胜古迹及游览区相伴。形成了旅游、生活、商务、休闲、购物及行政管理的中心区域，是一块地理位置极佳的综合性酒店、公寓黄金地块（图 10－1）。

开发商“**大富集团**”是安徽芜湖当地著名的民营企业，在芜湖开发了大量的房地产项目。但是，其之前开发的项目以居住小区为主，对于包含酒店、商业、办公、居住等多种功能的复杂的城市建

1 详见“安徽芜湖天泰大厦”的设计说明（笔者参与了这个项目的全过程，预计 2010 年底完工）。

筑综合体项目还是第一次涉及，难免经验不足。在和甲方的交谈中，我们发现甲方主要有三方面的顾虑：一方面是**担心自己的经验不足**，无法做好酒店部分以及商业、娱乐和餐饮部分的运营、管理和维护工作；另一方面是**担心自己的资金不足**，无法在开工后持续不断地对项目提供资金支持；第三方面是担心这个项目地处要地，作为其形象工程，**如何得到芜湖市的青睐，为其将来的发展铺垫**。因此，在设计的过程中，针对甲方的顾虑，始终强调项目整体开发的适应性，力求使得项目的实施能够有更多弹性。

10.2.2 设计构思——对城市环境的适应性

针对甲方形象工程设计的要求，设计力求在这一黄金地段创造一个能够对城市文脉承上启下并自成一体的城市建筑综合体。**设计以“人本、自然、生态、文化、融合、科技、实际、安全”为中心原则**，以整体社会效益、经济效益与环境效益三者统一为基准点，着意刻画优质生态环境，为居民塑造都市中自然优美、舒适便捷、卫生安全的怡然栖息之地。

经过分析发现人类居住行为的集成化是未来市民住宅建设的发展趋势，本方案以此为前提，将酒店、商住、公寓、停车，社区的商业、餐饮、娱乐生活服务设施作适当的集成，在满足人与社会交往的同时，有效消解建筑密度，让绿化环境成为居住空间真正的主题。满足不同层次及经济承受等因素的影响，从而进行合理的分区及布局。

方案中主体结构以不规则的基地地形为切入点，以旁边的铁路线的影响、城市主要干道、城市广场及重要市政建筑设施等为背景因素，结合使用功能，串联商业服务，形成点、线、面、区域结合的综合商住服务系统。融入了城市肌理，并形成自身鲜明的个性。以酒店为龙头，带动商业、餐饮、娱乐服务，形成城市新的商务坐标。结合市场开发战略目标，建设高品位公寓，创造良好的经济效益。

在空间布局方面，**芜湖天泰大厦**是以一栋26层塔式酒店，两栋18跃19层条形公寓楼为主要空间体块，自东北向西南，由高向低逐次排列；底部商业、餐饮、娱乐裙房沿城市重要道路展开，将区内环境与城市干道作适当隔离，自成一体，形成一个主次分明的空间体系（图10－2～图10－5）。

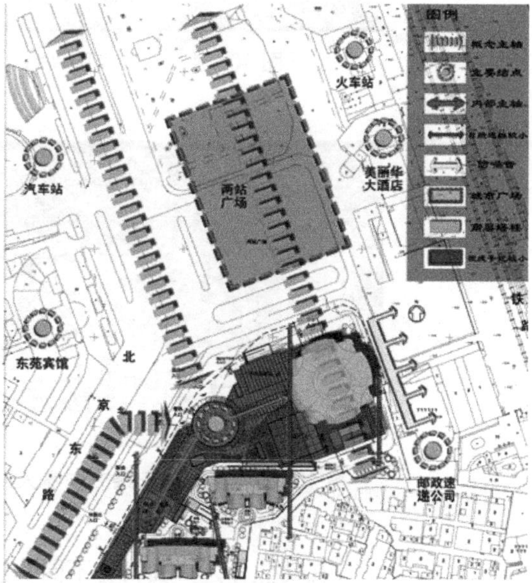

图10－2　天泰大厦概念分析图

（来源：项目文本）

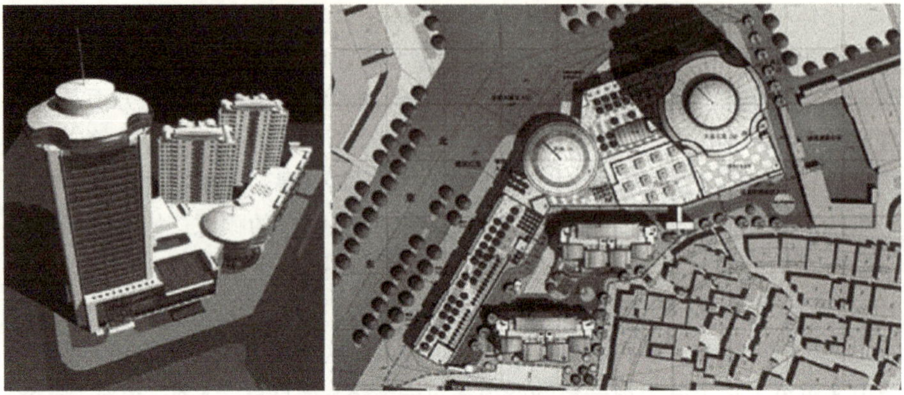

图 10－3　天泰大厦空间形态（左）及总平面图（右）

（来源：项目文本）

图 10－4　天泰大厦鸟瞰（左）及三座高层塔楼的空间结构（右）

（来源：项目文本）

图 10－5　从北京东路方向看天泰大厦（左），从基地南面远眺天泰大厦（右）

（来源：项目文本）

在功能分区方面，将不同功能的建筑单体按照南低北高的布局合理定位。26 层酒店塔楼位于基地的东北侧，从而形成面对两站广场，芜湖市标志性建筑的面貌。两栋 18 跃 19 层公寓位于基地的西南侧，左右错开使其拥有良好的朝向且无日照遮挡和通风良好。商业、餐饮、娱乐等裙房沿北京东路展开，面向城市重要道路，提高商机。

在交通组织方面，“**芜湖天泰大厦**”建成后将具备良好的外部交通条件。区内道路在保证内外交通联系便利、畅顺的前提下，又将道路设计与城市广场相结合，以形成步移景异的空间变化。主入口均设于城市干道北京东路上，其中酒店入口（含宾馆和餐饮入口）放在居中重要位置上，共用一个圆形门厅，门厅内左面是宾馆入口，右面是餐饮入口，中央设喷水池，并有环形楼梯、壁画、绿化点缀，增加了这一城市建筑综合体公共空间的情趣（图 10－6）。商住入口面对两站广场，位于建筑东面尽端处，位置谦逊但便于到达。商业入口则沿北京东路人行道设置，创造良好的经济效益和商机。次入口设于该区的东南面周边道路上，作为员工入口、后勤和物品出入口，位置比较隐蔽。

图 10－6　天泰大厦裙房中庭内景效果图（左），入口门厅内景效果图（右）
（来源：项目文本）

在绿化布置方面，引入了立体绿化的概念。由于受场地限制，除地面保留楼间绿地外，在商业裙房的屋面设计了屋顶花园，一方面增加了商住区室外活动的场地，同时也为一侧的公寓提供了优质的景观视野。提高了商住区的环境品质，也塑造出商住区景观的独特个性，为城市上空增添了一笔绿意。

10.2.3　分期开发——对经济实力的适应性

针对甲方对资金不足，无法在开工后持续不断地提供资金支持的顾虑，项目采用了分期开发的做法。根据项目的实际情况，将整个规划区分为三个开发层次：四星级酒店及商务办公塔楼、商业裙房，以及两栋高品质的公寓楼；并将地下室也分为了两部分，可根据需要分期开发。

首先施工的是地下室部分和公寓楼部分，在公寓楼的建设过程中，甲方即可开盘销售，收回一部分前期投资，而为接下来的施工作准备。第二步是进行商业裙房的施工，同样，在施工的同时，即可开盘出租，将商业、餐饮、娱乐等部分先期出租，收回一部分投资，为最后的塔楼施工作准备。第三步，在公寓楼完工后，商业裙房的建设形成一定的气候以后，开始进行主塔楼的施工，在施工的同时也可以进行商住部分的出租工作，先期收回一部分资金，以供其后的整体装修使用。

总的说来，通过分期开发的方法，利用了城市建筑综合体所营造的整体互补氛围的吸引力，将甲方的开发风险降至最低，并有效刺激了资金的周转，充分发挥了城市建筑综合体的优势。

10.2.4 酒店及商住办公塔楼设计——对实施经验的适应性

作为基地内的标志性建筑物，着重考虑现代酒店的生态化、科技化、人性化、智能化充分体现当代数字讯息与网络的要求，融入信息高速的发展策略。酒店由高 26 层塔楼、4 层（局部 5 层）裙房及 2 层地下室组成。塔楼平面采用框剪布局，力求在同等面积情况下，将建筑塑造得更加挺拔而富有标志性。

另外，为了打消甲方对于自己经验不足，无法做好酒店部分以及商业、娱乐和餐饮部分的运营、管理和维护工作的顾虑，建议甲方采用国际上城市建筑综合体开发中最成功的做法，尽早寻找酒店部分的运营商，以及商业、娱乐和餐饮部分的承租商，这样可以通过和专业的运营商、承租商的合作，弥补甲方自身经验的不足，更好地运营、管理和维护这些部分。

为了更好地拓宽商机，利用该项目的芜湖市中心城区的黄金地段，不仅使得项目融合在现成的商业空间之中，同时又利用项目对周边的商业发展提供更广阔的空间，使游人在游览的同时也能享受购物休闲的乐趣。建筑沿北京东路设置了沿街商业店面，利用城市广场围合出城市商业空间，将火车站汽车站地段进行有效的空间整合，提高整体的商业价值。

在具体功能设置上，作了如下的处理，以拓宽项目的商机：为符合芜湖市独特的餐饮文化，餐饮业除提供酒店本身需求外，要与商业街餐饮业配套，与旅游景观餐饮业配套，与相关零售餐饮业配套，与生活区餐饮业配套；将文娱休闲纳入城市范畴统一规划，优化城市休闲文娱业的布局；提供各部门、各单位、各公司会议场所，解决大、中、小各种规模，各种层次、各种性质的会议、婚庆场所，贯彻吃、住、会议一条龙的经营方式。

10.3 香港九龙旺角朗豪坊——城市建设中的延续性[1]

“在经过 16 年的悉心经营，投资约 100 亿港币及克服种种困难之后，朗豪坊终于在 2004 年尾完成。此计划见证了这 16 年来所有参与此项庞大计划人士的共同努力，凭着大家的坚毅精神，实践了重建社区，改善民生的理想。”

——刻在落成纪念牌上的话语

1 详见笔者发表在《建筑学报》2006 年 12 期上的文章《沉积过去，连接未来——香港旺角朗豪坊城市建筑综合体剖析》。

10.3.1 连接过去

朗豪坊城市建筑综合体虽然仅占了六个街区(约16000平方米),却由**市重建局**(Urban Renewal Authority)、**鹰君地产**(Great Eagle)、**王欧阳建筑师事务所**(Architects Wong & Ouyang(HK)Ltd.)一起合作,总投资105亿港币,经历了超过15年的发展过程,是近年香港城市重建计划当中的典范工程(图10-7、图10-8)。

朗豪坊城市建筑综合体工程,最早要追溯到1988年,是当时的**土地发展局**(后由**城市重建局**代替)推出的香港四大城市重建工程中最大的一个。由于地处砵兰街[1]一侧,跨越了上海街[2],并被低档生活区[3]包围,而受到了格外的关注。**王欧阳建筑师事务所**由于在本地的突出表现[4],被直接邀请参与建筑设计。而到了1989年,经过慎重的考虑及筛选,**鹰君集团**才被选为开发商。工程组经过多轮

图10-7 朗豪坊巨型中庭内景

图10-8 朗豪坊鸟瞰(左),从弥敦道远眺朗豪坊(中),从亚皆老街天桥远眺朗豪坊(右)

---

1 砵兰街是香港最著名的红灯区,以提供廉价的色情服务而闻名。

2 上海街是香港以特色零售而著称的老街,沿线有大量的百年老字号小店。

3 基地附近是九龙地区历史最悠久的华人聚居区域,拥有大量的低档住宅以及庙街、天后庙、老水果市场等香港古迹。

4 1988年开始使用的被誉为"香港之心"的太古广场,是香港当时最成功的城市建筑综合体之一。

调研论证，最终决定整体功能定位以商业为主，并考虑包括 1100 平方米的城市公共空间，一个小型巴士站，一个包括熟食中心以及社区中心在内的室内空间供周边居民使用。整个工程由于**启德机场**[1]限高及之后的新机场启用等因素，先后经历了十多次调整，归纳为五大发展方案（表 10－1），最终才决定采用集商场、写字楼及酒店于一体的城市建筑综合体方案。由于地处人员密集区域，兴建难度很高，仅建筑费用就高达 50 亿港币，每平方英尺的费用高达 2700 港币[2]，而用于收购土地等费用则高达 40 亿港币（表 10－2）。

朗豪坊先后经历 5 个主要方案　　　　表 10－1

1. 数幢住宅 + 地铺 *
2. 2 幢甲级商厦*
3. 2 间分别是 5 星及 4 星级酒店*
4. 住宅+5 星级酒店+甲级商厦*
5. 60 万平方英尺商场+59 层甲级商厦+42 层 5 星级酒店**

*旧启德机场仍启用，地皮高度限制为 120 米。
**高度限制放宽后，最终采纳方案。

朗豪坊投入逾 100 亿港币结构　　　　表 10－2

项目	金额（亿港币）
收楼费用+地价	约 40
建筑费	约 50
利息	约 15
总成本*	约 105

*截至 2005 年 6 月 30 日。

可以说，正是由于看到了**朗豪坊**工程对于整个旺角地区的影响将是深远的，它将不仅仅起到平衡弥敦道两边不平衡发展历史状况的作用，更将联系旺角乃至整个香港历史最悠久也最底层的区域到香港整体现代化发展的全景之中，整个工程组才会花如此之多的时间和精力在论证、投入和方案比较上。正如**鹰君集团**的助理董事**唐振寰**所说：“我们鹰君集团作为开发商，始终认为这一区域是香港的心脏地区。如果我们卖了它，那故事就完结了。所以，为什么要浪费这一黄金地段来造二流的住宅呢，因为在旺角是没有造一流住宅的环境的。这就是我们拒绝在这里建造住宅，或是廉价商业用房的原因。”[3]

---

1 香港旧机场，位于九龙东北部，在 1997 年香港赤鱲角新机场启用后，停止使用。

2 现在香港顶级的商厦每平方英尺造价一般在 2000 港币。

3 Tim Youngs. Langham Place, Mongkok Part One, Urban Oasis. Hong Kong：Building Journal，2004.11. P35。英文原文如下： Great Eagle holds the view this is the heart of Hong Kong, If you sell it, that’s the end of the story, so why waste a golden piece of land to build a second-class residential project, because in Mongkok there can never be a first-grade residential building. There’s no way you can achieve that. That’s why we refused to turn this into residential buildings, even at the worst of the property market for offices.

10.3.2 连接现在

作为香港本地设计城市建筑综合体最有经验的建筑师事务所，**王欧阳建筑师事务所**在朗豪坊工程中所给出的解决方案，是令人钦佩的。实施方案不仅仅照顾到了方案与基地周围城市肌理的融合，在极为有限的基地上处理了复杂的功能流线，更是结合了城市相关建筑条例的规定，为旺角地区创造了一个“城市绿洲”。

经过工程三方的慎重考虑，将南北向穿越基地的上海街保留，由此，整个基地被自然地划分为两块，靠近九龙商业轴线弥敦道的较大的 A 地块和相对僻静且狭长的 B 地块。建筑师将商业零售和办公高层部分布置在 A 地块上，以求达到与九龙整体商业的有机结合，而将酒店部分布置在相对较为适合酒店功能的 B 地块上（图 10－9）。

图 10－9　朗豪坊基地区位图（左），朗豪坊酒店入口（中），
朗豪坊街角入口及城市雕塑（右）

由于用地极其紧张，建筑师结合规范，为整个建筑设计了两个入口层面。一个是首层，另一个则布置在建筑的裙房屋顶层（15 米标高层）上。首层平面的设计充分考虑了与基地周边的结合，A 区建筑在原有奶路臣街的方向上，设置了两个出入口，可供当地居民和游客方便地穿越或进入建筑内部；而在南北两端，又分别设置了两个入口，南端入口可方便地通过直达电梯到达上部的电影院，而北侧面对亚皆老街[1] 的主入口，斜向的主楼在街角形成了一个入口广场，结合一座高达 30 米名为“快乐的人”（Happy Man）[2]的城市雕塑，营造了一个独特的入口空间，从亚皆老街吸引了大量人流进入建筑（图 10－9）。B 区建筑同样保留了奶路臣街的原有肌理，并将酒店的入口及回车场地与之重合，最小限度地减少了酒店入口对周边交通和城市肌理的影响。旧奶路臣街南部区域，布置了一个街头绿地，提供当地居民休憩的场所，并根据规划的要求在绿

1　亚皆老街，是旺角地区东西向的交通和商业主干道，也是女人街、电器街、运动用品街、花鸟街等特色街道的起点。

2　“快乐的人”（Happy Man）雕塑，是设计师 Larry Bell 首个在美国以外的雕塑作品，象征动力和朝气蓬勃，成为朗豪坊的地标。

地的下方布置了一个小型巴士站（图 10－9）。可以说，建筑师在首层平面着重梳理了建筑与周边环境的肌理，而创造性地将与周边肌理尺度不符的主要建筑空间布置在了裙房屋顶。

香港城市规划规范规定，地平 15 米以上建筑密度不能超过 65%（香港城市规划规范同时规定裙房建筑密度可达到 100%，而其屋项限高 15 米），建筑师正是从这一规定出发，创造了**朗豪坊**独特而又震撼人心的建筑空间。在 A 地块上，65%的空间被划分成了两个部分——办公塔楼和商业部分，而它们之间的 35%空间被设计成一个近 60 米高，为巨型电子天幕所覆盖的中庭空间。建筑师营造的这一震撼人心的巨型尺度空间，成为建筑的灵魂。在四层平面（裙房屋顶层），布置了通向办公楼大堂的自动扶梯和通向商业空间“峡谷”的通天电梯。而在 B 地块上，65%的空间是酒店部分，35%的空间则被酒店部分划为两个部分，一部分是先前提及的街头绿地，而另一部分，则是在 B 区裙房屋顶上的屋顶花园。可以说，这一层面，才是建筑内部的主要交通层，商业零售、办公大堂、酒店大堂都是由这个层面有机结合的，建筑师不仅仅满足了规范条款，更是为**朗豪坊**项目，创造了一个震撼人心而又充满了光和空气的巨型尺度共享空间和一个能够为绿化环抱的五星级酒店大堂层。这些，在之前的高密度和环境纷乱的旺角区域是很难想象的（图 10－10）。

图 10－10　朗豪坊剖面图

（来源：朗豪坊官方介绍手册）

10.3.3　连接未来

虽然在朗豪坊工程里面，高层办公楼是面向城市的主要形象，但是仍旧以零售商业为主要卖点。总建筑师**林和起**解释道：“在太古广场和时代广场的经验告诉我们，零售业起到了吸引公众的主要作用，因为对上班族来说，有在这边工作和不在这边工作的区分，而购物者则会源源不断。”[1]

正如林总建筑师所说的，整个**朗豪坊**贯穿整体的部分，就是零售商业部分了。为了更好地完成整个商业空间，**王欧阳建筑师事务所**专门邀请了以商业建筑设计而闻名的美国**捷得建筑师事务所**进行商业部分的协同设计。

捷得事务所的构思是十分巧妙的，设计师将裙房上部的商业空间分为四个部分：四层美食广场部分，五至七层零售商业部分，八至十一层零售商业 + 影院部分，以及十二至十三层屋顶特色餐饮部分。整个零售商业部分通过两部直插入“峡谷”的直达通天电梯（分别连接了四至八层和八至十二层）联系在一起。直达的通天电梯将人流直接吸引到零售部分的最顶层，然后通过“**回转购物廊**”（Spiral）螺旋而下，使得上部 4 层零售商业犹如一条盘旋而成的连续街道。这样的创造性设计，不仅使购物的过程轻松而又愉快，同时，也使所有的店铺有均好性（图 10 – 11）。

图 10 – 11　朗豪坊中庭内的金属烟花柱（左），回转购物廊内景（中），巨型中庭外观（右）

“**岩石峡谷**”和“**数码天幕**”是**朗豪坊**最引人入胜的地方了。它们共同创造出旺角地区崭新的精神空间，成为市民津津乐道和流连忘返的“**城市绿洲**”（图 10 – 11）。

熟悉香港的人都应该知道，**朗豪坊**工程的地块，在以前是香港出了名的烂地盘。这里临近以“黄、赌、毒”而著称的砵兰街，人员结构非常复杂。而在**朗豪坊**的兴建伊始，就开始有一些中高档商家入驻砵兰街了。由于商家纷至沓来，砵兰街的商铺店租开始十级跳，从每平方英尺 10 港币上升到 200 多港币，

1　Tim Youngs. Langham Place, Mongkok Part One, Urban Oasis. Hong Kong：Building Journal，2004，11：P42 ~ 43。英文原文如下：As our experience in Pacific tell us—and in Times Square also—it is the retail drawing the public attention. For office workers you either work there or you don’t, but shoppers always come.

至朗豪坊开业前，已经有大量中高档餐饮店进驻砵兰街。随着店铺的转型，警方也配合**朗豪坊**的落成开业而密集式地扫黄，使色情事业日渐萎缩，而那些有营业执照的夜总会、麻将馆、桑拿按摩等，随着铺位租金的上升及整条街的陆续转型，也会逐步迁出砵兰街（图 10－12）[1]。

图 10－12　朗豪坊一侧的砵兰街上色情场所已日益稀少（左），屋顶平台上的社区活动场地（中），在旺角街道上远眺朗豪坊（右）

建设三方花了超过 15 年的时间，经过反复论证，才在那么小的一个地块创造出了这一融和在周边城市肌理之中“大隐隐于市”的建筑，相比我国其他大城市那些短时间内建造出来的，与周边城市肌理格格不入“张牙舞爪”的城市建筑综合体，确实要高明了许多。而反思朗豪坊处在以务实和商业利益为第一的香港社会背景之中，更是让人由衷地钦佩建设方的心血、精神以及成功（图 10－13）。

10.4　郑州郑东新区会展宾馆——造型设计中的真实性[2]

建筑师在追求美学层次的“美”、文化层次的“善”的同时，更应当注重建筑整体建构技术层次的“真”，这样的建筑，才能够更好地被最终使用者“真”的接受。

——本文作者评述

1　方雅仪. 朗豪坊效应——中产店急进驻，砵兰街铺租十级跳. 香港：Singtao Daily，HIC. 2004-8-6。

2　详见笔者发表在《时代建筑》2008 年第一期的文章《塔楼设计的三种境界——浅析郑东新区会展宾馆（绿地广场）城市建筑综合体国际投标的主楼形态设计》。

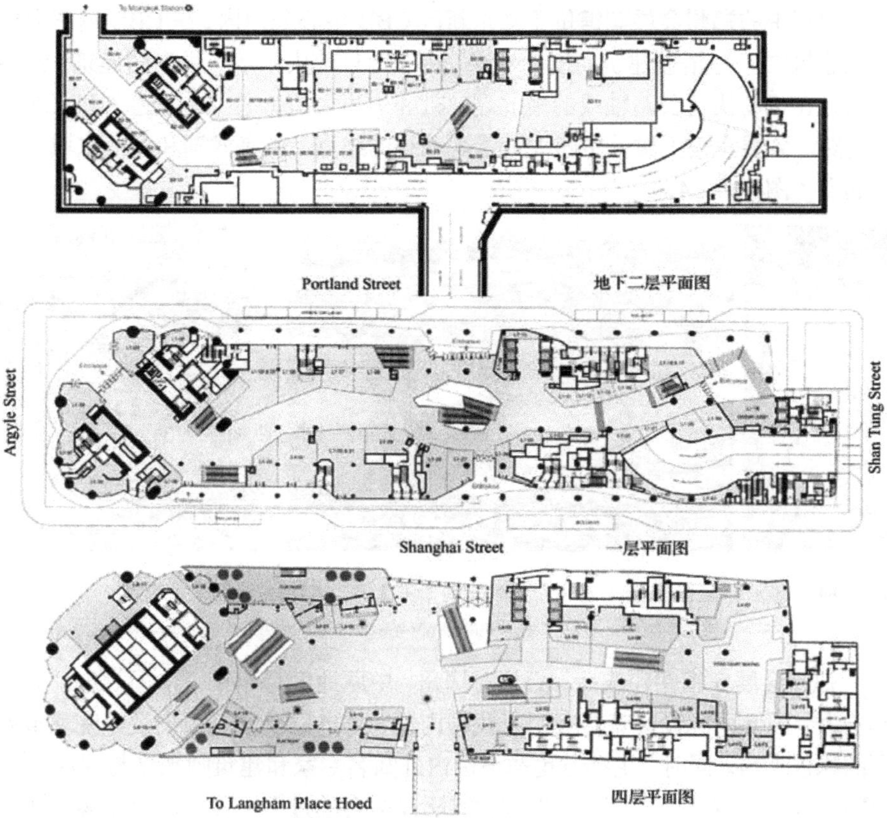

图 10－13　朗豪坊主要平面图

（来源：朗豪坊官方介绍手册）

10.4.1　背景介绍

开发建设郑东新区[1]是**河南省委省政府、郑州市委市政府**在**国务院**批复的基础上，为改善郑州中心城区规模偏小，受陇海、京广铁路交叉分割，拓展空间受到制约的现状；为更好应对中国加入 WTO 所带来的机遇和挑战，尽快适应经济全球化的发展潮流；稳步推进城市化进程，提升城市品位，为把郑州建设成为国家区域性中心城市而采取的重要举措。[2]

1　郑东新区远景概念规划方案由日本建筑师黑川纪章设计，范围 150 平方公里（其中起步区 33 平方公里），西起 107 国道，东至京珠高速公路，北起连霍高速公路，南至机场快速路。六个功能区相辅相成，相得益彰，使郑东新区成为既有优美的生态景观、人居环境和良好的城市形象，又兼具强劲产业支撑和雄厚发展实力的新兴城区。

2　摘自郑东新区官方网站：http://www.zhengdong.gov.cn。

规划中的**郑州会展宾馆**位于郑东新区 CBD 中心公园内，是 CBD 内三大标志性建筑[1]之一，塔楼建筑高度 280 米，将成为目前中原地区最高的建筑。**会展宾馆**处在机场快速公路轴线的最北端，毗邻中州大道（老 107 国道）和京珠高速公路。**会展宾馆**主楼是中州大道景观轴线的终点，也是龙湖和黄河水域景观的起点（图 10－14）。

图 10－14　郑东新区区位图（左），整体鸟瞰（中），总体规划示意图（右）

（来源：郑州郑东新区官方网站，http://www.zhengdong.gov.cn）

郑州会展宾馆在建成后，必将对郑州、中原地区乃至整个中国产生巨大的影响力，因此国际设计竞赛吸引了我国内地、香港以及欧美顶尖设计院和事务所的积极参与。同时，主办方也邀请国内外知名专家和建筑师来参与评标。[2]一流的建筑师和权威的专家，使得这次国际评标会的过程不仅仅涵盖了参赛建筑师对这一标志性形象的美学、文化、技术层面理解，更是体现了不同地区建筑师和评委在当代城市建筑综合体主楼形态设计方面的不同哲学观点。

10.4.2　方案综述

为了能体现郑州历史文化内涵，外观上要具有唯一性，投资方上海绿地集团根据当地政府的要求，在标书中特别注明，希望塔楼的外形取意于中国古塔。[3]这一导向性的要求，使得参赛的七个方案都围绕着“塔”来做文章。超高层建筑塔楼的外观，是美学、文化、技术三个层面的有机结合，根据参赛七个方案侧重层面的异同，把它们归纳为三类，逐一介绍分析。

1.“美”——美学层面

在七个方案之中，有两个方案把设计重点放在了美学的层面上，以优美的

1　另外两个标志性建筑分别是，会展宾馆东侧目前已投入使用的由日本建筑师黑川纪章设计的郑州国际会展中心一期，西侧的正在建设中的由加拿大 PPA 建筑师事务所设计的河南艺术中心。

2　评委会共有 9 名专家（其中有国外知名建筑大师，国内知名建筑院士、大师，建筑结构院士，也有国内杰出青年建筑师和当地经验丰富的建筑师），4 名市领导和开发商代表组成。这样的评委会组合基本上涵盖了对这个项目的各方面考虑。

3　河南是中国古塔的故乡，经过千百年的发展形成了自己独特的建筑风格，在中国古塔之林中占有重要地位，在河南大地，到处都能看到高耸挺拔、造型各异的古塔。

造型作为设计的出发点，面对甲方“塔”造型的设计要求，均采用了另辟蹊径的应对方式，以求与众不同。

方案三是由加拿大 **PPA 建筑师事务所**设计的[1]，同时，他们也是会展宾馆西侧**河南艺术中心**的设计者。塔楼的形象被建筑师设计为螺旋上升的曲面体，以寻求与会展中心、艺术中心的协调和谐。建筑师结合螺旋上升的曲面，在每层内设置小型温室绿地，让整个高层有更多的景观席位。建筑师力求通过螺旋曲面营造出的“千面楼”效果，将这一建筑打造成为一座有生命力的城市雕塑（图 10－15）。在对方案三的讨论中，评委会一致认为，螺旋造型的外形和功能的结合上有较多漏洞，逐渐缩小的塔楼平面使得塔楼上部的建筑使用空间和交通辅助空间面积之比欠经济性，也使得上部酒店的功能布置欠合理性。

方案六是由美国 **NBBJ 建筑事务所**设计的。[2] 建筑师认为，“塔”并不能代表郑州地区的精神，而郑州作为黄河旅游区景点的起点，黄河相比古塔更能代表这一地区的特色。主楼造型取意**李白**的诗句“黄河之水天上来，奔流到海不复回”，将面对中心湖的北立面设计成简洁而有力的弧形立面，280 米高的玻璃幕墙在光的作用下，宛如一道奔腾而下的瀑布，注入中心湖水之中（图 10－16）。在对方案六的评述中，**戴复东**院士指出，**李白**诗句“黄河之水天上来”的本意是指黄河的水是从海拔很高的地方流下来的，设计者采用瀑布形象仅从诗句字面含义出发，而忽视了其文化内涵。

图 10－15　方案三效果图
（来源：绿地集团提供）

图 10－16 方案六效果图
（来源：绿地集团提供）

1　该事务所的代表作品有：法国巴士底狱歌剧院、迪拜希尔顿酒店等。

2　该事务所的代表作品有：北京中国电子大厦、欧洲挪威电信总部、洛杉矶斯坦尔斯体育馆（湖人队主赛场）等。

对于美学层面的评述，评委会达成了一致意见：城市建筑综合体塔楼的外形设计在追求个性的同时，应该和内部功能相结合，盲目追求外观的标新立异而忽视内部功能的合理性并不可取，这两者的和谐统一才是更理想的解决方式。

2. “善”——文化层面

为了迎合甲方的要求，有四个方案以模仿“塔”的造型为出发点，在文化层面上寻求切入点，以博得大众的喜爱和接受，作者将他们归纳为第二类。

方案二是由**华东建筑设计研究院**设计的。[1]建筑平面采用了典型的八角形塔平面，每三层作为一个单位，自下而上逐渐收分，形成了类似河南登封嵩岳寺密檐塔的外形效果，同时也像生长中的竹笋，体现了城市向上的活力与精神。整个塔楼的造型饱满而又简洁，充满了象征意味（图 10－17）。在针对方案二的讨论中，德国 **GMP 建筑事务所**总裁**冯·格康**（Meinhard von Gerkan）认为其塔楼完整的造型，在他的文化背景看来与其说是像古塔，不如说像一个炮弹。按照他的观点，这未尝不可，多元象征带来更多解释，相比设计者追求对嵩岳寺塔模仿的初衷，其质朴建筑造型的哲学意味更为诱人。相对应**冯格康**的观点，**戴复东**院士在总结发言中，从本土民众的角度，对“塔”的造型发表了意见。他指出，广大中国人民是善于想象的，标志性建筑造型的选用要非常谨慎，以免产生不良结果。戴院士进行换位思考，指出除了“塔”的造型之外，它更像一个中原地区人民喜爱的“老玉米”，这一形象很可能比“塔”更能够博得广大民众的喜爱。

方案四是由英国 **Atkins 设计事务所**设计的。[2] 设计理念富含文化内涵，建

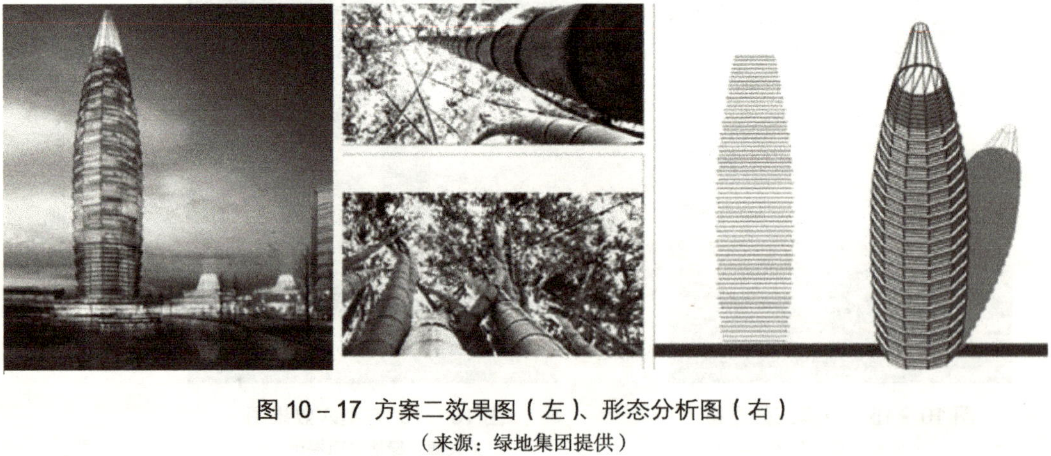

图 10－17 方案二效果图（左）、形态分析图（右）

（来源：绿地集团提供）

1 该设计院的代表作品：央视大厦，东方明珠，浦东国际机场一期、二期，上海铁路南站等。

2 该事务所的代表作品：阿联酋迪拜风帆酒店、巴林世贸中心、深圳地王大厦等。

筑设计取意中国古塔和麦穗，主楼顶部的结构柱体交织而成的“井”字图案取意于中国结。主楼分为八个体块，每个体块八层，共八根柱支撑，暗喻了郑东新区兴旺发达，繁荣昌盛。通过外露的结构，现代化的“塔”楼造型独特而又令人过目不忘（图 10－18）。评委会中结构专家**江欢成**院士在总结发言中对方案四作出了肯定。他指出，方案四的主体结构外露，将抗剪力结构布置在建筑外立面上的做法，增强了整体结构的效率，节省了大量钢材；而其结构同时表达文化内涵以及体现优美造型的思路也值得赞赏。

图 10－18　方案四形态分析图（左）、效果图（右）
（来源：绿地集团提供）

方案五是由**上海建筑设计研究院**设计的。[1]建筑师通过虚实对比的建筑语言，在立面上营造出了塔中塔的意象；同时，建筑师在对建筑雕塑感的追求中，以明快、大气的形体造型，缔造出中原大地的希望之花。整个建筑通过形体的塑造，形成了丰富而不繁杂的整体效果，同时也通过建筑语言，将古塔的意象以隐喻的方式在现代化塔楼上得以延续（图 10－19）。评委会认为方案五由于造型独特，使得塔楼上部（酒店客房部分）的设计较为牵强。基于造型变化，塔楼上部每层平面都在变化，尤其是客房卫生间上下无法对应，这为将来的管道铺设埋下隐患。而外国专家对方案五通过隐喻手法来表达对传统文化延续及尊重的做法表示支持。

图 10－19　方案五效果图
（来源：绿地集团提供）

1　该设计院的代表作品：上海科技馆、上海博物馆、上海 F1 赛车场、温州世贸中心等。

方案七是由香港**王欧阳建筑师事务所**设计的。[1] 建筑师也取意了塔中塔的意象，试图通过将传统古塔外包现代化外墙，而仅在顶部露出塔顶的造型设计，给出“塔”与21世纪现代化超高层塔楼相结合的全新诠释（图10－20）。在讨论中，评委们认为给塔“穿外套”来达到“塔中塔”的做法，过于生硬，也没有和中国文化的必然联系，设计者通过中国文化符号所给出的解释较为牵强。而其功能上的创新也会带来管理上的新问题。

图10－20　方案七屋顶大堂效果图（左）、形体分析图（中）、效果图（右）
（来源：绿地集团提供）

总的来说，这四个方案从“塔”的形象出发，给出了四个各不相同却各有特色的答案，可以说，它们分别代表了各自建筑师在文化层面上对“塔”造型的不同理解。同时，在评述中，中国评委表现出感性的倾向，而外国评委则更为理性，两者之间形成了对话。

3.“真”——技术层面

最后还剩下一个方案。之所以把它单独归为一类，是由于它的设计者虽然也是从“塔”出发，但是其关注点并非局限于美学层面和文化层面，而是更多地从对塔建构的解读上来思考。

方案一的设计者是美国**SOM设计事务所**。[2] 建筑师通过对古塔建构的研究和分析，提炼出了“层”的概念作为整个设计的灵魂。建筑师将塔楼设计成为以每5层为一个单元“层”，“层”与“层”之间以一个收分层联系，强化了塔“层”与“层”叠合的建构模式。

通过“层”概念的引入，在技术层面上，一则通过收分层有效地减少了塔楼的风荷载，二则为高效快速而又经济的模式化施工提供了可能，三则通过在收分层设计的自然呼吸通道，为绿色“呼吸”生态大楼的设想提供了可

1　该事务所的代表作品：香港会展中心、香港太古广场、上海中环广场等。

2　该设计事务所的代表作品：上海金茂大厦、纽约曼哈顿银行、深圳世贸中心、纽约自由塔等。

能。设计者还在楼顶设计了日光反射器，使宾馆中庭拥有了额外的日光，更加强化了建筑师通过技术手段达到现代高层建筑设计的理念：“技术为高楼带来惊人的优势，使建筑师能够以崭新的方式表现结构工程或楼宇系统，塑造大楼的特征。”[1]

在美学和文化层面上，建筑师同样从“层”的概念出发来进行设计。建筑整体意象同样源自古塔，建筑师认为，建成后的主楼将在相当大的范围内成为标志物，从远处观看的意象将成为人们对塔楼的主要印象。于是，建筑师通过“层”这个建构手法的再现，在远距离上使塔的形象得以延续。同时，通过“层”的概念，建筑师将标准层设计为四面凹的方形，使得通过透视，在近距离得到传统古塔弧线形挑檐的视觉效果（图 10－21）。

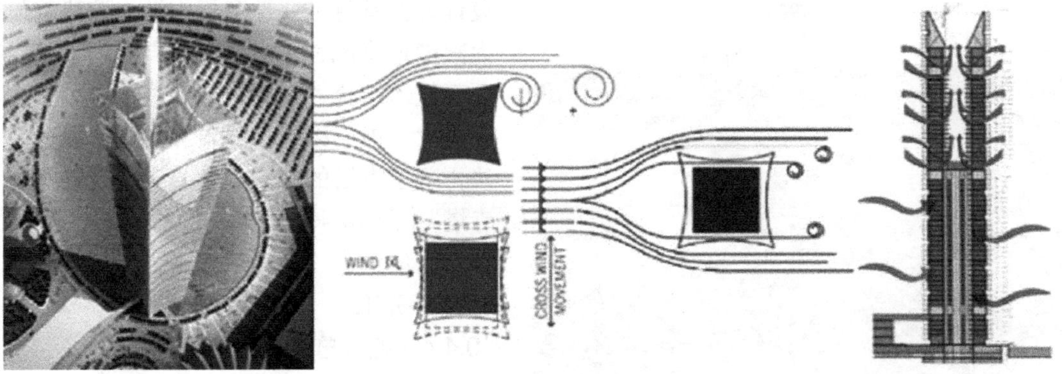

图 10－21　一号方案效果图（左）、风荷载分析图（中）、自然通风分析图（右）
（来源：绿地集团提供）

在方案评述中，方案一简洁质朴的造型和内部功能的适应性，得到了评委会一致青睐。评委会认为，一号方案的设计将对古塔的模仿上升到了对话的层次，并较好地结合了现代技术和建筑造型之间的关系，在美学、文化和技术层面之间取得了很好地平衡。

在技术层面的评述上，国内外专家一致认为，能够将技术层面很好地和文化、美学层面相结合的设计才是更优秀的设计。

10.4.3　实施方案

尽管评委们的背景和所持观点各不相同，但是最终的评选结果，却体现出评委们对各方案认可度的惊人统一，以及对各自观点的尊重和认同。最终，方案二通过合理功能和质朴外形，方案四则通过结构和造型的完美结合，并列胜出；而方案一的设计者 **SOM 事务所**，通过对“塔”这一概念更深层次的理解，

1　保罗・奎恩.摩天大楼的设计变迁——SOM 建筑设计公司设计总裁布莱恩・李的访谈.上海：时代建筑，.2005 年第 4 期. P140。

图 10－22　实施方案效果图
（来源：绿地集团提供）

超越了他们在中国的成名之作，同样以“塔”为原型的建筑——上海金茂大厦，获得了评委们的一致青睐。

入围的 3 套方案修改完善后，经过第二轮评审，美国 **SOM 事务所**和**华东建筑设计研究院**两家联合设计的方案最终入选并实施。实施方案的塔楼设计灵感来自于“嵩岳寺塔”，其建筑设计充分融合了中原深厚的文化渊源，主楼曲线与“嵩岳寺塔”吻合，建筑平面布局与古塔平面神似，使该设计方案具有唯一性和标志性。该建筑最大限度地将风、水、日照等自然因素与多项新技术结合，在绿色环保、节能等方面有重大进展，以现代材料和先进的设计手法再现了古塔的神韵，被誉为“现代嵩岳寺塔”（图 10－22）。

该项目于 2006 年底奠基，预计将在 2010 年完工。

10.4.4　趋势总结

纵观全局，这次国际评标会所表现出来的城市建筑综合体主楼造型设计趋势，主要有以下三点：

1. 文化碰撞

随着越来越多的外国建筑师和海归建筑师进入我国的建筑市场，并在大型工程当中处于重要地位，文化背景的碰撞将在一些大型项目设计中产生火花。本土建筑师在吸收国外最新建筑技术的同时，国外建筑师也在越来越多地试图从中国传统文化当中提炼设计依据。这些在主楼造型设计方面会体现得尤为明显，国内外建筑师在两方面，都应该吸收对方文化层次当中更深层次的东西，避免为表面现象所误导。

2. 哲学对话

文化碰撞更深层次的体现，集中在了哲学观念的对话上。中外不同哲学观念随着中外建筑师和专家在大型项目当中的合作愈来愈紧密，也有了愈来愈多的对话机会。中国偏感性的哲学观在与西方偏理性的哲学观的对话中，逐渐互相影响。表现在城市建筑综合体主楼造型设计方面，则体现为中国传统文化当中对象形和意境的追求，同建筑本身建构方式结合得更紧密。

3. 取长补短

城市建筑综合体主楼的造型设计，在美学、文化、技术三个层面上密不可分，同时也必须满足建筑内部的功能要求。相比西方建筑师更侧重技术和文化两个层面，我国建筑师则更多地表现出了对美学和文化两个层面的关注。在未来此类建筑乃至其他现代建筑的设计中，我们中国建筑师应该取长补短，吸收国外建筑师设计理念当中先进的部分，更好地协调美学、文化、技术三方面在建筑外观设计上的比重。

上述三个层次的方案综述和评委评述，以及最后的趋势分析，对今后我国城市建筑综合体乃至所有现代建筑的外观设计是具有一定参考意义的。**建筑师在追求美学层次的“美”、文化层次的“善”的同时，更应当注重建筑整体建构技术层次的“真”，这样的建筑，才能够更好地被最终使用者“真”的接受。**

10.5 杭州市民中心——社会体制改革中的亲民性[1]

在杭州城市建设重心由“西湖时代”向“钱江时代”转移的进程中，构建和谐社会成为新城建设的重要目标。其中，建设一个以人为本的社会，达到一个政通人和、诚信友爱、经济繁荣、人民安居乐业、人与自然和谐相处的理想社会环境，是构建和谐社会的最终目标。为了实现这个目标，杭州市民中心作为“钱江时代”的标志性建筑，它的建设与构建和谐社会有着不可分割的关系，并对构建和谐社会有着积极的作用。

——《杭州市民中心亲民报告》序言

10.5.1 “亲民性”的提出与贯彻过程

在构建和谐社会的背景下，一种以人为本新型的市民中心的建设理念呼之欲出，在具体设计中，提出了“**标志性、超前性、亲水性、亲民性、畅通性**”的设计理念。其中，“**亲民性**”的提出，对于如何表达**杭州市民中心**——一座城市的核心建筑，政府形象与权力的体现，政府与民众对话的窗口——这一特点的城市角色，无疑有着非比寻常的意义。

在中国构建和谐社会、人性化社会的前提下，**杭州市民中心**将不仅显示出权力与威严，同时也将显示出市民化的亲和力。提出“**亲民性**”的设计理念，其根本目的是将城市核心建筑的尊严和民主开放的城市社会生活的魅力调和在一起。

在整个设计过程中，如何正确定义“**亲民性**”，成为设计与建设的重要前提。结合**杭州市民中心**的功能、景观、交通、使用管理等多层次、多方位的设

1 详见同济建筑设计研究院2006年编写的《杭州市民中心亲民报告》。

计要求，设计单位提出：**“亲民性”是指杭州市民中心要最大限度地为社会公众服务，建筑和设施、信息资源、管理手段、开放程度及工作时间等方面都亲近民众，具体涉及整体功能组织的开放性、服务功能的多样性和空间形态的人性化尺度**（图 10－23、图 10－24）。

图 10－23 杭州市民中心鸟瞰效果图（左）、平视效果图（右）
（来源：同济建筑设计研究院提供）

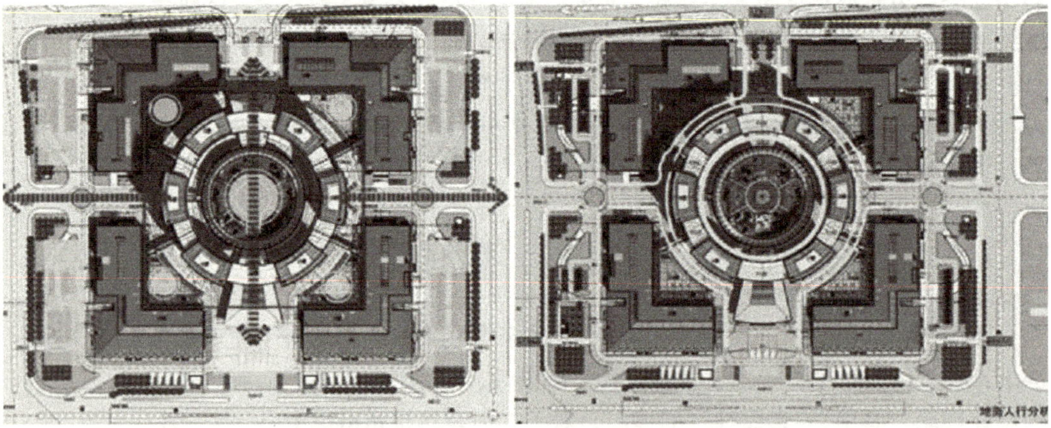

图 10－24 杭州市民中心概念分析图（左）、地面人行分析图（右）
（来源：同济建筑设计研究院提供）

10.5.2 “亲民性”的设计原则

“亲民性”的设计原则的提出基于以下三个方面：

（1）**全过程的“亲民性”设计**：从任务书的编制中强调“**亲民性**”理念；具体工程设计中对于如何体现“**亲民性**”进行综合、全面的研究；施工过程中致力于实现“**亲民性**”设计理念到通过合理的管理手段对于建筑的使用进行控制，从而在真正意义上落实“**亲民性**”原则。

（2）**全方位的“亲民性”设计：“亲民性”**理念的提出到实现，更多的是一种自上而下的形成过程。政府职能部门对于**"亲民性"**理念的重视，城市管理部门对于**"亲民性"**设计的大力支持，民众对于**"亲民性"**建筑的欢迎，很大程度上决定了**杭州市民中心**的最终设计、建造与使用是否能充分体现**"亲民性"**设计理念。

（3）**多层次的"亲民性"设计**：政府领导层对于**"亲民性"**理念给予了极大的重视与扶持，在**杭州市民中心**的设计与建造过程中，领导层力图在政府与民众间构架起交流的平台，充分表达民众的愿望。各职能部门通过积极的配合与相互间的协作，致力于推进**"亲民性"**建筑的建造成功。与此同时，工程设计、建造部门对于**"亲民性"**理念的贯彻执行，民众对于**"亲民性"**设计的认同，都在不同层次上体现了**"亲民性"**理念。

在具体设计中，**"亲民性"**设计导则主要体现在三个结合上：

（1）**开放性与保密相结合。杭州市民中心**作为政府行政管理中心，将不可避免地涉及信息安全防范问题。在多大程度上开放公共空间，如何合理设计不同人群的步行、车行流线，如何采取必要的管理手段防止信息的泄漏，都将是在保证信息安全的基础上，实现"**亲民性**"设计的重要保障。

（2）**开放性与高效管理相结合。杭州市民中心**整体布局由六座弧形主楼与4座L形裙房组成，主要功能涉及：政府各窗口单位集中服务、审批、信访接待、办公、会议与其他配套服务设施。如何在满足公共服务空间的开放性要求的基础上，提高窗口单位的工作效率，最大程度上取得开发性与高效管理双赢的结果，是**"亲民性"**设计中的一个重要组成部分。

（3）**开放性与安全相结合。杭州市民中心**作为地方政府首脑所在地，必须高度重视安全性问题。保证政府职能部门集中区域的安全性与最大程度开放建筑公共空间，两者必须兼顾。通过合理的功能分布设计、交通流线设计、建筑防灾系统设计、配合高效的管理，可以在充分展现**"亲民性"**的同时，确保人员安全疏散、重要办公空间的相对独立性，从而提高建筑的安全性。

在具体设计过程中，设计单位分别从功能布置、立面设计、交通流线、景观环境、使用管理五个方面进行综合设计，以下将就五个方面进行简要阐述。

10.5.3　功能设置的亲民性

1. 中环区主楼

功能设计重视21世纪办公生态环境的理念，适应新时代政府以及商务办公对现代化办公建筑场所的需求。从实际使用需要出发，在办公系统功能、内容、设置形式、设计标准等方面，尽可能标准化、系统化。功能设计以人为本，以办公、服务为本，崇尚自然、崇尚简约（图10－25）。

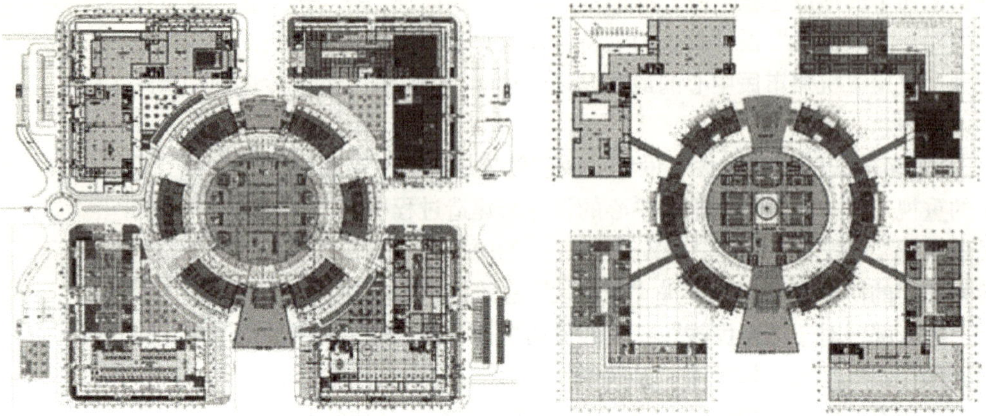

图 10－25　杭州市民中心一层平面图（左）、二层平面图（右）
（来源：同济建筑设计研究院提供）

2. 外环区裙楼

外环裙楼的商务办公部分底层面向**市民中心**主入口西广场设有商务办公主要出入口，方便市民进出，底层西侧面向市民中心外环道路设置另一商务办公主入口，方便停车后市民进入商务办公区。地下一层商业与建筑基地西面地铁四号线市民中心站地铁通道相连，大大方便城市市民下地铁后直接进入**市民中心**，体现了交通的便捷性。北区地下一层面向回廊（兼消防通道）设置商业，与南区商业及 A 楼产生围合之势，以设置内院，景观宜人，大大增加了人气，提高其商业价值。

外环裙楼设置了集中办事中心，主要功能为杭州市行政服务中心和公共资源交易中心，评标中心及产权交易所、拍卖大厅以及办公会议配套功能用房。建立行政事务服务集中办理中心，是杭州市进一步推行政务公开的重要举措，集中公开办理相关审批事宜，不仅有利于为基层和企业服务、提高办事效率，也有利于防止腐败。

外环裙楼设有面向市民开放的城市规划展厅，是城市规划反映民意、贴近生活、融入社会的有效手段。将规划进行公开展示是杭州开展规划咨询、实行规划民主监督的有效途径之一。外环裙楼还设有面向市民开放的图书馆和游泳健身中心、银行、信访接待、商务餐厅等专门服务市民生活的设计内容，本着**"亲民性"**的设计原则，功能布置充分考虑了市民生活的人性化需求（图 10－26、图 10－27）。

3. 内环区会议中心及礼仪门厅

南北礼仪门厅作为**杭州市民中心**的门户，在设计中充分考虑了其"**亲民性**"。它们在入口处均设了无障碍坡道，在屋内设置了无障碍电梯使无障碍人士能到达室内各处。它们的屋顶均设有玻璃采光窗，将室外自然光线引入室内，增强了空间的通透性和**“亲民性”**。南礼仪门厅考虑到大台阶高差 6m，特设了两部自动扶梯能使市民轻松到达上部楼面。

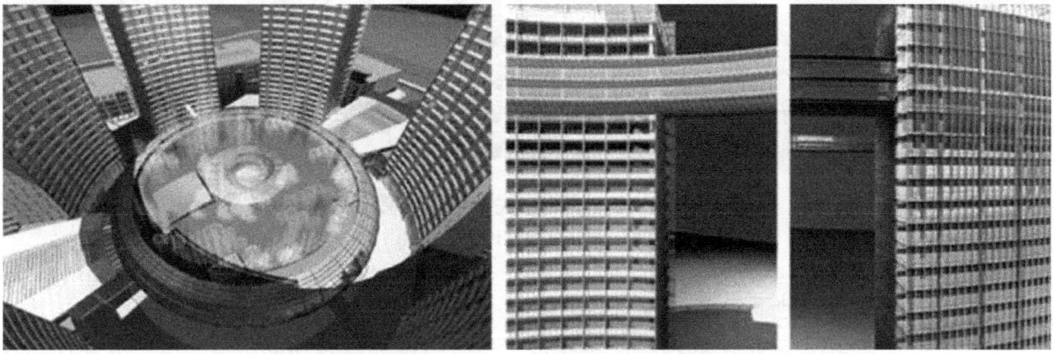

图 10－26　杭州市民中心核心部分（左）、立面细部（右）
（来源：同济建筑设计研究院提供）

图 10－27　杭州市民中心内景（上）、裙房绿化设计（左下）、裙房细部（右下）
（来源：同济建筑设计研究院提供）

设计单位在充分满足会议中心的会议要求后，将它的底层架空，形成一个 7749 平方米，净高为 5.6m 的大空间，在中间设置了展览馆，在其四周将绿化、水景引入，给市民参观休息提供了宜人环境（图 10－28）。

图 10－28　杭州市民中心室内效果图

（来源：同济建筑设计研究院提供）

4. 地下建筑

由坡面裙房的独特形态决定了地下一层的特殊功能组成，在此设置各部分裙楼使用功能的延伸以及服务于**市民中心**的大型设备用房和裙楼地下停车库。为便于组织庞大的地下室空间，设计中采用了开放式回廊与四角的下沉庭院两个重要元素，一方面满足地下空间大量的人流出入与疏散需要，另一方面形成地下空间采光通风与空间变换的需要。地面人流亦可通过下沉庭院直接进入回廊空间。下沉庭院兼疏散通道的设置改善了地下车库的采光和通风效果，提高了地下车库的空间质量，给使用者带来良好感受。

10.5.4　建筑造型及立面设计的亲民性

1. 中环区主楼呈弧形环抱之势，象征**"广宇六合"**，六楼浑然一体。内环会议—新闻—接待中心屋顶绿意盎然，体现生态标志，象征城市之心（图　10－28）。

2. 内环会议—新闻—接待中心内部空间宏大，气势不凡，充分体现"城市客厅"的功能。其中心直径 18m 4 层通高的玻璃室外中庭，为各层空间共享，成为市民中心民主与亲民的象征（图 10－29）。

3. 外环裙楼特殊的坡面形态决定了空间的构成至关重要，有序、大气、丰富的室内外空间有利于复杂功能的组织，同时也有利于消除坡面下部以及地下空间可能的压抑感，便于自然通风与采光组织，更使得整体亲近周边环境，便于市民进入。

4. 空间构成的三个重要元素：中庭、回廊与下沉庭院共同塑造了亲民的公共空间。中庭空间与竖向交通设施及光线紧密联系，所有中庭均有良好的自然采光、通风，成为功能组织的枢纽。完全开放设计的回廊包括 L 形裙楼内侧四层高的柱廊及地下一层设备及人行回廊，形成立体层次的行人系统组织。下沉庭院采用不同风格主题的景观设计，增加了不同区位的空间识别性，

图 10－29　杭州市民中心内部效果图
（来源：同济建筑设计研究院提供）

也使地下一层 50%以上的使用面积具有地面层的视觉和空间感受。

10.5.5　交通流线的亲民性

为使不同需求的使用群体在如此庞大的城市建筑综合体中方便地到达需要到达的区域，在交通设计中设计单位以人为本，仔细深入地考虑不同的使用者、访问者、参观者的活动特征，心理需要，构筑适宜不同要求的人们活动的交通流线，这也体现了政府的亲民意识（图 10－24）。

交通设计目标：出入交通畅通、安全；提供与区域功能、形象相匹配的区域交通水平；尽量减少对周边干道的影响；行人与公交优先；步行安全与舒适，时间在 5 分钟、距离在 300m 内；大型会议的客流主要依赖于交通组织和管理。

交通设计原则：流向清晰、合理、立体、互动。

10.5.6　景观环境的亲民性

良好的有吸引力的城市外部环境，将大大提升城市的形象，增强城市居民的城市自豪感。另一个方面，注意人与环境的互动与对话，市民的日常生活和环境的渗透交融，是在以人为本的现代生活的环境设计中必须注重的。设计单位主要通过以下三方面来做到景观环境的亲民性：（1）多层次的绿化总体设计；（2）全方位的开放式景观系统；（3）人性化的步行系统、休息系统与景观的结合（图 10－29）。

10.5.7　使用管理的亲民性

良好的硬件环境要配合良好的软件环境才能真正体现出自身的价值，因此在**杭州市民中心**的设计中，设计单位不但注重建筑形象、功能设置、交通设计、景观环境等方面，也关注如何通过良好的管理，使得庞大的建筑群高效地运作，帮助人们方便地使用硬件环境给人们带来的各种功能。采用了合理明晰的标识系统、智能化的管理系统（计量管理、BA 等系统）

以及相当的服务设施来确保使用管理的**“亲民性”**。另外，设计单位还注意了无障碍设计，完善设置坡道、无障碍电梯、厕所，方便老人、儿童、残障人士的使用；并深入研究不同使用时段各区域的人群分布，合理分配厕所的位置与容量。

第 11 章　城市建筑综合体在我国的发展趋势研究

11.1　概述

本章节将首先详细介绍建筑综合体在我国的发展历史，并总结出城市建筑综合体始终没有在我国城市发展的历史中自发生成，而是从西方嫁接过来的论点。随后，将逐一分析城市建筑综合体在我国发展的四个特点：建设规模大，建设速度快，自上而下的社会体系，以及东西方传统建筑思想的转换。最后，将我国城市建筑综合体发展的问题分为社会体制造成的问题和城市建筑综合体建设基础薄弱造成的问题两类进行总结。

11.2　建筑综合体在我国的发展历史

建筑综合体在我国的发展历史，与在西方文明的发展历史相比较，既有相同，也有不同。两者在起源方面表现为与人类文明起源的一致性。在接下来的发展中，由于两种文化对空间的追求理念不同（西方注重空间上的扩展，而中国注重平面上的延伸），因而形成了一定的差异。但是在经济推动力的作用下，又有相同的形制出现（沿街为商店，后部加工场所及住宅；或下部为商店，上部为住宅的建筑综合体模式）。而在 19 世纪西方列强打破了我国闭关锁国的局面，开始殖民历史以后，我国开始接受西方文化影响，而建筑综合体的发展也表现出东西交融的局面。在 20 世纪初，随着上海等沿海开放城市经济的蓬勃发展，建筑综合体得到大量发展并呈现出城市建筑综合体的特性来。在大陆地区解放以后，由于社会和经济原因，大陆地区的建筑综合体发展处于停滞状态，而香港、澳门和台湾地区则在各自的环境作用下，得以继续发展建筑综合体这一类型，并逐步呈现出各自的特色。直到 20 世纪 80 年代，改革开放以后，大陆地区的建筑综合体发展才得以复苏。在 1992 年**邓小平**同志发表南巡讲话以后，建筑综合体在大陆进入了一个高速发展期，并越来越多地以城市建筑综合体的模式开发。**相对于西方建筑综合体的发展，我国的建筑综合体发展是跳跃性的。**下面，将就我国建筑综合体发展的 5 个主要阶段逐一讨论。

11.2.1　建筑综合体的起源——住宅

同西方文明一样，东方文明的建筑历史也起源于居住的房屋。人类早期的活动，无外乎被分为室内活动——生活起居等一切户内活动和室外活动。在古代，住宅和房屋之间的含义是没有分别的，最早的时候称为**“宫室”**，后来叫做**“居处”**。皇宫不外乎是皇帝所住的大住宅；庙宇也是僧侣们居住的地方；官衙也是主管官员的住所；至于商店也是**“前铺后居”**，也称得上是商人们的居处。总之，似乎没有一种类型的房屋是完全和居住无关的，而且任何一类的建筑似乎都是由住宅发展而成的。[1] **从广义来说，人类早期的住宅，是综合了人类一切室内活动的场所，具有综合的特性。**

中国历史长期处在动荡不安的局势之下，在房屋设计中防卫的意义被一再强调，房屋的外墙被视为是一种求得安全的需要。因而门窗在周边的墙上是无法任意开启的，通风采光任务由庭院完成。**以院落作为组合平面的方法，是中国建筑空间组合的一种基本形式**，院子同样也是中国人生活中不可缺少的一部分，许多生活和活动是非要在这样性质的一个露天空间下进行不可的。因此，院落也成为中国早期建筑综合体起源的一大特点。居住的不同功能体块，围绕其进行组织，并在平面上重复形成居住综合体的模式。其中最宏伟的形式是多层组合式住宅，其典型代表是福建的客家土楼。圆形的平面，以位于圆心的天井为中心，靠近中心则布置愈加公共性的功能（图 11－1～图 11－3）。

图 11－1　福建客家土楼是我国居住综合体的典型实例（来源：互联网）

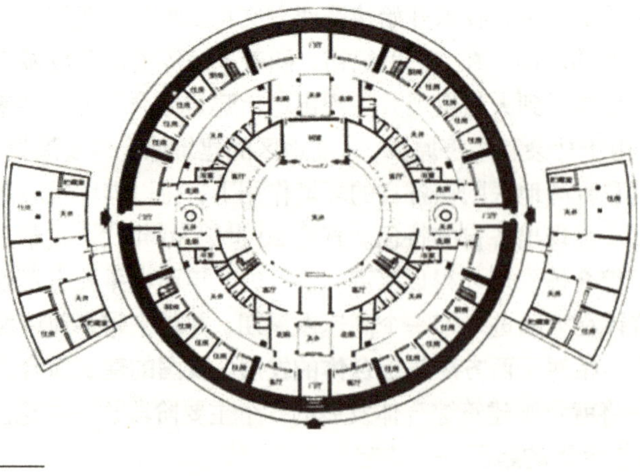

图 11－2　福建客家土楼“振成楼”底层平面（来源：李允鉌，华夏意匠，P89）

1　李允鉌. 华夏意匠. 天津：天津大学出版社，2005：P83。

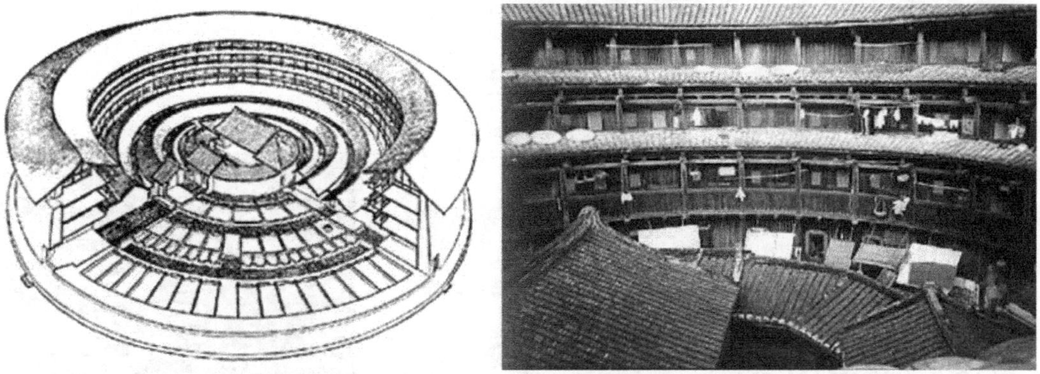

图 11－3　福建客家土楼轴测剖视图（左）、内景（右）（来源：互联网）

11.2.2　内向的商业综合体——“市”

随着经济的进一步发展，城市的各个功能逐一独立出来。在汉唐时期，中国城市规划强烈地遵循着“**城坊制**”的布局。“**坊**”的意义和现代城市规划的小区式“**邻里单位**”有点类似，它们都是主干道路分割成的街区，作为一个“细胞”构成城市的组织单位。商业建筑大体上被指定在商业地区的“**市**”内。在唐长安城，街道两旁的景象主要就是坊的围墙。在非商业区中是没有店铺的，因而也没有商业街道。在内蒙古和林格尔发现的东汉时代的壁画墓，其中有一幅《宁城图》就描绘了当时作为商业建筑的“**市**”的情况：“市场的建筑设计，为一个四合大院落，中间一个大广场，四周庑廊围绕，在市的东南和西北两外角上，画有二人隔市场而立，当即是表示管理市场的官吏。”[1] 可见，“**市**”的建筑同样采取了和其他建筑物一样的四合院式布局，是一个整体式的建筑，可视为是一个内向型商业建筑综合体（图 11－4、图 11－5）。“**市**”在宋代以后也有一定的发展，一般是很大的店铺式批发性的行庄，它们不用门面来吸引客户。购物中心式的“市场”和商品展览会式的“庙会”等商业组织形式历代都长期存在。“市场”或“商场”内部都是有遮盖的只供步行使用的商业街道，使购物者免受日晒雨淋；街道中各个行业作适当地分类和有组织地安排，其效果一如今日的购物中心。[2]

11.2.3　外向的商业建筑综合体——“市楼”

由于内向院落式的房屋形式不利于门市营业，店铺只有面对街道，才能更容易吸引顾客。于是四合院制式之外的沿街建筑就随之出现了。“**市楼**”建筑是在这样的情况下应运而生的。上层是住宅，下层是店铺。其产生的原因和形制同西方的商住建筑综合体都是一致的。从宋代开始，“**城坊制**”的限制就被商业的发展突破了。朱雀大街（古时的中央大街）不再是宁静庄严的林荫大道，而是一片繁华热闹的商店街景了。在中国的城市中，集中的作为点或者面的

1　和林格尔发现一座重要的汉壁画墓. 文物杂志，1974。

2　李允鉌. 华夏意匠. 天津：天津大学出版社，2005：P119。

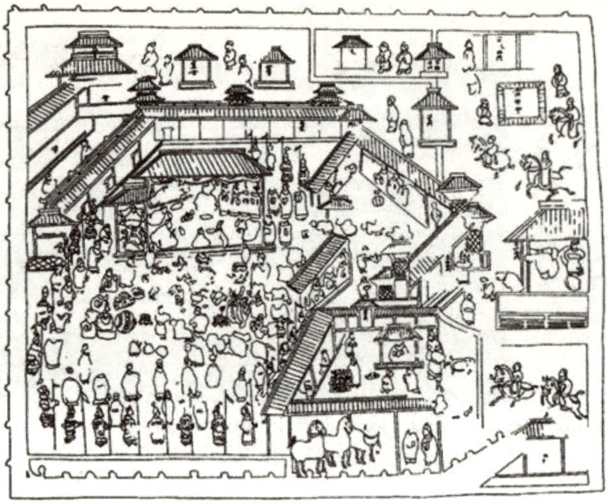

图 11－4　内蒙古和林格尔东汉壁画《宁城图》中的“市”

（来源：李允鉌，华夏意匠，P116）

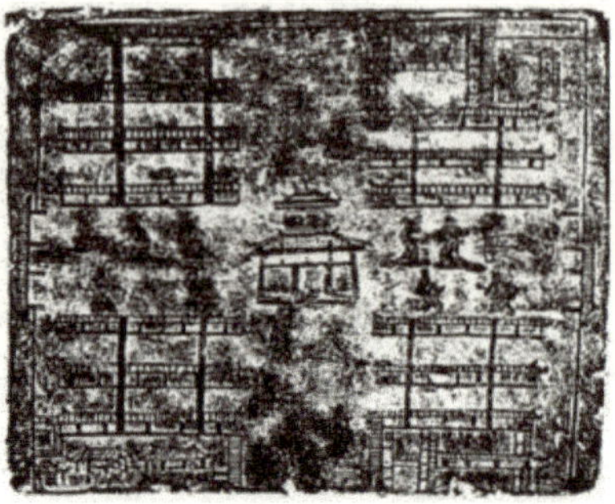

图 11－5　汉画像砖中的“市”

（来源：蔡永洁，城市广场，P175）

“**市**”开始蜕变为线状的“**街市**”了，商业建筑冲出了“**市**”的围墙在所有的大街上延伸，城坊制就随之而消散。[1]

宋代名画家**张择端**的图卷《清明上河图》就重点表现了背景为汴京城的三街六巷，车马纷繁的城市景象：开敞式的沿街店铺，多层独立的大酒楼，屋宇雄壮、门面广阔的金银财帛交易所等等构成了主要商业大街的景象(图 11－6)。

图 11－6　宋·张择端画卷《清明上河图》中对“市楼”的描绘

（来源：李允鉌，华夏意匠，P117）

而在宋人**孟元老**的笔记《东京梦华录》中，对“巷陌店肆”作了详细的忆述。除了各行各业的店铺之外，全城几乎遍布酒楼、茶坊和食肆，此外还有不少的妓院。其组成街景的楼房之间甚至还以天桥连接起来。

1　李允鉌. 华夏意匠. 天津：天津大学出版社，2005：P117。

可见，从宋代开始，除了独立的大型酒楼和商行之外，**“前铺后居”**、**“下铺上居”**式的商住综合体已经成为普遍的沿街建筑形式。铺面沿街开放，同时也作为整座房屋的出入通道，院子则作为生活中的实用空间被移到了后面。市楼单元组合形成的线形街市逐步取代了集中的点式的**“市”**而成为城市的主要商业空间。这些线性的街市也会在局部放大，形成广场空间，结合戏台等娱乐性设施，成为城市市民活动的空间。街市上的活动已呈现出丰富的多样性，但与西方的城市相比，促使城市广场产生的本原力量——政治（权力）因素（活动）却因为统治者的压制而无法展开。对于中国古代的普通百姓来讲，对皇权提出质疑就等于中世纪的欧洲人怀疑上帝的存在，皇权的合法性显得天经地义；因此，公共空间里的公共活动不可能涉及到议政的问题，以集中式空间为特色的城市广场也就失去了存在的意义。**所以，与中世纪欧洲的集市广场发展完全不同的是，宋代（包括以后的各个朝代）的街市永远没能获得足够的公共价值而演变成为像前者那样的集社会、经济、宗教、社会交往及休闲活动于一体的城市广场。**[1]

11.2.4 中西交会——殖民地时期的建筑综合体

在19世纪，西方列强打碎了我国闭关锁国的政策以后，根据一系列不平等条约，在我国一些沿海城市建立了殖民地。这些地区在接下来的100多年的时间里，成为中西文化交会的地方。只是，这种交会并不是交流性质的，而是和殖民侵略一样，是西方先进思想的强势植入。随着世界范围工业革命的机器生产，以及城市人口激增的趋势（我国一些主要城市的人口密度也剧烈增加），以被称为“**远东第一都市**”的上海为代表的沿海城市，在殖民经济的带动下，产生了一系列近代建筑综合体实例。与传统不同的是，这些建筑综合体更趋向于西方特殊化设计以及空间上扩展的设计思想，而非中国传统的通用式设计和平面上延伸的布局。只是其所综合的功能却包含了中国特色的组成部分，以适应使用者的实际需求。这一时期的建筑综合体主要集中在商业建筑综合体和娱乐建筑综合体两种类型上。

商业建筑综合体的发展，以1918年建成的上海**永安公司**为这一时期的典型。这是一幢近3万平方米的6层大楼，其营业面积达6000多平方米，下设40个商业部，经销商品达1万多种，其中世界各国的高档商品占了83%。在建成时，一至三层是百货商店，四至六层是天韵楼游乐场，三层设有大东酒楼和弹子房，六层还设有大东旅馆。形成了吃、穿、住、玩为一体的经营体系。该幢大楼虽然是建筑综合体，但各功能之间关系较为薄弱，尚无城市建筑综合体的特征（图11－7）。

而娱乐建筑综合体的代表则是上海的“**大世界**”了。这个号称“**远东第一游乐场**”的“**大世界游乐中心**”于1917年开业，占地14700多平方米，内设剧场、电影广场、书场、杂耍台、中西餐馆等，面积是“**新世界**”的两倍，日夜接纳的游客也超过“**新世界**”一倍以上；而且，上演的剧场、剧种都比“**新

1 蔡永洁. 城市广场. 南京：东南大学出版社，2006：P176。

世界”多得多，底楼设“共和厅”，引沪上名妓轮流献艺，美其名曰“群芳会唱”；又在露天场地安装高空飞船，吸引儿童们来玩；“**乾坤大剧场**”分上下两层，有千余座位，每天夜间上演京剧，又开男女同台演出之先例，成了当时一些名角的发迹之地；白天则演电影，诸如《七粒珠》、《黑衣盗》等侦探片、惊险打斗片，好莱坞的影片一部部接着上映，真正吊足了市民的胃口。[1] 这些娱乐建筑综合体，已经具有了相当的城市建筑综合体特征，但是由于其对外的封闭性和需购票进入，尚不能称之为城市建筑综合体（图 11－8）。

图 11－7　上海南京路永安公司

图 11－8　上海“大世界”游乐场

11.2.5　改革开放以来的建筑综合体建设

在 20 世纪的大部分时间里，由于战乱和新中国成立后我国政府采取的计划经济中央控制模式，城市的外部环境并不适于建筑综合体的发展。直到 20 世纪 70 年代末的改革开放，我国政府转而采用市场经济模式以后，这种局面才得到了根本改变。20 世纪 80 年代，随着深圳特区的建立，建筑综合体开始在南方发展起来。在 1992 年**邓小平**同志视察南方，并发表南巡讲话以后，建筑综合体进入了一个高速发展期，并出现了真正意义上的城市建筑综合体。我国的城市建筑综合体最早出现在 20 世纪 90 年代的广州，其主要代表有：**天河城**[2]、**正佳商业广场**和**花地湾中心**（图 11－9）。综合总结一下其出现的历史背景，主要有以下五个原因：**一是**经过改革开放十多年的建设，我国几个开放较早的城市经济连年高速增长，**城市的综合经济实力已经达到了较高的水平**；**二是我国第三产业飞速发展**，不断发展的金融业、商业、旅游业，对大型设施有迫切的需求；**三是人民生活水平的提高**，对购物、休闲、物质和文化享受提出更高的要求；**四是商品档次和消费层次的提高**，要求有环境优美舒适的购物空间；**五是现代化都市生活，对人际交往的场所提出更高级、更丰富、更多样化的要求。**

1　上海大世界：一个开心娱乐的天堂所在. 中国旅游网 http://cn.yahtour.com. 2007 年 6 月 12 日。

2　**广州天河城**是中国大陆最早的 SHOPPING MALL，也是中国最成功的购物中心之一，商铺出租率从 1998 年起一直保持 100%。

图 11－9　广州天河城（左）、正佳商业广场（右）

而到了 1992 年，随着中央决定开发开放上海浦东，并作出“**以浦东开发开放为龙头，尽快把上海建成国际经济、金融、贸易中心之一**”的重大决策以后，一个前所未有的大规模建设高潮在上海开始了，而建筑综合体发展的中心，也转移到了上海来，整个 20 世纪 90 年代，上海兴建了大量的建筑综合体，其中不乏城市建筑综合体的实例，比较有代表性的有**上海商城**[1]、**金茂大厦**、**港汇广场**等（图 11－10）。

图 11－10　上海商城（左、中），上海徐家汇港汇广场（右）（来源：互联网）

我国从 20 世纪 90 年代以来的高速发展，浓缩了欧美国家近半个世纪的城市建筑综合体发展历程。进入 21 世纪，随着世界范围越来越多的文化交融，世界一流的建筑师越来越多地参与其中，现今的新项目建设也越来越多地展现

1　**上海商城**是沪上第一幢外商投资的一个功能完善的综合性建筑群，在这个“城中城”里，人们可以很方便地享受各种各样的达到国际标准的服务。上海商城剧院更是整幢楼群中独具特色的窗口。通过园林式的内庭院有效解决地面车流和人流交通。

出当代城市建筑综合体最先进的思想来。其中，比较有代表性的有深圳**华润中心**[1]、上海**恒隆广场**、北京**华贸中心**等（图 11－11）。

图 11－11 北京华贸中心、深圳华润中心、上海恒隆广场（从左至右）（来源：互联网）

11.3 城市建筑综合体在我国发展的特点

我国建筑综合体的发展历史，呈现出比较独特的一面，由于对空间追求的传统理念表现为在平面上的延伸，建筑综合体往往是平面式的以院落为中心的形式呈现，很少有空间扩展方面的表现。历史上，主要是在经济的推动下，产生了一些商业建筑综合体。而在西方文化强势入侵以后，这一局面发生了戏剧性转变。我国建筑综合体的建设观念，几乎全盘接受了西方的思想，开始以扩展空间为主要目标，而放弃了传统的平面延伸的方式。当然，这与我国人口增长过快，和城市用地稀缺等原因也不无关系。

纵观我国建筑综合体的发展历史，虽然各个主要发展阶段，在经济动力的推动下，建筑综合体都有很大的发展，但是由于封建专制的社会背景，和“**匠人**”（古时对建筑师的称呼）的地位低下[2]，都不利于建筑综合体及其营造的街道、广场、和“购物中心”获得足够的公共价值而演变成城市建筑综合体的形式。城市建筑综合体这一类型在我国自然发展的历史中，始终没能成形。而在殖民文化的影响下，建筑综合体以一种商业性的猎奇性的形式出现并体现出了一定的“城市”特征，虽然这些建筑综合体的确对周边环境有所带动，但是它们毕竟不能同周边环境形成相辅相成的局面，而无法在环境中生根。一旦新鲜感退去，其结果必然走向消亡（上海“**大世界**”在 2003 年永久性地关门改建）。

1 深圳华润中心综合项目布局上的个性化特色，表现在中心区域“活力四射”的设计理念上；将不同功能的区域，通过室外广场、庭院、步行街道等的巧妙连接，有机地融为一体；以自动扶梯、电梯和楼梯，井然有序地沟通楼层间的立体空间，为整体项目，从平面到立体，勾画出便利的交通网络。

2 中国传统文化中始终不认为建筑师是艺术家。

即便我国极高的人口密度和经济发展的推动力，在之后成为推动此类建筑发展的巨大作用力，形成了空前的建设热潮，城市建筑综合体这一类型，对我国而言，依旧是全新和外来的。在这种发展背景下，我国的城市建筑综合体发展有以下几个特点：

11.3.1 建设规模大

这个特色同样在亚洲其他各国的城市建筑综合体中可以看到。相对于欧洲完善的城市基础，北美地区较低的人口密度背景，亚洲各国新兴城市不完善的基础设施及极高的人口密度，迫使城市建筑综合体的建设规模较之欧美地区要大很多。规模大不仅仅是表现在横向上的，同时还表现在了纵向上，亚洲地区尤其是我国在过去的十几年里，高层建筑如雨后春笋般地出现在了城市之中。单就上海的高层建筑，其十余年间建成的总数，甚至大于美国沿太平洋东岸所有城市高层建筑的总和。近年建设的大型城市建筑综合体项目中，比较有代表性的有**北京金融街广场**（建筑面积 160 万平方米）[1]、**北京国瑞城**（建筑面积 88 万平方米）[2]、**北京东方广场**（建筑面积 80 万平方米）[3]、**北京财富中心**（建筑面积 72.7 万平方米）[4]、**南京国际广场**（建筑面积 45 万平方米）[5]、**沈阳五里河城**（建筑面积 64 万平方米）[6]等（图 11－12～图 11－14）。

一方面，巨型工程项目推动了城市建设和旧区改造的进程，极大地提升了土地的利用价值，带动了投资环境的改善，突显了人类在空间想象和塑造方面的智慧和潜力；另一方面，也造成了城市资源的过度消耗，加剧了能源供应和交通状况的紧张，过度改变了城市原有的结构和肌理，对人口分布和人际社会

---

1 **北京金融街广场**是 2004 中国十大新地标建筑；建造了中国首个区域性大型地下 3 层交通系统；金融街集银行、保险、证券和外汇业务为一体，已成为法制完善、功能齐全的国家金融管理中心。资金管理规模巨大。2008 年金融街将成为资金密集、信息通常、交易活跃，最具生机与活力的国际化金融中心。

2 **北京国瑞城**通过配套商业开发，将居住区融入城市；为儿童提供一站式购物服务的场所；有 12 栋四合院和全国示范少年宫，点缀于绿树花草丛中。

3 **北京东方广场**是全亚洲最大的城市建筑综合体之一；以现代手法重新演绎古代宫廷的瑰丽细节，整个项目以东方新天地内的中央喷泉广场为中心点，分为三组四合院式建筑群，而每组又各设流水庭园，且设门廊互通，借以营作 “门外有门，楼外见楼”的气派。

4 **北京财富中心**是 CBD 核心区罕见的超大面积中央广场，提供一个开放的城市空间；约 25000 平方米的绿化面积，现代商务建筑与外部城市环境的有机结合；与国贸中心、CCTV 共同撑起 CBD 的商务金三角；建成后将成为 CBD 高效的 24 小时城中之城。

5 **南京国际广场**是 2004 中国十大新地标建筑；北美财团控股投资的南京大型城市建设重点工程项目完全按北美标准设计；建成后的南京国际广场将成为汇集南京国际大企业，并为其提供一站式全方位服务的地标性国际商务社区，同时也将成为华东地区首屈一指的经典商务设施。

6 **沈阳五里河城**是 2004 中国十大新地标建筑；其集酒店、商业、办公、公寓、学校等多种业态于一体的地标性建筑群以教育产业和体育产业为依托，建立其独一无二的和谐地位；作为五里河区域内新兴的大型商业群，将成为该区域房地产业的典型代表，其建成将带动该地区商业经济的发展，使五里河地区成为沈阳的中心商贸区。

图 11－12　北京国瑞城鸟瞰（左），北京东方广场（右）（来源：互联网）

图 11－13　北京金融街广场（左）、沈阳五里河城（右）（来源：互联网）

图 11－14 南京国际广场（左）、北京财富中心（中、右）（来源：互联网）

关系，城市历史记忆和文化遗产保存等，都产生了一定的负面影响。这些问题正是我们必须面对的时代挑战，这也意味着，物质形态上的现代化，需要观念形态上的**"现代性"**来驾驭。[1]

因而，相对于美国当代城市建筑综合体已经向小规模、小体量方向的发展

1　王方戟，戚宏. 回应建筑巨型化时代的挑战——第六届亚太建筑国际学术研讨会述评. 上海：时代建筑，2005 年第五期。

趋势。**我国在建设大规模的城市建筑综合体之时，应当充分论证其可行性，考虑到其可能带来的问题。**

11.3.2 建设速度快

当代，“中国建筑师是世界上最重要、最有影响力、最强大的建筑师。中国建筑师在建筑单体中的建造空间要大于一座 30 层的高层建筑。中国建筑师在最短的时间以最少的设计费在做最大的工程。中国建筑师是美国建筑师的 1/10，每个人在 1/5 的时间内做 5 倍的项目，获得 1/10 的设计费。这意味着是美国建筑师效率的 2500 倍。”（**库哈斯**《大跃进》，2001）中国传统就有建筑建造速度快的特点，历史上的建筑思想也从侧面支持这种快速建设。一方面是因为标准化和定型化的设计，另一方面是因为平面延伸的空间布局适合同时开工。[1] 建设速度快在中国发展前沿的大城市是极其普遍的现象，这体现在城市建设的各个方面，从基础设施到大型项目的建设无不如此。正如人们描述上海的“一年一个样，三年大变样”，现在上海市区变化的速度就连出租车司机也会时常犯愁。城市建筑综合体的建设从立项到开业可能只需短短几年时间，这在西方社会是无法想象的。如我国最早的城市建筑综合体之一**深圳国贸大厦**，以三天一层楼的速度共花 37 个月建成，这在当时是绝无仅有的，创造了建筑史上的新纪录（图 11－15）。无怪乎 **GMP** 总裁**冯·格康**先生在同济大学的一次演讲中会提到：“中国是一个梦幻般的地方，在这里，我可以实现我在欧洲一生都不可能实现的建筑。”

图 11－15 深圳国贸大厦
（来源：互联网）

高速建设的表面是光鲜的城市发展，但是其背后却隐藏着一系列的危机：未经充分论证的项目就马上被立项建设；新奇的外形因为甲方的片面喜爱而被采用；城市基础设施尚未完善，大型项目却已经开工。“摸着石头过河”和“盲人摸象”的古训，用来形容这些潜伏的危机是再合适不过的了。**缺少系统、完善的计划，能获得长远成功的可能性几乎是零，而我们将要面对的是投入更多金钱和精力来进行改正。事实上，我们未必会获得这种改正的机会。**

对于建筑而言，尤其是大型城市建筑综合体，是一个极其复杂的项目，其复杂程度绝不亚于城市本身。这类项目的建设，如不经深思熟虑，往往会成为长官意志，开发商精神，或建筑师试验的产物。由于西方建筑思想的强势植入，

1 李允鉌. 华夏意匠. 天津：天津大学出版社, 2005：P24。

引进西方先进思想的建筑师也受到了格外的尊重。同样，他们的作品也被领导们视为“珍宝”，全盘接受。正如**郑时龄**院士在比较上海和柏林城市建设的文章中写道的：“柏林成为建筑新思想和创造性的试验场，上海则正在渐渐成为建筑的实验动物园。”[1]

因此，建设速度快，必须同时要有对项目的充分认识作为基础，传统的用之即弃的中国建筑传统观念，对于当代城市的建设并不适用。

11.3.3　自上而下的社会体系

中国几千年的发展历史，虽然经历了改朝换代，社会制度也几经改变，但是自上而下的社会体系，却始终没有改变，即便在政府代表人民利益的今天，政府也具有至高无上的决定权。这种体系有利于对整体决策的贯彻实施，却也会有片面看待问题的缺点。

在中国，建设的立项权在政府手中，建设的最终审批权也在政府手中。政府是决定建设的最初力量也是决定性力量。一旦政府改变主意或改变方针，设计得再完善的项目也会流产。现今的大量实际工程，多轮竞标，国际竞赛，说白了也无非是为了满足领导等少数群体的喜好。而最高领导凭借一己之力，不考虑众评委、专家的意见一意孤行选定自己喜好的方案。一旦领导班子换人，整个方案就面临推翻重做的局面。每年有多少个方案流产而没有实现，只需看看那效果图公司的图库即知。最可悲的是，这些数以万计的方案目的并非是对项目本身的探讨，而只是对领导心思的揣测罢了。

因此，这种自上而下的社会体系，不仅仅是城市建筑综合体发展的动力，同时也是其发展的阻力。

11.3.4　东西方传统建筑思想的角色转换

在过去十几年的城市建筑综合体发展中，东西方传统建筑思想发生了角色互换。在我国，由于社会原因造成的文化断层，使我们全盘接受了西方城市建筑综合体建设的先进经验和建设思想，其中包括了追求空间上的扩展和特殊化设计的理念。具体表现在城市建筑综合体的建设上，就是强调通过巨构空间来组织项目整体，并根据不同功能的具体需求来进行针对性的设计。而在欧美，尤以美国为代表，其城市建筑综合体的建设，却吸收了中国传统建筑理念，以平面上的延伸来组织空间和采用通用式的设计来适合不同需求的变化。具体表现出来，就是近年在市镇中心城市建筑综合体建设中采用较多的以主街为主要组织空间，通过形体较小的建筑来灵活布置功能的设计方法。这样的理念使得城市建筑综合体更易持续发展，适应变化，并融入周边环境。当然，这些思想的角色转换，与东西方不同的城市环境也是有很大关系的。亚洲地区的人口密度是欧洲地区的 3 ~ 5 倍，在这样的环境下，产生不同的城市建筑综合体设计

1　郑时龄. 上海与柏林——处于永恒变化中的国际城市. 上海：时代建筑，2004 年第 3 期：P28 ~ 31。

理念也是正常的。

因此，我们在建设自己的城市建筑综合体同时，也应当留意吸收我们传统建筑文化思想中适于当今社会需求的理念，并不能盲目地采纳外来思想。

11.4 城市建筑综合体在我国发展的问题

国家社会体制一直是城市建筑综合体在我国发展的“绊脚石”。在改革开放以来，党中央一直在寻求一种适合我国国情的有中国特色的社会主义道路，对我国传统的社会体制，尝试着进行改变，以适应当代社会的发展需求。这些改变，使得城市建筑综合体这种嫁接过来的建筑类型在我国得以生根发芽，并开花结果。这些“果实”，让我们看到了我国现阶段城市建筑综合体发展存在的问题。下面，将城市建筑综合体在我国发展 10 余年来面临的一些主要问题分为三方面进行总结：（1）形成这些问题的主要原因来自社会体制；（2）文化的断层；（3）建筑传统基础薄弱。

11.4.1 社会环境所造成的问题

1. 过分注重形态

中国文化的本质就是形象思维大过逻辑思维的（中西方文字的不同就可见一斑了）。在传统的通过通用式设计模式和群体组织的方法来组织建筑形态的方法被新建设需求打破以后，在吸收西方先进建筑思想的同时，受到了 20 世纪 80 年代在西方盛行的后现代建筑之风所影响，人们对建筑的关注，一下子集中到了外观形态上来了。然而，在各种各样的表皮之下，内部空间却是单调和乏味的。以住宅建筑为例，不同的小区布局，不同的外观，不同的建筑风格，而房型却都是千篇一律。这与欧洲的一些新住宅（如荷兰**阿姆斯特丹填海区住宅**）所采用的类似外观，完全不同的内部空间布局是截然相反的（图 11－16）。体现在城市建筑综合体之上，就是对于外观过于关注，而忽略了其他重要因素。例如，在**郑东新区会展宾馆**城市建筑综合体国际竞赛中，郑州政府就提出其主楼必须以河南著名的“嵩岳寺塔”为原形设计，导致了大多数投标单位将大量的精力花在了主楼外观的设计上，而忽略了外观与功能的结合。其中，仅 **SOM** 的方案跳出这一怪圈，从塔的建构角度来进行设计，而获得了成功。但是，在主办方的方向引导下，导致了所有方案对功能文脉以及场所营造的淡化（图 11－17）。

图 11－16 荷兰阿姆斯特丹填海区住宅

图 11－17　SOM 的郑东新区会展宾馆方案形体设计分析图（来源：SOM 公司投标文本）

2. 线形合作模式

同西方发达国家的政府、开发商、建筑师的环形合作模式不同的是，我国所采用的合作模式是自上而下的线形。政府、开发商、建筑师之间层次分明，各层次分别对上一层次负责，以上一层次的要求为行动目标。**这样的线形合作模式相对环形的建筑综合体存在的问题不言而喻：一方面，其合作关系是指令式的，难免出现片面的问题；另一方面，建筑师无法和政府直接对话，表达他们对整个项目的看法。**这样的合作模式往往会造成单方面满足了政府的要求，而忽略了开发商代表的经济要求，以及建筑师代表的建筑和城市空间要求。**环形的合作模式其各组成部分则可以相互讨论和监督，共同达到一个平衡的结果。**正如之前章节所讨论的，这样的模式更适合城市建筑综合体的开发建设。

图 11－18　上海商城内的中国式庭院并没有按建筑师的意愿成为理想的场所空间（来源：互联网）

11.4.2　文化断层所造成的问题

1. 照搬西方模式

相关设计理念和文化的空白，造成了西方文化和理念的强势入侵。在 20 世纪初殖民文化时期，城市建筑综合体的建设在照搬西方模式的同时，还考虑了与传统文化的融合，吸收了中国传统娱乐休闲活动作为补充，形成了一定的地方特色。20 世纪后半叶的城市建筑综合体则因为失去了文化的依托，完全照搬了西方的模式。即使如**上海商城**这样以中国传统庭院作为中庭组织的案例，也因为我们本身的文化断层不能得到依托而无法成为理想的场所空间（图 11－18）。然而，毕竟我国的现状与西方社会是不同的，仅就人口密度、城市建设速度和项目规模三方面，就已经超过了西方模式实践经验的范围。因此，以西方先进经验为借鉴，寻求适合我国实际情况的发展模式势在必行。

2. 城市文脉问题

城市建筑综合体等大型开发项目，在我国是没有开发基础的。城市固有的城市肌理，和城市建筑综合体巨大的体量形成了鲜明的反差，这使得城市建筑综合体融入城市固有肌理产生了很大的困难。同样，对城市本身而言，对其肌理的破坏，也是一个严峻的现实。北京、上海在过去的十几年中，大片的城市固有风貌区遭到了极大的破坏。**上海新天地**在地产开发方面取得了卓越成就，而就城市文脉延续而言，它所提供的仅是一小片披着石库门外皮的“花天酒地”场所；同时，这一成就的背后，是大片石库门被夷为平地。尺度宜人的传统城市肌理在中国城市中心区内已经非常罕见，取而代之的则是超大尺度的互不相干的巨型建筑（图 11－19）。另外，在我国城市新区开发中，整体环境的创造意识十分薄弱。在上海浦东陆家嘴，一座座光鲜大楼之下，是大片空旷的空间，当人们头顶烈日，在这些巨大的建筑之间穿梭时，很难对这个区域产生什么感情。因此，在我国无论对城市固有文脉的延续，还是对新文脉的创造，对城市建筑综合体来说，都是全新的挑战。

图 11－19　上海新天地地区整体模型，除新天地一小块地区保留原有城市肌理外，大量地块均为超大规模的开发填充

（图片来源：互联网）

11.4.3 城市建筑综合体建设基础薄弱造成的问题

1. 前期调研及可行性分析尚不充分

正如前面几章所叙述的，城市建筑综合体这种建筑类型，前期调研及可行性分析得充分与否，直接决定了其未来的成败。在我国由于缺少对这类项目的经验，同时项目的立项由政府负责，往往是先立项，选定地段，然后再进行分析研究，这样就十分被动了。即便选择的地块不甚理想，开发商和建筑师也只能硬着头皮上，其结果可想而知。如上海浦东的**正大广场**，建筑的设计虽然十分突出，但由于选址缺乏周边区域的支持，使其楼上几层休闲、娱乐、餐饮设

图 11－20 正大广场空间丰富却顾客稀少

施在开业不久一度关门大吉（图 11－20）。

2. 土地法规不健全和地方违规操作

我国的土地法规尚不健全，有关城市建筑综合体的法规和政策更是近乎空白。在这样的背景下，各地的城市建筑综合体建设，难免会有地方部门违规操作和开发商利用现有法规漏洞的情况发生。这种情况可能大量滋生各种利益分配或者腐败现象。上海的**松江客运中心**就是由于土地法规不健全，以及违规操作造成了项目流产的典型案例。这一结合轨道九号线建设而建立的交通枢纽性城市建筑综合体，在 2002 年的上海地价飙升中打破了既有利益格局，同期的土地政策演变又加剧了利益调整的力度。控股客运中心项目 85%的外资股东非但丧失了预期中的收益，更陷入旷日持久的仲裁和官司，眼下正濒于出局的危境，而这一项目也有成为烂尾楼的威胁。[1]

3. 后期的市场营销及运营、管理和维护尚未成熟

城市建筑综合体这样的大型项目，其市场营销及运营、管理和维护在我国都是全新的课题。对于国内的开发商而言，建设城市建筑综合体是一个巨大的挑战，而对于国外的投资者而言，建设过程的一系列问题也不是光靠国外的经验就能够解决的。毕竟，城市建筑综合体最终是要融入当地城市生活之中的，其市场营销及运营、管理和维护必须与中国当地的特色相结合。因此，城市建筑综合体的后期市场营销及运营、管理和维护在我国尚处在探索尝试阶段，有许多问题尚未解决。

总体而言，我国城市建筑综合体建设规模大，建造速度快，在自上而下的社会体制和东西方传统建筑思想的角色转换等背景，为其发展和完善增添了额外的难度。**我们必须从我国的具体国情出发，学习西方先进的建设经验，克服这些问题，寻找到一条适合我国发展的城市建筑综合体建设之路。**

---

1 来自 2007 年《财经》杂志的《上海松江客运中心工程开工四年仍是一片平地》和《瞭望东方周刊》的《上海松江客运中心停摆背后》的有关报道。腾讯网（http://news.qq.com）。

第12章　适于我国城市建筑综合体发展的内部因素

12.1　概述

上一章对我国城市建筑综合体发展的历史、特点和存在问题进行了讨论，这一章和下一章将把目光转向适于我国实际情况的城市建筑综合体发展因素。

这一章将以零售功能、文化艺术设施，以及交互性休闲娱乐设施三种功能子系统是能够促进我国城市建筑综合体发展的内部因素的观点，对这三种特殊的功能子系统逐一进行详细介绍和分析。其中，零售功能是城市建筑综合体和城市之间的“粘合剂”，文化艺术设施是城市建筑综合体独特个性的“成型剂”，而交互性休闲娱乐设施则是城市建筑综合体场所营造的“催化剂”。

12.2　城市建筑综合体中的零售功能

“零售功能是将城市粘合在一起的胶水。同时，零售功能内萦绕着各种形式的商业、市民和文化的交流。在零售环境里，人们不仅交换货物，同时还在交流经验。”

——捷得建筑事务所[1]

12.2.1　零售功能的潜力

零售功能或核心包含零售功能的项目，能为当今日趋全球化的文化社区和社会提供一个有交互作用、强烈氛围和成功的商业环境。人们不仅到零售场所购物，同时还会用餐、休闲、参加社会活动以及娱乐等活动。**零售功能已经不仅是购物目的地，它们开始成为改变我们城市和交流方式的场所。**零售功能所带来的革命，同样改变了我们规划和设计城市基础设施、商业建筑、文化建筑乃至城市建筑综合体的方法。

零售功能在以往是被忽视了的。人们将它等同于一种运用艺术手法创造的形式，而很少被认真地分析和研究过。然而，这种情况已经改变，或许是因为零售功能是少数能通过建筑设计影响到一个区域经济健康的功能。在现实生活

1　The Jerde Partnership with Vilma Barr. Building Type Basics for retail and mixed-use facilities. USA:John Wiley& Sons, Inc，2004。

中，我们为各种商业设施环绕，从街头小贩到大型商厦，零售功能无处不在。20 世纪末的美国，零售业每年创造的销售额达到了 3 万亿美金，相当于全美 GDP 的近 1/3。除去电视营销和网络销售占有的 5%，剩余的份额全部由各种零售功能产生。

零售功能往往能回应并超越商业目标。除了人们喜爱购物外，还有另外一个理由导致了零售功能的无处不在：购物是群居集体生活的基础。无论是何种形式的零售功能，如购物中心、独立的商店、街面商店，他们往往占据了城市下部的绝大部分空间。**零售功能是将城市粘合在一起的胶水。同时，零售功能内萦绕着各种形式的商业、市民和文化的交流。在零售环境里，人们不仅交换货物，同时还在交流经验。**因而，它成为各种尺度具有生命力的社团核心的最佳选择。它甚至成为担当现今全球化公共王国的基础大环境。历史上，商品交易及服务场所也一直是优秀城市的基础。

在美国郊区革命运动中，对传统社区体验的渴望最急切。以往郊区大量建设中，缺乏相关公共场所营造，因而它们缺乏**社区个性**（Communal Identity）及**公共回忆**（Social Memory），即**“场所感”**。零售功能及包含它们的混合使用设计，正在对社区场所的急切需求进行回应，并创造一个真正可靠的充满多样性生活和城市体验的城市场所空间。

在美国城市的发展中，在主街死亡、内城衰败、城市郊区化的一系列过程中，购物中心成为人们社区生活的最后地点。因而，重新创造城市社区生活也必须依靠零售功能的作用。**捷得事务所**设计的**霍顿广场**（Horton Plaza）的实现过程就是一个最好例证：**霍顿广场**的设计打破了许多传统城郊购物中心的规则，并成为当地城市发展的一个触媒——吸引了大量的人群，使得他们在到过那里之后就体验了一种令人兴奋的经历，并在之后与周围的人们共享。**霍顿广场**为其所在的衰败城市中心区带来了超过 25 亿美元的重新投资，并在 18 年后，成为当地单位面积销售额最高的商业建筑（图 12－1）。

图 12－1　霍顿广场丰富的建筑空间创造了令人兴奋的经历（来源：互联网）

12.2.2 零售功能对城市生活的革命性创造

当零售功能被正确使用的时候，它能增强城市之间的社区氛围，并创造持续的社会价值和经济价值。零售功能对城市生活的两次革命性创造是**场所营造**（Place Making）和**体验设计**（Experience Design)。

1. 场所营造：创造一个城市生活的背景

场所包含了物质、人和空间的情感质量。场所是指那些有可识别性和区域特点的特殊实体。场所感是访问者或居民在这个场所内体验的质量。伟大的场所都是通过长时间历史的积累才产生场所感的，如巴黎、威尼斯、阿姆斯特丹，都是经过上百甚至上千年的积累才形成现在的模样（图 12－2）。长时间的试验和错误以及更正和重建共同构成了它们的场所营造过程，它们是从深厚及持续的文化和各种个人及团体常年地积累中发展出来的。伟大的场所不仅仅是砖块和水泥，它们是收集记忆的容器，是公众精神积累的结果。通过这一途径，社区意识和物质空间融合到了一起。

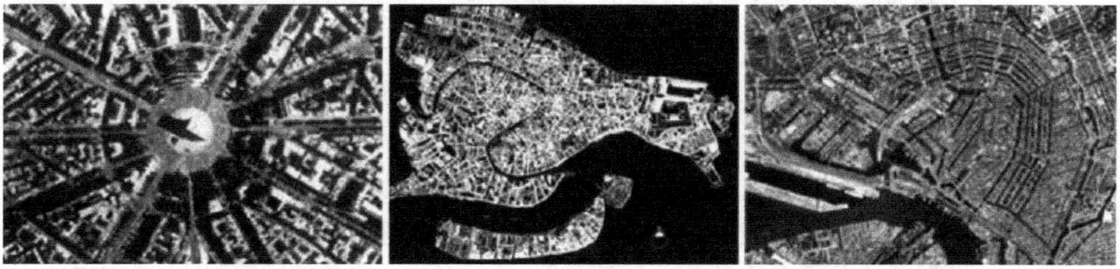

图 12－2 巴黎（左）、威尼斯（中）、阿姆斯特丹（右）的独特城市肌理（来源：互联网）

今天，市场力量需要类似的过程在更短的时间内作用到空间上，以形成既定的场所。全球经济的参与者没有耐心等待场所感缓慢增长，新的空间和环境被作为速成世界来设计。幸运的是，**社区体验是一种可设计的事物。挑战点是通过我们这个快速发展时代缩短的时间网络来激发—触发—联合那些被分割的曾经一体化的城市。**如巴黎**拉·德方斯新区**的**四季商业中心**（Les Quatre Temps）是一个可以容纳近 10 万人的巨大复合商业设施，服务巴黎西部地区的 140 万居民；它改变了人们以往对**拉·德方斯新区**是冷漠、没有活力的印象，各类商业、购物、休闲散步以及文化娱乐等城市活动的融入，使其充满生机（图 12－3）。

创造一个场所要求通过对一系列城市、建筑、景观和公共空间元素的集中使用，来进行空间体验设计。场所设计者不能仅被一种美学或视觉手法限制。场所可以有城市、城郊，或郊区、风情，它们可以是复杂和奢华的，也可以是简单和功能性的。而元素的结合手法，决定了场所营造的个性。

总的来说，场所的识别性更易从它们独特的个性中获得，而非它们所围绕的普通城市景观或疏远的城郊环境。**成功的场所，不仅仅为居民和游客提供购物环境，也营造了场所感和为它们所在的城市创造个性。**

图 12－3　巴黎拉·德方斯新区的四季商业中心为新区创造了活力

2. 体验设计：吸引人群

在过去，零售业更关注功能组成和经济因素。20 世纪 60~90 年代，标准式的购物中心像雨后春笋般地在世界各地建设。传统的设计使得这些购物中心就像销售机器，并缺少多样选择性。**20 世纪 90 年代以来，越来越多的购物中心开始将“娱乐”作为其发展重心，而非传统的以“货物”为发展中心的模式。**因此，传统以货物为主的零售开始越来越多地包含餐饮功能。以娱乐为重心的零售功能，同样包括了复杂的高技术游戏和多媒体互动等一系列能吸引青少年人和一些年轻家庭的娱乐功能。另外，随着影院技术的革新，设在购物中心中的剧院也能拥有一流的视听设施。

随着零售功能融合了越来越多的经历性体验（电影、餐饮及娱乐），对其设计也必须更多地考虑这方面要求。在设计中，建筑师试图创造一种充满独特气氛的与常态不同的环境，以刺激场所感的形成。同时，建筑师也尝试创造一种能鼓励顾客和访客去探索的环境，以促使普通环境与特殊环境的相互对比和强化。例如，**摩根士丹利**收购上海广场商业部分后，将其包装改造为**“无限度”**商业空间。以“时尚生活中心”为定位，在招商、经营模式方面，都已经不同于传统的商场，更倾向于选择一些具有创意的商家进驻（图 12－4）。

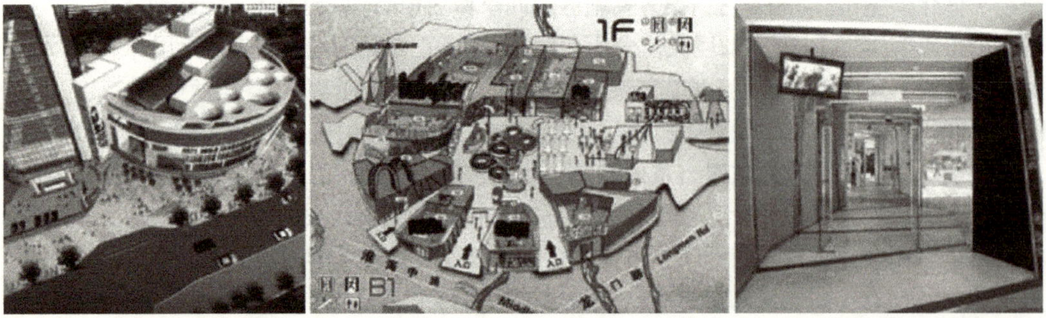

图 12－4　上海“无限度”商业空间以“时尚生活中心”为定位，选择了大量具有创意的商家进驻

（来源：左图及中图来自“无限度“商业空间宣传册，右图为作者自摄）

3. 场所营造和体验设计的影响

今天，开发商和零售商已经开始认识到他们在对城市生活活力的激发过程中扮演着基础性角色。他们开始通过提供更多的设施和服务来扩展他们的外延，来为社区提供更多可能。不论是新的还是更新的零售功能都反映出现今购物活动的多重性表现。同时它们的设计也将购物体验考虑了进去。开发商对购物环境的视觉愉悦度已不再过于关心，零售功能开始力求创造一种当地的街景，而非传统的封闭空间。同时，它们也吸引了顾客更久的逗留和更多的消费。

此外，场所营造和体验设计的手法在城市规划、城市设计、建筑设计的新方法中广泛应用，以作为对零售功能力量的响应。开发商也开始更多地关注建筑外部环境设计。封闭和整体的建筑外观，也开始被设计成更受欢迎的式样，适应并融入周边的环境。同时，对水景和自然景观的利用以营造独特场所感的做法也屡见不鲜。如日本福冈的**博多水城**，位于博多与天神的中间地带，是一座屹立在那珂川河畔的大型综合商业设施，利用运河水景进行空间创造，使其如都市中的又一个多元化未来都市：包罗万象，其乐无穷（图 12－5）。**对于城市建筑综合体而言，零售功能已经成为体现其城市性不可或缺的一部分。**

图 12－5　日本福冈博多水城为都市创造了一个多元化的空间（来源：互联网）

12.2.3　零售功能的未来发展方向

零售功能反映并伴随着文化、经济和社会发展的趋势，它也可被列入世界流行文化的范畴。流行文化是不断改变的，因此它们的易变性是设计师最大的挑战。我们必须通过对人类经验的来源以及社区发展动力更深层次的认识来应对这一挑战。由于零售功能具有可变性，并会随着文化的变化而变化。这些变化同时需要新技术、新品牌和市场技巧，以及新的设计手法的支持。

零售功能能够提供各种可能性。**通过适当设计，它能够成为串联我们城市底部肌理的“粘合剂”。如果零售功能能够彻底释放它的潜力，它将不仅是一个独立的部分，还将担当起串联其他功能的角色。**一体化是城市未来发展的一个重要趋势，在一些大型城市建筑综合体的设计中，其办公、酒店、文化等功能分别由各个专业建筑师设计，整体则通过零售功能的设计而串联，零售功能的设计师成为整个项目的最终协调者。

对于零售功能而言，任何限制性法规都有其与实际情况矛盾的地方，因而，设计者应当从已经成功的实例中吸取经验，根据不同的实际情况进行设计。

零售功能在影响文化趋势的同时，也必然会反映社会及文化等力量的作用。以下是在未来一段时间内会影响到零售功能发展方向的几个趋势：

（1）新技术会加强购物和娱乐的结合，并使之成为日常生活的一部分；

（2）全球化经济的趋势，以及美国文化的强势影响，使得零售设计者将重新考虑其着重点——小还是大，西方强势文化还是多元文化，新的还是老的，当地的还是全球化的；

（3）地球所面临的挑战——全球变暖、人口增加、自然资源的过度开发——使得我们更需要可靠的、公共的、可持续发展的零售和混合使用空间。

这些趋势具体体现在以下六个方面：

（1）**顾客需求和科技发展影响到未来购物的体验**：人们对购物的态度，已经从需要（need）变为想要（want）；购物过程的设计越来越多地从购物者角度出发；零售功能开始对一些特殊顾客群体提供专门服务，如孩子已经成人的父母群体和外来人口群体等；**行为追踪系统**（Activity Tracing System）等越来越强大的数据收集技术的采用，使得设计者可对各种顾客群体进行全面分析，并进行针对性的设计。

（2）**新的商店设计和销售方法改变了零售商经营的方法**：以知名品牌命名的环境、标志性的空间、良好的品牌形象是影响购物欲的重要因素。这样的环境往往会通过生活式的购物中心、旗舰店、高科技的多媒体宣传、地下小型专卖店、提供文化活动场所、适意的小尺度设计等方法来营造。

（3）**传统商场被混合使用项目所代替**：包括了两种主要的方法，一个是对现有商业中心的改造，以适应混合使用的要求；另一个是对生活中心的创造，所采用的是融合城市街道和混合使用区域为一体的模式。

（4）**购物重心从市郊向城市中心区转移**：在近半个世纪的城市郊区化扩张运动以后，人们再度回归城市，这是文化力量的推动造成的。同时，郊区也在这一力量的作用和开发下，向新的经济中心方向提升，城镇中心的混合使用开发是郊区城市化的核心。

（5）**购物成为全球娱乐和旅游的热点**：购物文化是全人类共有的。购物已经成为旅游不可分割的一部分；零售功能将会同机场、火车站等基础设施融合到一起，而更具穿透力。

（6）**网络购物对传统购物的态度从威胁，变为了激励和补充**：互联网与购物一样连接了人与人之间的关系，在现在，除去低价格和便利性因素，人们依旧会选择实体购物，互联网则为人们提供了实体购物的预先选择机会。因而，互联网是实体购物的补充，而非竞争对手。同时，零售功能应该从互联网那里学习同客户增进交流的技巧，以及创造真正意义上的平等社交场所感的方法，以适应未来发展。“在一个完美的零售场所中，所有的购物者都应该被赋予平等的购买机会，并能够体验一种真实的社区场所氛围。”[1]

12.3 城市建筑综合体中的文化艺术设施

“成功的公共艺术计划，首先要有吸引广大公众的都市空间为基础，因此与商业的功能相结合是很实际的，而且是必要的。然后，在都市空间的关键位置，设有高艺术水准的文化建筑，以营造艺术环境，吸引文化人口。具备了这些条件，才能为公共艺术选择适当的位置与造型，只有如此才达到经营公共艺术的目标。”

——汉宝德[2]

12.3.1 艺术与经济的结合

从20世纪80年代以来，美国的城市建筑综合体建设体现出一种新趋势，就是城市建筑综合体的开发开始融入文化艺术设施。博物馆、音乐厅、剧院、露天表演场等艺术文化设施摆脱了传统的使用方式，开始和办公大楼、旅馆、零售空间以及居住空间结合起来，使得城市建筑综合体及其所在区域成为更适合工作及居住的区域。**这是美国城市设计者在经过长时间探索之后，发现在欧洲大陆地区的传统城市空间模式并不适合融入美国城市肌理之中，同时根据自身的实际情况，开发的一种新的城市开发模式。**这种模式通过实践，被证明是行之有效的。

这一类型的项目，往往包含各种休闲设施。除了文化艺术设施以外，它们还会拥有大片景观开放空间，和易于使用的休闲娱乐设施。它们的设计自觉地以吸引“人”为取向，并对行人步道的舒适性有特别考虑。它们以高品质形象和社区环境维护为目标。

虽然这类项目同样以营利为目的，但是它们的开发商也会有促进城市中心区域更新，激励经济增长，以及活跃都市内艺术文化成长氛围等方面的期望。

同时，为了有效地管理、运营和维护这些项目，一种新的三方合作模式在私人投资者、政府部门和文化艺术组织之间形成。在整个项目中，参与合作的三方，可以各谋其利：

（1）**对于私人投资者而言，他们可以通过项目塑造独特而强烈的企业形象，并吸引潜在的顾客群，并将其活跃的时间段延伸至下午及周末等时段；**

（2）**对于政府部门而言，通过此类项目的建设可以强化城市中心区的发展，以吸引居民、上班族和游客；**

---

1 Adam Cohen.The perfect store: Inside eBay.USA：Little, Brown & Company，2002: P219。原文“A perfect market place where all buyers are given an equal opportunity as purchasing power and where they can find a true sense of community.”

2 汉宝德为《都市文化空间之整体营造——复合使用计划中的文化设施》一书所作的序。

（3）**对于文化艺术团体而言，由于其非营利性的特性，可通过房地产开发权的使用，或是共同参与都市发展过程，为其自身开拓一条新的财路，以自给自足。**

综合起来，经济与艺术的结合，给我们提供了重要启示：**城市在传统上就是艺术文化的归属，只有能提供多元文化艺术经验的城市生活才是成功的城市生活。因此，城市建筑综合体中的艺术文化设施是能够体现其改善城市生活核心意义的重要力量之一，也是其作为城市标志物的决定力量之一。反之，城市建筑综合体同样能为艺术文化设施提供更好的归属。**[1] 如法国巴黎的**卢佛尔宫扩建工程**的核心是在**拿破仑广场**地下建设一个交通中心，以缩短**卢佛尔宫**冗长的参观路线并保证展览空间与主要公共休息服务空间有便捷的联系，同时和城市公交地铁、停车场及周围商业文化娱乐设施连为一体，综合考虑。除考虑其自身的功能外，更重要的是与周围都市空间和都市机能相结合，成为市民活动的聚集点，在城市环境中扮演更积极的角色，使**卢佛尔宫**带动了这一地区混合使用的发展（图 12－6～图 12－8）。

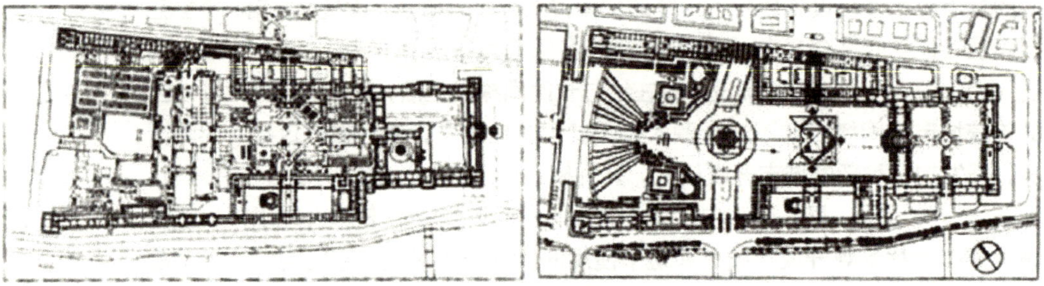

图 12－6　法国巴黎卢佛尔宫扩建工程地下层平面图（左）、一层平面图（右）

（来源：韩冬青，冯金龙，城市·建筑一体化设计，P69）

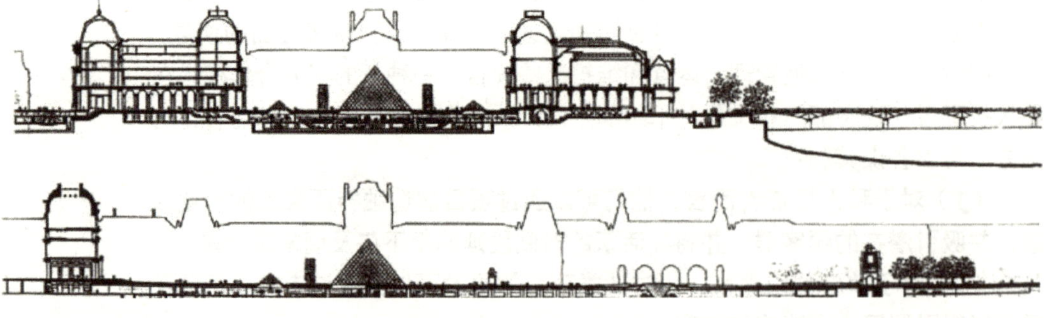

图 12－7　法国巴黎卢佛尔宫扩建工程南北向剖面图（上）、东西向剖面图（下）

（来源：韩冬青，冯金龙，城市·建筑一体化设计，P69）

1　Harold R.Snedcof 著.都市文化空间之整体营造——复合使用计划中的文化设施. 刘丽卿，蔡国栋译. 台湾：创新出版社,1996：P4。

图 12－8　法国巴黎卢佛尔宫扩建工程在尊重历史环境的基础上创造了丰富而有活力的地下空间

12.3.2　文化艺术与经济结合的推动力

文化艺术与经济结合是由多方面趋势推动的。其中包括：文化艺术发展趋势、文化艺术空间追寻的趋势、房地产开发趋势、历史建筑保存运动、公共政策与社区发展趋势、政府支出的转变、旅游业的兴起、大都市综合症、房地产与艺术活动的政府参与等等。下面，就挑选其中的主要推动力来进行阐述：

1. 文化艺术的趋势及对空间的追寻

由于市场经济的作用，艺术家和艺术团体为了能够生存，并满足其基本要求（有一个合适的供其展示创作作品的空间，以及对作品和空间支持的资金来源），他们的运作开始越来越像生意人。其中的一些商业运作专家在磨练中所学日增，其掌握资源和开发市场的技术也日益成熟。因而，艺术家和艺术团体投身房地产开发是一个必然趋势。

20 世纪 60 年代以来，在美国诞生的**表演艺术中心**（The Performing Arts Center）成为一种新形式的艺术空间，并广为流行。在这些艺术中心内，戏院、音乐厅及其他设施共存于一个屋檐之下。它们的重要性不只在于提供了必要的文艺设施，同时，也传达了艺术对社区的象征意义。[1] 当然，艺术对社区的重要性不仅仅是象征性的，美国批评家**哈罗德·舍恩伯格**（Harold Schonberg）指出："文化中心的存在对其周围一些未开发地带的成长有很大的关联。"

大型表演中心的设计应当注意以下两点：第一，表演艺术赖以健全发展的着重点是场地本身的吸引力、适宜的营造技术以及周全的财务计划。艺术活动的实质设施，其规划和经营有着超乎一般人所了解的重要影响力。第二，除非赞助机构能够保证事后的维护和运营，否则不应随意兴建这类建筑，以免其成为表演团体、居民和游客的负担。房地产部门是筹措艺术资金的良好来源，最

1　Harold R.Snedcof 著.都市文化空间之整体营造——复合使用计划中的文化设施. 刘丽卿，蔡国栋译. 台湾：创新出版社,1996：P4。

能明显增加收入的渠道莫过于那些能够辅助表演功能的设施，如车库、餐厅、酒吧等等。这些服务性的设施可以供附近居民使用，在更理想的情况下为整个社区的居民所享用。[1] 既然这些表演艺术中心对周边地区有促进作用，那么，将其融入城市建筑综合体乃至社区整体开发之中是再合理不过的。

2. 房地产趋势

在第二次世界大战以后，房地产开发趋于成熟，房地产开发商更趋于对树立其形象的工程进行投入，以及同政府部门的合作。随着混合使用**开发和变更发展计划**（Adaptive Use Project）的出现，使得包含了文化艺术设施的城市建筑综合体开发融合了这两种开发手段的经验而更趋成熟。其中，混合使用开发对其影响更为深远。[2]

城市建筑综合体的早期典范——**洛克菲勒中心**最诱人的地方就是其布满了壁画和雕塑的公共空间，每天吸引无数游客的**无线电城音乐厅**（Radio City Music Hall），以及远近驰名的花园和溜冰场（图 12－9）。

图 12－9　洛克菲勒中心诱人的文化艺术设施：无线电城音乐厅（左）、下沉广场和雕塑（右）
（来源：互联网）

随着城市建筑综合体在 20 世纪 60 年代经历了市郊购物中心的发展阶段之后，其体形和复杂程度也日益增加，这也直接导致了政府参与的必要。

城市建筑综合体的成功取决于它们能否将多样性的不同功能融为一体。这一融合应当遍布在一天 24 小时之中。同时，它能产生一种**市场合作**（Market Synergy）的效果，使得整体共存共荣。城市建筑综合体的多样性同时也代表了在下班时刻以后吸引人潮的能力。提供吃喝的场所是一个方式，提供娱乐设施（如戏院）或是安排特殊活动（在特定的购物中心或是广场区里）是另一种方式。当然，其他方式还可以透过各式各样的公共设施来完成，如滨水的步道、

1　Harold R.Snedcof 著.都市文化空间之整体营造——复合使用计划中的文化设施. 刘丽卿，蔡国栋译. 台湾：创新出版社,1996：P4。

2　关于混合使用开发的概念，请参见的第 2 章“城市建筑综合体及相关概念研究”中的有关论述。

博物馆、图书馆及聚集处的休闲设施等。

由于混合使用开发的功效获得了认同，那么将文化艺术设施包含进来也是顺理成章的事情了。

3. 历史建筑保护运动

在第二次世界大战之前，人们对于历史建筑的保护局限于在历史上扮演过重要角色的建筑之上，而大部分古旧的建筑在大规模的都市更新中被夷为平地，或被新建筑取代。而在第二次世界大战之后，人们的目光开始转移到了对有历史建筑价值而原先使用目的已不存在的老建筑上，政府也针对性地给出了一系列税收优惠政策来吸引私人投资者的介入。

其中一些项目创造了生机勃勃的城市建筑综合体，于是引起大众注意，大量更新使用的建筑变成了艺术的场所。如电影城变成了表演艺术中心，市政府和警察局变成了儿童博物馆和现代艺术馆，火车站重新装潢成为艺术和科技中心。文化艺术团体成为这些历史建筑更新后的主要使用者（图 12－10～图 12－12）。同时，通过这些项目的合作，促进了文化艺术机构与房地产开发单位进一步相互了解，明确了对方的需求、目标和长处。

图 12－10　法国巴黎“橘黄宫”被改建为“莫奈美术馆”

图 12－11　奥赛火车站被改建为“奥赛博物馆”

图 12－12　巴黎税务局被改建为“舞蹈艺术中心”

4. 公共政策与社区发展趋势，以及政府支出的转变

一个健康的都市核心——经济发达，生气蓬勃，活动繁多，以行人为中心，24 小时不间断运转，并有多元性的混合使用——是整个城市的活力来源。几股经济力量和社会力量的混合已经改变了人们对城市中心区需求和目标的认知，拉近了政府、私人投资者和文化艺术部门间的关系。

经过美国政府自 20 世纪 50 年代以来对城市问题的解决重点转变（重点从 50～60 年代对贫民窟的消除，转变到了 60 年代之后对城市中心区的更新），政府部门认为，城市中心商业区的复兴，将是解决都市问题的良药。但是城市中心区的更新是一个太大的问题，不是政府能够独自承担的，需要私人投资者的协助。同样，私人投资者通过提供协助也能获得更多的获利机会。由此，政府部门与私人投资者之间找到了一个互惠的合作基础。

5. 旅游业的兴起

当今城市，随着工业基础的逐渐淡出，服务业成为经济的主宰力量，旅游业的重要性也日益增加。在过去几十年中，大量会议中心和其他旅游设施的兴建，是其最好体现。旅游业能够创造技术密集和非技术密集的工作，能够增加政府财政税收的收入，并能够为当地经济注入强心剂。

会议工业（Convention Industry）是一种“无烟工业”，游客只是消费，并不从当地经济中带走什么。为此，城市兴建各种设施以吸引游客。那些能够成功地招揽会议人口和度假人口的城市，不仅提供旅游业下部组织如旅馆、餐馆、会议中心、交易中心，同时还提供多元性的休闲、商业、文化和艺术空间。在旅游业市场里，这些都是充满活力、刺激、有趣，具有独特风味的地方。

为了营造这种独特的风格，城市开始寻求与艺术团体合作。一个健全的文化团体，本身又有扎实的活动内容，对游客是一个有力的卖点。也因为他们对经济的贡献，市政府越来越不吝于伸出援助之手。[1]

6. **大都市综合症（Metropolis Syndrome）**

将自己的城市塑造成一个独特的国际性形象，以跻身世界性大都市之林，是城市管理者及当地商业领导人的共同野心。这种目标被称为**"大都市综合症"**。

大都市综合症有以下几个组成要素：首先，是要能够了解到文化艺术对城市形象和经济的贡献。其次，是要以行人为中心，行人的活动可以遍及街道和广场。通过步行，人可以和周围的人、事、物发生互动。这种互动关系，如街头表演和零售活动，使得城市更富生机。最后，是 24 小时的活动循环，伟大的都市不因夜幕的降临而凋落。除了经济活动外，它们还能提供各种各样的活动以满足市民和游客的要求。而包含了文化艺术设施的城市建筑综合体项目为这些品质提供了可能性。

7. **房地产及文化艺术活动的政府参与**

政府的积极参与有助于城市中心区更新目标的完成，与商业的结合开始能够带来实质性益处。政府对城市建筑综合体项目的参与有被动的（通过法规控制）、中间的（政府对特定功能的补助）及综合性的（积极参与方案的经营管理）。政府同时支持和辅助艺术团体，正如旧金山城市更新管理局的**海伦·索斯**（Helen Sause）所说："城市的重要任务之一便是给予居民各种经验。在世界各大城市里，艺术经验是城市经验的重要构成要素之一。艺术能感化人心，赋予社区意义，让群众有参与感。艺术资源就像学校、公共运输系统和其他基础设施一样，是重要的城市下部组织。由于艺术设施和艺术节目对城市地区的影响是如此深远，政府有义务提供这样的机会。"

12.3.3 含有文化艺术设施项目的开发合作关系

含有文化艺术设施的城市建筑综合体开发项目大都有赖于私人、政府和艺术部门的合作，这种过程很像是合伙关系。虽然这三者的关系不一定是对等的，但只有这三方面的当事者都完全付出并愿意分担风险，整个项目才能开花结果。在大型项目中，他们还需提出一个着眼未来的架构，而不能仅仅注视现在。综合来说：团队合作比单打独斗更能应付复杂的状况。

1. **艺术文化部门**

艺术文化部门往往需要最好、最新的设施，并需要其他成员的参与，以筹措资金，保证新设施的产生和运营。他们依靠参与开发过程的高曝光率以吸引潜在的观众。然而，和房地产部门不同的是，艺术部门不能承担财务风险。

艺术文化部门所能提供的最珍贵的资源是"人"。通过对项目的参与，它

---

1 Harold R.Snedcof 著.都市文化空间之整体营造——复合使用计划中的文化设施. 刘丽卿，蔡国栋译. 台湾：创新出版社，1996.P11。

们所吸引的人潮不只是针对其本身节目而来的，还包括了商店和餐厅的顾客、旅馆的旅客、办公大楼的承租者、住宅单位的购买者等等。文化艺术活动的观众大部分都是拥有一定收入和高学历的，这正是整体项目所想要吸引的顾客类型。

艺术文化部门同时赋予了整个项目一个独一无二的特性，一个市场的焦点和品质的形象，同时也提升了整体的价值。

2. 私人部门

参与城市建筑综合体开发的私人投资者的目的是获利。他们所需要的是一种市场优势。有文化艺术参与的项目可以使人们有更好的印象。这种正面形象和吸引力，可以提高项目的获利可能。

私人投资者的贡献在于他们对房地产开发的能力和经验，从规划到设计，从筹建到建造，从运营到促销，他们无一不通。他们也是项目的主要投资者，但同时他们也不愿或不能承担整体的财务负担。

3. 政府部门

地方政府对城市建筑综合体所定的目标和其他类型项目一样：增加税收，来自公有土地出售或出租的营利，对未开发区域的活化和创造就业机会等。政府部门的规划人员会期望项目能带动周边地区，同时，为周边居民提供设施和服务，提升城市的文化形象。

政府部门的优势在于他们掌握了开发许可权，建造下部组织的职权，以及土地所有权。政府部门通常不是直接投资者，而是通过一些手段使资金筹措成为可行，如土地价格的签订和公债发行等。在一个复杂的项目中，他们往往会成为规划阶段的主要管理者。

最后，**要使合作关系能够顺利进行，有几个要素是必备的：强有力的领导者，真诚的合作关系，一个良好的地点。**

12.3.4 有文化艺术参与的项目特性

有文化艺术参与的城市建筑综合体与没有文化艺术参与的项目有本质区别。**预留空间给文化艺术功能使用不仅会影响规划与开发过程，也会影响到财务结构和计划完成后的经营和运作。**

1. 对开发特性的影响

有文化艺术参与的城市建筑综合体项目与没有文化艺术参与的项目最大的区别在于，前者必须建造符合艺术团体特定需求的建筑设施。这些设施可能需要耗费巨资兴建与维护，而建设和运营费用则必须在开发过程中筹措。如果经费短缺，或设计建造不合艺术团体需求，会对艺术节目的品质造成明显伤害，并对整个项目的成败造成极大影响。

另外，包含文化艺术的项目通常是为了促进广泛的公共利益，它们的开发密度都会比一般的项目低，并会包含大量开放空间。

2. 对开发过程的影响

有文化艺术参与的项目前期开发阶段特别长，特别费时，通常会需要 7 ~ 15 年的时间。而一般计划案只需 3 ~ 5 年而已。政府、私人和文化艺术三个部门间的来回沟通是必需的，并以此来协调项目的艺术特性和获利机会。

政府与项目资金的关系很大，一般会通过直接投入，或发行公债等财务机制来对项目进行支持。许多市民会义务参与进来。传统的文化艺术支持者如基金会，也会一定程度地涉入对文化艺术要素规划和财务的支持。

3. 对财务和管理结构的影响

包含文化艺术的城市建筑综合体往往与普通项目有以下因素的区别：

（1）它们的野心和规模都较大。

（2）有更多的参与者介入，他们的利益必须被照顾到，每个部门的参与者往往还不止一个。

（3）它们必须整合多种不同用途的土地使用。

（4）某些功能——特别是文化设施，往往不能产生净利，这使得计划案的财务风险升高。由于艺术部门所能产生的贡献很难量化，如何平均分担经费和风险也就相对复杂。

（5）发起阶段和建设前期阶段较为花费时间，因为他们涉及的细节极多。因此，计划案需要投下一大笔的前期投资，而其回收往往要延后。[1]

由于上述因素，这类项目的资金协议冗长、密集，甚至严酷，就不足为奇了。如何妥善地管理项目中各元素是经营的中心问题。文化艺术部门必须维持艺术的自主性，又必须靠非营利性的收入来维持其生存。因而，有文化艺术参与的项目经营结构要仔细构思，在项目付诸实施之前就将责任明确界定。

12.3.5 有文化艺术参与的项目开发要点

有文化艺术参与的项目为创造者——公共、私人、文化艺术机构及当地的市民，带来了数不尽的好处。然而，由于项目本身相当复杂而且开发过程要消耗大量的人力和物力，因此，在项目的开始就要建立明确的为人所接受的目标，并且有卓越的已委托妥当的领导阶层指挥整个开发过程，该项目才有成功的希望。此类项目的开发要点如下：

（1）包含文化艺术设施的城市建筑综合体项目，惟有在**财务问题能与文化艺术设施分开处理**时，才可能制订含有文化艺术设施的计划。文化艺术活动要非常谨慎地和商业功能整合在一起，这样的规划可保证各功能子系统无论是营利性还是非营利性的都能够彼此支援、壮大。

（2）虽然无法量化文艺设施能增加的投资利润，但其确实可以带动零售及餐饮的生意，增加旅馆的周末使用率，使上班族乐于待在办公室里，并强化

1 Harold R.Snedcof 著.都市文化空间之整体营造——复合使用计划中的文化设施. 刘丽卿，蔡国栋译. 台湾：创新出版社.1996.P20。

项目的整体形象。因而，**开发团队对文艺类设施的加入必须要有所坚持，并将之视为长远投资**，同时，代理单位和私人开发商也必须参与所有费时费钱的交涉协议，对艺术团体的演出水准或作品层次也应有事先了解。这样，就可以制定切合实际的进度表，统计规划费用的预算。

（3）**文化艺术团体要保证提供高水准的作品，同时面对和公私两部门共事的挑战，并且以周边社区人群为基础观众群不断推陈出新。**

（4）文化艺术团体的运营成本来源，不仅有一般的艺术赞助人，还包括项目整体资金和营运费用对其的投入。这些费用投入的最终目的是**吸引大量的消费者到项目内消费。**

（5）**优秀的设计对项目的成功尤为重要**，城市设计需和商业交易同时考虑，同样重视。

（6）一旦文化艺术设施融入了城市建筑综合体，**其"文化艺术"的定义就要扩大到包括节庆、户外活动、通俗音乐会以及博览会等可能吸引大量人潮的活动**。这是因为，单单依靠高格调的文化活动或大众化的休闲活动，是无法填满整个项目运营的时间表的。同时，这类项目往往会从营运经验中，创造出新的艺术形式。[1]

总的来说，艺术、私人开发和提供赞助的公共政策之间的紧密合作，是这类项目所能带来的最大优势，也是这类项目最能造福城市的部分。**各种类型的文化艺术能够在这些供人们居住、工作、购物、休闲的城市建筑综合体中，找到全新的展现空间；而城市建筑综合体则成为文化艺术在城市中新的归宿。这一现象，创造了真正能够活化现代城市的决定性力量。**

12.4 城市建筑综合体中的交互性休闲娱乐设施

"人们喜欢到街道上，喜欢坐在路边看来来往往的人流，因为这是一幅丰富的、不断变化的画面，不论是观看者还是被观看者，都不会感到不适，因为，他们的角色随时会改变。"

——简·雅各布斯[2]

12.4.1 交互性休闲娱乐设施的潜力

"一个普通工作日的中午，我到香港九龙塘又一城赴约。虽然因为又一城是一个交通性的城市建筑综合体，转乘九广东铁，或是去香港城市大学，我会经常性地经过这里，但是与朋友相约午饭的地方，却在又一城的另一头。快到目的地了，突然觉得愈发凉快了起来，前面也传来了一阵阵欢愉的笑声，我不

1 Harold R.Snedcof 著.都市文化空间之整体营造——复合使用计划中的文化设施. 刘丽卿，蔡国栋译. 台湾：创新出版社.1996：P39。

2 简·雅各布斯（Jane Jacobs）.美国大城市的生与死（The Death and Life of Great American Cities）. 金衡山译. 南京：译林出版社, 2005。

禁加快了脚步。穿过了各形的中区空间，终于到达了目的地。面对眼前的景象，我不禁深吸了一口气，这是一个巨大的中庭空间，中间是一个巨大的真冰溜冰场，两侧类似看台布置了两层餐厅、茶座和咖啡馆。真没想到，又一城中与交通转换中庭遥相对应的是如此一个壮观的空间。我环视周围，无论是为溜冰场上人们的各色活动而吸引驻足，还是围绕其周边就座的人群，无一不露出欢快的神情。不经意间，发现朋友们正在二层向我挥手呢。”

以上是笔者 2006 年赴港考察时，亲身体验的场景。时至今日**“又一城”**这一交互性休闲娱乐空间的景象依旧历历在目。回想起来，身处九龙塘这一人口密度较低的地区，在上班时间段，却仍能够吸引大量人流的来访和驻留。溜冰场这一交互性的休闲娱乐设施是功不可没的。它不仅吸引了前来嬉戏的人群，也为前来就餐、休息、交谈和购物的人群，提供了一个动态的舞台和视线的焦点（图 12－13）。其奥秘所在，正如**简·雅各布斯**所言：“人们喜欢到街道上，喜欢坐在路边看来来往往的人流，因为这是一幅丰富的，不断变化的画面，不论是观看者还是被观看者，都不会感到不适，因为，他们的角色随时会改变。”

图 12－13　香港九龙塘有一城内的室内溜冰场与周边商业休闲设施连成整体

优秀城市空间的魅力来源，是它能够提供交互性的可能，交互性的城市空间不仅能吸引人，还能留住人，并创造更多的可能性。这也是交互性休闲娱乐设施的潜力所在：它们不仅能为城市建筑综合体吸引人，留住人，更能为其各功能子系统创造大量的机会。

让我们再来看一个例子，看看交互性的休闲娱乐设施是如何改变了一个城市空间的性质的。在巴黎市中心的**市政府**（Hotel de ville）外有一个市中心罕见的空旷广场。但是，由于其周边的功能决定了缺乏商业设施的支持。同时，在其特殊性质的共同作用下，这一广场成为很少有人驻留的空间，行人都选择在其一侧快速通过。这与其不远处**巴黎圣母院**前广场上人流如织的景象形成了鲜明的对比。近年来，巴黎市政府采取了一系列措施改变这一局面。其中，最有效的是当冬季到来，在广场上搭建一些真冰活动设施，使其成为一个儿童冰上活动中心。冬季的广场是热闹非凡的，在市政府历史建筑优雅立面的背景前，孩子们进行着各种冰上活动。溜冰、滑雪橇、坐滑雪板，丰富的活动和孩子们的欢声笑语吸引了无数的家长和游客的驻足。同时，还吸引了大量的流动售货车，共同创造了一个交互性的休闲娱乐空间。经过这里的人流不再因空旷乏味的景象匆匆离去，而是被这热闹非凡的景象所吸引，纷纷放慢了脚步（图 12－14）。

图 12－14　法国巴黎市政府外广场上丰富的交互性休闲娱乐设施填补了这一地区的空白

可以说，**交互性的休闲娱乐设施具有改变城市空间性质的决定力量。**

12.4.2　交互性休闲娱乐设施的场所营造：城市生活的核心空间

正如在本章第一节内叙述的，一个优秀的场所往往需要长时间的积累而形成。而当今社会的发展速度，需要在短时间内达到这一目标，零售功能可以在短时间内创造一个城市生活的背景，而交互性休闲娱乐设施则可以创造一个城市生活的核心。

传统的休闲娱乐设施往往是封闭性的，仅仅为了满足使用者的需求而设计。即使是开放式的设施，也很少考虑对使用者以外人群的影响。交互性的休闲娱乐设施，除了考虑其直接使用者以外，更考虑了能与其发生交互作用的间接使用者的感受。以休闲娱乐设施为核心，从而带动其周边一系列的环境。**可以说，交互性休闲娱乐设施的设置，已经不仅仅包括休闲娱乐设施本身的布置，还包括相关的功能及空间布局，以及整体场所的营造。**其中，休闲娱乐设施是核心。它们直接影响和带动了周边的其他功能，并起到了吸引人流的作用；而周边其他的功能和空间则是外延，它们围绕着休闲娱乐设施，与其发生互动，有力支持了其运作，它们起到了承载驻留人流的作用。

参与其中的人群，其角色是不断转换的。在休闲娱乐设施中的人群，处于整体场所的视线中心，而一旦其结束活动，当其加入到周边功能之中，又成为观看的人群；同样，周边的观看人群，被活动所吸引，加入其中，则很快转变为被观看的焦点。**这种角色互换的过程，极大地丰富了人们对这一场所的体验，使得整体场所感更为强化。**以休闲娱乐设施为基础打造的互动性空间，可以有效地增加人们对城市建筑综合体的体验。

交互性的休闲娱乐设施同城市建筑综合体的空间结合，则可以进一步创造出城市的精神空间。城市的精神空间，是城市的标志性空间，是人们乐于讨论和到达的地方。它可以为发生各种活动和人们的交流提供充分的支持，它是一个区域内公共空间的核心，是无法替代的。**交互性的休闲娱乐设施能够通过参与者的互动为城市建筑综合体的公共空间创造独一无二的场所感，并进一步引导使用者与公共空间互动，创造出一种人与空间相互依存，相互影响的模式，塑造出城市空间的精神性来。**

12.4.3 交互性休闲娱乐设施的发展方向

随着科技的不断发展，休闲娱乐设施的交互性手段也从单一的人与人之间的互动发展到人与建筑之间的互动的层面上来，其未来发展主要有几个方向：

1. 数字化和多媒体化

数字屏幕的使用在当代城市建筑综合体的空间营造中已经相当普遍了，但是通过数字的、多媒体的手段与建筑的使用者进行互动，还是近年来新出现的一种方法。香港九龙**朗豪坊**的巨型数码天幕，就是此类方法的一种实践。这一覆盖整个共享空间之上的亚洲最大的巨型数码天幕，会根据不同的时间段，反映出不同的自然景观，为内部人群营造出不同而又独特的环境氛围（图 12－15）。数字互动技术在不久的将来也会出现在城市建筑综合体之中，以协助建立一种人与建筑对话的途径，并进一步创造出交互式的空间体验。

图 12－15　朗豪坊的巨型数码天幕

2. 空间的巨构化

建筑空间的巨构化，为一些独特的休闲娱乐设施提供可能。过山车、摩天轮等设施，已经出现在了建筑的内部，其使用者和建筑空间之间就形成了一种互动的关系。香港九龙**朗豪坊**的另一个特色就是其中庭里的两部亚洲最长的自动扶梯——“通天梯”。人们乘其而上的过程，就是对这一巨型建筑空间的体验，俯视中庭下部来来往往的人群，观看数字屏幕上的节目，仰视数码天幕的景象，环视周围特色商店和螺旋面下的购物人流，其本身就是一种人与建筑互动的观看过程。而在扶梯上的人流，又是建筑内不停流动和变化的一道风景线（图 12－16）。巨构的空间，为看和被看的交互性提供了更丰富的可能性。

3. 开放性、多变性和多时性

交互性的休闲娱乐设施将更多地和城市建筑综合体中的开放空间结合，从而具有更多的开放性。同时，为了适应不同的情况、时间段和环境的变化，它们将会主动进行更多的变化和调整。巴黎的**蓬皮杜文化中心**前的广场是一个非常著名而又成功的城市设计案例，其倾斜的坡度在白天为人群提供了休息场所，在人们休息的同时，他们面对建筑，同建筑里乘坐自动扶梯而上的人流以及丰富的建筑立面之间形成了对话（图 12－17）。而在夜晚，倾斜的广场成为建筑内投影装置的屏幕，投影装置不断在广场和步行其间的人流上投射出丰富的图案。广场成为建筑诉说其故事的“舞台”，这一不同时间和环境下的互动角色转换，使得这一空间包含了丰富的场所体验，成为市民和游客最乐于到达的场所（图 12－18）。

图 12－16　朗豪坊的“通天梯”
（来源：互联网）

图 12－17　蓬皮杜文化中心广场日景
（来源：互联网）

图 12－18　蓬皮杜文化中心前广场夜景

第13章　适于我国城市建筑综合体发展的外部因素

13.1　概述

今日中国，大型城市建筑综合体项目的开发已经不仅仅局限于个别大城市之中，在全国各个城市都开始有所效仿，难免跟风之嫌。城市建筑综合体作为城市地标，城市中心区的核心，是各地政府所看到的首要价值；而城市建筑综合体的真正魅力所在：营造城市的场所精神，以其本身的互补性带动周边地区的发展，却往往被领导们忽视。“一阵风”现象在我国由来已久，小到红透大街小巷的“土家烧饼”大到各地兴建的市民广场、会展中心。只求表面，不看内在的跟风态度，将这些本该为人们所喜闻乐见的东西，扼杀在无形之中。城市建筑综合体在全国范围内的跟风建设，若不知其要害，也必将是一个劳民伤财的结果。由于其巨大的规模和资金投入，一旦失败，所造成的负面影响将是无法衡量的。

环顾四周，我们会发现，那些和我们当年同时经历西方殖民者蹂躏的地区和国家，经过半个多世纪持续不断的发展和摸索，在城市建筑综合体建设方面形成了各自独特而有效的建设体系。相对于西方发达国家，我们的邻居或伙伴和我们有着相似文化背景、人口密度和社会习惯，因而，他们的建设体系有着更多的值得我们借鉴和学习的地方。

在这个章节里，将对东亚地区，两个较早大力发展城市建筑综合体的国家和地区——日本（20世纪70年代开始）和香港地区（20世纪80年代开始）——所取得的成就和形成的体系进行介绍和分析，并最终总结适合我国的城市建筑综合体发展因素。

13.2　日本当代城市建筑综合体建设的特色

日本的建筑综合体现在经历了20世纪70年代的高速发展期以后，在接下来几十年的开发和建设中，在理论和实践方面都取得了很大的成就。**当今日本的城市建筑综合体建设，往往更关注空间造型、城市环境、长效使用，以及相关技术等方面的设计问题。**

总的来说，当代日本对城市建筑综合体更侧重于同城市关系的研究，从各个方面都体现出与城市的一体化来。在空间造型方面，日本已经跳出了20世

图 13－1　日本东京新宿都心鸟瞰

（来源：龙固新，大型都市综合体开发研究与实践，P43）

纪六七十年代清一色简单的国际主义风格，开始讲究造型效果和内部处理。立面的处理手法也变得越来越丰富和细腻，并逐渐形成了具有日本特色的建筑风格，创造了独特的城市景观。与城市环境的关系方面，他们也更多地将城市建筑综合体与城市整体之间形态联系在一起来考虑。把城市公共活动空间形态联系在一起来进行考虑，并把城市公共活动空间的创造和地区环境的整备放在首要位置。注重城市建筑综合体与城市交通网络的连接和底部公共空间的立体化开发（图 13－1）。在相关技术方面，日本也取得了相当大的成就。例如在高层建筑抗震、减振技术的开发应用上，在智能化技术、节能技术、防灾技术、水处理技术和施工技术等方面，日本都已经达到了世界先进水平，并且开始向国外输出这些技术。[1]

下面，我们就来进一步讨论日本当代城市建筑综合体建设的特色：

13.2.1　通过开发新技术来提高城市建筑综合体对城市环境的适应性

日本是一个非常注重技术的国家，政府部门和建筑企业投入了大量的资金进行相关的建筑技术研究和开发。这些研究不仅为城市建筑综合体的大量建设打下了坚实的理论基础，促进了相关技术领域的现代化，还从观念上确立了技术先行的信念。

日本在高层建筑主动式减振系统的开发，缓解高层建筑造成的电磁波障碍方面均处于领先地位，这两个技术正是对其本土地震频繁和人口密集，环境应对的最好体现（图 13－2）。如日本大阪的**赞誉之塔**，顶部倒金字塔的结构设计结合主动减振装置，保障建筑的舒适性和安全性（图 13－3）。而**大阪 ORC 200** 在一番街超高层塔楼五十一层装备了 2 台重 100 吨的**混合型减振装置**（HMD），有效减小风压和地震影响。在智能化技术方面，日本也有其独到之处，其新型的智能大楼已由过去的侧重信息处理和设施管理的**“高技术型”**，转向更加注重环境的**“高情感型”**。过去日本一直比较注重提高抗灾能力技术的研究和开发，而现在已经开始全面重视节能技术和环保技术。城市建筑综合体的环境质量如何，节能效果如何，也成了评价设计的重要指标之一。[2]

1　覃力.日本高层建筑.北京：中国建筑工业出版社，2005：P9。

2　覃力.日本高层建筑.北京：中国建筑工业出版社，2005：P10。

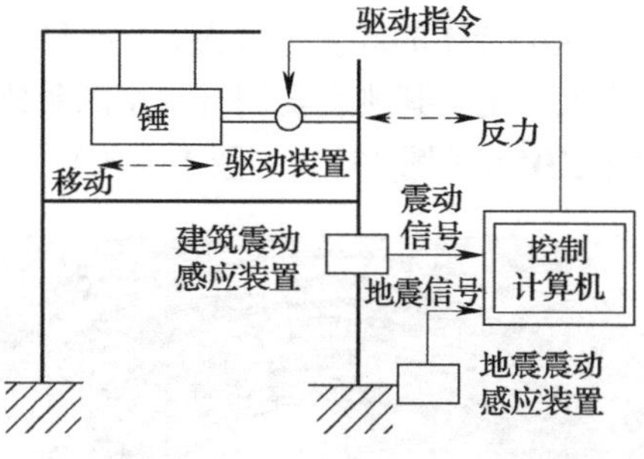

(*a*) AMD减振装置概念图

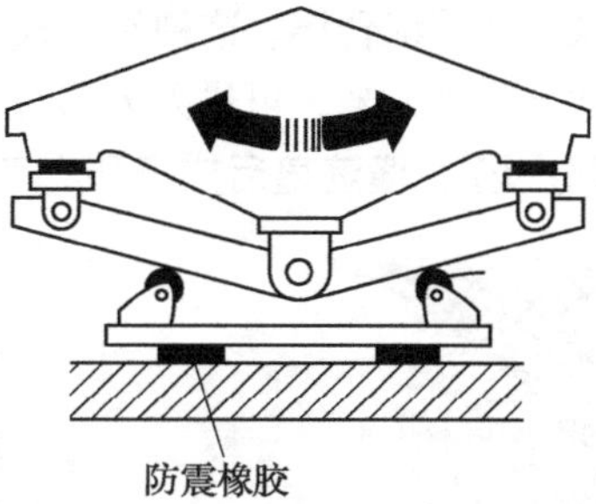

(*b*) HMD减振装置

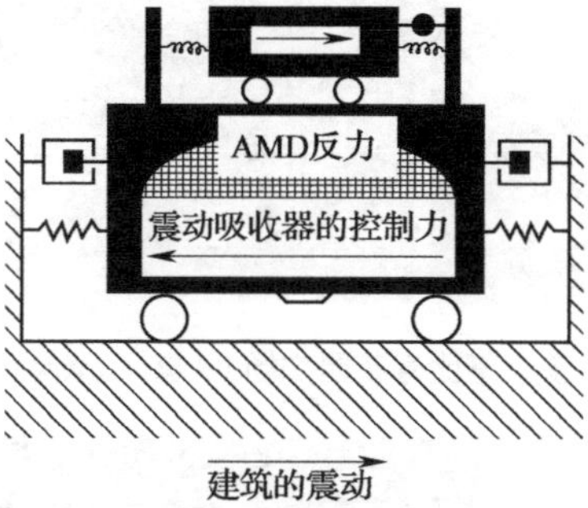

(*c*) AMD减振装置

图 13－2　高层建筑主动式减振系统

（来源：覃力，日本高层建筑）

同时，日本在进行城市建筑综合体的规划设计时，并不仅仅从空间造型和景观效果上去考虑问题，而是更多地从其可能对周围环境所产生的负面影响去考虑问题。强调日照、电磁波障碍、风害、污染处理等技术层面上的东西。

13.2.2　通过城市建筑综合体的群体开发来快速形成城市的空间景观气候

日本从 20 世纪 70 年代起，就开始了大规模的超高层建筑群体开发并成为日本现代化的象征。这种高密度、高强度的大规模开发，不仅从经济上有利于相乘效应的发挥和互补，而且在城市空间景观上也能够很快地形成气候。

近十年来，日本超高层建筑群的综合化和集群化的发展趋势更加明显，其组成元素也从以往的独立性较强的建筑单体，转变为

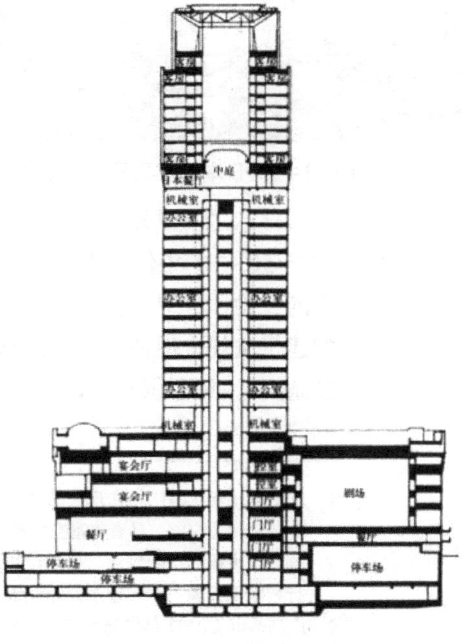

图 13－3　大阪赞誉之塔剖面

（来源：覃力，日本高层建筑）

了城市建筑综合体。这种集群式的城市建筑综合体的规模十分庞大，往往会达到数十万平方米，可供万人乃至 10 余万人使用。其典型实例有东京的**惠比寿花园广场**[1]、**横滨皇后广场**和**广岛基町 CRED**[2]等（图 13－4、图 13－5）。

图 13－4　日本东京惠比寿花园广场（来源：互联网）

图 13－5　日本横滨皇后广场（左），广岛基町 CRED（中、右）（来源：互联网）

日本之所以开始注重建筑群体开发，主要有两方面的原因：一是日本在 20 世纪 50～60 年代一直信守现代主义的“功能区划”原则和美国超高层建筑建设的经验，希望尽快集中财力物力在城市景观上创造出一个新形象；二是日本的建筑法规也促使高层建筑成片地开发建设，日本建筑法规实行的是“特定街区制度”，高容积率、高强度的开发建设项目都被指定在某些特定的区域之内。

1　东京惠比寿花园广场在现代的“时间消费”型社会里，以新型生活空间的塑造为主旨，力图创造一个与之相适应的、具有丰富空间感受的大众化的“街区”，设计上追求一种既有现代，又带有欧洲传统城市风格的空间气氛；采用设在地下的集中式空调系统，收集生活用水经过处理重新利用，并实行智能化管理；垃圾输送处理设备，通过真空输送回收，集中高效处理。

2　广岛基町 CRED 是广岛新都心的象征，位于市中心繁华地区，交通便利，近临文化公园，其建设目标是进一步充实都心机能，创造一个富有魅力的“街区”；与广场的开敞式公共空间相衔接的半开敞中庭是其空间组织重心所在，也是建筑的特色所在。

另外，除了这两个直接原因以外，日本还是个集体意识极强的国家，这种根植于日本民族传统的“集体观念”或许也对“城市建筑综合体”在日本20世纪70年代高速发展有着潜在的影响。[1]

13.2.3 通过在城市建筑综合体中引入城市空间和城市交通来创造公共空间

城市中最有魅力的部分是公共空间。公共空间多设置在城市建筑综合体的下部、底部和地下。这些位置除了布置公共活动空间之外，还常常布置有商业、餐饮和娱乐设施。在20世纪70年代，日本的建筑综合体就开始有结合商业附设开放的下沉式广场，使地下空间与地面贯通，只是这种公共活动空间是孤立的，与城市环境没有什么必然的联系。而到了20世纪80年代以后，日本的城市建筑综合体设计才开始真正重视公共空间的组织创造及其与城市空间环境的关系。如日本**大阪南海南塔酒店**是车站与商业结合的城市建筑综合体典型实例，其内部流线复杂，但是组织却十分成功，将十分混乱的多向人流组织得井井有条（图13－6）；又如日本东京的**大都会广场**，既是池袋车站，又是一座超大规模的城市建筑综合体（图13－7）。至20世纪90年代时，更全面地将城市空间和城市交通引进了建筑内部。城市建筑综合体的周围环境和底部空间的设计不仅更加丰富，而且与城市交通系统也有机地连接了起来，城市建筑综合体的底部空间也开始成为设计的重点。地铁、高架轻轨铁路、地下停车场等，通过地下和空中的连接通道，与城市建筑综合体的底部相连，形成了一个完整的立体化的高层区域交通网络，这一些已经成为当今城市建筑综合体对外交通流线组织设计的发展趋势。[2]

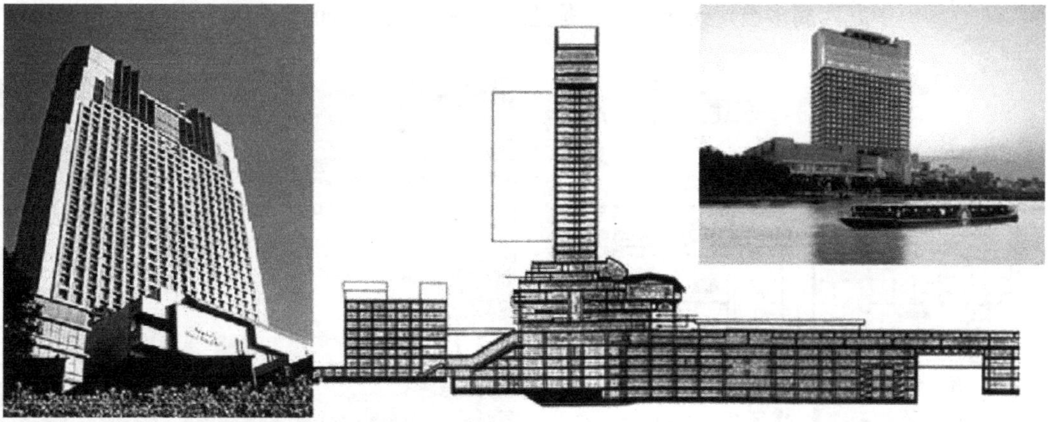

图13－6　日本大阪南海南塔酒店（来源：左图及右图来自互联网，中图来自覃力，日本高层建筑）

1　覃力.日本高层建筑.北京：中国建筑工业出版社，2005：P11。

2　覃力.日本高层建筑.北京：中国建筑工业出版社，2005：P12。

图 13－7　日本东京大都会广场（来源：左图来自互联网，中图及右图来自 覃力，日本高层建筑）

日本**横须贺海湾广场**城市交通与建筑直接联系，三层出入口广场处有架空廊道直通京滨急行汐入车站（图 13－8）；而日本神户的**新神户东方城·C3**，与地铁和新干线之间的关系处理得很好，既有利于疏散人流，又将乘车的客流引入到商业设施之中，带来更大的经济效益（图 13－9）。这种从城市设计角度出发组织城市空间和城市交通的方法，不但缓解了城市建筑综合体区域交通的压力，提高了城市建筑综合体底部公共空间的利用率，解决了人车分流问题，而且也有效地改善了城市空间环境的质量，给城市中心区注入了新的活力。[1]

中庭也是日本城市建筑综合体常用的公共空间创造手法。与美国强调商业性和人的活动不同，日本的中庭更加注重形式和空间效果。20 世纪 80 年代的中庭四周多被建筑所环绕，是建筑的附属空间，而到了 90 年代之后，中庭则

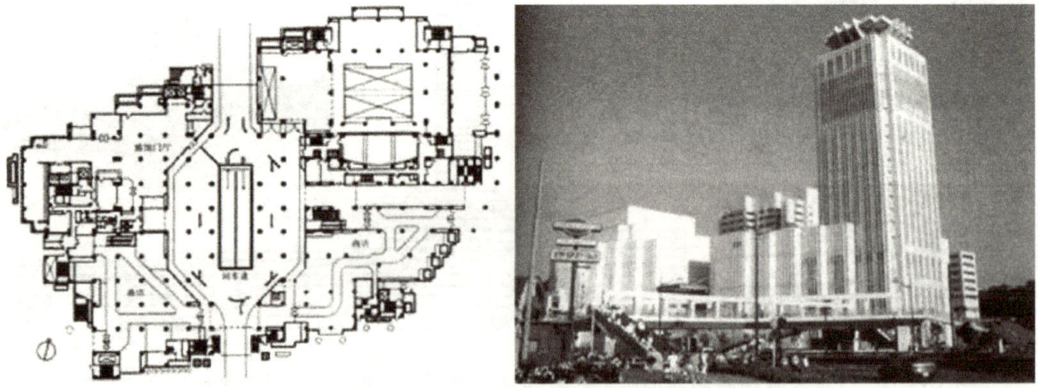

图 13－8 日本横须贺海湾广场（来源：覃力，日本高层建筑）

1　覃力.日本高层建筑.北京：中国建筑工业出版社，2005：P12。

多偏于一侧，空间更大，玻璃覆盖也更多，室内阳光更加明媚，是服务于城市的公共活动场所。东京新宿的**NS大楼**（1982年建成，日建设计）的中庭高达130米，号称世界高度第一，而横滨的**“皇后广场”**（1997年建成，日建设计）的大中庭，占地面积达3000多平方米，规模堪称世界第一（图13－10）。

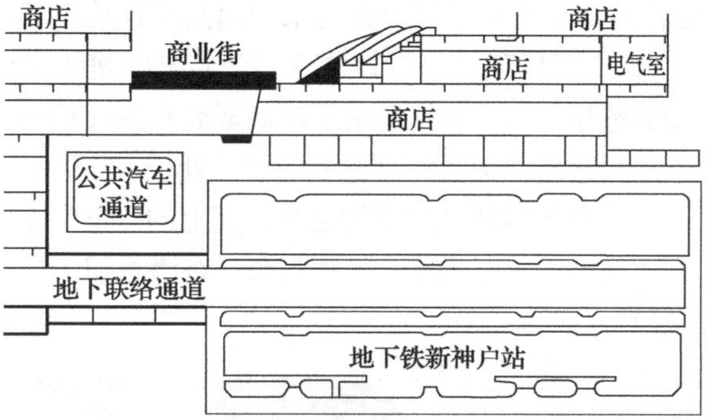

图13－9　新神户东方城·C3的地下交通体系
（来源：覃力，日本高层建筑）

图13－10　皇后广场的中庭
（来源：覃力，日本高层建筑）

另外，在日本，城市建筑综合体中融入文化艺术功能的做法也十分常见。如日本东京的**歌剧城大楼**以第二国立剧场为依托开发的综合性文化设施，将“业务活动、文化活动、商业活动”结合在一起，形成一种新型的城市生活环（图13－11）。

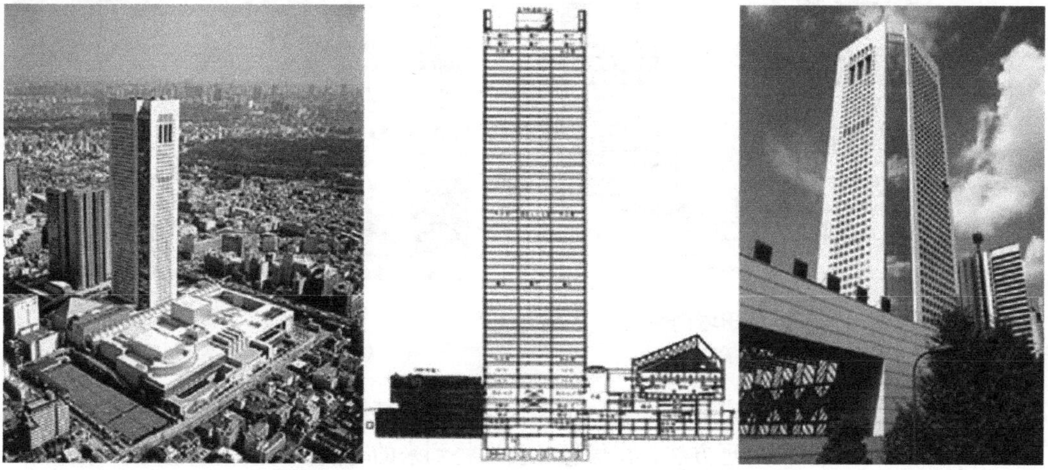

图13－11　日本东京歌剧城（来源：左图及右图来自互联网，中图来自 覃力，日本高层建筑）

13.2.4 通过技术与艺术的结合来塑造城市建筑综合体的建筑立面

城市建筑综合体的外形，尤其是其高层塔楼是城市空间的表征，具有象征性。正如前文所述，日本建筑采取的是**“先技术后艺术”**的发展模式，在城市建筑综合体的立面设计上也得到了充分的体现。在经历了20世纪70年代的现代主义外观与结构相结合的时期后，在20世纪80年代以来，城市建筑综合体的外形开始追求形式和文化特征，并在立面处理上试图将现代技术与历史风格和城市文脉联系起来。到了20世纪90年代，城市建筑综合体立面的设计重点，则明显地趋向于侧重细部的处理和追求表现技术。例如，**原广司**设计的**“新梅田城”**，其本身作为日本的一座将两幢塔楼在顶部连接起来的超高层建筑，其独特的造型和先进的技术标志着日本高层建筑的设计观念与建筑技术进入了一个新时期。为了配合这一独特的造型，其外装修选用了玻璃幕墙和铝板相间布置的设计手法，塔楼的屋顶也采用了**原广司**所特有的云形结顶处理。这种虚实相间的设计方法使人仰天望去，会有忽隐忽现的缥缈之感，其上的“空中花园”宛若漂浮在170多米的高空，能令人忘却现实，发挥想象，在潜意识中寻找某种心灵感受（图13－12、图13－13）。

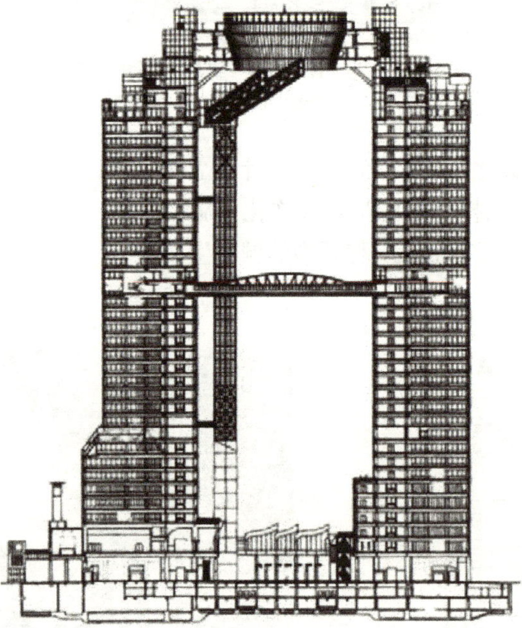

图13－12 新梅田城剖面图
（来源：覃力，日本高层建筑）

图13－13 新梅田城
（来源：覃力，日本高层建筑）

日本的城市建筑综合体造型简洁、施工精细、风格典雅，较少采用传统的三段式立面处理方法，在信息社会即将到来的时候，高技术信息化和综合化开始对城市建筑综合体的空间处理产生了重大的影响，技术上的创新，亦会毫无例外地反映在立面设计和建筑的整体造型上。由节能需要而采用的主动式或被动式的遮阳设施，使建筑立面的细部更加丰富，新型材料结构和构造做法，也会使高层塔楼给人以一种全新的感受，日本建筑师正在努力地将技术的影响与城市建筑综合体的造型和人们的审美意象结合在一起，来创造新时代的日本城市建筑综合体风格。[1]

13.3 香港当代城市建筑综合体建设的特色

香港在过去的几十年中，对应逐步增长人口压力的对策是**集中型混合土地使用**（Multiple Intensive Land Use，简称 MILU）的政策。香港的成功模式向我们展示了其通过政策如何成功地管理有限的土地以及其通过混合土地使用的方法如何来达到充满活力而丰富的城市生活的。**香港的土地政策主要是以自由式的经济（政府不干涉经济），动态的公私合作关系以及强化公共设施中私人投资比重的战略为基础的。**

香港整体规划将城市划分为三级区域：本地的中心、区域性的中心以及都市性的中心，来分配商业活动和其他设施。除了个别的设施如刑事设施、公共停尸房等单独设置外，其他设施如医疗设施、健康中心、社会福利机构等均整合到地域中心的整体开发之中。这三个级别的中心，可被看作是不同人口尺度下的紧凑型混合土地使用模式（表 13－1）。每一个**“本地”**开发项目作为混合使用开发中的首要节点，根据不同功能重点分为 5～8 个种类。多个相互依赖的节点组成了第二级的混合使用分区——**“区域”**。而两个或两个以上的二级**“区域”**则组成了第三级的**“都市”**级的分区。整个香港就像是一个由廉价、高效的公共交通联系的首级、二级和三级混合使用区域所组成的网络（图 13－14）。总的说来，在这些区域中的大部分活动都是由市场产生的而不是规划要求决定的。

香港不同级别的紧凑型混合土地使用模式比较　　　表 13－1

中心规模 / 具体要求	本地（Local）	区域（District）	都市（Metropolitan）
集中人口	50000 人	250000 人	1000000 人
零售面积所占比例	10%～20%（10000 平方米）	10%（50000 平方米）	5%（250000 平方米）
开放空间	10 公顷每 10 万人	10 公顷每 10 万人	无标准
社区要求	能够提供有人情味社区归属感	能够提供有人情味社区归属感	无标准

（来源：S.S.Y.Lau, R.Giridharan and S.Ganesan. Policies for implementing multiple intensive land use in Hong Kong. Netherlands: Journal of Housing and the Built Environment, 2003.18:P365~378）

1　覃力.日本高层建筑.北京：中国建筑工业出版社，2005：P14。

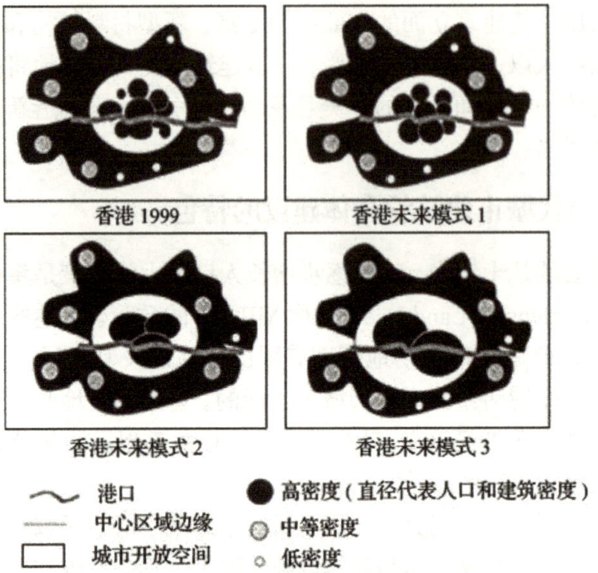

图 13－14　香港现有及未来城市模式

（来源：S.Ganesan, S.S.Y.Lau，Urban Challenges in Hong Kong: Future Directions for Design，P3~12）

香港建筑高密度的混合使用设计主要是由 5 个理念推动的：空间上的临近（Space Proximity）、紧凑（Compactness）、垂直性（Verticality）、空中城市（Sky City）以及集中型的混合使用（Intensive Mixed Uses）。它们一起增强了这个城市的活力、生命力和经济适应力。在实践过程中，它们是共同作用的。

13.3.1　垂直城市（Vertical City）

香港的垂直城市景象，是由数以千计的 200 米及 200 米以上的住宅或办公塔楼共同达成的。**联合国经济社会事务部**（UN Statistics）2000 年的年册中宣称**香港的垂直城市是全世界最节省能源的城市建造形式**（图 13－15）。

垂直城市是对不断增长的人口、对住宅更大的需求量、人均 GDP 的增长以及零散土地所有权模式的回应。早在 20 世纪 70 年代，香港政府就允许一些住宅开发项目的容积率可以达到 18～20，这些项目依旧可在港岛和九龙地区的一些地块上看见。之后，政府允许了建筑裙房可达到 100%的覆盖率。零售功能多被安排在裙房内，而项目的整体往往欠缺开放空间和室内社区设施。除了这些缺点外，大部分居民宁愿花更多的费用居住在更高的楼层以获得更好的景观、新鲜空气、安全性和私密性。

13.3.2　空间上的邻近（Space Proximity）

在香港，空间上的邻近或是建筑间的最小距离是从可容忍而非可接受的层面来考虑的。**空间上的邻近为香港的居民创造了时间和空间上的经济性**。尤其是在港岛地区，小地块分割和斜坡的限制共同形成的效果，以及社区设施营造所需要的完整性，共同形成了建筑空间上邻近的结果。香港政府也作了两个塔楼间要有至少 1/3 高度间距的规定。这样的建筑布局，形成了高密度的居住环境以及促进了服务性设施的多样集中。可以说，被限制的空间并非意味着服务的缺少。空间上的邻近成为香港 20 世纪 80 年代第一代的“本地”中心和大尺度的集中性混合开发的基本特性（图 13－16）。

图 13－15　香港的“垂直城市”景观
（来源：互联网）

图 13－16　香港高层建筑布局极其紧密

13.3.3　紧凑设计（Compactness）

香港模式几乎体现了紧凑城市的全部概念——高密度的城市系统、高容积率、混合土地使用、各功能间距离的邻近以及高效的公共客运设施。**高度集中环境下的混合使用，有效地阻止了城市蔓延和土地支离破碎的情况发生**。从 20 世纪 70 年代起，香港的新镇建设就开始以紧凑为设计基础。新镇规划要求规定了不含居住功能的项目容积率不得超过 5，并以一个复杂的公式加以限制。此外，规划机构对增加服务性的功能采取支持态度，并可得到对整体限制的放宽，以强化整体的紧凑性。香港其他的一些**综合开发区域**（CDA）也同样遵循了紧凑设计的原则。香港今日所取得的紧凑设计成果，与其高效的公共交通和连接系统的贡献是分不开的。除了高效的地铁交通外，**香港国际机场**虽然远在大屿山，但是同香港市中心区域联系非常便捷，乘搭每隔 10 分钟一班的机场快线前往中环只需 24 分钟。另外，机场还和香港中环机场快线总站联合运营，可以在中环办理登机手续，使得机场在某种意义上就在城市中心区（图 13－17、图 13－18）。

13.3.4　空中城市（Sky City）

空中城市，是一个超级多功能建筑综合体，它拥有对不同功能变化的适应性。采用空中城市概念建设的实例，可在香港的中心商业区看到。在这些

图 13－17　香港新机场虽然远离市中心，但是其配套设施将其与市中心紧密联系

（来源：互联网）

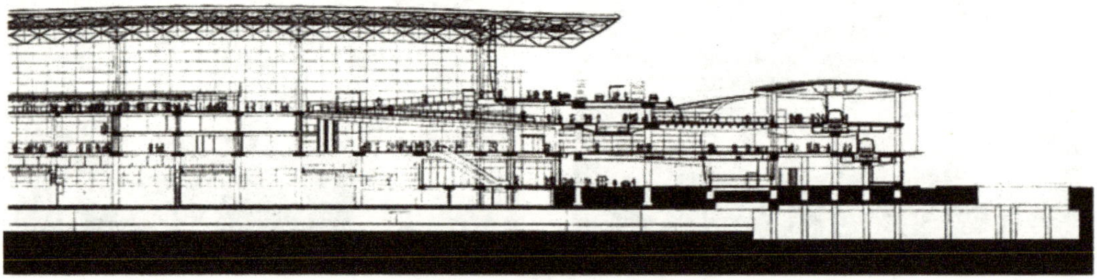

图 13－18　机场与机场快线的直接连接（来源：互联网）

区域，城市功能在多个平行的层面得以延伸，这一区域的建筑往往在地下、地面及裙房，多个层面相连。在港岛的中环、金钟、湾仔等地区，穿过建筑内部或联系建筑的步行系统的网络在空中连接了区域内绝大部分建筑，商店往往沿着这些步行通道布置。香港的新一代巨型居住项目，也开始采纳空中城市的概念，如**香港九龙车站综合体**项目，这一项目的开发代表着建筑艺术和城市设计大规模融合的趋势。可持续发展的三维特性，人员流动与城市规划，以及公共空间为方案的主题。此项工程提供了一个稠密城市地区生活典范，包括土地保护，以及与现代化技术和人员流动相协调的建筑风格的发展。车站设计的关键是将重点转向了旅客的需求，而不是传统的喧闹嘈杂的以月台为主导的建筑，以往这是人们用来上车的一个喧闹的地方。九龙站区有三个主要的层次：地面用于公路和公共交通，第一层供购物和行人使用，平台广场是出入口和开阔空间。九龙站设计代表着香港密集的城市环境与欧洲传统的统一。在欧洲风格中，车站广场成为工程的核心，并且是机场快速干线与城市之间的门户。在这里，车站广场之上升起的是亚洲风格的“特大交通城市”：城市在不断发展，城区便更为拥挤而不是向外蔓延[1]（图 13－19、图

1　TFP 事务所编.十年十座城市（Ten Years Ten Cities）. 吴晨译.北京：中国建筑工业出版社，2003：P57～60。

13－21）。对于信息技术的依赖和创造不同层面混合使用空间的内部联系，是空中城市概念的基础。总的来说，香港并没有建设空中城市的相关政策，而当代结合空中城市概念的开发项目，仅仅是改变生活方式、人们的期望、土地限制以及创造性设计手法的体现。然而，**综合开发区域**（CDA）的开发总则中，为成功的建筑空间设计提供额外的容积率奖励，这一奖励为改善空中城市概念提供了可能性。

图 13－19　香港九龙车站综合体外观

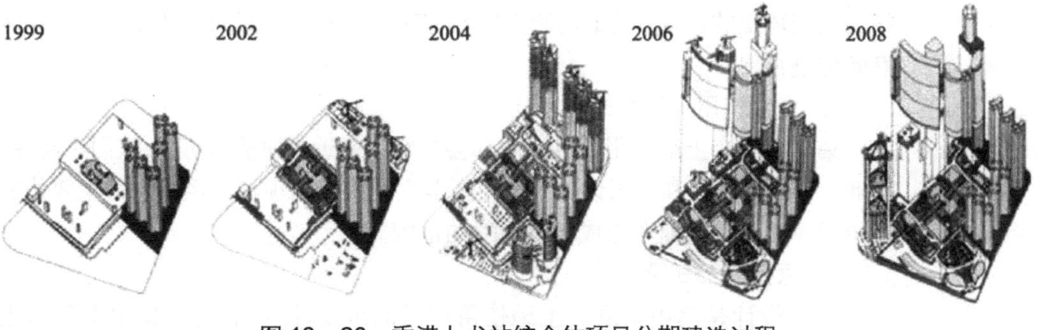

图 13－20　香港九龙站综合体项目分期建造过程
（来源：(英)TFP 事务所编，吴晨译，十年十座城市）

13.3.5　集中型的混合土地使用（MILU）

香港的城市建设经验表明，以下 5 点是**集中型的混合土地使用**所面临的关键问题：

1. 居住的密度和开发的强度

为达到成功的**集中型混合土地使用**效果，容积率需达到 5 以上，并至少要达到 2000 人/公顷的人口密度，同时任何单一功能的建筑面积不得超过总建筑面积的 2/3。在香港，居住功能需占到整个项目面积的 30%以上，才能体现出

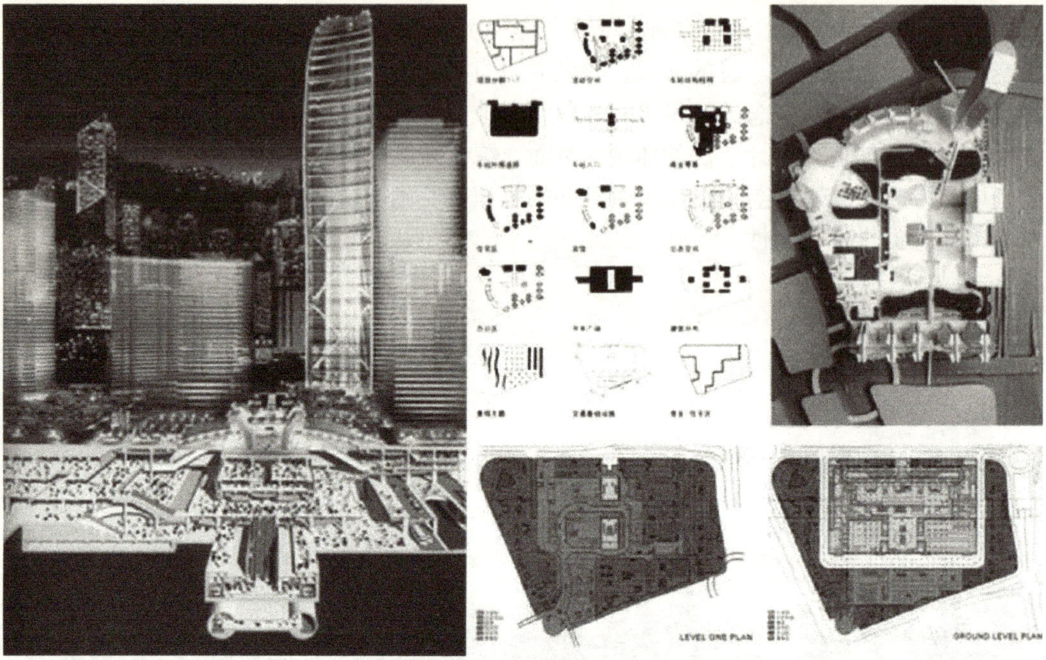

图 13－21　香港九龙站综合体项目剖视图（左），分析图（右）

[来源：(英)TFP 事务所编，吴晨译，十年十座城市]

集中型混合土地使用的特点。当今的这类项目更趋向于对平衡的土地使用和更好的空间环境的追求，传染病和火灾的控制也将通过更好的设计和维护工作来有效地进行。

2. 土地使用及适意的环境

集中型混合土地使用项目一般都会拥有或邻近5种基本功能，它们是居住、商业、娱乐、社区和交通设施。**集中型混合土地使用**项目的经济潜力主要依靠其位置，尤其是其商业组成部分辐射的范围。

3. 采用的形式及设计

裙房设计是**集中型混合土地使用**项目的重要部分。香港的**集中型混合土地使用**项目往往采用在一个裙房上布置若干塔楼的做法，裙房屋顶往往作为人工场地或公园。其裙房内往往是商业和娱乐功能，并与周边的公共交通相连接，以为使用者提供便捷性。裙房部分进一步强化了**集中型混合土地使用**项目的连接，共享和延伸的概念，并成为政府和私人投资者整合和共享社区设施的有效途径。同时，裙房的商业开发获利，可以作为居住单元投资的补充。

4. 与车流交通和人行步道的联系

所有**集中型混合土地使用**项目都会考虑和 5 种香港主要的交通类型——

MTR（地铁）、公交车、小巴、出租车以及私家车的联系。一般情况下，会优先考虑对公共交通的联系。另外，也有些项目提供了连接码头的通道。所有项目到达 CBD 的时间均在 30 分钟以内,而大部分项目的人行步道总长度在 2 ~ 5 公里之间。交通联系的创新，缓和了拥挤的状况，并增加了由一个大型区域的整合而带来的益处。研究显示在低密度地区以及远离城市核心的地区的基础设施花费要高于高密度地区。在香港，这一问题通过将两个或两个以上的二级混合开发区域整合来解决。各个混合开发区域达到工作区域的平均时间在 30 ~ 45 分钟。对应东京的 90 分钟而言，无疑是要高效很多。无论交通质量如何，交通所需时间决定了人们出行的频率。因此，高效的公共交通是香港**集中型混合土地使用**成功的关键。

5. 为政府创造提供廉租住宅的可能

是否能提供全面的服务设施，是决定项目市场适应性的关键。**集中型混合土地使用**的项目，可使政府用其商业设施的营利来补贴住宅部分的出租收入。因此，这类项目中的住房租金往往能低于单一开发的项目。通过这种方法，政府就有了开发用于供给香港相当一部分低收入家庭的廉租房屋的可能性。

虽然由于**集中型混合土地使用**项目对空间的依赖性很强，会对周围环境释放更多的热量，而造成城市热岛效应和增加城市污染。但是总体来说，**集中型混合土地使用**项目为香港高效的社会和经济运转提供了保证。

13.4 适于我国的城市建筑综合体发展因素

将日本和香港的城市发展模式相比较，我们会发现对于城市建筑综合体的发展而言，两者对其外部环境营造的重点还是有所区别的。日本主要是从城市建筑综合体本身出发，从细节入手以处理其内部各层面的关系为重点进行开发，其对建筑技术的追求，群体性的开发模式，以及引入城市空间和城市交通的手法，都体现了这一侧重点；而香港，则是从城市整体的范围出发，通过创造适于城市建筑综合体发展的外部环境和氛围来指导其开发。香港采用的**集中型混合土地使用**政策就是宏观考虑的最好例证。可以说，二者都取得了很大的成就，并形成了各自的特色。“邻居”和“伙伴”的先进经验，为我国城市建筑综合体的开发建设提供了宝贵的经验。

正如前一章所讨论的，我国的城市建筑综合体发展，所迫切需要的**内部因素是将城市建筑综合体和城市、城市建筑综合体各个功能子系统和开放空间有机联系的“粘合剂”；是能够使其成为拥有独一无二的个性，并成为城市重要组成部分的“成型剂”；是能够激发城市场所空间形成和促进城市精神空间生成的“催化剂”**。同样，我国城市建筑综合体发展，所迫切需要的外部因素则是在对建筑技术、开发模式，以及同城市公共交通整合等细节层面提供更深入和具体的研究，来为城市建筑综合体的建设提供“多样化”的选择；并在社会、经济、文化、政策和法规，以及理论环境等城市整体环境层面提供更宽松的氛围，来为城市建筑综合体的发展创造利于其发展的“多样化”环境。

第 14 章　结论

14.1　城市建筑综合体发展的新趋势

在未来相当长的一段时间里，城市建筑综合体将会在以下几种趋势的支配下在城市及城镇中心持续建设：城市化进程的不断深入，日益增加的交通拥挤情况，土地价格的不断提升，以及精明增长（Smart Growth）理念[1] 的发展。这些新的项目将受到各种趋势的影响，如公众参与度的增加，主街为中心的设计新趋势，交通设施的融入，补充性发展等等。

14.1.1　以主街为核心的城市建筑综合体

近年，混合使用发展最重要的趋势就是对传统城市形式及城市设计理念的提升，这一趋势同样影响到城市建筑综合体的发展。在 20 世纪 90 年代以前，城市建筑综合体往往以步行广场、中庭或商场为组织核心，而在将来，城市建筑综合体也将会以适于步行的主街为核心来组织设计。无论城市设计的方法被称为**城市主义**、**传统城市主义**或**新城市主义**[2]，它都将影响城市建筑综合体未来的发展——尤其是在美国和西欧地区，而亚洲的城市建筑综合体也有往这个方向发展的趋势。

许多混合使用项目并不会坚持**新城市主义**的设计手法，它们会以实际经验和经济要求为基础，在一个区域将城市建筑综合体与单一功能的建筑混合安排，并与适于步行的主街联系。这样的混合布局更能适应各种租户的需求和市场的变化。**城市建筑综合体将会被作为组成整体的一部分来设计，而更需注重与周边环境的关系**（图 14－1）。

1　2000 年，美国规划协会联合 60 家公共团体组成了“美国精明增长联盟”（Smart Growth America），确定精明增长的核心内容是：用足城市存量空间，减少盲目扩张；加强对现有社区的重建，重新开发废弃、污染工业用地，以节约基础设施和公共服务成本；城市建设相对集中，密集组团，生活和就业单元尽量拉近距离，减少基础设施、房屋建设和使用成本。

2　所谓“新城市主义”，是 20 世纪 90 年代初，北美地区城市面对郊区的无序蔓延，提出的一种新的城市规划和设计思想，主张借鉴第二次世界战前美国小城镇和城镇规划优秀传统，塑造具有城镇生活氛围的、紧凑的社区，取代郊区蔓延的发展模式，称之为“新城市主义”（New Urbanism）。

14.1.2 政府投资支持力和涉及领域的增长

图 14－1 美国俄亥俄州韦斯特莱克（Westlake）市的 Crocker Park 市镇中心的核心主街

（来源：互联网）

由于相关法律和政策对有些城市建筑综合体项目的干涉性越来越强，政府投资者将会对其发展起到更大的作用。政府投资者往往对**精明增长、新城市主义、混合使用**思想等理念情有独钟。因此，他们会喜爱甚至主动寻找开发城市建筑综合体的机会。政府投资者越来越多地对城镇中心混合使用项目进行投入，这会对城郊空间形态的形成起到重要的作用。

政府把为社区创建一个场所为混合使用开发的出发点，将会是一种流行的城市建筑综合体建设开发模式。项目开发的原动力来自发展的压力和对新建筑的需求，以及为社区创造一个具有独特个性的公共空间的愿望（图 14－2）。

图 14－2 美国佛罗里达州米拉马尔（Miramar）市的市镇中心

（来源：互联网）

14.1.3 以交通设施为核心的城市建筑综合体

混合使用的交通性城镇，将会成为一种新的混合使用发展方向，并将有独特的设计和功能混合的方法。在美国的实践表明，大量独立开发建设的交通系统利用率很低。因此，政府投资方也开始意识到，只有在交通换乘站周边环绕了一定密度和适于步行的区域，才能提高其利用率并有所产出，而混合使用开发非常适合这一情况。

过往的交通性城镇设计往往过于松散和随意，无法形成混合使用的模式，在未来，这一情况将会得到改变。这些交通性的城镇，将会在市郊结合车站的混合使用进行开发。这一模式的结果，会将车站建设为以交通设施为核心的城市建筑综合体，它将会成为综合了交通、零售、娱乐、休闲、办公、酒店、居住等一系列功能的市镇中心，并带动周边新区的建设，成为连接新镇与城市中心区的节点（图 14 – 3）。

14.1.4　城市建筑综合体中零售功能的布局

城市建筑综合体中的零售功能布局，将越来越多地采用类似城市主街和生活中心的购物模式，通过餐厅、书店、娱乐设施，以及生活式零售的与之混合来组织。零售功能的面积会被控制在一定范围内（10000 ~ 30000 平方米），并会包含室内外空间和更多的大容量零售商店。在大多数情况下，零售功能都会坚持小型和便于管理的模式。

零售功能的发展趋势表明，人们越来越欢迎诸如**沃尔玛**（Wal – Mart）、**百思买**（Best – buy）等形式的大容量零售店。因而，在城市建筑综合体中它们也会被越来越多地引入。在传统商厦中的一些专门化零售功能，会被吸引到生活式的购物中心及主街上，这是因为那里的租金更便宜也更易获得个性特色。

主街式的零售有其局限性，并依旧面临大型商厦以及大量大型零售店的竞争和挤压。在将来，城市建筑综合体中的混合使用零售功能，仍将会避免与传统大型商场的正面竞争，并将通过塑造令人难忘的场所氛围来获取一席之地（图 14 – 4）。

图 14 – 3　香港沙田市镇中心直接连接九广东铁车站

图 14 – 4　广州正佳广场内丰富的零售购物空间

14.1.5　城市建筑综合体对办公及酒店功能吸引力的增加

办公及酒店功能对混合使用环境的喜爱与日俱增，在实际项目中，它们更适于位于整个项目的边缘位置。在美国、欧洲和亚洲，办公功能的高**空置率**（Vacancy Rate）使得它们无法成为整个项目的主要推动力。事实上，近年开发的城市建筑综合体项目，更倾向于对居住和零售功能的混合而非办公和酒店功能的混合。即便如此，当办公及酒店功能的效益开始回升时，它们中的大多数还是更倾向于选择城市建筑综合体等混合使用环境。

城市建筑综合体需要留有一定的弹性，以顺应这种趋势，在设计中则可以考虑布置一些低造价的多层空间，以备将来的需要。

14.1.6 城市建筑综合体对新技术和新材料的应用

由于城市建筑综合体日益起到城市核心作用，开始引领城市发展，一些新技术和新材料也越来越多地在城市建筑综合体中得到试验和应用的机会。其中，生态技术、多媒体技术、计算机技术和互联网技术等体现着当今时代潮流的新技术，更是为创造城市建筑综合体独特而诱人的内核及外延提供了新的可能。

可以说，这些新技术和新材料的应用，目的是为了营造城市建筑综合体可持续发展的、协同作用的、多样性的、易于管理的，乃至有城市精神性的内部和外部空间。

14.1.7 亚洲城市建筑综合体的发展趋势：新城市主义和高层的倾向

亚洲地区的城市建筑综合体发展趋势，包含了之前讨论的六个趋势中的大多数，同时，还表现出几个独特的趋势。城市建筑综合体不断呈现出高层、高密度以及巨构的倾向。开发商及政府对城市建筑综合体标志性的偏爱，对它们的形态产生巨大的作用力。同时，对于大型商场、高层办公楼和酒店，以及高层住宅的市场需求，也从另一个侧面支持了这些偏爱。**新城市主义**及**街道适应性**（Street - oriented）的手法在亚洲的城市建筑综合体建设中广为流传，许多精通这些手法的西方建筑设计公司，在亚洲地区非常活跃。

14.1.8 欧洲城市建筑综合体的发展趋势：城市更新的倾向

欧洲地区城市建筑综合体的建设，往往是由城市更新力量推动的。它们的发展趋势同样包含了上述六个趋势中的大多数，尤其是在政府投资的支持力、以交通设施为核心的城市建筑综合体开发，以及以主街为核心的城市建筑综合体开放三方面。这是由欧洲城市传统所决定的。

由于欧洲城市相对已经比较完备，所进行的城市建设以城市更新为主，其对象往往集中在历史区域，如城市中心区和废弃的工业用地等。当然，欧洲也有在新镇中建设的城市建筑综合体。

欧洲城市建筑综合体发展的另一独特趋势，是对零售功能的偏爱。欧洲城市传统所造成的零售功能匮乏，使得零售功能成为一个新鲜事物。东欧及西欧地区对零售功能的持续需求，使得在欧洲（尤其在西欧）建设的城市建筑综合体往往以零售功能为基础。

14.1.9 北美地区城市建筑综合体的发展趋势：填充及灰色空间的开发

北美地区城市建筑综合体发展的独特趋势，是在一些城市或市郊商业区的废弃用地（往往称之为失落空间）上进行城市建筑综合体开发，对这些地区进行填充，并挽救这些城市中的失落空间。在美国许多的大城市，如达拉斯、休斯敦、凤凰城等等，均有大量地面停车场并缺少便于步行的环境。这些城市本身已经拥有了相当完整的城市网络系统，通过填充式发展，植入包含居住及零售功能的城市建筑综合体，全新的便于步行的混合使用区域很快就能形成气候。

美国城郊同样有许多服务多层办公用房的地面停车场，这些区域被视为空白、贫瘠和缺乏活力的空间。这些土地同样可以通过城市建筑综合体或是其他形式的混合使用开发来获得活力。

最后，许多为大面积停车环境环绕的零售中心和商业中心，也需要重新开发。这些区域也为填充式开发提供了各种可能（图 14－5）。

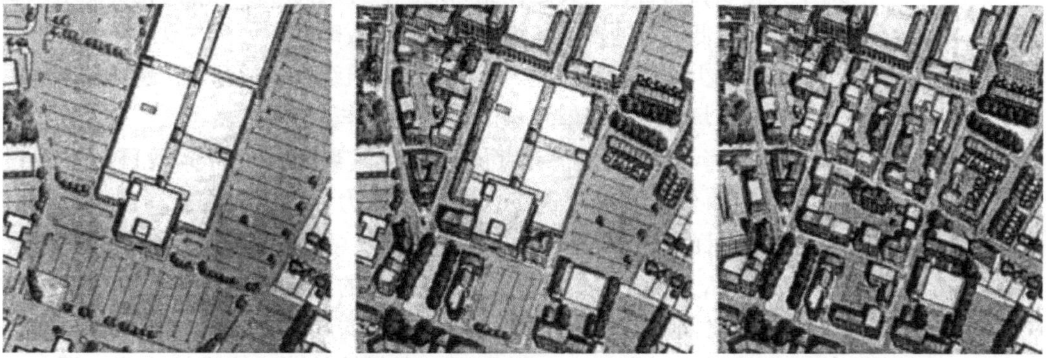

图 14－5　美国田纳西州查塔努加（Chattanooga）市的 Eastgate Mall 填充式再开发过程

（来源：ULI，Mixed-Use Development Handbook (Second Edition)，P156）

14.1.10　创造可管理的开发项目

城市建筑综合体的发展，在未来几十年内将会面临**危险性预见及造价控制**的问题。优秀的设计能为项目整体带来高额的收益，但是如果这种收益是伴随着高投入而来的，那么项目的回报率就和普通的项目无异了。高风险性理应产生高回报率，因而，**危险性预见及造价控制**，将是开发商最在意的问题。

许多大型城市建筑综合体的缺点及经济问题与很多方面有关，其中包括不理想的设计，对造价管理的失控，过高的预计，以及建造周期过长等等。一旦经济环境不好，这些城市建筑综合体将会遭受极大的危机。因而，城市建筑综合体的设计必须量力而行，并在策划阶段尽可能保守一些。

城市建筑综合体的开发商，应采取以下手段来减少投资的风险性：

（1）**项目可以不要太大；**

（2）**开发在可能的情况下，以多层建筑为主，减少结构的造价；**

（3）**最小化功能的设置，以减少项目的复杂性和开发费用；**

（4）**谨慎地安排项目内容，以免过高估计市场；**

（5）**创造革新的开发合作模式，以分担风险；**

（6）与政府投资者在公共或私人的合作层面上紧密合作。

较小的城市建筑综合体项目是欧美地区未来建设的主流。其原因包括：市场经济发展缓慢，小项目便于实施，以及风险性较小。大量被城市建筑综合体吸引的小投资商，不愿意也无法为巨大的充满野心的项目冒险。许多小城市同样对建设城市建筑综合体感兴趣，而小型的城市建筑综合体包含了适量的居住、办公及零售功能，在便于开发的同时，也能很好地服务当地市场。

对于大型项目而言，尤其是在亚洲地区，开发商应该通过简化功能组成成分，尽量多采用低造价的多层建筑模式，建立战略合作关系，以及谨慎地进行策划论证，来减少项目的风险性。大型城市建筑综合体的开发，越来越多地由多个熟悉当地市场却没有足够资金的开发商合作开发。

政府投资者依旧会通过政府优先权在城市建筑综合体项目的设计过程中充当关键角色。城市建筑综合体已经成为政府的兴趣点，因此，政府投资者会对项目的规划、投资、补助、经济及可行性评估投入极大的兴趣。虽然这会增加私人投资方的开销，但是换来的益处却是巨大的。事实上，在未来的一段时间内，政府参与往往是项目的起因，政府可以在项目中起到整体统领、形成开发理念、增加项目可行性等诸多决定性作用。因而，未来开发商对城市建筑综合体的兴趣，也将包含寻求政府作为战略合作伙伴这一方面。

14.2 适于我国国情的城市建筑综合体发展前景

从新中国成立后社会、经济因素形成的断层到 20 世纪 70 年代末改革开放后开始的城市跳跃性发展，城市建筑综合体这种在欧美国家经过几个世纪磨练而日趋成熟的建筑类型，和其他的一些先进的西方思想文化一起，强势植入了我国，之前的文化断层所造成的文化空白，使得我们在西方文明的强势入侵前显得那么的不知所措，逐渐缓过神来，已经是十多年以后了。当我们开始考虑这种“殖民”建筑类型如何同我国的传统文化思想和建设理念相结合的时候，这一建筑类型已经在短短的十多年时间里，走过了西方半个多世纪的发展历程。在西方先进思想经验的带动下，这一建筑类型的实际建设经验已经取得了一定的基础。当下，正是将我们那些被遗忘许久的文明、思想和观念融入这一类型建筑的发展，创造有我们自己文化特色的城市场所空间的时候了。

在总结适于我国的城市建筑综合体发展前景之前，我们必须再次温习以下几个要点：

（1）在城市建筑综合体发展最成熟的北美地区，它们正向小规模、低密度，以及城市传统街区模式的方向发展。而**我国城市建筑综合体现今主要采用**

的"巨构化"发展模式，主要是由我国城市的人口密度和土地紧缺等要素决定的，是现有条件下相对最好的解决方式，我们必须清醒地看到这种模式所存在的弊端。

（2）**城市建筑综合体，不是我国城市发展自然生成的**，而是在改革开放后从西方社会"嫁接"过来的建筑类型。要使其能够充分为我们所服务和适应我国特有的环境并最终融入我们的生活，还需要经过长时间的实践和磨合。

（3）**城市建筑综合体的发展在我国尚处初级阶段**，虽然我国城市建筑综合体的发展速度相对西方国家已经快了许多，新建数量成倍于西方发达国家，其外观形式也已经跟上了国际发展的潮流；但是，从开发的前期评估、中期设计、后期营销，到整体的运营、管理和维护，同城市基础设施的配合等等细节方面，无一不透露出我们缺乏理论知识和实践经验的不足。

（4）我国城市建筑综合体乃至城市的**高速发展和建设，对于城市的文化积淀和特色形成是不利的**。即便结合了世界一流建筑师和规划师创作，而在十年内高速发展起来的柏林，其整体性与长时间积累下来的欧洲其他著名城市相比依旧逊色很多。

（5）城市建筑综合体将会成为改善我国现有社会、经济、文化等结构乃至人民日常生活习惯的重要城市建设要素，它们将**会对我国社会的发展产生深远的影响**。

（6）当前**我国的城市外部环境并不完全适合城市建筑综合体的发展**。

在文化表现出同一化与多元化共生并存并迅猛变迁的时代，人类规范文化同一化呈现出客观必然性、强化扩张性、冲突竞争性、认同调适性和融合共创性等基本特征；而非规范文化多元化则呈现出共享性、融合共生性、新生共创性和弱化萎缩性等基本特征[1]。城市建筑综合体的发展，也体现了这一形势，具体表现为城市建筑综合体开发模式、建造过程、前期调研、整体营销、管理维护等规范性领域的同一化的趋势；而同时，开发理念、地域特色、社会习惯、民族文化等非规范性领域也显示出多元化趋势。**因此，对于我国而言，在开发建设城市建筑综合体的过程日趋与国际接轨的同时，指导性的整体理念即发展建议，需要体现出适于我们实际情况的特点并具有科学发展观的特点。**

正如贯彻本文的一个"合"字，城市建筑综合体是当代城市空间"**叠合**"，城市资源"**整合**"，城市文脉"**融合**"的结果。在我国，城市建筑综合体同时也应当是我们当代社会和谐发展的"**和合**"城市发展建议的体现。**我们必须了**

---

1 朱革新.文化同一与文化多元新探——兼议文化国际性与文化民族性.学术论坛，2003 年 03 期。

解到，一部分代表性的城市建筑综合体是我们正在创造的集社会、经济、文化等因素于一体的，我国传统历史上还没有过的“城市精神空间”——这正是我国当代城市建筑综合体发展的中心点。

“和合”的城市发展建议具体体现在城市建筑综合体的外延上，主要包括了：

（1）**城市交通等基础设施环境**：应当充分考虑与城市建筑综合体的高效连接或整合，这是城市循环系统“和谐”运作的有效保证。

（2）**城市生态环境**：应当尽可能地改善和创造适于人们生活的生态环境，使得城市与自然更为“和谐”。

（3）**城市社会环境**：应当在宏观调控的基础上，创造利于城市建筑综合体发展的“和谐”社会环境，同时也应当利用城市建筑综合体的环境来促进社会环境的“和谐”。

（4）**城市政策和法规环境**：应当根据实际建设情况将相关法规日趋完善并适当调整政策，促使城市建筑综合体的建设过程更加“和谐”。

（5）**城市经济环境**：应当理智地面对经济的发展速度，保持适当稳定的速度以营造“和谐”的氛围。

（6）**城市文化环境**：应当在吸收世界性文化的同时，融入我国文化要素，使两者“和谐”共存。

（7）**城市文脉环境**：应当尽可能地减少大规模开发建设与传统城市肌理的矛盾，新老建筑应“和谐”共生。

（8）**城市技术环境**：应当尽可能将利于创造“和谐”氛围的新技术运用到城市建筑综合体的开发中来。

“和合”的城市发展建议具体体现在城市建筑综合体的内核上，主要包括了：

（1）**内部各功能子系统**：各个功能子系统间的平衡与协调，应当以城市各功能间的“和谐”为依据。

（2）**内部开放空间**：有效的调节内部各功能子系统之间的关系，为内部各功能子系统与城市环境之间创造整体“和谐”的联系，为城市建筑综合体的“和谐”发展提供帮助。

（3）**特定性功能——零售功能**：合理使用零售功能，使其成为城市建筑综合体各个组成部分，以及城市建筑综合体和城市“和谐”共生的“黏合剂”。

（4）**特定性功能——文化艺术设施**：有机融合文化艺术设施，使其成为城市建筑综合体“和谐”城市独特个性营造的“成型剂”。

（5）**特定性功能——交互性休闲娱乐设施**：恰当布置交互性休闲娱乐设施，使其成为城市建筑综合体“和谐”城市场所营造的“催化剂”。

总之，我国的城市建筑综合体在各方面都应以追求“和谐”为核心思想：**无论城市外部环境“多样性”的“和谐”营造和引导，项目内部各层面关系“和谐”的“协同作用”，还是整体“和谐”的“运营、管理和维护”，乃至城市整体环境“和谐”的“可持续发展”创造，都是我们应时刻牢记的。**

附录 A

人文主义城市建设思想、现象学的还原理论以及场所理论概述

人文主义的城市建设思想是 20 世纪中期，一些学者针对现代主义的建筑思想和城市建设思想所带来的城市建设问题，提出的从城市自发生成的过程为起点，以改变当代城市结构为核心，来改善城市生活空间的一系列改进思想。现代主义的建筑思想和城市建设思想的产物——机能城市，过分强调了城市功能的划分，以千篇一律的建筑形式，或破坏了大量的历史城市结构，或建设了一个个缺少城市生活场所空间而没有生气的新城。人文主义的城市建设思想及时改变了这一局面，并对现代功能主义的思想进行了有力的还击。正如**简·雅各布斯**对**霍华德**的花园城市思想的批评："他一笔勾销了大都市复杂的、互相关联的、多方位的文化生活。他对这样的问题，如大城市管理自己的方式，交流思想的方法，政治运作的形式，开拓新的经济部署的方式等不感兴趣；他根本没有要想方设法加强这些功能的概念，因为他本来就不是要规划这样的生活。"[1] 以及对**勒·柯布西耶**的明日城市思想的批评："……至于城市是如何运转的，正如花园城市一样，除了谎言，它什么也没有说。"[2]在我国当代，由于一段时间的文化断层，20 世纪初现代功能主义的建筑与城市建设思想依旧存在于城市建设和规划的主导思想中，因此，人文主义的城市建设思想，正是治疗我国城市建设乃至城市建筑综合体中存在问题的一剂良药。

现象学的还原理论认为，人们认识事物应当排除任何偏见或成见，摆脱各种固有观点的束缚，按照事物的本来面目来观察和感受它们，设计则应该从生活本身而不是约定俗成的概念出发，只有这样才能创造出真正属于人的建筑和城市。笔者认为，城市建筑综合体设计与建设理论研究也应该进行"还原"并"回到起点"，才能真正地把握城市建筑综合体的本质。因此，论文从与城市建筑综合体相关的混合使用的城市设计思想，以及建筑综合体的历史发展开始，将城市建筑综合体的发展，同城市、建筑产生的起源和发展的规律联系起

---

1 (加)简·雅各布斯(Jane Jacobs)著. 美国大城市的生与死(The Death and Life of Great American Cities). 金衡山译. 南京：译林出版社，2005：P18。

2 (加)简·雅各布斯(Jane Jacobs)著. 美国大城市的生与死(The Death and Life of Great American Cities). 金衡山译. 南京：译林出版社，2005：P23。

来，从而准确地把握其本体的含义和基本属性。另外，论文的研究内容，从城市建筑综合体具体的内部各组成要素之间的关系，深入到其与外部环境各因素间的互动关系，从方法论、程序论、管理论、本体论多方面深入认识了城市建筑综合体，从而让其设计超越了就事论事、套用其他领域设计理论的层次，而回到了设计的真正起点。即从真实的城市生活而不仅仅是现有的设计理论（如传统的功能分区理论和普通单一功能建筑的设计理论）出发去建构城市建筑综合体设计与建设的理论。

现象学的场所理论，也对本论文的核心思想起到了很大的影响作用。**诺伯格·舒尔茨**在其著作《场所精神——走向建筑的现象学》一书中写道："*诸空间是从场所来领会其存在的，而不是从所谓'空间'来领会的。*"（**诺伯格·舒尔茨**，1980）城市中，真正影响着在其中生活的人们的，是一个个城市场所，而城市空间，只是为人们的活动提供了背景和舞台而已。因此，要以"社会的""个体的"人为出发点来创造有意义的空间。同样，城市建筑综合体的设计，并不仅仅是城市空间的创造，更重要和起到决定性作用的是对城市场所的营造。

附录 B

20 世纪建筑界的三个著名宣言概述

1.《雅典宪章》

城市科学在 20 世纪初城市建筑学、地理学、规划学的发展基础上逐步壮大，国际交流也日渐频繁。其中一个最有影响的国际性学术团体——1928 年成立的**国际现代建筑协会**(CIAM)就是以欧洲的德国、意大利、比利时、荷兰、奥地利、西班牙、瑞士等国著名城市建筑和规划专家发起的国际性学术活动，该协会最大的成就是于 1933 年(第 4 次会议)宣布的都市计划宪章，又称为"雅典宪章"。雅典宪章把都市分为居住（Dwelling）、工作（Work）、娱乐（Recreation）、交通（Transportation）四项功能，完成了近代都市建设思想之主要根据——**"机能城市"**。

在这种功能主义的城市思想引导下，建筑也必然向单一功能方向发展，所以，在这个时期，除了在美国纽约曼哈顿这一在经济作用力主导的特定环境之下，城市建筑综合体基本是没有发展余地的。这种局面直到 1958 年的 **CIAM** 奥铁庐（Otterlo）会议上才被打破，在会议上，Team 成员否定了《雅典宪章》所描绘的城市蓝图，转而回归对现有城市和城市内社会关系复杂的网络进行研究。这就重新唤回了在城市中消失已久的多功能建筑。**Team10 解释道："问题不在于建设有弹性的功能，而是建立一种能适应它们可能产生功能的环境，并鼓励在这些建筑和它们的环境之间相互作用。"这已经接近城市建筑综合体的概念了**。

Team10 的探索引发了城市建筑综合体的新生，它使得人们在思想上认识上从功能主义城市规划思想的误区中醒悟，也为城市建筑综合体在以美国和西欧为代表的世界范围内继续发展铺平了道路。

2.《马丘比丘宪章》

1977 年 12 月，国际建协在秘鲁首都利马召开了国际性学术会议，在总结了近半个世纪以来尤其是第二次世界大战以后的城市发展和城市规划思想、理论的探索及实践的基础上，签署了《马丘比丘宪章》，认为《雅典宪章》所崇尚的功能分区"没有考虑城市居民人与人之间的关系，结果使城市生活患了贫血症，在那些城市里的建筑物成了孤立的单元，否认了人类活动要求流动的、连续的空间这一事实"，因此，**"在今天，不应当把城市当作一系列**

的组成部分拼在一起考虑，而必须努力去创造一个综合的、多功能的环境。”城市的生命力源于城市中的人和他们的活动，城市规划要为这些活动提供适宜的空间环境。

可以说，《马丘比丘宪章》完善和拓宽了建筑和城市规划的基本理论。这为现代城市建筑综合体的发展，提供了坚实的理论后盾，也预示着这一建筑类型在接下来的城市建设中将得到巨大的发展。

3.《北京宪章》

1999年6月，国际建协第20次大会在北京召开，会议通过了20世纪以来国际建协的第三个重要宣言——《北京宪章》。它用辩证系统思维作为基本方法论，既肯定了分析的作用，更强调有机综合的科学价值。它指出“必须分析与综合兼顾”，而当前更重在“整合”。它科学地继承了传统辩证思维的精髓——变易观、整体观与和谐观。它指出“永恒的变化”乃是共识，“综合乃至整合作为新世纪的主题正悄然兴起”并提倡“兼容并包”、“和而不同”。实际上，其倡导的“行动纲领”就是东方哲理式的完美表述。

《北京宪章》应用唯物史观来看待建筑发展问题——科学地分析了人类改造自然中“骄人成就”和“高昂代价”：辩证地揭示了技术的“建设力”和“破坏力”共存的关系；精辟地指出“全球化和多元化史一体两面”，并提出了“文化多元：建立全球——地区建筑学”的宏伟构想。

《北京宪章》强调用系统思维来迎接未来的挑战，提倡走可持续发展的道路，号召“技术与人文的结合”，进而建立广义建筑学的理论框架，把建筑科学发展到一个新的理论高度。

由此可见，《北京宪章》运用科学的认识论和方法论揭示了建筑历史发展规律，建立了当代建筑科学理论体系，它将发挥重大的理论指导作用。

附录 C

国外有关城市建筑综合的研究成果综述

1. 主要学术著作

早期的关于混合使用的专著较有代表性的有以下两本：

1976年**美国城市土地学会**（Urban Land Institute,简称 ULI）关于混合使用的第一本专著《混合使用——新的土地使用方法》（Mixed – Use Development: New ways of land use）当中，首次介绍了混合使用（Mixed – use）这一概念。

同年，由 **Dimitri Procos** 撰写的《混合土地使用》（Mixed Land Use）一书，则在城市规划的方面，研究了混合使用的历史发展；从社会经济学，运动、时间和空间之间的关系，城市巨构化的倾向等方面讨论了混合使用的特点；论述了法律、政策同混合土地使用的关系；并展望了混合土地使用未来的发展。

近年来，随着西方发达国家混合使用发展理念的完善，并积累了相当的实例和建设经验，各国都陆续出版了一些总结性和指导性的著作。其中，仍旧以美国的研究最全面和完整。

美国城市土地学会依旧是美国混合使用研究方面的权威。其在1995年出版的《混合使用开发参考资料选编》（Mixed – Use Development Selected References）对20世纪80~90年代间有关混合使用重要的期刊论文和书籍的主要内容进行了整理和介绍。

美国城市土地学会在2004年出版的《混合使用开发手册（第二版）》（Mixed – Use Development Handbook）是对混合使用这一城市设计理论的全面总结。其中详细介绍了混合使用开发的全过程，并在世界范围内精选了最新的十个实例进行了介绍。可以说，这本书是有关混合使用开发现有的最全面和透彻的一本专著。

另外，英国学者 **Andy Coupland** 主编的1997年出版的专著《城市再生——混合使用开发》（Reclaiming The City——Mixed Use Development），以及澳大利亚城市设计研究组织 **UDAS**（Urban Design Advisory Service）2000年出版的专著《城市中心的混合使用设计——混合使用开发项目的指导方针》（Mixed Use in Urban Centers——Guideline for mixed use development）分别代表了各自所在地区对于混合使用开发的研究成果。

从城市历史文脉角度来研究建筑综合体的专著中，比较有代表性的是

Eberhard.H.Zeidler 于 1985 年出版的《城市文脉中的建筑综合体》(Multi－Use Architecture In The Urban Context）一书。其通过对建筑综合体的历史回顾，以及对美国 20 世纪 50～80 年代间城市建筑综合体的大量实例介绍，从历史背景和形成建筑综合体的内外力及精神要求，论述了建筑综合体应该如何同城市文脉相结合。

从城市文化艺术角度来研究混合使用项目的专著中，比较有代表性的是美国城市土地学会出版的由**哈罗德·史内卡夫**（Harold R.Snedcof）于 1985 年所著的《混合使用项目中的文化设施》(Cultural Facility in Mixed－Use Development）一书。我国台湾学者**刘丽卿**和**蔡国栋**对此书进行了翻译，翻译书名为《都市文化空间之整体营造——复合使用计划中的文化设施》。这本书通过了对美国 12 个将文化艺术融入混合使用开发项目的实例介绍，讨论了在美国，政府、开发商、艺术团体是如何共同协作，并达到"三赢"的结果的。

从法规和政策角度来研究混合使用项目的专著中，比较有代表性的是 **Alan Altshuler** 和 **David Luberoff** 共同撰写的《大型项目——城市政府投资的政策变化》(MEGA－PROJECT——The Changing Politics of Urban Public Investment) 一书。其通过政府对于大型项目的一系列政策的变化，在宏观的角度讨论了法规和政策同混合使用项目之间的关系。

2. 期刊论文及学位论文

笔者查询了各建筑杂志主要官方网站提供的目录，了解到 20 世纪 90 年代以来，主要有以下相关研究内容：

日本的《JA》杂志出版于 1991 年秋季的第三期增刊，以东京为主题，由 Yutaka Hikosaka 撰文介绍了 20 世纪 80 年代以来在东京的 25 件主要建筑作品，其中包括了 New Tokyo City Hall Complex，Shinjuku Simulated City，Tokyo International Forum 等城市建筑综合体。《JA》杂志出版于 2002 年冬季的第 48 期杂志发表了结构工程师的一篇关于 O.R.S.Office，Kobori Research Complex 的论文。《JA》杂志出版于 2003 年夏季的第 50 期杂志，以城市办公建筑为主题，其中介绍了一些包含办公功能的城市建筑综合体，并发表了一系列涉及了城市建筑综合体设计领域的论文，如 **Ryusuke Naka** 所著的《办公室为何会陷入混乱》(Why the Office Hype?)，**Kazuo Matsunari** 所著的《今日工作场所》(The Workplace of Today)，**Hitoshi Abe**，**Masashige Motoe** 所著的《城市化办公宣言》(Office Urbanism Manifesto）等文章。

日本的《A＋U》杂志在 1999 年 3 月的刊物中以《高层综合体研究》(Study of a Skyscraper Complex）为主题，对近年的高层建筑综合体进行了系统的举例研究。

英国著名的建筑杂志《建筑译论》(ARCHITECTURE REVIEW）每期均有一个主题，近年来，虽然没有以城市建筑综合体为主题的，但是其部分主题涉及了次方面的研究内容。如，2004 年 3 月号以“CITYSCAPES”为主题的专刊，2003 年 9 月号以“MIXED USE”为主题的专刊，2002 年 8 月号以“Bigness”为主题的专刊，2001 年 10 月号以“Tokyo”为主题的专刊，1999 年 7 月以“Urbanity”为主题的专刊，1999 年 1 月号以“Berlin”为主题的专刊等等。

“Journal of Architecture”建筑期刊网站近年来也屡有和“城市建筑综合体”相关的文章刊登。如刊登在《风力工程与工业空气动力学》（Journal of Wind Engineering and Industrial Aerodynamics）杂志 1998 年 9 月号上 **Xie，J** 和 **Irwin，P.A** 撰写《力平衡技术在建筑综合体上的应用》（Application of the force balance technique to a building complex）一文；刊登在《风力工程与工业空气动力学》（Journal of Wind Engineering and Industrial Aerodynamics）1999 年 3 月号上 Tominaga，Yoshihide 和 **Mochida，Akashi** 撰写的《基于流体动力学分析（CFD）的多雪环境下建筑综合体流场及雪荷载的预测》（CFD prediction of flowfield and snowdrift around a building complex in a snowy region）一文，均从技术领域探讨了“城市建筑综合体”的问题。

此外，在国外主要建筑期刊方面，《当代欧洲建筑师》（Contemporary European Architects）、《建筑译论》（ARCHITECTURE REVIEW）、《建筑实录》（ARCHITECTURE RECORD）、《JA》、《GA》《AD》、《Domus》、《A+U》、日本的《近代建筑》、《建筑文化》、《新建筑》等期刊类出版物陆续介绍分析了这些年来众多国外城市建筑综合体的实例。总体而言，近年来，国外的研究主要都是从案例分析的角度来研究城市建筑综合体这一建筑类型的设计方法，它们对实践操作具有较高的指导意义。

3. 关于工程实例的介绍

关于工程实例介绍的书籍中，比较有代表性的有**韩国建筑世界株式会社**编著，国内由**李华**翻译的《SOM 设计作品——ASEM 会展中心》，此书详尽地介绍了韩国 ASEM 会展中心从规划、建筑、室内到环境层面的设计。另外，也有一些关于城市建设的书籍，对于城市建筑综合体的实例进行了介绍。其中，比较有代表性的有 2004 年出版的由 **Kenneth Powell** 著，**王珏**翻译的《城市的演变——21 世纪之初的城市建筑》和 2003 年出版的由 **TFP 事务所**编，**吴晨**翻译的《十年十座城市——泰瑞·法瑞建筑事务所（TFP）作品选 1991－2001》。前者主要论述了建筑设计在 21 世纪表现出来的越来越多的城市化趋势，而后者则在介绍**泰瑞·法瑞事务所**十年十个作品的同时，探讨了其在创造城市场所和建筑面貌所做的努力。此外，对于城市建筑综合体工程实例的介绍，主要集中在一些国外著名建筑师出版的作品集当中，如德国的 **GMP**，美国的 **SOM**、**KPF**，英国的**福斯特**，日本的**黑川纪章**等等。

附录 D

国内有关城市建筑综合的研究成果综述

1. 主要学术著作

关于国内外优秀方案介绍的书籍相对品种较多，但是由于国内尚无对城市建筑综合体的明确定义和分类，所以对城市建筑综合体的介绍往往混杂在其他的建筑类型之中，以建筑综合体的形式出现，例如，商业建筑、办公建筑、酒店建筑、居住建筑、会展建筑、客运建筑等等。其中比较有代表性的是中国建筑出版社和武汉工业大学出版社出版的建筑类型丛书，按照建筑类型，全面地精选了世界各国当代的著名建筑实例并附以简要的介绍。

对国外相关理论与实例的综合发展趋势分析的论著，以翻译和编著的著作为多。其中比较有代表性的，是**覃力**教授编著的《日本高层建筑》一书。通过对日本高层建筑全面完整的介绍，论述了日本在高层建筑建设方面的经验、先进的技术和理论，其中涉及了不少日本在城市建筑综合体方面的建设实例和经验。

将国外先进的理论与我国实际工程结合进行探索的论著是相对最稀少的。其中以**韩冬青**、**冯金龙**教授编著的《城市·建筑一体化设计》和**龙固新**主编的《大型都市综合体开发研究与实践》为代表。前者是以**韩冬青**教授在同济博士后期间的研究为核心改编的，是国内现有的对于城市和建筑一体化研究的纲领性论著，其核心思想对国内 2000 年以后大部分关于城市建筑综合体的研究生学位论文都产生了深远的影响。后者是**德思勤地产公司**根据其在中国市场开发城市建筑综合体的一系列实际经验而撰写的一部有关城市建筑综合体的著作。此书从经济开发的角度入手对城市建筑综合体进行了研究。最难能可贵的是，此书还涉及到城市建筑综合体的策划、开发和运作方面的介绍，虽然还不够全面，但是在我国同类书籍中尚属首次，其介绍的实际经验尤为难能可贵。

2. 期刊论文及学术会议论文

20 世纪 80 年代以来，这方面研究比较有代表性的文章有：发表于 1996 年《建筑学报》第八期的**郭明卓**《大型城市建筑综合体——90 年代大都市生活的缩影》，文中简要介绍了“城市建筑综合体”在我国发展的历史背景，并介绍了广州市在**邓小平**同志南巡后建设的三个“城市建筑综合体”工程。发表于 2002 年《建筑学报》第十期的**窦志**、**赵敏**《试论城市设计与建筑设计的关系》，谈到了建筑设计在我国的发展趋势，也谈到了“城市建筑综合体”在我国发展的必然性。发表于《建筑师》第89期的覃力《日本高层建筑探析》，介绍了日本20世纪70年代“城市建筑综合体”发展的背景和特点。在《世界建筑导报》2005年的增刊——中航城规划与城市设计专辑中，详细介绍了中航城建设的整个过程，国内外投标方案，以及相关工程内容。此外，还有一些工程实例介绍及“城市建筑综合体”相关内容的文章陆续发表在《世界建筑》、《建筑学报》、《新建筑》、《时代建筑》、《建筑师》、《世界建筑导报》、《建筑创作》等等杂志上。

3. 外校研究生学位论文

天津大学建筑设计及其理论专业学生**王心公**，完成于2000年3月的论文《会展中心——一种现代都市建筑综合体》，主要研究内容如下：会展中心随着社会的发展，其已成为现代都市中一种具有广泛职能兼容性的建筑综合体，它所表现出的开放性特征，使之成为城市公共中心组织结构中的重要一环。同时作为现代社会条件下的产物，会展中心也是具有鲜明时代特征的城市标志之一。在中国，城市会展中心的建设正处在快速发展时期，特色与缺点并存，只有全面地把握会展建筑的本质和发展规律，才能使之为完善城市职能、创建良好城市环境发挥出应有的作用。

浙江大学建筑设计与理论专业学生**葛凌岩**，完成于2001年2月的论文《集聚流动连续开放——建筑综合体“城市”意义研究》，以城市建筑综合体“城市”意义作为研究切入点，从近年来城市建筑界讨论较多的城市建筑综合体的概念入手，着重于讨论建筑综合体中具有“城市”意义的空间和形式，既注重理论研究，又加入了实例分析。在研究的基础上提出了城市建筑综合体在集聚、流动、连续、开放四个方面的“城市”意义，并解析了这些意义在城市设计层面的具体体现。

西安建筑科技大学建筑设计及其理论专业学生**于文波**，完成于2001年4月的论文《城市建筑综合体设计——空间、功能、交通组织》，主要讨论了包括会议展览、旅馆、办公、商业购物、餐饮功能的综合体为例。以系统理论的观念与方法，分五章内容，主要讨论对设计影响较大的空间组织、功能组织和交通组织三方面的内容。

昆明理工大学建筑设计及其理论专业学生**吴蕙**，完成于2002年6月的论文，《设计结合城市——建筑综合体设计浅析》，通过对建筑综合体的发展及相应的设计思想的回顾，明确了建筑综合体在城市中的地位和应用价值，进而探讨了建筑综合体的设计理念、设计手法及其与城市空间的有机结合。

大连理工大学建筑设计及其理论专业学生**苗苗**，完成于2004年6月的论文《“链接”空间——建筑综合体动线空间城市性表述》，主要介绍了建筑综合体对应于城市高密度开发而产生城市建筑形态，该文从建筑综合体的产生与发展入手，阐述了存在于建筑综合体中的“链接”空间的概念。通过对“链接”空间的形态、构成要素的分析，得出其作为城市空间存在的形式。针对“链接”空间各组成部分的功能特征，对与之相应的城市空间“原型”进行抽象化与概念化，获得"链接"空间城市化的创造手法。

外校研究生学位论文对“城市建筑综合体”的讨论基本停留在建筑和城市层面上，没有从作为背景的社会学、经济学等等相关学科，作为深层次理论的类型学、现象学、等等建筑学科，作为更高层次的哲学，几个层面上分析和讨论。同时，讨论的面就建筑学而言，也相对单一，没有系统全面的讨论这一课题，当然，这与硕士研究生论文的要求也不无关系。

4. 本校研究生学位论文

其中三篇主要以“商住综合体”为主要研究对象。如：**任荣**完成于1996年3月的《居住商业综合体形式研究》，**徐进**完成于1997年3月的《商住综合体可持续发展探讨》，**陆臻**完成于2002年2月的《城市居住综合体研究》。

两篇是关于“商业综合体”建筑的研究。如：**廖浩伟**在20世纪90年代初完成的《商业综合体设计若干问题研究》和**卢亚申**完成于1995年2月的《商业综合体建筑的研究：建立有机秩序化的建筑》。

一篇是关于“空间环境和行为学”研究的论文。**史洁**在1999年3月完成的《建筑综合体空间环境与行为学研究》。

我校研究生2000年之前关于“城市建筑综合体”的学位论文，限于写作年代，所讨论的对象还不是严格意义上的“城市建筑综合体”。在研究层面上，同外校的论文一样，相对停留在建筑和城市的层面上，没有更深层次的探讨和全面的论述。唯一比较特殊的一篇论文是**卢亚申**完成于1995年2月的《商业综合体建筑的研究：建立有机秩序化的建筑》，在文中，他从模糊性和秩序性这两个方面探讨了建筑综合体的意义和发展方向，具有独到之处。

我校研究生在2000年之后关于“城市建筑综合体”的学位论文则对于“城市建筑综合体”的“城市性”有了深入的认识。其中比较有代表性的有以下四篇：

周洁在2005年4月完成的《24小时城市——高层建筑内公共设施城市化发展研究》中，提出了当许多“同时性”和“非同时性”的活动在高层建筑内并行的时候，高层建筑便成为一座“24小时城市”。那些原本为城市所有的公共设施逐渐转入高层建筑内部，并为这些活动提供了舞台。此外，这篇论文着重研究了高层建筑内公共设施的城市化发展的历史和现状，分析了高层建筑内城市性公共设施的要素构成和组织方法，并指出城市性公共设施是处理高层建筑与城市接口的关键。

叶季如在2005年4月完成的《城市空中步道的系统化研究》中，针对我国城市空中步道建设缺乏系统性的现状，从城市空中步道的系统化研究入题，通过运用系统理论和原则并结合国内外大量实际案例剖析，深入探讨城市空中步道及其系统化建设的相关问题，并针对我国城市空中步道的发展状况进行分析，从外部空间形态和内在运作机制两方面发掘其深层问题和原因，探讨城市设计在建设过程中的作用机制，进而提出解决问题的对策。

康宏在 2006 年 4 月完成的《城市快速交通枢纽综合体设计研究》中，提出随着以公共交通(主要是大容量快速交通)为主，多种交通方式并存、优势互补的城市综合交通系统在中国的渐渐形成，交通、城市和交通站点之间的关系也越发明显，而作为锁定城市综合交通系统网络的城市快速交通枢纽综合体在城市交通的建设中占据越来越重要的地位。这篇论文从城市综合交通系统入手来研究城市快速交通枢纽的发展趋势，并对对综合交通下的城市快速交通枢纽综合体设计的各个方面，如功能布局、空间组织、交通流线组织、空间识别性与导向性等进行总结，为城市快速交通枢纽综合体的设计提供实践参照。

刘英在 2006 年 4 月完成的《城市公共化中介空间》中，提出随着城市化的高速发展，城市建设的综合化、集约化、系统化已成为时代的要求，城市建筑的社会化和城市化也成为必然的发展趋势。城市空间与建筑空间两个空间层次之间的界限日益模糊，二者之间存在着越来越多的渗透与融合。城市公共化中介空间是城市公共空间与建筑空间之间的过渡空间，它促使城市公共空间与建筑空间相互渗透、相互融合，从而形成连续的、动态有机的城市空间；它对城市公众开放，具备亦内亦外的特性，表现出城市公共空间与建筑空间双重属性，承担着城市与建筑的双重职能。

附录 E

第六届亚洲与太平洋建筑国际学生研讨会综述[1]

1. 会议主题

亚洲的大型工程：近年来不少亚洲城市相继建成或正在规划大规模的土建项目，或可称为**“Mega – Projects”**。本次会议将着重研究该类工程所提供的重要经验。

典型的大型工程包括中央商务区、政府中心、快速公交系统、科学园区、会展中心、体育或文娱中心、住宅区，以及历史地段的保护等等。开发这类工程大多是为了提升城市的地位及在全球化经济中的竞争力。

大型工程牵涉到多方面的问题，像对城市公共空间的形成，对推动经济发展的新空间形式的探索；对各地区在社会及经济上的冲击；对环境个性塑造、可持续发展、基础设施及建造技术的研发；规划设计及开发程序的合理化，以及历史环境的保护等等。在目前已建或在建的大型工程中，这些问题是如何被解答的呢？为了保障亚洲及世界其他地区的城市能有一个健康的未来，我们认为有必要及时总结现有及正在涌现的大型工程的经验及教训。本次会议围绕亚洲大型工程组织主题演讲、论文宣读、专家小组讨论等活动，就九个具体课题进行广泛交流及辩论。

2. 会议分课题

课题 1：公共空间在大型工程中的作用

亚洲城市中的大型工程大多是公共设施或含有公共设施。考虑到亚洲城市中的高人口密度及公共设施的高使用率，我们应如何来组织一个大型工程中的公共及私有空间？大型工程中的公共空间应如何与基地周边现有的公共空间（在街坊、区及整个城市的层面上）及公交系统发生联系？如何评估近年来流行的由私营企业开发公共空间的趋向？在飞快变化中的亚洲大城市中公共空间将会有什么样的作用及地位？

课题 2：大型工程中推动经济发展的新空间形式

开发大型工程的主要目的大多是为了加强亚洲城市在全球化经济中的竞

---

1 资料来源：第六届亚洲与太平洋建筑国际学生研讨会官方网站。

争力。大型工程应如何来达到这一目的？针对现有或即将实行的规划、经济及管理模式，何种新的城市用地模式及建筑类型能更好地服务于这一目的？

课题 3：大型工程对地方社会及经济的冲击及其对策

由于其特有的规模及特殊地位，大型工程经常对当地的社会及经济生活产生巨大冲击。原有住户可能必须迁移，当地社区可能必须分担开发费用，居民可能得以参与开发的规划过程或被排除在外，他们可能得益于或被拒绝分享开发产生的新公共设施及就业机会，大型工程如何在不同的利益集团中取得平衡？经济增长及社会变化对不同的个人及社会阶层有何影响及其最佳处理方式？

课题 4：大型工程与环境个性的塑造

带有本地特点的环境形式是否应是大型工程设计中的重要考量？如果是，本地特点来自何处？它来自传统建筑形式或文化符号，当前的生活方式及技术，还是上述及其他因素的混合？如何在本地、国家，以及国际的层面上来表达大型工程希望体现的地方性？

课题 5：大型工程与都市环境的可持续发展

考虑到亚洲发展中国家经济的脆弱性及发达国家社会的老龄化，亚洲城市的大型工程应如何在项目的初期成本（像设计及施工模式）、能源消耗、建筑材料的选择，以及长期运作的经济可行性等方面做到可持续发展？

课题 6：快速公交工程及其他基础设施

亚洲城市中近年来开发的许多大型工程属于快速公交系统。同时，不少大型工程的基础设施通常是新技术的试验场。这些快速公交系统带来何种重大的社会及经济后果？快速公交系统如何与现有的稠密城市肌理发生联系？高速交通对城市空间的感觉，理解及使用有何影响？公交及其他基础设施中采用的新技术提示了什么样的新城市空间形式？这些新技术会对目前的规划、设计及开发经营模式带来什么冲击？

课题 7：大型工程规划与设计过程

一个大型工程的开发中有哪些参与方及其不同的动机？大型工程的规划设计程序应如何均衡满足这些不同的要求？本地及国外设计师、开发商、公众代表、地方及中央政府等各自应在开发过程中发挥的合理作用是什么？

课题 8：大型工程与历史环境保护

亚洲城市大多建筑稠密并富历史遗产，不少大型工程的基地中或其周边会有历史建筑或地段存在。与此同时，还有一些大型工程实际上是将新功能放在历史建筑的外壳中。在大规模的历史建筑及地段保护或重新利用上有哪些关键因素及新观念？

课题 9：2010 年上海世界博览会

上海世界博览会建成后将是亚洲近年来最大的大型工程之一。该工程的动机及目标何在？该工程是如何筹划、设计及运作的？该工程与当前世界发展背景，其独特的基地，以及世博会传统的关系？

3. 会议评述——回应建筑巨型化（Megaphenomena）时代的挑战

大会的主题为亚洲的巨型工程，共有三场主题演讲，11 场分主题发言和研讨，以及四场特别讲座。这次大会究竟有何亮点？为何在中国的上海召开？对亚太地区，特别是对中国的城市建设和建筑走向有何影响？这些都是中外建筑界内外人士所共同瞩目的问题。

在后殖民时代，早已先后摆脱了西方列强控制的亚太地区落后国家，大多都处在了民族振兴和现代化的进程之中。西方理论家所津津乐道的人类建筑**“巨型化”**（MEGA）现象，在曾经发展滞后的一些亚洲国家反而后来居上，与西方发达国家殊途同归，在城市建设的规模和形态上上愈来愈走向趋同。在中国和东南亚，巨型工程项目甚至从规模和数量上超过了后者。单就上海的高层建筑而言，其 10 余年间建成的总数，甚至大于美国沿太平洋东岸所有城市高层建筑的总和。像台北的“101 大楼”，吉隆坡的双子塔楼，北京的国家大剧院、新国家电视台、奥林匹克竞技场馆，上海的小陆家嘴金融贸易区等的巨构形象，已经或正在成为亚太地区巨型建筑的象征。就是处于上海“下支角”的杨浦区，也在悄然进行着一些巨型工程的规划与建设，如新江湾城、五角场改造和“东外滩”旧工业区再生等等。

一方面，巨型工程项目推动了城市建设和旧区改造的进程，极大地提升了土地的利用价值，带动了投资环境的改善，突显了人类在空间想象和塑造方面的智慧和潜力；另一方面，也造成了城市资源的过度消耗，加剧了能源供应和交通状况的紧张，过度地改变了城市原有的结构和肌理，对人口分布和人际社会关系，城市历史记忆和文化遗产保存等，都产生了一定的负面影响。这些问题正是我们必须面对的时代挑战，这也意味着，物质形态上的现代化，需要观念形态上的**“现代性”**来驾驭。

因而，巨型工程项目向何处去？如何使其在建成前后及以后的长期使用中都能达到可持续的良性循环？在某种意义上也就左右着亚太地区城市及其建筑的发展方向。因此，对于这样一柄**“双刃剑”**的正反作用进行观察、剖析和思考，就成了中外所共同关注的一大城市焦点。第六届亚太建筑国际研讨会正是在这样的背景下召开的。其前五届均在美国夏威夷大学举行，由于本届大会主题的特殊性和针对性，夏威夷大学和同济大学经过友好协商，决定由两校在同济大学校园内共同举办，这对于上海，对于中国，乃至对于整个亚洲来说，都是一次难得的建筑文化交流机会，其意义已经超出了纯学术的范畴。

本届亚太建筑国际研讨会邀请了一大批活跃在东西方的著名专家学者和建筑师、城市设计师与会，其中包括：前纽约总城市设计师**乔纳森·巴内特**教授，他是当代城市设计理论的主要奠基者之一，在学术界享有很高的威望；国际著名生态建筑大师，马来西亚的**杨经文**先生，他成功地主持了不少蕴含绿色建筑理念和生态技术的巨型建筑工程；美国宾夕法尼亚大学设计学院院长，著名城市设计专家**盖里·哈克**教授，他的学校是孕育中国第一代建筑师**梁思成**、**杨廷宝**、**陈植**等学科前辈的地方；原哈佛大学教授，亚洲城市设计资深专家**马歇尔**先生也是主题演讲者之一，他针对上海小陆家嘴规划设计中的成就和得失发表了见解，并与上海的资深专家展开对话；2008 年北京奥运会总体规划主要参与人之一，清华大学建筑设计研究院院长**庄惟敏**教授和上海 2001 年世博会总规划师、同济大学建筑与城市规划学院院长**吴志强**教授，分别对这两项具有重大意义的巨型工程作全面阐释。

其他演讲者分别来自英国、德国、澳大利亚、日本以及中国上海、北京、南京、杭州、成都、深圳等地。与会者们就巨构建筑现象进行激烈的思想交锋、事实论证，并提出解决问题的思路、对策和方法。总之，这次会议必将对亚太地区的城市建设方向及建筑设计观念产生深远的影响。

附录 F

“2004 中国十大新地标建筑综合体”评选综述[1]

1. 概述

由国务院发展研究中心企业所、清华大学房地产研究所和中国指数研究院三家研究机构共同组建的**“中国房地产 TOP10 研究组”**成立专项课题组，对 2003 年以来建成或在建的建筑综合体进行了系统性研究，从全国 100 个新建筑综合体中评选出**“2004 中国十大新地标建筑综合体”**。

2. 研究意义

（1）彰显杰出建筑作品；

（2）记载建设者们的睿智与卓见；

（3）让更多的人领悟其精髓；

（4）推动中国建筑文化的进步；

（5）客观反映当前中国各大中城市新地标建筑综合体的整体状况和发展动态。

3. 研究方法体系

指标体系：

（1）量化指标——建筑规模、市场表现等；

（2）非量化指标——技术含量、外观、时代感、地理位置、区域文化体现、周边环境利用、与周边协调。

评价方法：

（1）主成分分析方法——针对量化指标；

（2）专家咨询法（Delphi）结合层次分析法（AHP）——针对非量化指标。

4. 2004 中国十大新地标建筑综合体

金融街中心广场、南京国际广场、重庆财富中心、武汉新世界国贸大厦、沈阳五里河城、西湖文化广场耀江·浙江环球中心、上海香港新世界大厦、北京兰华国际、北京佳程广场、宁波外滩花园。

---

1 资料来源网址：http：//www.soufun.com/html/subjects/dibiao/default.asp。

附录 G

办公功能、居住功能和酒店功能对零售功能的支持力评估方法[1]

1. 办公功能

基地市场的范围包括了在城市建筑综合体中其他功能成分的类型、大小、特性和位置。对基地市场中上班族的支持力评估，可以首先通过计算上班族的总数（可通过设计计划使用人员数获得），然后计划出每个工作人员的平均零售消费能力，并细划为餐饮、服饰及其他用途的分项消费能力。消费力估算所需要的信息，可以从对周边区域工作人员购物和消费模式的调研来获取。

2. 居住功能

城市建筑综合体中，居民的消费模式往往与上班族截然不同，他们的零售消费更倾向于与工作无关的内容。他们的消费同样也代表了一个更广阔的货物和服务的范围，其中包含了食品服务和娱乐（夜间和周末）、杂货店、服饰、个人服务和其他各种能够在购物中心找到的零售类型。项目中计划建设的居住单元数量以及它们的售价或租金，是确定居住功能支持力的决定性因素。计划售价或租金可以被用来估算居民的收入和消费能力，对每个家庭消费力的评估和每平方米**捕获率**（Capture Rate）的评估可以通过类似项目的居住消费力获得。如果项目本身包含的居住空间更多，家庭收入和消费力更高，或者在周边有相当数量的居住功能（尤其是在便于步行的距离之内的），这个项目的基地市场和本地市场的支持力可以增加。而随着与项目之间的距离增大，其吸引力也相对减少。

3. 酒店功能

酒店的类型、顾客的成分和**计划客房比例**（Proposed Room Rates）是基地市场内酒店功能对零售功能支持力的决定性因素。酒店的类型——如主要为会议服务的会议酒店、主要为商务旅客服务的商业酒店、主要为游客服务的旅游酒店——会影响到消费者的消费模式。其中，以休闲旅游为目的的顾客，对商店和娱乐功能有更高的消费力。会议旅客有他们独特的消费模式，这种模式介于商务旅客和旅游旅客的消费模式之间。酒店本身拥有的餐饮、娱乐、零售服

---

1 资料来源：ULI. Mixed-Use Development Handbook(Second Edition). USA：Urban Land Institute，2003：P57~60。

务功能是一个需要考虑的因素。这些因素将影响到在城市建筑综合体项目中，餐饮、娱乐、零售功能的潜力。大多数一流的酒店拥有自己的餐厅和酒吧，而在有些城市建筑综合体中，则成功地将拥有有限服务项目的酒店结合进来，并在其附近设置了餐厅的功能，为酒店提供了完整的配套服务。在有些城市建筑综合体案例中，酒店成为零售功能的主要市场支持。

附录 H

美国近年代表性城市建筑综合体命名分类统计[1]

与中心地段、城市、州有关	Abacoa Town Center，Abacoa，Florida
	Addison Circle，Addison，Texas
	Bethesda Row，Bethesda，Maryland
	California Plaza，Los Angeles，California
	Cambridge Side Galleria，Cambridge，Massachusetts
	Celebration Town Center，Celebration，Florida
	Charleston Place，Charleston，South Carolina
	Hollywood & Highland，Hollywood，California
	Mashpee Commons，Mashpee，Massachusetts
	Miami Lakes Town Center，Miami Lakes，Florida
	Oakland City Center,Oakland，California
	Redmond Town Center，Redmond，Washington
	Reston Town Center，Reston，Virginia
	Smyrna Town Center，Smyrna，Georgia
	Valencia Town Center Drive，Valencia，California
与水景有关	Fisherman's Terminal，Seattle，Washington
	Harbor Town，Memphis，Tennessee
	Rivercenter，San Antonio，Texas
	RiverPlace，Portland，Oregon
	Rowes Wharf，Boston，Massachusetts
	Waterfront Place，Seattle，Washington
与开发商或土地拥有者有关	Crocker Center，Boca Raton，Florida
	Janss Court，Santa Monica，California
	Palmer Square，Princeton，New Jersey
	Phillips Place，Charlotte，North Carolina

1 资料来源：ULI. Mixed-Use Development Handbook(Second Edition). USA：Urban Land Institute，2003。P241。

与历史名字、建筑、建设地点有关	Battery Park City, New York, New York
	Belmont Dairy, Portland, Oregon
	Denver Dry Goods Building, Denver, Colorado
	Heritage on the Garden, Boston, Massachusetts
	Liberty Place, Philadelphia, Pennsylvania
	The Mill at Glenville, Greenwich, Connecticut
	Mizner Park, Boca Raton, Florida
	Peabody Place, Memphis, Tennessee
	Pentagon City, Arlington, Virginia
	Pioneer Place, Portland, Oregon
	Santana Row, San Jose, California
	Tabor Center, Denver, Colorado
	Terrell Place, Washington, D.C.
	Tower City Center, Cleveland, Ohio
	Truman Annex, Key West, Florida
	Village at Shillington, Arlington, Virginia
与机构、公司或主要租户有关	Audubon Court, New Haven, Connecticut
	Princeton Forrestal Village, Plainsboro, New Jersey
	Prudential Center, Boston, Massachusetts
	Ritz – Carlton Hotel and Residences Georgetown, Washington, D.C.
	Sony Center am Potsdamer Platz, Berlin, Germany
	University Park at MIT, Cambridge, Massachusetts

附录 I

论文中涉及的主要当代建筑综合体及城市建筑综合体实例资料汇总表

序号	项目名称	所在地域	功能组成	开发商	设计单位	建筑面积（m^2）	占地面积（m^2）	容积率	建筑规模
1	港汇广场	中国上海徐家汇	零售、休闲、娱乐、办公、居住	上海港汇房地产开发有限公司	美国凯里森建筑师事务所	30万	5万	6	地上51层，裙房7层，地下3层
2	美罗大厦（美罗城）	中国上海徐家汇	零售、休闲、娱乐、办公	美罗文化娱乐有限公司	新加坡BJ建筑事务所 上海市华东建筑设计院	11万	2.15万	5.12	地上26层，裙房4层
3	大上海时代广场	中国上海淮海中路	零售、休闲、娱乐、办公、居住	上海龙兴房地产有限公司	王欧阳(香港)有限公司	10.9万	1.38万	7.90	地上30层，裙房6层，地下3层
4	香港新世界广场	中国上海淮海中路	零售、休闲、娱乐、办公	上海新世界淮海物业发展公司	加拿大B+H建筑事务	137336	9900	13.87	60层
5	中环广场	中国上海淮海中路	零售、休闲、娱乐、办公	新鸿基地产集团	王欧阳(香港)有限公司	54000	不详	不详	38层

建筑高度(m)	与城市周边环境关系	建筑特色	（拟）建成时间	引用章节
230	1. 地下一层与徐家汇地铁站及徐家汇地下商圈直接相连； 2. 面对徐家汇的2500 m^{2}的外广场设有39级大台阶及6层阶梯灯光喷水池组； 3. 商场中庭内设有升降梯和手扶梯多达94部； 4. 长168m、宽17m的欧亚式露天步行食街——兰桂坊为商场增添了异国情调； 5. 拥有1200个地下停车位	1. 港汇购物中心引进国外现代商业Shopping Mall的模式，追求与众不同的经营特色，为了适应现代消费理念，商场安排了丰富多样的经营组合； 2. 分期建设，在购物中心建成后有了一定基础的情况下，再进行办公和公寓部分的建设； 3. 与城市地下公共交通直接相连，通过通高的中庭空间组织建筑与城市的交通，地面层通过大台阶及露天内街的设置增加了与周边城市环境的契合	一期1999.12,二期2005.7	4.3.2 11.2.5
99	1. 地下一层与徐家汇地铁站及徐家汇地下商圈直接相连； 2. 裙房通过一条内街将两条城市主要干道的步行人流串联,成为了徐家汇商圈的有机组成部分； 3. 拥有300个地下停车位	1. 通过一个球体中庭入口空间打造了建筑鲜明的特色； 2. 与城市地下公共交通直接相连，并通过中庭式内街来营造建筑内部核心空间	1996	4.3.1
99	1. 通过入口的后退，设置了气势磅礴的正门广场，是淮海路上罕见的开放空间； 2. 拥有300个地下停车位	气势磅礴的正门广场、别具现代经典特色的钟楼、瑰丽豪华的独立入口大堂，以至陪衬玻璃幕墙的优质花岗石材均彰显时代建筑新风范	2000	4.3.1
262	1. 地下层与地铁站相连； 2. 独特的半开放式内庭院，成为了联系建筑内部各功能和城市空间的纽带； 3. 拥有326个地下停车位	1. 2004中国十大新地标建筑； 2. 建筑师对大厦的外立面作了较立体化的处理并展现出上升的节奏感和Art Deco的风格	2002.12	4.2.9 4.3.1
不详	1. 通过对历史建筑的改造和利用，延续了淮海路的文脉； 2. 拥有250个地下停车位	中环广场的开发商专门为老建筑的保护、新老建筑的连接进行了设计，在新、老建筑间仅15 m宽的空间内设置一个中庭作为共享的过渡空间，使新老建筑浑然一体	1997	7.10.1

序号	项目名称	所在地域	功能组成	开发商	设计单位	建筑面积（m^2）	占地面积（m^2）	容积率	建筑规模
6	香港广场	中国上海淮海中路	零售、休闲、娱乐、办公、居住	上海丽兴房地产有限公司	香港谢宏毕建筑师事务所	14万	11360	12.32	地上38层，裙房四层，地下2层
7	上海广场（裙楼改建后易名为“无限度”）	中国上海淮海中路	零售、休闲、娱乐、办公、居住	上海永菱房地产有限公司（改建投资商为：摩根斯坦利）	香港王董国际有限公司（改建单位：HMA建筑设计公司，凯达柏涛建筑设计）	8万	11351	7.05	36层
8	世茂国际广场	中国上海南京东路	零售、休闲、娱乐、办公、酒店、会议	世茂房地产有限公司	华东建筑设计研究院	17万	9413	18.06	地上60层，裙房10层，地下3层
9	来福士广场	中国上海福州路	零售、休闲、娱乐、办公	凯德置地中国控股有限公司	巴马丹拿顾问有限公司	13万	15200	8.55	地上51层，裙房8层，地下3层
10	宏伊国际广场	中国上海南京东路	零售、休闲、娱乐、办公	上海宏伊置业有限公司	美国凯利森（Callison）建筑设计事务所	63453	不详	不详	地上29层，裙房7层，地下3层
11	明天广场	中国上海南京西路	零售、休闲、娱乐、办公、酒店、居住	中福地产	美国波特曼建筑设计事务所	12万	10万	1.2	地上60层，裙房6层，地下3层
12	上海商城	中国上海南京西路	酒店、办公、居住、零售、园林、剧院	上海商城有限公司	美国波特曼建筑设计事务所、华东建筑设计研究院	18.5万	不详	不详	地上50层，公寓34层，裙房8层

续表

建筑高度(m)	与城市周边环境关系	建筑特色	（拟）建成时间	引用章节
140	1. 在地库一层与地铁站出入口相连； 2. 在三层有过街桥横跨淮海路，贯通群楼； 3. 拥有400多个地下停车位	1. 项目由南北两幢横跨淮海路两侧的大楼组成，以空中走廊连接； 2. 其31~38层配套公寓由物业公司独立管理	1998	4.3.1
144	1. 老上海广场拥有一条开放式的步行内街，有效联系了地块南北的城市交通； 2. 改建后的上海广场仍旧保留了步行内街，但是将其改造为封闭中庭式的空间； 3. 拥有180个地下停车位	1. 上海广场是由两组高低有致的建筑物组成，集商业贸易、零售消费、中西食肆于一体； 2. “无限度”商业空间以“时尚生活中心”为定位，在招商、经营模式方面，都已经不同于传统的商场，更倾向于选择一些具有创意的商家进驻	1997 2007（改建）	12.2.2
333	1. 在面对南京东路步行街入口的一侧设置了一个巨构挑檐，覆盖了一个巨大的广场空间，不仅为步行街提供了开放空间，也为建筑吸引了人流； 2. 地下一层直接和地铁站相连	入口开放式广场面积近2000m^2，成为南京东路步行街入口的一大亮点	2005	4.2.5 4.3.1
208	1. 地下一层直接与地铁车站相连，内部大堂成为地铁的一个集散出入口； 2. 地下共有498个停车位	1. 地下空间及地面大堂同公共交通空间有机结合，将城市交通有机融入建筑内部； 2. 标识设计充分考虑了对周边行人的影响效果； 3. 拥有人民广场地区唯一的IMAX影院吸引大量人流	2003	7.4.7
142	地下共有143个停车位	面对南京东路步行街西面入口设置巨型数码高清屏幕，成为建筑一大亮点，吸引了无数游人的驻足观看。	2006.4	4.4.1
282	1. 设于空中的酒店大堂将人民广场地区的美景尽收眼底； 2. 地下共有365个停车位	1. 将酒店部分布置在塔楼的最上部以获得最佳视线； 2. 利用塔楼上部酒店部分和下部办公部分的形体扭转形成了空中大堂，由电梯直达，不仅解决了流线干扰还获得了极佳的景观	1998	7.5.4
164.8（主楼），111.5（公寓）	1. 通过园林式的内庭院有效解决地面车流和人流交通； 2. 屋顶设花园； 3. 地下共有300个停车位	上海商城是沪上第一幢外商投资的一个功能完善的综合性建筑群，在这个“城中城”里，人们可以很方便地享受各种各样的达到国际标准的服务。上海商城剧院更是整幢楼群中独具特色的窗口	1990	11.2.5

序号	项目名称	所在地域	功能组成	开发商	设计单位	建筑面积（m^2）	占地面积（m^2）	容积率	建筑规模
13	恒隆广场	中国上海南京西路	零售、休闲、娱乐、办公	上海恒邦房产开发有限公司	美国 KPF 建筑设计事务所、冯延庆建筑师事务所有限公司	32 万（一期），8.1 万(二期)	30788(一期)，7670(二期)	10.39	一期 66 层，二期地上 42 层，裙房 4 层，地下 3 层
14	龙之梦大厦	中国上海延安西路	交通、零售、休闲、娱乐、办公、酒店	上海长峰房地产开发公司	ARO 建筑设计事务所	32 万	2.5 万	12.8	地上 59 层，裙房 10 层，地下 4 层
15	金茂大厦	中国上海浦东陆家嘴	零售、办公、酒店	金茂股份有限公司	美国 SOM 建筑设计事务所	287360	2.3 万	12.49	地上 88 层，裙房 6 层，地下 3 层
16	正大广场	中国上海浦东陆家嘴	零售、休闲、娱乐	上海帝泰发展有限公司	美国捷得国际建筑师事务所	24 万	3.1 万	7.74	地上 10 层，地下 3 层
17	八佰伴商城	中国上海浦东陆家嘴	零售、休闲、娱乐、服务、办公	上海第一八佰伴有限公司	上海建筑设计研究院，日本清水建设	144837，108000（商场面积）	不详	不详	商场地上 10 层，办公地上 22 层，地下 2 层
18	上海科技馆	中国上海浦东	展览、会议、科研、游览、交通、零售	上海市政府，地下商业部分：天浦置业	美国 RTKL 事务所，上海建筑设计研究院	96067	68728	1.40	不详
19	新天地	中国上海黄陂南路	零售、休闲、娱乐、文化、剧院	瑞安房地产发展有限公司	巴马丹拿顾问有限公司	6 万	3 万	2	地上最高 6 层

续表

建筑高度(m)	与城市周边环境关系	建筑特色	（拟）建成时间	引用章节
288（一期），220（二期）	1. 裙房商业步行街作为南京西路商业街的延伸，吸引了大量游客的进入； 2. 一期164个地下停车位	1. 楼顶巨型灯光,高耸入云,与繁华旺盛的上海夜色相互辉映,成为上海最具代表性的建筑标志； 2. 分期建设，缓解了开发商的资金压力	一期2001，二期2006	6.5.2 7.6.6 11.2.5
239	1. 商城交通换乘系统将已建成的地下轨道2号线、空中轨道3号线和地面的公共汽车、出租汽车四种交通功能在同一建筑内实现零换乘； 2. 提供了860个地下停车位	复合轨道交通、公交车站、商业建筑、地下步行走廊、出租车站、集中货运系统、城市后勤设施、地下停车库等城市运营综合功能于一个完整的立体换乘枢纽建筑体内，将有限的土地资源和便捷的轨道交通资源有效地结合在一起	2005.4	4.3.1
420.5	1. 金茂大厦是上海标志性建筑之一，是中国传统建筑风格与世界高新技术的完美结合； 2. 提供了800个地下停车位	1. 高152m，直径27m的酒店中庭，28道环廊在霓虹灯的照射下光彩迷人，仿佛置身在时空隧道； 2. 设在88层的观光大厅，建筑面积1520m^2，是目前国内最高最大的观光厅	1998.8	2.3.6 4.2.4 11.2.5
57	1. 地铁直接与地下二层相连； 2. 提供了1200个地下停车位	设计理念包括：将成为国际都市人的购物中心；将满足人们对购物环境舒适的要求；将满足购物与休闲活动相结合的要求；将运用最现代化的商业管理手段	2002.10	5.4.1 11.4.3
100	1. 巨大的弧形外墙所围合的灰空间成为了建筑与城市之间的转换空间； 2. 商场还具有完备的服务设施和功能：邮局、彩扩、洗衣房、修理铺、美容院、婚纱摄影、花店等一应俱全	1. 商厦是目前亚洲最大规模的集购物、娱乐、餐饮及办公楼于一体的多功能、全方位综合商业大厦之一； 2. 是浦东十大标志性建筑物之一； 3. 开业当日曾创下一天光临同一店铺100多万客人的吉尼斯纪录	1995	5.4.1
不详	1. 其中主体建筑具有展示、服务、管理、收藏制作、设计、维修功能，辅助建筑为能源中心、研究、交流、情报、行政管理等功能； 2. 其地下与地铁站相连的地下室进行了完整的商业开发	它将借助新的设计理念与管理手段，以“天地、生命、智慧、创造、未来”等五大展馆为基本内容，以人、科技、自然三者关系为主题，成为兼具展示与教育、科研与交流、收藏与制作、休闲与旅游等四大功能的新型科技中心	2001	7.9.2
24	1. 通过石库门的改造，保留了当地的城市肌理； 2. 提供了150个地下停车位	北里的石库门改造延续了当地的文脉，南里的新建建筑又为项目整体增添了活力。项目作为太平桥地区改造的核心部分，大大地提升了整体的商业价值	2001	6.3.1

序号	项目名称	所在地域	功能组成	开发商	设计单位	建筑面积（m^2）	占地面积（m^2）	容积率	建筑规模
20	松江客运中心	中国上海松江	交通、零售、居住、休闲、娱乐	上海庄城	不详	不详	不详	不详	不详
21	中国国际贸易中心	中国北京东长安街	办公、酒店、居住、会展、零售、休闲、娱乐	鑫广物业管理中心香港嘉里兴业有限公司	日本日建设计株式会社	110 万	17 万	6.47	第一、二期地上 38 层，三期地上 56 层，地下 3 层
22	华贸中心	中国北京长安街	办公、酒店、居住、零售、休闲、娱乐、公园	北京国华置业有限公司	美国 KPF，泛亚易道	30 万	15 万	2	1 号楼 28 层 2 号楼 32 层 3 号楼 36 层
23	财富中心	中国北京朝阳区	办公、酒店、住宅、会展、零售、休闲、娱乐、文化	北京香江兴利房地产开发有限公司	GMP，LPT，WTIL，ARUP	72.7 万	9.21 万	7.89	地上 40 层，裙房 8 层，地下 3 层
24	东方广场（东方新天地＋东方经贸城）	中国北京东长安街	办公、居住、酒店、零售、休闲、娱乐	长江实业	香港建筑师丁广沅	80 万	10 万	8	地上 21～30 层
25	国瑞城	中国北京崇文门	办公、居住、零售、休闲、娱乐、文化	北京国瑞兴业地产有限公司	北京三磊建筑设计有限公司，香港贝尔高林园林设计公司	88 万	20 万	4.4	不详
26	佳程广场	中国北京三元桥	办公、零售、休闲、娱乐	北京佳程房地产开发有限公司	巴马丹拿顾问有限公司	141075	17690	7.97	地上 25 层，地下 3 层

续表

建筑高度(m)	与城市周边环境关系	建筑特色	(拟)建成时间	引用章节
不详	结合轨道九号线的建设，建立的交通枢纽性城市建筑综合体	由于土地法规不健全，以及违规操作导致项目流产，是一反面典型案例	不详	11.4.3
300	1. 国贸地处北京中央商务区的核心部位，地铁国贸站与各线地铁相通，地理位置优越，交通十分快捷； 2. 共提供1500个地下停车位	1. 是目前中国规模最大的综合性高档商务服务企业之一； 2. 通过分期建设，不断完善其整体构架	1990 三期预计2008年竣工	6.5.2
159 143 127	1. 以三个不同性质室外公园空间为中心来组织建筑空间； 2. 地下一层直接连接地铁站； 3. 共有2700个地下停车位	它的出现使CBD繁华地段东移，这座气势磅礴的国际化商务建筑群将成为沿国宾道进入长安街的第一道亮丽景观，确立了CBD商务地标	2007	7.6 11.2.5
260	1. CBD核心区罕见的超大面积中央广场，提供一个开放的城市空间； 2. 约25000m^{2}的绿化面积，现代商务建筑与外部城市环境的有机结合； 3. 拥有578个地下停车位	1. 与国贸中心、CCTV共同撑起CBD的商务金三角； 2. 全玻璃幕墙金属装饰外观，简洁、中性、含蓄； 3. 建成后将成为CBD高效的24小时城中之城	2005	11.3.1
80	1. 全亚洲最大的城市建筑综合体之一； 2. 由11幢高层建筑组成的建筑群体，由于其高度远高于当地限高33m，被认为是破坏城市肌理的典型反面教材； 3. 拥有1800个地下停车位	以现代手法重新演绎古代宫廷的瑰丽细节，整个项目以东方新天地内的中央喷泉广场为中心点，分为三组四合院式建筑群，而每组又各设流水庭园，且设门廊互通，借以营作“门外有门，楼外见楼”的气派	2001	11.3.1
60	通过配套商业开发，将居住区融入城市	1. 为儿童提供一站式购物服务的场所； 2. 有12栋四合院和全国示范少年宫，点缀于绿树花草丛中	2005	11.3.1
103.8	1. 沿东三环路一侧辟出约6000m^{2}的大型水景园林广场，在消除都市空间压迫感的同时体现卓然不凡之气度； 2. 拥有1000个停车位	1. 2004中国十大新地标建筑； 2. 采用国际最新楼宇发展理念3F新概念，“Full Design”、“Full Facility”、“Full Service”，依此制定“以客户为中心”的3F全新概念的发展策略，使其在楼宇设计、设施设备及管理服务等方面领先于一般意义上的甲级写字楼	2005.7	7.5.3

序号	项目名称	所在地域	功能组成	开发商	设计单位	建筑面积（m^2）	占地面积（m^2）	容积率	建筑规模
27	兰华国际	中国北京亚运村	办公、会议、零售、休闲、娱乐	北京建工地产	利安建筑设计及工程开发顾问（中国）有限公司（香港）	52380	7636	6.86	主楼22层，辅楼9层，局部10层
28	金融街中心广场	中国北京长安街	办公、零售、酒店、居住、休闲、娱乐、公园、会议、演艺	金融街控股有限公司	加拿大ACBI（宝佳）国际建筑师有限公司，美国SOM，中国建筑技术集团有限公司	160万	160万	1	办公楼地上17层，地下3层
29	正佳广场	中国广州天河	办公、酒店、零售、休闲、娱乐、会展、康体、旅游、商务、博物馆	广州市正佳企业有限公司	美国捷得设计师事务所，广州设计院	42万	5.7万	7.37	酒店48层，办公25层，商业裙房7层半，地下2层半
30	广州火车东站	中国广州天河	交通、酒店、办公、零售、休闲、娱乐、公园、旅游	不详	不详	114197（客运楼）	41万	不详	酒店47层，办公43层
31	天河中信广场	中国广州天河	办公、居住、零售、休闲、娱乐、服务、学校	熊谷蚬壳（广州）有限公司	DLN Architects and Engineers	32万	2.3万	13.91	主楼80层，副楼38层，裙楼5层，地下2层

续表

建筑高度(m)	与城市周边环境关系	建筑特色	（拟）建成时间	引用章节
89.55	1. 采用非直线几何轮廓及LOW-E双层中空全玻璃幕外墙，以其新颖、独特的建筑风格，最具潜力和不可复制的中心位置，成为亚运村地区的一座标志性建筑，提升和改善亚北地区的商务环境； 2. 拥有256个地下停车位	1. 2004中国十大新地标建筑； 2. 亚运村及奥运主会场区域中的唯一一座国际化5A级智能写字楼	2005	7.5.3
70	1. 金融街建造了中国首个区域性大型地下三层交通系统； 2. 3万平方米的超大绿荫广场和湿地系统，广场上植物、雕塑和水景交相辉映； 3. 拥有大量内部景观庭院，并拥有开阔的政协绿化广场，四周被绿树掩映	1. 2004中国十大新地标建筑； 2. 金融街集银行、保险、证券和外汇业务为一体，已成为法制完善、功能齐全的国家金融管理中心，资金管理规模巨大； 3. 2008年金融街将成为资金密集、信息通常、交易活跃，最具生机与活力的国际化金融中心	2007.8	11.3.1
43.66（商业部分）	1. 与体育中心连通，坐拥日均百万超旺客流，直驳地铁1号线、3号线交会站，56条公交车线路穿梭于此，加上广州火车东站、广佛地铁、珠三角城市轻轨网络，广州新机场巴士、华南屋村巴士及港澳直通巴士上落站，成为华南最大交会点； 2. 共提供了1500个停车位	以体验式主题购物乐园为设计定位，是当今中国最大的完全贯彻“体验式消费”模式的现代化购物中心。通过中庭空间层层递增的剧场式设计、“金三角”客流引导体系、楼高7m的7000m^{2}园林生态中庭、广州风情博物馆、超五星级国际电影城、10000m^{2}大型室内主题乐园、超大型室内真冰溜冰场、环球“儿童反斗城”、室内水族馆和水文瀑布喷泉世界、容纳近20家餐厅的超大型美食广场等，构建亚洲顶级休闲购物天堂	2005.1	4.2.9 4.3.2 11.2.5
不详	1. 站内地下有地铁1号线和在建的地铁3号线，站前广场有开往市内各处的公交车和出租车站； 2. 站前广场由高架人行广场层、机动车层、地下三层组成，形成人、车分层分流、室内公交车站、地下停车场、地铁的立体格局	1. 前广场末端名为“天河飘绢”瀑布景观，成为天河中心地区的一大旅游亮点； 2. 主要由前广场、客运楼、塔楼、站场四部分组成； 3. 前广场下部的公共汽车总站和购物中心成为火车东站的有机组成部分	不详	4.3.1 7.6.3 7.8.2
391	1. 广州的标志性建筑，天河地区中心； 2. 北靠广州火车东站、港穗直通火车站及地铁1号线、3号线总站，步行仅需8分钟，地铁三号线又将设站中信广场； 3. 拥有900个停车位	1. 是世界上最高的纯混凝土结构写字楼； 2. 附属中信广场的玻璃墙瀑布水景被命名为新世纪羊城八景之一，称“天河飘绢”	1997	7.6.3

序号	项目名称	所在地域	功能组成	开发商	设计单位	建筑面积（m^2）	占地面积（m^2）	容积率	建筑规模
32	天河城广场	中国广州天河	零售、休闲、娱乐、商务	广东天河城（集团）股份有限公司	广州市设计院	16万（商业部分）	4.4万（商业部分）	3.64（商业部分）	地上7层，地下3层（商业部分），办公50层，酒店40层
33	太古汇	中国广州天河	零售、休闲、娱乐、文化（图书馆、电影院、歌剧院）、酒店、办公	香港太古地产	美国迈阿密建筑公司Arquitectonica（ARQ）	45万	5万	9	包括一个大型购物商场、两幢办公楼、一间五星级酒店和一个文化中心
34	中信城市广场	中国深圳深南路	零售、休闲、娱乐、办公、旅游	深圳中信城市广场投资有限公司	香港王董国际工程设计公司	15万	5.1万	2.94	地上38层 裙房6层 地下3层
35	华润中心	中国深圳深南路	零售、休闲、娱乐、办公、公园、酒店、居住	华润集团，德思勤地产	美国RTKL建筑设计公司	23万（一期），55万（总体）	3.6万（一期），8万（总体）	4.8（一期），6.88（总体）	华润大厦29层，万象城6层，地下2层
36	国际贸易中心大厦	中国深圳	办公、零售、休闲、娱乐	深圳市物业发展公司	中南建筑设计研究院	10万	2万	5	地上53层

续表

建筑高度(m)	与城市周边环境关系	建筑特色	(拟)建成时间	引用章节
195(办公部分)	1. 天河城坐落于广州城市新中轴线上，位于天河商圈的中心位置，毗邻广州CBD中央商务区、天河体育中心和广州火车东站，邻近五山众多大学校区。天河城位于广州地铁3号线两条支线的交接点及其与地铁1号线、广州机场快线的转接站上，60多条公交线路在此设站，交通极为便利	1. 中国内地最早的SHOPPING MALL，也是中国最成功的购物中心之一； 2. 商铺的出租率从1998年起一直保持100%； 3. 天河城连带开发有“粤海天河城大厦”、“粤海喜来登酒店”，集大型购物中心、超甲级写字楼、五星级酒店为一体	1996(商场部分)，2007(办公、酒店部分)，	11.2.5
不详	1. 地下直接连接地铁1、3号线； 2. 在建设的同时，通过“围墙”营销，通过一些感性的手段，让经过的人先被这个广告的意念所吸引，并有所思考领会，继而对太古汇有所期待； 3. 计划建设超过1000个地下停车位	1. 国内唯一具有写字楼、酒店、文化中心、购物商场的高端综合性商业项目； 2. 为了更有效保障商用物业的统一性和生命力，太古汇建成后，所有物业全部都将只租不卖； 3. 文化中心将包括公用图书馆、电影院和歌剧院，图书馆建成后，将移交广州市有关部门，向市民开放	2009(预计)	8.3.2
188.8	1. 深南路市政府南侧，毗邻深圳国际商场、岁宝百货、茂业百货等，背靠深圳著名的老城区巴登街及南园路的商业一条街，其间，多路大中小巴及出租车纵横穿梭于此,交通发达，人气兴旺，商业气氛浓愈，成为继东门、华强北之后的新兴商业旺地，被深圳市主流媒体评为八大商圈之一； 2. 拥有788个停车位	1. 深圳最大的集购物、餐饮、娱乐、休闲、观光为一体的SHOPPING MALL； 2. 分期建设； 3. 结合各品牌店的宣传，成功举办一系列大型推广活动，以及各类市政论坛等群众性活动，充分发挥广场的市政功能，展示国内外文化，促进商品交流	2005(一期)，2007(二期)	8.8.2
139	1. 华润中心位于深圳市罗湖区深圳金融商业核心区域； 2. 地处深圳市东西贯通的两条主干道深南大道和滨河大道之间； 3. 与“地王大厦”隔深南大道相望； 4. 与地铁1号线大剧院站有地下通道直接相连； 5. 一期包括1034个停车位，总设计车位近3000个	1. 本综合项目布局上的个性化特色，表现在中心区域“活力四射”的设计理念上； 2. 将不同功能的区域，通过室外广场、庭院、步行街道等的巧妙连接，有机地融为一体； 3. 以自动扶梯、电梯和楼梯，井然有序地沟通楼层间的立体空间，从平面到立体，勾画出便利的交通网络	2004(一期)，2008(二期)	11.2.5
160	1. 深圳精神象征，结合地铁出入口的物业，国贸商圈中心,周围配套齐全:金融、文化、购物、饮食等； 2. 300个地下停车位	1. 1984年10月至1985年12月29日共37个月即竣工，从此，“三天一层楼”成为享誉中外的“深圳速度”的象征，常被用来形容速度特别快，效率非常高； 2. 国内最早的城市建筑综合体之一	1985	11.3.2

序号	项目名称	所在地域	功能组成	开发商	设计单位	建筑面积（m^2）	占地面积（m^2）	容积率	建筑规模
37	地王大厦（信兴广场）	中国深圳深南路	办公、居住、零售、休闲、娱乐	香港建设(控股)有限公司	美国建筑设计有限公司张国言设计事务所	27万	18734	14.41	塔楼68层，公寓32层，商业5层，地下2层
38	第一国际	中国东莞	办公、酒店、居住、零售、休闲、娱乐	德思勤地产	不详	80万	21.1万	3.79	不详
39	郑东新区会展宾馆（绿地广场）	中国郑州	零售、休闲、娱乐、酒店、办公、旅游	绿地集团	美国SOM建筑设计公司，华东建筑设计研究院	24万	29182	8.22	地上60层，地下3层
40	浙江环球中心	中国杭州西湖文化广场	办公、零售、休闲、娱乐	浙江省耀江房地产开发有限公司	不详	11万	3726	29.5	地上41层，裙房5层，地下2层
41	杭州市民中心	中国杭州钱江新区	办公、政府、市民中心、会议、展览、文化、零售	杭州市政府	同济大学建筑设计研究院	22万	176189	1.25	地上26层，裙房4层，地下2层

续表

建筑高度(m)	与城市周边环境关系	建筑特色	(拟)建成时间	引用章节
384	1. 深圳标志性建筑，位于金融中心区，交通干道交叉点； 2. 推动周边都市功能高效组合，促进了周边文化、居住、金融、餐饮、交通等业态的发展	通过有机规划，将建筑群体的地下、地上的交通和公共空间贯穿起来，同时又与城市街道、地铁、停车场、市内交通等设施以及建筑内部的交通系统有机联系，组成一套完善的“通道树型”(Access Tree)体系	1996	7.9
不详	1. 分三期建设将整体目标定位为通过对东莞城市价值、中心区域价值的传播来推广和提升其价值； 2. 在一期解筹开盘后，由于先前的成功营销取得供不应求的局面，相当客户无法认购，开发商通过及时的“退筹返利”政策结合二期认筹，为接下来市场营销打下良好基础	制定了两条推广主线：一是解决项目如何说的问题，确定“中央财富区”属性，利用事件营销和主题推广语确立项目高度，使项目在公众心目中形成强势占位，统领项目的销售推广全程；二是解决产品如何售的问题，对不同功能采取各个击破的推广策略，分阶段、按次序进行销售推广	2004(一期)	8.2.1 8.3.3
280	1. 郑东新区总体规划的具有象征意义的标志性焦点建筑； 2. 位于郑东新区C B D区中心公园内，该项目东侧是已建成的郑州国际会展中心，西侧是正在建设的河南艺术中心，北侧为中心湖，南侧面对内环立交下匝道和公交枢纽中心； 3. 提供约200个停车位	1. 该项目的设计灵感来自于“嵩岳寺塔”，主楼曲线与“嵩岳寺塔”吻合，以现代材料和手法再现古塔密檐效果，建筑平面布局与古塔平面神似，独具一格； 2. 裙房结合中心湖游艇码头，将建设成郑东新区的休闲娱乐购物中心	2008(预计)	4.2.9 10.4 11.4.1
170	1. 建成后将成为杭州第一高楼，是杭州市的地标性建筑； 2. 同西湖文化广场的文化设施(博物馆、剧院等)配套建设，形成互补的局面； 3. 预计可提供1500个停车位	1. 2004中国十大新地标建筑； 2. 整体建筑风格采用渐收与发散的几何体外形设计，形成旋转而相贯的块面结合，展示了一种现代韵味及极富升腾开放的性格，同时也透露着吴越传统建筑的精神； 3. 为保护西湖景观，降低了原有的设计高度	2007	6.3.1
100	1. 将成为未来杭州城市的新地标、“钱江时代”的标志性建筑、杭州旅游的新景点和杭州文化的新中心； 2. 将市政府与市民中心等一同设计开创政府建筑的先河； 2. 地下与地铁直接相连	1. “标志性、超前性、亲水性、亲民性、畅通性”； 2. “亲民性”设计导则体现在三个结合上：开放性与保密相结合，开放性与高效管理相结合，开放性与安全相结合； 3. 地下将要进一步结合地铁进行商业化开发	2007	5.3.2 10.5

序号	项目名称	所在地域	功能组成	开发商	设计单位	建筑面积（m^2）	占地面积（m^2）	容积率	建筑规模
42	南京国际广场	中国南京中央路	酒店、办公、居住、会展、零售、商务会所	南京国际集团股份有限公司	美国洛翰建筑师事务所，上海华东建筑设计研究院，美国SWA景观设计	45万	32477	13.86	主楼地上82层，地下3层
43	天泰大厦	中国安徽芜湖	酒店、办公、居住、零售、休闲、娱乐、公园	安徽芜湖天泰集团	同济大学建筑设计研究院高新建筑技术研究所	100379	15025	6.68	主楼地上26层，裙房4层，地下2层，住宅19层，地下1层
44	五里河城	中国沈阳五里河	酒店、居住、办公、零售、休闲、娱乐、学校	沈阳中雁房产投资发展有限公司	东北设计院	64万	11.19万	5.72	不详
45	新世界国贸大厦（原国贸大厦）	中国武汉汉口	办公、零售、休闲、娱乐	香港新世界集团	不详	15.6万	3万	5.2	地上55层，裙房6层，地下2层
46	武汉光谷广场	中国武汉光谷	零售、休闲、娱乐、体育、会展、广场	武汉光谷广场建设发展有限公司	不详	73000	12353	2.76	地下1层，地下4层

续表

建筑高度(m)	与城市周边环境关系	建筑特色	（拟）建成时间	引用章节
320	1. 沿中央路200m长、约8000m^{2}的室外弧形广场，将建筑与城市融合； 2. 目前是南京市乃至的首要标志性建筑； 3. 配套1200个停车位	1. 2004中国十大新地标建筑； 2. 北美财团控股投资的南京大型城市建设重点工程项目完全按北美标准设计； 3. 建成后的南京国际广场将成为汇集南京国际大企业，并为其提供一站式全方位服务的地标性国际商务社区，同时也将成为华东地区首屈一指的经典商务设施	2006.12（一期）	11.3.1
100	1. 位于芜湖市火车站、汽车站两站广场的南面，北京东路东边，沿北京东路展开，位置显要，是芜湖市陆路门户； 2. 主体结构以不规则的基地地形为切入点，结合使用功能，串联商业服务，形成点、线、面、区域结合的综合商住服务系统，融入了城市肌理，并形成自身鲜明的个性； 3. 共提供了约350个地下停车位	1. 以酒店为龙头，带动商业、餐饮、娱乐服务，形成城市新的商务坐标，结合市场开发战略目标，建设高品位公寓，创造良好的经济效益； 2. 分期建设，首期进行住宅及裙房建设，收回部分资金后，再进行塔楼的建设； 3. 屋顶平台设计为绿化广场，为项目打造更多公共空间	2007(一期)，2009(二期)	10.2
不详	1. 五里河城将成为集酒店、商业、办公、公寓、学校等多种业态于一体的地标性建筑群； 2. 五里河城将加快五里河地区成为沈阳第一中央商务区的步伐，为五里河区域乃至沈阳带来一个功能齐全、具有国际风采的大型商务中心	1. 2004中国十大新地标建筑； 2. 以教育产业和体育产业为依托，建立独一无二和谐地位； 3. 作为五里河区域内新兴的大型商业群，将成为该区域房地产业的典型代表，其建成将带动该地区商业经济的发展，使五里河地区成为沈阳的中心商贸区	2008	11.3.1
212	1. 将中国建筑的庄重感和国际流行趋势自然融合，耸立于武汉金融一条街上，是武汉的城市象征； 2. 2000年部分完工后，成为烂尾楼，2004年被香港新世界公司收购后经过改造于2005年完工	1. 2004中国十大新地标建筑； 2. 其最大优点是大开间无立柱结构，以科学合理的功能分隔，臻美极致的空间美学，结合极佳景观及采光，筑铸炫名千古的地标建筑	2000(部分完工)，2005(整体完工)	6.5.2
43.3	1. 光谷广场位于武汉市的东大门，倚立“中国·光谷”入口处，位置得天独厚； 2. 商场采用现代经营理念实行“店中店”、“专卖店”的专柜经营模式，为消费群体提供主题式、体验式、一站式、情景式的购物环境	为凸显广场的光电主题风尚，呼应光谷的主流产业模式，设计方别出心裁地引进了当今世界最先进的一套“激光表演系统”，整个大厅的中空部分及屋顶将由激光空中成像，构筑奇特的光电世界。通过电脑控制，整个广场将编制一张巨型的光网，制造出海市蜃楼般的迷幻景像	2004	3.7 4.2.4

序号	项目名称	所在地域	功能组成	开发商	设计单位	建筑面积（m^2）	占地面积（m^2）	容积率	建筑规模
47	财富中心	中国重庆渝北区	零售、休闲、娱乐、酒店、办公、居住、会展	重庆香江高科地产发展有限公司	德国 AXIS 集团，重庆日清城市景观设计有限公司	75 万	34 万	2.21	地下 3 层，裙房 4 层，地上最高 28 层
48	国际金融大厦（IFC）	中国香港中环	办公、酒店、零售、休闲、娱乐、交通、公园	IFC Development Ltd.，香港新鸿基地产	香港许李严建筑师有限公司，CAESAR PELLI & ASS. ARUP	72876（一期）	57107（一期）	不详	一期地上 39 层，二期地上 88 层
49	中环中心	中国香港中环	办公、零售、休闲、服务、公园、交通	长江集团	DLN Architects & Engineers	130130	9295	14	地上 73 层
50	汇丰银行总部	中国香港中环	办公、商务、广场	香港汇丰银行	诺曼·福斯特	9.8 万	5000	19.6	地上 46 层，地下 4 层
51	置地广场	中国香港中环	零售、休闲、娱乐、办公	不详	不详	不详	不详	不详	48 层

续表

建筑高度(m)	与城市周边环境关系	建筑特色	（拟）建成时间	引用章节
155	1. 重庆北部新城的新中心，重庆多元中心城市的一个新的副都心； 2. 分两期开发建设，并突破重庆传统的组团式区域中心模式； 3. 各种物业之间实现充分的资源共享，价值最大化，无论是工作、生活或休闲，都在15分钟高效城市圈中一并完成	1. 2004中国十大新地标建筑； 2. 重庆第一个同步规划、同步建设的副都心，也是第一个通过国际招标提供规划方案的与国际城市建设接轨的新概念城市新都心； 3. 城市中心将以一种理性、通透、高效的组合秩序展示于世人，成为新重庆、新北部理性主义精神的象征	2004(一期)，2006(二期)	6.5.2
180（一期），420（二期）	地下三层是机场快线终点站，地下二层有两条地铁的换乘站，地下一层为地下停车库，地面层是公交、小巴、出租车的停靠站并拥有集散大厅，二层连接中环步行系统，三层则有酒店入口平台，整个建筑通过平台、立交、天桥、中庭等一系列开放步行空间，合理地组织了复杂的交通	1. 香港现时最高商业大厦； 2. 立体的交通网络互不干扰却又紧密联系，使得这一城市建筑综合体成为中环地区的"城市心脏"。同时，也为其内部的商业步行街、零售、餐饮、娱乐、休闲等一系列功能提供了源源不断的客流	1998(一期)，2003（二期）	4.2.9 5.2.2 8.2.2
346	1. 大厦外墙从顶部到底部布满由计算机操控的霓虹灯，可制造渐进式的颜色及图案变化； 2. 底层裙房与主楼脱开设计，在联系了中环步行系统的同时，也为当地社区提供了一系列的服务设施； 3. 裙房与周边建筑尺度相仿，在街道层面融入城市肌理	1. 采用独特之全层无柱式设计。整座大厦建于一个宽敞的有盖休憩广场上，面积达$1500m^2$的前庭花园，以现代建筑素材演绎东方庭园神韵； 2. 水景布置是大厦大堂的建筑特色，大厦大堂设于地层之上，以腾空出更多公共休憩空间	1998	5.5.2
180	1. 底层全部架空，有机联系了皇后大道中和德辅道两条城市干道； 2. 每逢星期六、日和假期，架空广场的空地和附近皇后像广场是菲律宾家庭佣工的放假聚集地，成为香港一大风景	整个设计的特色在于内部并无任何支撑结构，所有支撑结构均设于建筑物外部，使楼面实用空间更大。而且玻璃幕墙的设计，能够善用天然光。加上其设计灵活，可按实际需要轻易进行扩建工程而不影响原有楼层	1985.11	4.3.1 5.6.1
不详	面积相当广阔，是由告罗士打大厦、中建大厦及公爵大厦三座所组合而成。由于置地广场是全球名牌的群集地，故与半岛酒店并称为香港名店	零售部分，是香港名店及名牌的集中地，因为渐渐难以跟上时代潮流，近年业主对其进行了里外翻修，通过室内装修及室外立面的改观给人以焕然一新的感觉，并增设一座酒店作为整体功能的补充	1980，2005(改建)	7.10.2

序号	项目名称	所在地域	功能组成	开发商	设计单位	建筑面积（m^2）	占地面积（m^2）	容积率	建筑规模
52	美国花旗广场（原香港万国宝通银行大厦）	中国香港中环	办公、零售、会所、交通转换	万国宝通银行	香港许李严建筑有限公司	6万	不详	不详	51层
53	太古广场	中国香港金钟	办公、居住、酒店、零售、休闲、娱乐、公园、交通换乘	香港太古地产	王欧阳(香港)有限公司	不详	总占地面积46.5万	不详	40、50层（一区），56，61层（二区），40层（三区）
54	力宝中心	中国香港金钟	办公、会议、商务、交通	香港力宝集团	保罗·罗道夫(Paul Rudolph Architect)	97575	不详	不详	两座塔楼分别42层和48层
55	香港会议展览中心	中国香港湾仔	会展、酒店、办公、居住、零售、休闲、娱乐、旅游、纪念	香港新世界集团	王欧阳(香港)有限公司	24.8万	6.5万（新翼）	不详	51层

续表

建筑高度(m)	与城市周边环境关系	建筑特色	（拟）建成时间	引用章节
205.5	建筑前的广场，既是大厦的主要出入口，亦是行人交通的聚集点，根据地段地形分为高低两层，连接着不同方向的行人通道及步行天桥，将中环地区心脏地带以及香港公园与缆车总站等重要环节，连成一个全面立体交通网络，这个网络融会穿插于建筑物中	1. 设计考虑了整个城市环境公共活动领域的连续与衔接，使其成为真正意义上的“城市连接体”； 2. 9层高的透明前厅和游廊成为行人交通转换点，确立建筑和城市环境的特征和氛围，有意打破和模糊公共领地与私人领地之间的界线，拓展了城市的公众领域	1992	4.3.1
162，164.5（一区），213.4，199（二区），183（三区）	1. 裙房是金钟步行天桥系统有机组成部分，起到了连接行人步道和地铁以及半山香港公园等作用； 2. 结合地形，将办公、居住、酒店的回车场地设置在裙房屋顶之上，并与城市立体交通联系，避免了大量交通对城市地面交通的影响； 3. 结合地形，保留了山体的部分绿化，融入到建筑内花园的设计，并拥有全世界最昂贵的树木保护计划； 4. 地下车库提供了超过500个的停车位	香港规模最大的综合商业发展计划之一，亦公认为亚洲区最成功的混合用途发展物业之一。工程分两期进行。第一期工程包括一座购物商场电影院(各层有空调行人通道连接)、一个园林庭院及两幢矩形大楼(万豪酒店和太古广场一座)。第二期工程包括两幢椭圆形大楼(港岛香格里拉酒店暨太古广场二座和港丽酒店)和一座三层高的购物商场，与第一期的园景花园连接。该项目的商场是港岛主要的购物商场。太古广场三座是2004年建成的商业大楼，位于太古广场原项目隔邻，并连接原有的两座综合大楼及地铁站	1988(一期)，1991(二期)，2004(三期)	2.3.5 4.2.9 4.3.1 5.2.3 7.9.2
186	1. 裙房花园平台和金钟步行系统连接，使得建筑裙房部分空间成为城市有机组成部分； 2. 香港租金最高的写字楼之一，出租率达100%	每幢大楼分三段，每段的楼层从中央主干部分伸出，并采用多平面设计，方便安装十二角形的窗户。在每个分段的顶部和底部之间，“天幕室”从多平面楼层向外伸出，构成非常独特的设计模式	1988	4.3.1
181	1. 和湾仔步行系统联系，为乘坐地铁来访的游客提供便利； 2. 下客场地设在建筑内部，减小对周围车流的影响； 3. 新翼结合金紫荆广场，成为香港回归纪念和重要旅游景点； 4. 共提供了1300个停车位	1. 香港会展中心是亚洲第二大会议及展览场馆，规模仅次于日本； 2. 新翼大堂可容纳4300人，用来举行宴会则可招待3600名宾客，是全球最大的宴会厅之一； 3. 都市传说及风水指香港会议展览中心外形酷似龟，当“龟”“游向”维多利亚港时，代表香港的地运会从此衰落	1988(旧翼)，1997(新翼)，2009(扩建)	4.3.1

序号	项目名称	所在地域	功能组成	开发商	设计单位	建筑面积（m^2）	占地面积（m^2）	容积率	建筑规模
56	时代广场	中国香港铜锣湾	零售、休闲、娱乐、办公	九龙仓集团	王欧阳(香港)有限公司	18.6万	不详	不详	16层
57	信德中心	中国香港上环	办公、客运码头、交通换乘、商业、休闲、娱乐、旅游、服务	信德集团	Spence Robinson Ltd.	56万	不详	不详	地上39层，裙房6层，地下3层
58	中环步行系统	中国香港中环	交通、零售、休闲、娱乐、绿化平台	香港政府	不详	不详	不详	不详	全长超过1km
59	湾仔步行系统	中国香港湾仔	交通、零售、休闲、娱乐、绿化平台	香港政府	不详	不详	不详	不详	不详
60	金钟步行系统	中国香港金钟	交通、零售、休闲、娱乐、绿化平台	香港政府	不详	不详	不详	不详	不详

续表

建筑高度(m)	与城市周边环境关系	建筑特色	（拟）建成时间	引用章节
不详	1. 地下与地铁直接相连； 2. 地面层局部架空，有机联系了周边城市肌理； 3. 铜锣湾地区的腹地和重要集散广场； 4. 其中庭空间亦是大量重要活动的举行场地，定期都会组织主题活动	1. 不但是香港最大型的购物中心之一，更荣获香港旅游协会选为香港十大购物景点之一，是国内游客必到之处； 2. 采用百货公司概念的开放式购物廊设计，所有消费及娱乐设施均划分为不同的区域，将同类型的商户集中在同一层内，使顾客在消费娱乐时倍感方便； 3. 每年12月31日举办的除夕倒计时活动，热闹程度与纽约的时代广场有异曲同工之妙	1993	3.7.3 4.3.1
145.1	1. 不同建筑皆以行人天桥连接； 2. 地库与上环地铁站连接，可通往上环各个商业中心区； 3. 地面层架空，作为公共巴士终点站	是香港上环地区的一个重要交通换乘枢纽，换乘交通工具涉及海陆空全部，港澳客运码头顶部建有一个以支架承托的铝质平台，可供直升机降落，是直升机游香港的起落点	1986	4.3.1
不详	1. 纯步行系统，完全避开了机动车的干扰； 2. 所经过建筑结合步道进行了商业开发； 3. 联系了中环地区所有的交通系统； 4. 结合地形和气候特征设计，并体现了对残疾人的关怀	中环区的空中步道系统以干诺道与德辅道之间的七个街区为核心，将中环区的重要商业楼与滨水地带天星码头以及20世纪90年代末落成的机场快线香港站连成一个步行网络	不详	3.7.3 4.3.1 7.8.2
不详	1. 纯步行系统，完全避开了机动车的干扰； 2. 所经过建筑结合步道进行了商业开发； 3. 联系了湾仔地区所有的交通系统； 4. 结合地形和气候特征设计，并体现了对残疾人的关怀	湾仔区的空中步道系统北起轮渡码头，南至轩尼诗道，与三个地铁出入口相通。沿途将鹰君中心、海港中心、湾仔运动场馆、新鸿基中心、文物展览馆、华润大厦、香港会展中心、中环广场和香港展览中心连成在二层平面上相互穿越的网络，并具有与周边地区保持开放性连接的可能性	不详	4.3.1 7.8.2
不详	1. 纯步行系统，完全避开了机动车的干扰； 2. 所经过建筑结合步道进行了商业开发； 3. 联系了金钟地区所有的交通系统； 4. 结合建筑绿化平台和中庭厅堂成为城市休闲空间； 5. 结合地形和气候特征设计，并体现了对残疾人的关怀	金钟区的空中步道系统跨越15个街区。太古广场、香港最高法院、力宝中心、中银大厦、万国宝通等重要建筑云集此地。金钟地区空中步道系统的最大特色在于对建筑内部公共空间（中庭厅堂）的有效联结，并和所处地形、地貌紧密结合	不详	4.3.1

序号	项目名称	所在地域	功能组成	开发商	设计单位	建筑面积（m^2）	占地面积（m^2）	容积率	建筑规模
61	半山步行系统	中国香港半山	交通、零售、休闲、娱乐、观光	香港政府	不详	不详	不详	不详	全长800m，最高攀至135m高程
62	赤柱广场	中国香港赤柱	零售、休闲、娱乐、文化、旅游、剧场	香港房屋委员会	房屋署发展及建筑处	24783	35000	0.71	6层（购物中心），1层（闲情坊），3层（美利楼）
63	重庆大厦	中国香港尖沙咀	旅馆、办公、居住、零售、服务	不详	不详	不详	不详	不详	17层，共770个单元
64	美丽都大厦	中国香港尖沙咀	旅馆、办公、居住、零售、服务	不详	不详	不详	不详	不详	15层
65	九龙车站综合体	中国香港西九龙	车站、零售、休闲、娱乐、办公、居住、酒店、平台广场	香港市政府	TFP(泰瑞·法瑞建筑设计事务所）	22万（车站）	7.5万	不详	包括九龙车站，若干住宅、办公楼，以及一幢酒店

续表

建筑高度(m)	与城市周边环境关系	建筑特色	（拟）建成时间	引用章节
不详	1. 纯步行系统，通过自动扶梯的设置方便了居民和游客； 2. 带动了周边地区尤其是苏豪（SOHO）区的商业开发； 3. 将半山区域同中环地区有机联系； 4. 结合地形和气候特征设计，并体现了对残疾人的关怀； 5. 自动扶梯系统在上班及下午下班时会向不同方向行走	系统由连接中区行人天桥系统的恒生银行总行大厦为起点，经中环街市，沿阁麟街、荷李活道、些利街、摩罗庙交加街、罗便臣道直至终点干德道。此系统有全球最长的户外有盖行人扶手电梯。完成整个旅程需时 20 分钟，但大部分使用者都会加上步行以节省时间	1993	7.8.2
不详	1. 闲情坊是个多用途的户外表演场地。舞台和观众席设有帐篷式上盖，为各种艺术表演提供一个以大自然为背景的户外表演场所； 2. 购物中心是个全新概念的商场，楼高 6 层，其全天候开放式设计，游人在购物消闲之余，更可享受蓝天碧海的天然景致； 3. 购物中心同时也是连接公交车站和海滨的交通枢纽	赤柱集中西文化、历史古迹、阳光海滩于一隅。美利楼建于1846 年，坐落于金钟花园道(即中银大厦现址)，用作当时驻港英军的宿舍，是香港仅存的古欧陆式建筑物之一，为极具历史价值的古迹。1982 年拆除时，港府已计划觅地将它重建，并将其 3000 多件花岗石编上号码；在 1998 年再由香港房屋委员会负责在赤柱重建，内部则辟作高级食肆，游人可在此细览遗迹，缅怀昔日历史	2000.6	4.2.6 4.3.3
不详	原用途是居住，因为所处地位优越，遂陆续被各种不同功能占据，其中廉价旅馆最为集中，占到了其中 1/3 的面积。是在经济力量作用下，自发形成的建筑综合体典型实例	九龙尖沙咀的重庆大厦可能是香港廉价宾馆最集中的地方，弹丸之地集中了超过 150 家的廉价宾馆。这里集中了来自全球 120 个国家的住户和商户，被美国《时代》杂志评为亚洲最能反映全球化的地方，也是最能反映香港多元文化特色的地方	1961	5.5.1
不详	类似重庆大厦，同样是在经济力量作用下，自发形成的建筑综合体典型实例	近年崛起的类似重庆大厦的建筑综合体，同样集中了大量的廉价宾馆	不详	5.5.1
不详	九龙站区有三个主要的层次：地面用于公路和公共交通；第一层供购物和行人使用；平台广场是出入口和开阔空间。九龙站设计代表着香港密集的城市环境与欧洲传统的统一。在欧洲风格中，车站广场成为工程的核心，并且是机场快速干线与城市之间的门户。在这里，车站广场之上升起的是亚洲风格的“特大交通城市”：城市在不断发展，城区便更为拥挤而不是向外蔓延	这一项目的开发代表着建筑艺术和城市设计大规模融合的趋势。可持续发展的三维特性，人员流动与城市规划，以及公共空间为方案的主题。此项工程提供了一个稠密城市地区生活典范，包括土地保护，以及与现代化技术和人员流动相协调的建筑风格的发展。车站设计的关键是将重点转向了旅客的需求，而不是传统的喧闹嘈杂的以月台为主导的建筑，以往这是人们用来上车的一个喧闹的地方	2010	13.3.4

序号	项目名称	所在地域	功能组成	开发商	设计单位	建筑面积（m^2）	占地面积（m^2）	容积率	建筑规模
66	西九龙文化中心	中国香港西九龙	文化、演艺、公园、交通、零售、休闲、娱乐、旅游	香港市政府	诺曼·福斯特	不详	不详	不详	不详
67	朗豪坊	中国香港旺角	零售、办公、酒店、休闲、娱乐、服务、社区、文化、交通、公园	鹰君地产	王欧阳(香港)有限公司，美国捷得设计师事务所	16.9万	1.6万	10.56	办公楼60层，酒店42层，裙房13层，地下5层
68	又一城	中国香港九龙塘	零售、休闲、娱乐、交通换乘、办公	香港太古地产	Bernardi Forte-Brescia	不详	9.3万	不详	7层（商场）
69	将军澳中心	中国香港将军澳	居住、办公、零售、休闲、娱乐、服务	新鸿基地产发展有限公司，恒基兆业地产有限公司等	刘荣广伍振文建筑师事务所(香港)有限公司	32550（商业部分）	30121（一期），33434（二期）	不详	最高48层，裙房5层
70	将军澳广场	中国香港将军澳	居住、零售、休闲、娱乐、服务	南丰发展有限公司	不详	不详	不详	不详	共八座，每座45层，裙房3层
71	沙田新城市广场	中国香港沙田	零售、休闲、娱乐、交通、服务	新鸿基地产发展有限公司	不详	130万	20万	6.5	9层

续表

建筑高度(m)	与城市周边环境关系	建筑特色	（拟）建成时间	引用章节
不详	1. 福斯特在方案中，设计了一条穿梭轨道交通系统，以连接九龙地区分散的文化设施； 2. 采用整体连续的高技覆盖体系，在强化了整体形象的同时将会改善局部小环境	为香港地区创造了罕有的城市景观、大面积城市绿化和文化设施。项目是对城市生态环境的一种创造。在填海区域做了阶梯性的设计，并将建筑屋顶设计为绿化平台，以增加香港高密度下的绿地空间	2002 国际竞赛，实施时间不详	5.2.3
255	1. 地下层与地铁直接相连，一层设有一个巴士站； 2. 地面层延续了固有城市道路的联系； 3. 卸货层设在地下 3 层，地下 4 层及 5 层为停车库； 4. 设置街头绿地以及在屋顶平台上设置周边居民活动场地，并在建筑内设置社区服务用房和街市； 5. 巨大的辐射作用，改变了基地所在区域的社会问题和原有环境	1. 亚洲最大的巨型电子天幕所覆盖的中庭空间成为城市新的精神空间； 2. 亚洲最长的通天梯； 3. 独特的“回转购物廊”； 4. 经历了超过 15 年的发展过程，是近年香港城市重建计划当中的典范工程	2004	4.3.3 5.3.1 5.4.3 5.5.2 8.2.1 10.3 12.4.3
不详	是九龙塘地区的交通枢纽，通过建筑内的中庭，连接了地铁站、九广东铁、巴士站、香港城市大学以及周边的居住小区，成为九龙塘地区居民出行的必经之地	1. 又一城是九龙中区最大型的购物中心； 2. 全港最多银幕电影院以及全港最大溜冰场“欢天雪地”； 3. 商场设计强调空间感和透明感，将自然阳光与宽敞通透空间融为一体，并创造一种国际化生活消闲概念	2000	4.3.1 4.3.3 7.4.7 12.4.1
不详	1. 裙房将与周边重要建筑物直接连接； 2. 裙房屋顶平台成为住宅的公共绿地及活动场地； 3. 地下拥有 700 余个地下停车场	1. 分两期开发，在首先打造裙房配套设施的基础上，逐步开发上部住宅； 2. 裙房内部包含了街市、社区服务、社区活动等场所	2002（一期），2003（二期）	4.3.3
170	1. 设有专门小巴车站，为居民提供方便； 2. 裙房屋顶平台成为住宅的公共绿地及活动场地； 3. 共有 873 个停车位	裙房内部包含了街市、社区服务、社区活动等场所	2004	4.2.2
不详	1. 直接同沙田火车站以及沙田中心所有重要建筑连接，包括图书馆、演艺中心、市民中心等； 2. 占地 40000m^2 的“香港新城市广场史努比开心世界”是香港新地集团进行大型商场拓展计划中首项完成的工程，在商场物业加入大型乐园，主要希望善用商场资源，不断提升商场设施，为顾客带来更精彩及更多元化服务	新城市广场位于沙田市中心，是新鸿基地产的旗舰商场。商场分为项目一期和三期中分别建设的商业部分及新城市中央广场三个部分，是香港少数的超大型消闲购物商场。商场拥有超过 360 家名店及近 50 家不同风味之食肆，为顾客提供一站式的购物及消闲享受；加上以客为本的客户服务及管理，成为全港人流最多及最受欢迎的商场之一	1984	7.5.2

序号	项目名称	所在地域	功能组成	开发商	设计单位	建筑面积（m^2）	占地面积（m^2）	容积率	建筑规模
72	东涌东荟城	中国香港大屿山东涌	零售、休闲、娱乐、交通、旅游	香港太古集团	不详	不详	4.65万	不详	5层
73	香港国际机场	中国香港大屿山	交通、零售、休闲、娱乐、旅游、商务	香港市政府	诺曼·福斯特	71万	不详	不详	7层
74	西九龙中心	中国香港深水埗	零售、休闲、娱乐	不详	不详	78120	不详	不详	地上9层，地下5层
75	国际都会	中国香港红磡	零售、休闲、娱乐、办公、居住、酒店、展览	不详	不详	13万	不详	不详	不详
76	香港城市大学	中国香港九龙塘	教育、休闲、娱乐、餐饮、图书馆、广场	不详	不详	不详	不详	不详	不详

续表

建筑高度(m)	与城市周边环境关系	建筑特色	（拟）建成时间	引用章节
不详	1. 位处东涌新市镇的核心，集零售、娱乐及休闲于一身； 2. 与地铁站直接相连； 3. 位于交通枢纽的核心，来往港、九、新界及香港国际机场，均四通八达，非常方便	1. 设计外形新颖，大部分以铝金属作外部装饰； 2. 室外建有一台全世界最新型全天候音乐喷泉，此喷泉平时是隐藏在地下，不运作时可以完全利用空间作其他活动，即使喇叭也是隐藏在地面	2000.4	7.6.2
不详	1. 同香港市中心区域联系非常便捷，乘搭每隔 10 分钟一班的机场快线前往中环只需 24 分钟； 2. 和香港中环机场快线总站联合运营，可以在中环办理登机手续； 3. 机场内方向性明确，离港被安排在了二层，进港则被安排在了一层，通过坡道将二者首尾巧妙地串联上了飞机和机场快线	1. 在建筑的屋顶与地面之间，采用轻型框架玻璃幕墙分隔内外，力求同时起到加大采光面积、强化屋顶结构和让乘客明确方向的作用（可以看见飞机起落的场景）； 2. 独特屋顶结构达到以下功能：波浪形的拱形增加结构的强度和合理性；取得大跨度和少柱子的室内空间效果；通过天窗采光，更好利用自然光；舒缓空气循环；引导人流； 3. 主体结构采用模数设计，加工完毕后直接运送到工地组装，大大节约了造价和建造时间	1998.7	13.3.3
不详	1. 西九龙中心坐落在西九龙心脏地带，人口超越 70 万，消费潜力巨大，商场面积为全区之冠，已承租的店铺数不胜数，是开展零售业务的首选地点； 2. 拥有约 700 个停车位	全港第一座纯购物的休闲大型商场，拥有室内溜冰场及游戏乐园，并设有全港最多的流动零售车，以及专为女士而设的苹果商场，售卖抢手的时尚玩物，再加上定期的大型宣传活动，成为区内首屈一指的吃、喝、玩、乐集中营	1994	4.2.5
不详	1. 邻近红磡体育馆以及红磡火车站，地理位置极佳； 2. 与红磡体育馆和火车站一起，构成三位一体的互补局面	提供大型展览场地，方便举办各类推广及宣传活动。早前曾举办婚纱展览活动，邀请多间台北顶尖婚纱及婚礼服务名店，提供婚纱摄影优惠套餐之余，还为参观人士作专业形象顾问指导，更有本地名模周汶锜及歌手郑融等坐镇	不详	4.3.3
不详	教学楼是通过方格形链接空间来组织建筑功能的典型实例，教室、办公室、餐厅、活动室、体育设施等等空间均以单元的方式有机组织，大楼可根据需要方便扩建	通过方格形链接空间组织建筑空间的典型实例	不详	4.3.2

序号	项目名称	所在地域	功能组成	开发商	设计单位	建筑面积（m^2）	占地面积（m^2）	容积率	建筑规模
77	香港科技大学	中国香港清水湾	教育、休闲、娱乐、餐饮、图书馆、宿舍、体育设施	不详	PTP Simon Kwan&Associates Ltd	17万	57.8万	0.29	教学楼13层，宿舍7～20层，办公楼14层
78	东京都市政厅（Tokyo Metropolian Government）	日本东京都新宿	政府办公、会议、市民广场	东京市政府	丹下健三都市建筑设计研究所	380503	42941	8.86	第一厅舍地上48层，第二厅舍地上34层，地下3层
79	大都会广场（Metropolitan Plaza）	日本东京都池袋	交通、零售、休闲、娱乐、办公、金融、服务	不详	艺术生活都市建筑设计，安井建筑设计事务所	142154	14289	9.95	地上22层，地下4层
80	惠比寿花园广场（Yebisu Garden Plaza）	日本东京都涩谷	办公、零售、休闲、娱乐、居住、酒店、剧场、文化、体育设施	不详	久米设计	476125	82365	5.78	共12幢建筑，办公楼地上40层，地下5层，住宅地上32层，地下4层，旅馆地上23层，地下5层
81	大阪南海南塔酒店（Nankai South Tower Hotel Osaka）	日本大阪中央区	酒店、车站、零售、休闲、娱乐	不详	日建设计	67778	33886	2.00	地上36层，塔屋2层，地下3层

续表

建筑高度(m)	与城市周边环境关系	建筑特色	(拟)建成时间	引用章节
不详	1. 通过轴线交通组织将自由布局的教学楼、图书馆、餐厅、宿舍、办公室、运动设施有机组织，充分利用了地形优势； 2. 分期建设，已经完成二期，计划建设三期	设计中充分考虑了学生的交流要求，结合优美地形，设计了相当的公共空间	1992二期完工	4.3.2
243.4（第一厅舍），163.3（第二厅舍）	1. 通过空中走廊将三组建筑相连； 2. 议会议事堂和第一厅舍共同围合了市民广场，但是由于过于封闭，视线遮挡严重，没有起到城市公共活动空间的功能作用，实际利用率并不理想； 3. 共有1118个地下停车位	1. 是东京的象征，而且从某种意义上讲，还是日本的象征； 2. 建筑立面的处理利用纵向和横向的长窗以及纵横交错的线脚，使得立面既有日本江户时期町屋的“格子”效果，又很像集成电路板的构成形式。所以有人认为：“这是把江户以来传统所具有的东京文化性和进入世界尖端的信息化城市东京的先进性结合起来的构思。”	1991	5.3.2
100	1. 既是池袋车站，又是一座超大规模的城市建筑综合体； 2. 几条铁路的出入口利用高差分设在不同层上，以缓解人流过于集中的现象； 3. 共有420个停车位	1. 池袋西口城市复兴计划重要项目之一； 2. 半室内化的广场和“自由通道”的设计，构成了极具特色的公共活动空间； 3. 为今后站前广场、东京艺术剧场前的池袋西口公园和南口广场连通，形成具有规模市民公共活动场所提供可能性	1992	13.2.3
167（办公楼），108（住宅），90（旅馆）	1. 地下与地铁站直接连通，通道两侧设有大片商业，并与地下广场相连； 2. 公共活动区域以下沉式广场为中心； 3. 共有1900个停车位	1. 在现代的“时间消费”型社会里，以新型生活空间的塑造为主旨，力图创造一个与之相适应的、具有丰富空间感受的大众化的“街区”，设计上追求一种既有现代，又带有欧洲传统城市风格的空间气氛； 2. 采用设在地下的集中式空调系统，收集生活用水经过处理重新利用，并实行智能化管理； 3. 垃圾输送处理设备，通过真空输送回收，集中高效处理	1994	3.7 4.2.9 13.2.2
147	1. 既是南波车站，又是一座城市建筑综合体； 2. 首开日本屋顶停车的先例，解决了城市中心地带停车难的问题，共有527个停车位	1. 是车站与商业结合的城市建筑综合体典型实例，其内部流线复杂，但是组织却十分成功，将十分混乱的多向人流组织得井井有条； 2. 建筑里面有典型的日本式处理方式，是当地标志性建筑	1990	13.2.3

序号	项目名称	所在地域	功能组成	开发商	设计单位	建筑面积（m^2）	占地面积（m^2）	容积率	建筑规模
82	赞誉之塔（Applause Tower）	日本大阪北区	办公、酒店、剧场、零售、休闲、娱乐	不详	竹中工务店	96793	14666	5.72	地上34层，裙房7层，塔屋3层，地下3层
83	新神户东方城·C3（Shin Kobe Oriental City·C3）	日本神户中央区	酒店、零售、休闲、娱乐、剧院	不详	竹中工务店	136510	18189	59.01	地上37层，塔屋1层，地下3层
84	大阪ORC 200（Osaka Resort City 200）	日本大阪港区	酒店、住宅、办公、零售、休闲、娱乐、体育设施、音乐厅	不详	安井建筑设计事务所，昭和设计	252964	30123	0.67	一番街地上50层，地下3层；二番街地上10层，地下3层；三番街地上5层，地下3层；四番街地上50层，地下2层
85	横滨标志塔（The Landmark Tower Yokohama）	日本横滨西区	办公、酒店、零售、休闲、娱乐、剧场	不详	斯塔宾斯，三菱地所	388201	38061	10.30	塔楼地上70层，地下3层 裙房地上5~7层，地下4层

续表

建筑高度(m)	与城市周边环境关系	建筑特色	（拟）建成时间	引用章节
161.1	1. 内部5层高的室内商业街种植了两排几十米高的棕榈树，透过拱形玻璃顶射入的阳光洒满室内，一派生机盎然； 2. 内部剧场的人流组织及其与广场、停车场商业设施之间的流线关系十分顺畅，共有421个停车位	1. 20世纪90年代，日本城市建筑综合体开发的典范； 2. 带动了所在区域的城市旧区改造和环境整备进程； 3. 顶部倒金字塔的结构设计结合主动减震装置，保障建筑的舒适性和安全性	1992	13.2.1
158	1. 地下三层与地铁站直接相连； 2. 地上三层有天桥与新干线高速列车车站相连； 3. 利用地形高差将不同功能的出入口布置在不同标高，使得各种人流互不干扰； 4. 共有750个停车位	1. 作为神户市的陆路“大门”应突出其标志和象征性作用； 2. 充实城市功能，构成新的城市景观； 3. 促进该地区的开发建设； 4. 与地铁和新干线之间的关系处理得很好，既有利于疏散人流，又将乘车的客流引入到商业设施之中，带来更大的经济效益。内部空间构成丰富，给人以节日性的欢快感受	1988	13.2.3
200（一番街），167.4（四番街）	1. 两个超高层塔楼之间设有一个带有玻璃顶的室内广场和一条室内商业街，商业街与广场及娱乐设施的开敞式大厅相连，南端与地下铁、东端与JR车站也有通道连接，形成了一个流线顺畅的公共活动空间，将主要建筑紧密地联结成一个整体； 2. 四番塔楼为出售的公寓住宅，10层以下用于办公，住宅入口设在一层，办公入口设在二层，互不干扰； 3. 共有1110个停车位	1. 整个项目分两期建设； 2. 在一番街超高层塔楼51层装备了2台重100t的混合型减震装置（HMD），有效减小风压和地震影响； 3. 四番的公共活动空间中设置有13个雕塑，这些雕塑作品是通过竞赛，从全国应征的440余件作品中精选出来的，对于这个地区的环境起到了锦上添花的作用	1990(一期)，1993(二期).	4.2.9 4.3.2 13.2.1
296	1. 拥有一条长达200m的商业街，地上3层，地下2层，中央有一个5层通高的下沉式广场，整条商业街中间拔空，周围设有跑马廊，间隔一定的距离还有架空的天桥从中穿过，构成了一个空间丰富的巨大线中庭； 2. 室外庭院在基本保存完好的1896年建成的旧横滨2号船坞的基础上，加以巧妙改建，成为极有特色的室外环境； 3. 共有1405个停车位	1. 日本目前最高的一座超高层建筑，是横滨博览会地区的标志性建筑； 2. 日本第一幢由风荷载决定主体结构设计的建筑； 3. 以日本传统的“鸟居”（类似中国牌坊）作为造型依据，而这种形态在结构上也是最稳定的，建筑造型与结构设计完美地结合到了一起	1993	4.3.2

序号	项目名称	所在地域	功能组成	开发商	设计单位	建筑面积（m^2）	占地面积（m^2）	容积率	建筑规模
86	横滨皇后广场（Queenis Square Yokohama）	日本横滨西区	办公、酒店、音乐厅、零售、休闲、娱乐、地铁车站	不详	日建设计，三菱地所	496385	44406	8.98	地上 5～36 层，塔屋 2 层，地下 5 层
87	基町 CRED（Motomachi CRED）	日本广岛中区	酒店、零售、娱乐、休闲	不详	NTT 都市开发，日建设计，日总建	165767	27437	6.42	地上 35 层，塔屋 1 层，地下 2 层
88	横须贺海湾广场（Bay Square Yokosuka）	日本横须贺	剧场、酒店、办公、居住、零售、休闲、娱乐	不详	丹下健三都市建筑设计研究所	62141	10409	5.97	地上 20 层，塔屋 2 层，地下 3 层
89	滨松 ACT 城（Act City Hamamatsu）	日本滨松	音乐厅、会展、酒店、博物馆、文化交流中心、商业、休闲、娱乐	不详	日本设计都市建筑综合研究所，三菱地所	231771	43305	5.35	A 区地上 5 层，地下 3 层；B 区地上 45 层，地下 2 层；C 区地上 3 层，地下 4 层；D 区地上 6 层，地下 1 层；

续表

建筑高度(m)	与城市周边环境关系	建筑特色	（拟）建成时间	引用章节
171.8	1. 以商业街为轴，形成一个综合化的立体城市街区，并以此推动MM21东侧沿海地段的整备； 2. 300m长的室内步行商业街南通横滨标志塔，北至国际会议中心，东西两侧布置了建筑的其他功能； 3. 地下有地铁通过； 4. 共有1700个停车位	1. 在空间处理上将商业街设计成立体曲折多边的带形空间，使各幢建筑的门厅与商业街相连通，在商业街西侧还设计了一个规模巨大的中庭； 2. 大中庭地下3层，地上5层，各层采取不同的平面形态，构成丰富多变的超大规模公共活动空间，从占地面积上讲，可谓日本第一大中庭。大中庭还与地铁车站相通，使阴暗的车站也能有自然光线射入，给人以开放、明亮的感觉	1997	4.3.2 13.2.2
150	1. 主入口前的广场是建筑与城市空间之间的过渡领域； 2. 在纸屋町交叉口处，设有圆形的下沉式广场，通过地下通道与地铁站相连，建筑空间组织呈复合立体化构成模式； 3. 共有681个停车位	1. 广岛新都心的象征，位于市中心繁华地区，交通便利，近临文化公园，其建设目标是进一步充实都心机能，创造一个富有魅力的“街区”； 2. 与广场的开敞式公共空间相衔接的半开敞中庭是其空间组织重心所在，也是建筑的特色所在	1994	13.2.2
91.75	1. 城市交通与建筑直接联系，三层出入口广场处有架空廊道直通京滨急行汐入车站； 2. 城市通道上部有玻璃顶，光线明亮，是整组建筑群的核心，被称作“艺术展廊”； 3. 共有261个停车位	1. 旧城区改建项目； 2. 整组建筑采用一体化设计，七层以下用商店将建筑连成一个整体； 3. 外观整体统一设计，多处采用直角错位处理手法丰富较为坚实的形体	1993	13.2.3
212.76	1. 利用其内部空间形成“音乐的街”体现其城市作为著名乐器产地的特征，是城市中一个全天候的商业广场，低层部分建成一个整体的立体公园；利用地下通道连接JR滨松车站，使得人流直接进入下沉广场，下沉广场中设有舞台，当地居民常在此进行露天音乐表演； 2. 产业与文化相协调的丰富的人间都市，形成高层次的积聚城市功能活力的复合城市空间； 3. 共有1124个停车位	1. 滨松市历史上最大的城市建筑综合体，经过30年酝酿； 2. A区建筑屋顶做成了叠落式的花园，并进行了无障碍设计，老人、婴儿车或者残疾人都可以方便地到达各层屋顶庭园； 3. D区包含了一座乐器博物馆和研修交流中心，展出世界各民族不同时代的乐器近2000件，配合展览还设有古乐器演奏表演室、研究室和可供普通市民参加的音乐练习室、活动室等，为附近居民提供了一处有关音乐活动的场所	1995	4.2.6

序号	项目名称	所在地域	功能组成	开发商	设计单位	建筑面积（m^2）	占地面积（m^2）	容积率	建筑规模
90	东京歌剧城大楼（Tokyo Opera City Building）	日本东京都新宿	办公、零售、休闲、娱乐、音乐厅、文化	不详	TAK 建筑城市规划研究所，NTT 设备，城市规划研究所	242014	44091	54.89	地上 54 层，塔屋 2 层，地下 4 层
91	新梅田城（Shi Umeda City）	日本大阪北区	办公、酒店、零售、休闲、娱乐、公园	不详	原广司，竹中工务店	216308	41782	4.35	地上 40 层，地下 2 层
92	胡萝卜塔（Carrot Tower）	日本东京都世田古区	办公、剧院、零售、休闲、娱乐、电车站、变电所	不详	石本建筑事务所	76754	9150	6.99	地上 27 层，塔屋 1 层，地下 5 层
93	博多运河城（Canal City Hakata）	日本福冈	零售、休闲、娱乐、文化、酒店、旅游	福冈地所	美国捷得设计师事务所	19 万	3.5 万	5.43	不详
94	九州转运站（Kokura Station）	日本九州	交通、零售、休闲、娱乐、酒店	不详	Kyushu Railway Company，Kajima Design	不详	16359	不详	不详

续表

建筑高度(m)	与城市周边环境关系	建筑特色	(拟)建成时间	引用章节
234.37	1. 商店与大厅、中庭等组织在一起，构成了现代高层建筑底部人与人交往的公共活动空间； 2. 共有637个停车位	1. 以第二国立剧场为依托，开发的综合性文化设施； 2. 将“业务活动、文化活动、商业活动”结合在一起，形成一种新型的城市生活环境； 3. 首次在日本实现将第二国立剧院没有用完的容积，转移到了东京歌剧院大楼	1996	13.2.3
172.95	“空中花园”跨度54m，中间开有一个直径30m的圆洞，洞中有玻璃电梯和玻璃自动扶梯穿过，大楼与“空中花园”的下面形成一个高大的空间，其间设置了数部玻璃景观电梯和一道空中天桥，被人们称作是“空中城市的装置”。巨大的圆洞象征着“宇宙之门”，其上的屋顶平台即是折射着太空冥灵的“空中花园”	日本第一座将两幢塔楼在顶部连接起来的超高层建筑，其独特的造型和先进的技术标志着日本高层建筑的设计观念与建筑技术进入了一个新时期；直插云霄的玻璃电梯则给人以欲进行“宇宙之行”的感受，整座建筑将人类对遨游太空的向往，表现得淋漓尽致，创造出一种极具科技感的未来建筑意境	1993	13.2.4
124.42	1. 以一个近似走廊式的5层高的矩形中庭为中枢，将高层塔楼，多层剧院和北面的电车车站联结成一个四通八达的相互贯通的公共活动空间； 2. 共有284个停车位	1. 这一少见的红色塔楼是三轩茶屋地区最醒目的标志，是一座世田谷地域空间再开发的纪念碑； 2. 塔楼、剧院和车站之间，由商业和连廊联结在一起，使各种不同使用功能的空间既分又合，形成一个整体	1996	7.9.2
不详	位于博多与天神的中间地带，是一座屹立在那珂川河畔的大型综合商业设施。犹如都市中的又一个多元化未来都市：包罗万象，其乐无穷。这种风格的建筑设计在日本属于首创	有名的福冈凯悦大饭店、四季剧团的第一个专用剧场“福冈城市剧场”、汇集13个电影院、日本最大规模的“AMC运河城13”、高科技游艺主题公园“福冈JOYPOLIS”，还有一家无印良品店等都围绕运河而建。此外，博多运河城周围还有35000m^{2}的绿地和设计新颖的喷泉	2002	2.3.6 12.2.2
不详	整合了建筑与城市的人流和车流系统，形成别具一格的立体式建筑入口空间形态	并非是一个单一的火车站，其建设计划和设计概念首先是将它作为一个高效的城市内外交通的换乘枢纽中心	1998	7.8.2

序号	项目名称	所在地域	功能组成	开发商	设计单位	建筑面积（m^2）	占地面积（m^2）	容积率	建筑规模
95	ASEM 会展中心	韩国首尔	会议、展览、酒店、办公、零售、休闲、娱乐	不详	SOM 建筑设计事务所	938019	190386	4.93	会议中心地上 5 层，地下 5 层；ASEM 大厦地上 41 层，地下 4 层；洲际大酒店地上 29 层，地下 6 层
96	莱佛士城（Raffles City）	新加坡	零售、休闲、娱乐、酒店	不详	不详	不详	不详	不详	42 层
97	双子塔（Kuala Lumpur City Centre）	马来西亚吉隆坡	办公、居住、零售、休闲、娱乐、公园、宗教文化	马来西亚政府，国家石油公司	Cesar Pelli	不详	不详	不详	88 层
98	联合换乘综合体（Cleveland Union Terminal complex）	美国克里夫兰市	交通、零售、休闲、娱乐、办公、酒店、广场	Cleveland Union Terminal Co.	N.A.	N.A.	N.A.	N.A.	52 层
99	卡鲁塔式综合体（Carew Tower complex）	美国辛辛那提市	零售、休闲、娱乐、酒店、办公	John J.Emery, Jr.	N.A.	N.A.	N.A.	N.A.	28 层
100	马利纳城（Marina City）	美国芝加哥	办公、居住、零售、休闲、娱乐、服务	不详	不详.	1.3 万	不详	不详	不详

续表

建筑高度(m)	与城市周边环境关系	建筑特色	（拟）建成时间	引用章节
39（会议中心），174（ASEM大厦），107（洲际大酒店）	1. 会议中心及其附属设施之间按照一种“共生”的关系来设计，用地周边配置了ASEM大厦、COEX洲际大酒店、画廊、现存的展览馆，以维持建筑群的均衡； 2. 地面的造景绿化和地下的娱乐、商业设施作为一个整体来设计，以造景和绿化贯穿整个用地，使之成为城市中的一个“绿岛”	1. 项目包括了对原有建成于1979年的韩国国际会展中心的扩建和改建，包括了展览场地增加、专门会议中心、酒店和服务设施等，使得其成为韩国最大的城市建筑综合体； 2. 象征着合作精神与东、西方对话的屋顶被设计为充满向上动势的翼状体，北侧极富现代感的入口与道路对面的奉恩寺传统建筑形成对比； 3. 整个用地的天际线和立面形象包容了传统的和现代的建筑元素，这些元素间互有对比但又相辅相成，形成了富有统一感的城市地标	2000	4.2.8
158	莱佛士在两条地铁线交会之处，交通之方便，没有其他商城可媲美。商城中心广场有一个很奇特的喷泉系统	有日资崇光百货坐镇的莱佛士城是新加坡人喜欢去的购物中心之一	1986	2.3.5
451.9	1. 这项计划包括一座$20hm^2$的公园和办公室、商业及公寓大楼，一座清真寺，以及其他的建筑； 2. 标准层平面是具有回教象征意义的八角星形； 3. 吉隆坡距离赤道只有2度，双子星塔的立面纳入了不锈钢的遮阳篷，以配合这个城市的热带气候	一座两层楼高、58.82米长的天桥，连接了双子星塔位于41和42楼的会议中心。这是整体设计中的一个重要元素，一方面可以当作火灾时，从一座塔楼到另外一座的逃生口，同时也是一个令人赞叹的路标	1998	2.3.6 6.3.1
不详	美国最早的大型高层城市建筑综合体之一。对其后的洛克菲勒中心的开发，提供了很大的借鉴作用	早期在城市中心区新建的城市建筑综合体实例。于20世纪80年代进行重新开发，并命名为“Tower City Center”	1930	2.3.2
不详	1. 在没有破坏当地城市肌理的前提下，强化了市中心的商业氛围，并有机整合了城市中心区； 2. 拥有能够提供750个停车位的独立停车建筑	早期在城市中心区新建的城市建筑综合体实例，至今仍是当地的地标建筑	1929	2.3.2
不详.	开创了在市中心的城市建筑综合体中引入居住功能的先河	20世纪60年代城市中心区更新的代表性实例	1963	2.3.3

序号	项目名称	所在地域	功能组成	开发商	设计单位	建筑面积（m^2）	占地面积（m^2）	容积率	建筑规模
101	水门中心（Watergate Complex）	美国华盛顿	办公、零售、酒店	不详	不详	不详	不详	不详	不详
102	世纪城（Century City）	美国洛杉矶	办公、居住、酒店、零售、休闲、娱乐	不详	不详	不详	73 万	不详	不详
103	水晶城（Ctystal City）	美国阿灵顿	办公、居住、酒店、零售、休闲、娱乐、交通	不详	不详	不详	不详	不详	不详
104	约翰 · 汉考克中心（John Hancock）	美国芝加哥	零售、休闲、娱乐、办公、居住、旅游	不详	Skidmore, Owings & Merrill LLP	26 万	不详	不详	100
105	桃树中心（Peachtree Center）	美国亚特兰大	办公、零售、酒店、展览	N.A.	美国波特曼建筑事务所	176.5 万	不详	不详	酒店 70 层
106	世贸中心（World Trade Center）	美国纽约	办公、酒店、零售、休闲、娱乐、交通、广场	纽约港务局	山崎实	92.9 万	16 万	5.8	110 层一期 417 二层 415.3
107	内河码中心（Embarcadero Center）	美国旧金山	办公、酒店、零售、休闲、广场	不详	美国波特曼建筑事务所	397493	不详	不详	办公楼 30 ~ 31 层
108	Faneuil Hall Marketplace	美国芝加哥	零售、休闲、娱乐	不详	不详	不详	不详	不详	不详

续表

建筑高度(m)	与城市周边环境关系	建筑特色	(拟)建成时间	引用章节
不详	著名的“水门事件”发生地	20世纪60年代城市中心区更新的代表性实例	1965~1971	2.3.3
不详	美国第一个在市郊开发的以办公功能为主的城市建筑综合体；以步行交通为内部交通的组织核心	20世纪60年代在城市中心区以外地区进行混合开发的代表性实例	1961	2.3.3
不详	以步行交通为内部交通的组织核心	20世纪60年代在城市中心区以外地区进行混合开发的代表性实例	1964	2.3.3
457.2	这幢大厦属一家保险公司所有，但1~5楼是高级时装店，6~41楼是公司行号的办公室，42楼以上是公寓，94楼是眺望台，95楼是餐厅，96楼则是鸡尾酒馆	1. 芝加哥天际线的主角； 2. 它的外形像梯子，初看有些怪异，但是它是建筑结构力学上的一项新的成就	1969	2.3.3
269.1	创造了巨型中庭和内廊形式的公共共享空间，成为当代城市建筑综合体最为常用的内部空间组织方式	是当今最大的混合使用开发区域之一，在40余年内不断完善和调整，成为一个功能完整的区域	1960~2001	2.3.3 7.6.6
417（一期） 415.3（二期）	1. 由六幢办公楼和一幢酒店围合了一个广场，与周边街道不连通，导致了其内部开放性不够； 2. 地下与地铁直接连接，并伴有商业开发	20世纪70年代大型城市建筑综合体代表性实例。 美国纽约过去的城市象征之一，在“9·11”事件中被毁	1972~1973	2.3.4
116	通过一条连续的步行街将分散在各个地块的部分有机联系。相较同时代的其他项目，和周边环境的结合更为紧密	20世纪70年代大型城市建筑综合体代表性实例	1971~1989	2.3.4 5.6.4
不详	主街式布局的城市建筑综合体原型	开放零售空间的成功，使得将城市主街的零售空间结合在混合使用项目中的做法得以复兴。这一思想直接指导了20世纪90年代和21世纪的混合使用项目的开发	20世纪70年代	2.3.4

序号	项目名称	所在地域	功能组成	开发商	设计单位	建筑面积（m^2）	占地面积（m^2）	容积率	建筑规模
109	Alexan Citycenter	美国科罗拉多州英格伍德	居住、零售、休闲、娱乐、广场	Trammell Crow 住宅开发商	不详	不详	不详	不详	不详
110	Copley Place	美国波士顿	酒店、零售、休闲、娱乐	不详	不详	不详	不详	不详	不详
111	Cornelius 市镇中心	美国北卡来罗那州科尼利厄斯	会议、展览、零售、休闲、娱乐、服务	不详	不详	不详	不详	不详	不详
112	霍顿广场（Horton Plaza）	美国圣迭戈	零售、休闲、娱乐、文化、广场	不详	美国捷得设计师事务所	不详	4.65 万	不详	不详
113	洛克菲勒中心（Rockefeller Center）	美国纽约	办公、零售、休闲、娱乐、广场、文化、剧场、展览、交通	洛克菲勒财团	R.胡德 H.W.科比特 W.K.哈里森	160 万	10 万	16	70 层

续表

建筑高度(m)	与城市周边环境关系	建筑特色	（拟）建成时间	引用章节
不详	涉及了居住功能和零售功能，同更大的英格伍德城市中心 Citycenter 混合使用项目的组合。其包括了2幢共438个居住单元的居住功能，约2600m²的地面和沿街零售空间，以及与之相连的一个4层高的停车建筑	以居住功能为核心的城市建筑综合体	不详	4.2.2
不详	包含了两幢高层酒店——分别由威斯汀国际（Westin）酒店集团和万豪国际（Marriott）酒店集团运营——总共包含了1951个客房以及配套的办公用房和零售空间	以酒店功能为核心的城市建筑综合体	不详	4.2.3
不详	在近年着手兴建的市镇中心中，设置了一个约2300m²的市镇会堂。这一市镇会堂为城市的行政功能和市民会议提供了场所，并成为了所在城市的市民活动中心和地标建筑	以市民活动为核心的城市建筑综合体	不详.	4.2.7
不详	1. 其策划设计和建设扮演着地区振兴催化剂的角色； 2. 霍顿广场让人感到更像一个浓缩了的立体化的步行街，而不像一个普通意义上的 SHOPPING MALL; 3. 共提供了约2500个停车位	其创造性的步行内街暗隐的轴线直指海滨码头区，并作为市区联系海滨码头区的空间起点。这一线形的空间是城市整体空间形体系统的有机要素，在时间维度上则起着延续地区历史文脉的作用	不详	4.3.2 12.2.1
259	1. 对于公共空间的运用也开启了城市规划的新风貌，完整的商场与办公大楼让中城继华尔街之后，成为纽约第二个市中心“DOWN-TOWN”； 2. 洛克菲勒中心区域涵盖第五大道至第七大道，介于47街至52街之间，区内涵括餐厅、办公大楼、服饰店、银行、邮局、书店……甚至还有地下铁通道贯穿联结，建筑师聪明地利用大楼间的广场、空地与楼梯间制造人行流动的方向，让一天超过25万的人潮在此穿梭无虞	1. 基地占有第五和第六大道间的三个街段，为改变先前的自我隔离的街道局面，建筑师在基地内另增一条街道,正是这条街道的设置，使得这一中心成为了一个完整的中心； 2. 其在建筑史上最大的冲击是提供公共领域的使用，这种为普罗大众设计的空间概念引发后来对于“市民空间”（Civic Space）的重视，巧妙地利用大楼大厅、广场、楼梯间、路冲设计成行人的休息区、消费区，彻底落实为广大中产阶级服务，建筑物不再是取悦上帝及皇帝的工具	1931～1940	2.3.2 2.5.4 5.2.1 12.3.2

序号	项目名称	所在地域	功能组成	开发商	设计单位	建筑面积（m^2）	占地面积（m^2）	容积率	建筑规模
114	雷斯顿市镇中心	美国弗吉尼亚州雷斯顿	办公、居住、零售、休闲、娱乐	雷斯顿地产开发公司，Himmell & Co.	不详	不详	不详	不详	不详
115	文艺复兴中心改建（Renaissance Center）	美国底特律	办公、酒店、零售、休闲、娱乐、会展、教育、广场	通用汽车公司（General Motors Corporation）	不详	511000	不详	不详	办公39层，酒店74层
116	保德信中心（Prudential Center）	美国波士顿	办公、居住、零售、休闲、娱乐	波士顿财团	不详	65万	不详	不详	276.4
117	Pentagon City	美国阿灵顿	办公、零售、休闲、娱乐	不详	不详	不详	不详	不详	不详
118	Addison Circle	美国得克萨斯州爱迪生	办公、零售、居住、酒店、休闲、娱乐、公园	Post Properties, Inc.	美国RTKL建筑设计公司	534690	32.5万	1.65	不详

续表

建筑高度(m)	与城市周边环境关系	建筑特色	(拟)建成时间	引用章节
不详	第一期的开发强调了办公功能及商业街道的零售和餐饮功能的开发。而第二期则在强化了第一期的功能的基础上，增加了居住功能，以完善整体的混合使用。项目的几个独立地块在2001~2002年间，又进行了以居住功能和办公功能为主题的开发。项目整体分期开发的阶段分配包含了地块的弹性使用以及强烈场所感的营造	业主几经更换。项目的原始开发商Reston地产开发公司和Himmell & Co.将项目出售；项目的第一期现在由Equity Office Properties拥有，而第二期则由购买了其土地的Terrabrook公司进行开发	2000	6.5.3
不详	1. 更新方案为通用汽车公司总部创造了以玻璃和钢结构建成的新入口，其引向一个大型内廊和一个多层的欢迎中心； 2. 冬季花园——这一新建的封闭中庭提供了面向底特律河和加拿大的全景视野，中庭面向了底特律河边的散步道，这一步行道也为绿色景观所装点； 3. 停车设施包括了一个五层的专用停车建筑，和2个下面二层为商业功能的停车建筑	1. 文艺复兴中心改造是世界上此类改造项目中最大的； 2. 四幢办公塔楼和中心塔楼进行更新，塔楼重新进行了平面布局，更换全部电梯，并重新装修，位于酒店二层的全新环形通廊为办公人员和访客提供更好的流通性和便捷性； 3. 在项目中还设立了一个汽车制造大学，提供超过1400门课程为员工的培训所用	2001	7.10.2.1
52层	整体设计意图是将原有的项目融入周边居住功能的街区，并创造一个活泼的和令人难忘的城市场所。新建建筑被布局在综合体的周边，一个完整的步行系统和零售廊道，以及与公共交通的联系，共同增加了进入和穿过整个项目的人流。这些新功能也回应了周边社区对更多公共空间的渴望，以及居住和办公租户的每日需求	1. 共花费了10年建造完成，波士顿政府和城市更新管理局通过减税的方法鼓励了这一项目的开发； 2. 其52层高的主楼成为了波士顿最高的建筑，并成为城市更新运动的标志	1964 20世纪90年代改建	7.10.2.2
不详	办公部分的官方名字是"华盛顿大厦"（Washington Tower），但是在通常情况下，人们往往会叫它"Pentagon City大厦"	具有官方名字和习惯称呼的城市建筑综合体实例	不详	8.2.2
不详	1. 以城市街道网络为基础建立起来的位于市郊的城市建筑综合体实例； 2. 是爱迪生市的中心，市民会定期在其广场和公园上进行聚会或者活动	整个项目的市场营销得益于公私合作的关系，使得当地的媒体和出版物都对其进行积极的宣传。其组织的活动也吸引了周边社区的热情参与	2002	8.8.2

序号	项目名称	所在地域	功能组成	开发商	设计单位	建筑面积（m^2）	占地面积（m^2）	容积率	建筑规模
119	Peabody Place	美国孟斐斯	办公、居住、零售、休闲、娱乐、集会广场	Belz Enterprises	美国RTKL建筑设计公司JMGR	不详	185900	不详.	不详
120	Abacoa市镇中心	美国Abacoa	居住、办公、零售、休闲、娱乐、市民活动、服务	不详	不详	不详	不详	不详	不详
121	银泉市中心(Silver Spring)	美国马里兰州蒙哥马利县	酒店、办公、居住、零售、休闲、娱乐、剧场、市民活动、服务	不详	不详	5万	不详	不详	不详
122	欧巴布也那中心（Yerba Buena Center）	美国旧金山	文化艺术、居住、办公、酒店、零售、休闲、娱乐、公园、广场	旧金山城市更新管理局	不详	不详	35万	不详	不详
123	布鲁克林区（Brooklyn）	美国纽约	居住、办公、零售、休闲、娱乐、文化艺术	不详	不详	不详	不详	不详	不详

续表

建筑高度(m)	与城市周边环境关系	建筑特色	(拟)建成时间	引用章节
最高15层.	1. 美国国内最大的城市建筑综合体之一，包含了8个地块，其中包括了对历史建筑的改建，以及新建筑的建设； 2. 拥有3300个停车位	开发商和业主管理并监督了整个项目，同时，他们将居住和办公空间的每日运营工作转包给了专门的公司，并直接管理了酒店和零售功能，其中还包括了对零售功能的具体分配	2001	9.5.2
不详	拥有一个开发商和一个实体来管理公共区域和设施。开发商创造了一个伞状合伙模式来进行对所有公共区域的运营、管理和维护，而没有将这些工作包含到开发公司中来	在伞状合伙模式下，出租型住宅功能租户的分摊的费用加入到其租金当中，对于零售功能而言，其分摊的费用加入到了公共空间维护费用中，并转入到伞状合伙的基金中。这一模式十分简单，但却满足了城市建筑综合体发展的需求	不详	9.5.3
不详	采用了公私合作的开发方法，在独特的开发合同作用下，开发商成为了公共区域改建的主承造商。这一合同通过将公共区域的改善与整体开发的肌理捆绑在一起的做法，有效地消减了在城市建筑综合体开发过程中常常会出现的一些矛盾和耽搁，并确立了一种政府与私人合作开发的模式	根据马里兰州的法律，县政府创建了一个银泉城市区域物业管理公司，这一公司将负责整体的运营、管理和维护，其内容主要包括了对文化休闲设施的支持，对城镇广场和内部开放空间商业活动的管理，对人行道上街道景观的维护，对保安措施的加强等一系列有助于强化商业和居住环境社区场所感的事务。物业管理公司将对这一系列事务高效、准确地运作	不详	9.5.4
不详	1. 到了20世纪90年代，它已经成为综合了公共和文化功能，包含了私有高端商业设施，融合了大量公共空间的居住功能，是大量开发商而非一个总体开发商合作建设的包含若干城市建筑综合体的区域； 2. 其对多种功能和实体的管理是具有代表性的； 3. 共有3877个停车位	旧金山城市更新管理局针对“欧巴布也那中心”的现状，采取措施将这些公共和私人的使用者联系起来，使他们产生凝聚力，以一同运营和维护“欧巴布也那中心”。实现这一目标的重点是利用对城市及Moscone会议中心对于游客的焦点作用，来使得这一区域成为城市的核心地带	1970~2001	9.5.6
不详	一个区域（如城市中心区或指定的艺术或历史区域）的相关组成部分所包含的大量独立所有权，开始将城市建筑综合体所包含的管理要素，合并到更广阔范围内的管理系统内，以在管理现有项目的同时，谋求更为系统的整体开发	在Metro Tech项目中，Forest City公司(Forest City Enterprises)是以深化布鲁克林城市中心区更新为目标的25个街区联合组织的主要参与者。这一商业改善街区提供了更大范围的公共安全和卫生服务，同时，也提供了一系列其他以增强这一区域基础质量和社会质量为目的的服务	不详	9.5.5

序号	项目名称	所在地域	功能组成	开发商	设计单位	建筑面积（m^2）	占地面积（m^2）	容积率	建筑规模
124	伊利诺伊州中心（Illinois Center）	美国芝加哥	办公、交通、零售、休闲、娱乐	不详	Morphy Jahn	不详	不详	不详	不详
125	西山广场（Westmount Square）,	加拿大蒙特利尔	办公、居住、零售、休闲、娱乐、剧院、广场	不详	不详	不详	2.2 万	不详	24 层
126	Westend City Center	匈牙利布达佩斯	办公、酒店、零售、休闲、娱乐	不详	不详	不详	不详	不详	不详
127	金丝雀码头（Canary Wharf）	英国伦敦	办公、酒店、居住、零售、休闲、娱乐	不详	不详	100 万	不详	不详	不详
128	拉·德方斯新区（La Defense）	法国巴黎	办公、居住、零售、休闲、娱乐、会展、旅游、交通	巴黎市政府	不详	不详	750 万	不详	不详

续表

建筑高度(m)	与城市周边环境关系	建筑特色	（拟）建成时间	引用章节
不详	贯穿整幢建筑的中庭在地面层与主入口广场联成一体，二层平面则与莱克街轻轨线相连，中庭空间深入地下层，一侧与地铁站相连，同时也是地铁站进出人流穿越RANDOLPH大街的必经之路	建筑内部空间的城市化使得伊利诺伊州中心的内庭成为支持市民公众聚会活动的重要场所，同时也是城市交通体系的关键性环节	1985	4.3.1
不详	最早的将混合使用功能围绕交通换乘站布置的混合使用项目	最早的建设在城市核心商区以外的，以商业功能为主的混合使用项目之一；20世纪60年代在城市中心区以外地区进行混合开发的代表性实例	1965～1968	2.3.3
不详	所有的部分同时进行施工，但是根据不同使用者的要求在不同的时间段完工	其零售部分赶在1999年圣诞前期完工，并趁着圣诞的商机对整个项目进行了推广。之后，其他功能在首次推广活动所引发的热潮下逐一开业，这一过程持续了一年。其中，办公功能于2000年7月开业，而酒店功能则选在了9月开业	1999～2000	6.5.4
不详	1. 伦敦城市机场距离金丝雀码头仅3英里，被城市建筑拥簇的这家机场是商务人士的兴奋点； 2. 贯穿金丝雀码头和老城区的轻轨已经开通；连接地铁的支线轨道交通也在1999年建成	金丝雀码头距离伦敦金融城的东部标志性建筑—苏格兰银行总部大楼3英里，由废弃港区改建而成。地产开发商来自加拿大，在这里创造了18个月内建成7.5座高楼这一伦敦建筑业的奇迹	不详	2.3.6
不详	采用行人和车辆完全分流的方法，在东区的东西中心轴线上，安排了三层交通通道。地面层是一块长900m面积达48hm^{2}的钢筋混凝土板块，将过境交通完全覆盖，板块上面为人行道和居民活动场所，板块下面是公路，再往下则是地铁。它们均平行于城市干道。此外，在与城市干道垂直的方向，在公路和地铁标高之间安排铁路，三种交通互不干扰，畅通无阻；提供了32000个地下停车位	1. 20世纪60年代在城市中心区以外地区进行混合开发的代表性实例； 2. 延长了香榭丽舍大街的轴线； 3. 在规划和设计上对建筑与城市职能协调发展的大胆尝试，为新城的开发与建设提供了宝贵的经验	1958～1987	2.3.3

序号	项目名称	所在地域	功能组成	开发商	设计单位	建筑面积（m^2）	占地面积（m^2）	容积率	建筑规模
129	四季商业中心（Les Quatre Temps）	法国巴黎	零售、休闲、娱乐、文化艺术、学校、服务	不详	Saguez & Parters 建筑设计公司（改建设计单位）	27万	6万	4.5	地上3层 地下4层
130	意大利广场商业中心（ITALIE 2）	法国巴黎	零售、休闲、娱乐、办公、服务、广场、文化艺术	不详	不详	不详	不详	不详	不详
131	国际会议中心	法国巴黎	会议、展览、酒店、零售、休闲、娱乐	不详	包赞巴克	不详	不详	不详	不详
132	巴士底歌剧院（Opera de Paris Bastille）	法国巴黎	剧院、文化艺术、教育	不详	卡洛斯·奥特（Carlos Ott）	160315	20290	7.90	8层
133	法国国立图书馆（French National Library）	法国巴黎	图书馆、文化、会议、展览、办公	不详	多米尼克·佩罗	350000	不详	不详	不详
134	卢佛尔宫扩建工程（Le Grand Louvre）	法国巴黎	文化艺术、图书馆、会展、零售、休闲、交通、储藏	不详	贝聿铭	不详	62000	不详	不详

续表

建筑高度(m)	与城市周边环境关系	建筑特色	（拟）建成时间	引用章节
不详	1. 商业中心内的各类商业、文化娱乐、服务等设施沿室内100多米长的“拱廊大街”和“大广场”由东向西分区分层布置，在关键节点上设立垂直交通系统，通过电梯、自动扶梯和楼梯将地下停车和地铁同上部商业空间有机结合； 2. 共提供5400个地下停车位	1. 是一个可以容纳近10万人的巨大复合商业设施，服务巴黎西部地区的140万居民； 2. 改变拉·德方斯新区冷漠、没有活力的印象，各类商业、购物、休闲以及文化娱乐等城市活动融入，使其充满生机； 3. 2002年开始分阶段进行重新翻新：业态调整、外立面改造、商业中心内部重新装修	1982, 2002（翻新）	12.2.2
不详	巴黎意大利广场的意大利广场商业中心（ITALIE 2）将建筑的中庭布置在面向广场的一侧，并在内部做台阶式的设计，这样不仅仅吸引了访客的驻留，也延伸了外部的广场空间，并得到了借景的效果	将现代城市建筑综合体融入历史街区的典型实例	不详	4.3.1
不详	1. 将会议功能叠加在零售功能的上部，通过零售功能来串联会议、酒店和城市交通，为这个地域创造活力； 2. 位于波特米兰特区的巴黎国际会议中心堪称世界建筑一绝，设有各种多功能会议厅	其内部的标识设计，为了适应其内部租户经常更替的情况，而设计为可以随时更换的插牌方式，使得其内部格局的变化可以很快体现在内部的指路标识上	不详	4.2.8 7.4.7
80	其设计十分注重新建大型综合体和原有城市肌理的融合。建筑师采用视觉消减体量的做法，将主体尽量远离巴士底广场，并在入口处设置大台阶，延伸广场的公共空间的同时，帮助削弱歌剧院的体量感。另外，其立面设计也采用零碎的构图，并十分注意同周边历史建筑的衔接和对位	1. 将现代城市建筑综合体融入历史街区的典型实例； 2. 是巴黎的第二个大歌剧院，也是欧洲最大的歌剧院之一，建筑要求并不是历史纪念物或是巨型宫殿，而是一座实用且平民化的艺文观赏场所	1989	5.5.1
不详	这片空间要与体现巴黎市区文脉延续性的其他空间相呼应——协和广场、田园堡和大荒地区	其内部设置了巨大的内庭院，种植大量树木，为图书馆裙房内部营造了独特的环境	1995	7.6.5
不详	扩建工程的核心是在拿破仑广场地下建设一个交通中心，以缩短卢佛尔宫冗长的参观路线并保证展览空间与主要公共休息服务空间有便捷的联系，同时和城市公交、地铁、停车场及周围商业文化娱乐设施连为一体，综合考虑	1. 出于对历史的尊重，使卢佛尔宫的外观形象不被破坏，扩建工程实行地下化建设； 2. 除考虑其自身的功能外，更重要的是与周围都市空间和都市机能相结合，成为市民活动的聚集点，在城市环境中扮演更积极的角色，使卢佛尔宫得以新生	1984～1989	12.3.1

序号	项目名称	所在地域	功能组成	开发商	设计单位	建筑面积（m^2）	占地面积（m^2）	容积率	建筑规模
135	巴黎中央商场（Les Halles）	法国巴黎	交通、零售、休闲、娱乐、广场	不详	不详	7万	不详	不详	地上2层，地下4层
136	蓬皮杜国家艺术文化中心(Centre National d'art et de Culture Georges Pompidou)	法国巴黎	文化艺术、会展、图书馆、零售、休闲、娱乐	不详	伦佐·皮亚诺，理查德·罗杰斯	10万	7500	13.33	地上6层
137	波茨坦广场（Potsdamer Platz）	德国柏林	办公、酒店、居住、零售、休闲、娱乐、文化艺术、服务、广场	Tishman Speyer公司，柏林市政府	伦佐·皮亚诺	不详	68000	不详	22层
138	索尼中心（Sony Center）	德国柏林	办公、居住、休闲、娱乐、广场	Tishman Speyer公司	Murphy/Jahn Architect	132500	26444	5.01	9层
139	帝国议会大厦（German Federal Parliament）	德国柏林	办公、会议、展览、旅游	不详	诺曼·福斯特	不详	不详	不详	不详

续表

建筑高度(m)	与城市周边环境关系	建筑特色	（拟）建成时间	引用章节
不详	如法国巴黎的中央商场所在的莱阿拉商业区（Les Halles），采用中心下沉广场式布局，地上2层，地下4层，约5万平方米的商业空间	其中地下步道的面积达到了2万平方米，吸引了来自各个方向中转人流的经过，为其商业功能带来了极大的成功，成为巴黎最热闹和最富有市井文化的场所	不详	4.3.1
不详	巴黎的蓬皮杜文化中心前的广场是一个非常著名而又成功的城市设计，其倾斜的坡度在白天为人群提供了休息的场所，在人们休息的同时，他们面对建筑，同建筑里乘坐自动扶梯而上的人流以及丰富的建筑立面之间形成了对话。而在夜晚，倾斜的广场成为建筑内投影装置的屏幕，不断在广场和步行其间的人流上投射出丰富的图案	1. 体现了“未来主义”的建筑观点； 2. 广场成为建筑诉说其故事的“舞台”，这一不同时间和环境下的互动角色转换，使得这一空间包含了丰富的空间体验，成为市民和游客最乐于到达的场所	1977	5.6.1 12.4.3
不详	柏林墙倒塌之后，波茨坦广场曾是欧洲最大的建筑工地。1993~1998年间，这里建起了戴姆勒·克莱斯勒区，其中有办公楼、商店、饭店、居民住房、餐馆以及Stella音乐剧院和一个卡西诺赌场	22层高的德比斯大楼(debis-Haus)由伦佐·皮亚诺(Renzo Piano)设计，其巨大宽阔的正厅内设有Jean Tinguely的机械雕塑“Meta-Maxi”。与其相连的是一家全景电影院和购物中心阿卡丹(Arkaden)，内有各式商店，商品种类繁多	1993~1998	4.3.1 7.4.8
不详	七栋大楼环抱在一起，被围成的中心区宽敞明亮，上有一带皱褶的篷式顶盖。这组超时代的建筑群还包括有一家新的电影博物馆、两家电影院、一家全景电影剧场、餐馆和一个叫作“音乐箱”的观众与“展品”可以交流的展厅	1. 由荷兰的Tishman Speyen财团在一个财产管理和出租合同的约束下，全权负责整体的出租和资产管理； 2. 其中庭成为柏林最为适意的公共空间之一，常年游人如织	2000	7.6.6 8.4.1 9.5.2
圆顶高23.5m，直径40m	屋顶平台就是任何人都可以使用的公共空间，穿过该平台就是供参观者使用的餐厅及穹顶。穹隆内部有一对螺旋楼梯通向瞭望台，可以瞭望全市景色。而螺旋楼梯象征性地表示普通人正上升到自己的政治代表之上。	夜幕下垂，主会场的灯光照射在覆盖在它上面的穹隆顶部的玻璃圆盘上，光芒四射，整座建筑物就像是一座灯塔，使人们感觉到德国民主主义的前进路程充满了自信和活力	2000	5.3.2

序号	项目名称	所在地域	功能组成	开发商	设计单位	建筑面积（m^2）	占地面积（m^2）	容积率	建筑规模
140	柏林中央火车站（Berlin Hauptbahnhof）	德国柏林	交通、零售、休闲、娱乐、旅游、服务	不详	GMP	175000	15000	11.67	车站共5层
141	新克兰茨勒之角（Neues Kranzler Eck）	德国柏林	零售、休闲、娱乐、办公、广场、鸟笼	不详	Murphy/Jahn Architect	不详	不详	不详	不详
142	欧洲中心（Europe Center）	德国柏林	办公、零售、休闲、娱乐、旅游、服务	不详	Hentrich Petschnigg	不详	不详	不详	不详
143	205大楼	德国柏林	零售、休闲、娱乐、办公	不详	让·努维尔	不详	不详	不详	不详
144	Schutzen街大院	德国柏林	办公、居住	不详	阿尔多·罗西	不详	不详	不详	不详
145	波茨坦车站（Pozdamer Station）	德国柏林波茨坦	交通、零售、休闲、娱乐、旅游、服务	不详	不详	不详	不详	不详	不详

续表

建筑高度(m)	与城市周边环境关系	建筑特色	(拟)建成时间	引用章节
46	新落成的中央火车站坐落在横穿柏林的施普雷河岸边，车站共分5层，开放式的天棚可以使自然光充分照亮车站大厅。预计车站投入使用后，每天将有30万名乘客通过这里的54座自动扶梯和34架电梯，踏上驶向各地的总共1100趟列车	这座车站是东西柏林统一和现代德国的标志，它向世人展示德国杰出的工程技术、基础设施、施工水平和建筑设计。 车站有如机场航站楼，地面轨道长320m，地下月台长450m，拥有80多家商店。连接巴黎和莫斯科的东西线列车从高出地面12 m处进出，而连接哥本哈根和雅典的南北线则在地下15 m深处通过	2002～2003	4.3.2
不详	新克兰茨勒之角是一个由多个建筑组成的小区，其中包括楼面较低的老克兰茨勒之角咖啡馆，带有圆顶遮天的Bilka百货大楼，一座经过维修的曾是保险公司的大楼及一座高大的办公商业大楼	1. 新建办公建筑外表为钢架玻璃结构，极引人注目，几个内院中每周举办三次集市； 2. 在围合的城市公共广场上布置了巨大的鸟笼，饲养了各种鸟类，成为视线的焦点	不详	7.6.2
不详	是柏林分裂后西柏林建设新时期的标志。除办公室、商店、餐馆、电影院和上演讽刺时事的小型剧院外，这里还设有柏林旅游信息中心	中庭内的机械钟“飞逝的时间”，是德国统一后巴黎送给柏林的礼物，它通过水流来准确报时的过程吸引了无数游人驻足观看，成为了欧洲中心的重要标志	1963～1965	4.2.6
不详	1. 位于柏林重要位置，其设计首要任务是使得建筑自己有能力创造出活动； 2. 建筑创造了不同的几何形及光线，并与气候、时间及影像传送有所关联	德国柏林的老佛爷百货所在地，建筑师在其内部设计了若干锥体的中庭空间，为零售功能创造独特个性	1996	7.5.1
不详	处于柏林重要位置	为了适应周围的历史街区尺度，将冗长的立面分割为若干小段并以不同的元素和色彩组合，给人以历史积累而成却又和谐统一的街区意象	1996	7.4.8
不详	德国柏林波茨坦的车站，综合了连接柏林市区的轻轨车站以及火车站的换乘功能，零售、餐饮功能，以及一部分旅游及服务功能	成为波茨坦居民日常出行以及各国游客来访的必经之地，即便在寒冷的冬季，同街头萧瑟的景象相比，其内部也是人流如梭的一番热闹景象	不详	4.2.7

序号	项目名称	所在地域	功能组成	开发商	设计单位	建筑面积（m^2）	占地面积（m^2）	容积率	建筑规模
146	阿姆斯特丹中央火车站（Amsterdam Cental Station）	荷兰阿姆斯特丹	交通、零售、旅游、服务	不详	不详	不详	不详	不详	不详
147	国家科技中心（NEMO）	荷兰阿姆斯特丹	展览、文化艺术、教育、交通、城市广场	NIMT	伦佐·皮亚诺	12000	不详	不详	不详
148	墨尔本中心（Melbourne Center）	澳大利亚墨尔本	零售、休闲、娱乐、交通、广场	不详	黑川纪章	263435	不详	不详	53层

续表

建筑高度(m)	与城市周边环境关系	建筑特色	(拟)建成时间	引用章节
不详	历史建筑改建，现代化的车站设于地下，并附带开发了大量的商业和服务附属设施	这是一座把哥特式和文艺复兴两种风格融合在一起的建筑物。上面的两个指针：左指风向，右指时间。充分体现出荷兰作为海上王国的本质——时间与风向同样重要	1889	7.10.1
不详	1. 倾斜的屋面广场可以直接从地面沿大台阶登临向南遥望阿姆斯特丹的老城区； 2. 整个港口地区的公共建筑之间以步行道与科技中心连接形成完整的环路系统	1. 位于海底隧道的出入口上； 2. 外形酷似一艘巨大的船正驶离港口，具有很强的标志性； 3. 科技中心其地面广场、楼面平台和屋面广场通过垂直交通和大台阶组合成一个立体的城市生活空间	1997	7.4.2
246	1. 墨尔本中心的底层设有横跨2个街廓的大型商场，共有200多家商店，以及超大型的大丸(Dai Maru)百货公司，近年来已扩张为墨尔本最大的零售业者集散地； 2. 圆锥玻璃顶下覆盖的中庭，在保护历史建筑创造内部过渡空间的同时也起到了连接地铁交通的作用	大楼底层建造了一个世界最大圆锥玻璃顶建筑，采用玻璃圆锥造型，主要的原因在于为，保存其中的一座百年子弹制造工厂(The Coop's Shot Tower)。由于澳大利亚政府于1973年将此大楼列为“具有历史价值建筑”，不可拆除，于是买下这块地的财团便想出变通的办法，干脆用巨大的玻璃锥体把整栋建筑物罩起来。目前，这栋建筑改装成餐厅，与屋顶上垂吊的热气球、滑翔机，成了商场的一大卖点	1991	5.5.1

参考文献

［1］王建国.城市设计［M］.南京：东南大学出版社，1999.

［2］韩冬青，冯金龙.城市·建筑一体化设计［M］.南京：东南大学出版社，1999.

［3］龙固新.大型都市综合体开发研究与实践［M］.南京：东南大学出版社，2005.

［4］李允鉌.华夏意匠［M］.天津：天津大学出版社，2005.

［5］蔡永洁.城市广场［M］.南京：东南大学出版社，2006.

［6］覃力.日本高层建筑［M］.北京：中国建筑工业出版社，2005.

［7］蒋原伦，史建主编.溢出的城市［M］.桂林：广西师范大学出版社，2004.

［8］庄宇.城市设计的运作［M］.上海：同济大学出版社，2004.

［9］王鹏.城市公共空间的系统化建设［M］.南京：东南大学出版社，2001.

［10］段进.城市空间发展论［M］.南京：江苏科学技术出版社，1999.

［11］顾朝林.城市社会学［M］.南京：东南大学出版社，2002.

［12］刘先觉主编.现代建筑理论［M］.北京：中国建工出版社，1998.

［13］王受之.世界现代建筑史［M］.北京：中国建筑工业出版社，1999.

［14］赵民，陶小马编著.城市发展和城市规划的经济学原理［M］.北京：高等教育出版社，2001.

［15］齐康.城市建筑［M］.南京：东南大学出版社，2001.

［16］广州市唐艺文化传播有限公司主编.国际建筑师事务所作品集［M］.广东：广东经济出版社，2006.

［17］香港建筑师学会.HKIA Directory of Architects Practices 2001［M］.香港：贝思 PACE，2001.

［18］David ROCKWOOD.Asian Mega – Projects PROCEEDINGS For the 6th International Symposium on Asia Pacific Architecture［C］//第六届亚太建筑国际学术研讨会论文集.上海：同济大学，2005.

［19］（加）简·雅各布斯.美国大城市的生与死［M］.金衡山译.南京：译林出版社，2005.

［20］（美）Harold R.Snedcof，都市文化空间之整体营造——复合使用计划中的文化设施［M］.刘丽卿，蔡国栋译.台湾：创新出版社，1996.

［21］（美）凯文·林奇.城市意象［M］.方益萍，何晓军译.北京：华夏出版社，2001.

［22］（英）TFP 事务所编.十年十座城市［M］.吴晨译.北京：中国建筑工业出版社，2003.

［23］（英）Kenneth Powell.城市的演变——21 世纪之初的城市建筑［M］.王珏译.北京：中国建筑工业出版社，2004.

[24]（韩）韩国建筑世界株式会社编著.SOM 设计作品——ASEM 会展中心［ M ］.李华译.天津：天津科学技术出版社，2000.
[25]（美）彼得・布坎南编著.伦佐・皮亚诺建筑工作室作品集第四卷［ M ］.蒋昌芸译.北京：机械工业出版社，2002.
[26]（美）查尔斯・詹克斯，卡尔・克罗普夫编著.当代建筑的理论和宣言［ M ］.周玉鹏等译.北京：中国建筑工业出版社，2005.
[27]（荷）根特城市研究小组.城市状态：当代大都市的空间、社区和本质［ M ］.敬东译.北京：中国水利水电出版社，知识产权出版社，2005.
[28]（丹）扬・盖尔.交往与空间［ M ］.何人可译.北京：中国建筑工业出版社，2002.
[29] (美)凯文·林奇.城市形态［ M ］.林庆怡等译.北京：华夏出版社，2001.
[30] (美)凯文·林奇.加里·海克.总体设计［ M ］.黄富厢等译.北京：中国建筑工业出版社，1999.
[31] (日)芦原义信.外部空间设计［ M ］.尹培桐译.北京：中国建筑工业出版社，1985.
[32] (美)查尔斯·哈珀.环境与社会—环境问题中的人文视野［ M ］.肖晨阳等译.天津：天津人民出版社，1998.
[33] ULI.Mixed – Use Development Handbook(Second Edition)［ M ］.USA：Urban Land Institute，2003.
[34] The Jerde Partnership with Vilma Barr.Building Type Basics for retail and mixed – use facilities［ M ］.USA：John Wiley& Sons，Inc，2004.
[35] Adam Cohen.The Perfect Store：Inside eBay［ M ］.USA：Little，Brown & Company，2002.
[36] ULI.Mixed – Use Development：New ways of land use［ M ］.USA：ULI，1976.
[37] Dimitri Procos.Mixed Land Use［ M ］.USA：ULI，1976.
[38] Harold R.Snedcof.Cultural Facility in Mixed – Use Development［ M ］.USA：ULI，1985.
[39] ULI.Mixed – Use Development Selected References［ M ］.USA：ULI，1995.
[40] Andy Coupland.Reclaiming The City——Mixed Use Development［ M ］.UK：E&FN SPON，1997.
[41]UDAS.Mixed Use in Urban Centers——Guideline for Mixed Use Development［ M ］.Australia：Urban Design Advisory Service，2000.
[42] Eberhard H·Zeidler.Multi – Use Architecture in the Urban Context［ M ］.USA：VNR，1985.
[43] Alan Altshuler，David Luberoff.MEGA – PROJECT——the Changing Politics of Urban Public Investment［ M ］.USA：Brookings Institution Press，2003.
[44] Rem Koolhaas.Delirious New York［ M ］.USA：The Monacelli Press，1994.
[45] Kevin Sinclair.Making Connections——Aedas Architects in Asia［ M ］.Hong Kong：Aedas，2005.
[46] Steve Womersley.John Portman and Associates［ M ］.Australia：Images Publishing，2002.

［47］Ian Luna，Kenneth Powell.KPF Architecture and Urbanism 1993 – 2002［M］.USA：Rizzoli，2002.
［48］Dominique Perrault 1990~2001.Spain：EL Croquis，2001.1.
［49］Katie Williams，Elizabeth Burton，Mike Jenks.Achieving Sustainable Urban Form［M］.London：E & FN Spon，2000.
［50］David Gissen.Big and Green：Toward Sustainable Architecture in the 21st.Century［M］.London：Princeton Architectural Press，2003.
［51］Richard Rogers.Cities for a Small Planet［M］.London：Faber & Faber，1997.
［52］Mike Jenks，Rod Burgess.Compact Cities：Sustainable Urban Forms for Developing Countries［M］.London：Spon Press，2001.
［53］Hildebrand Frey.Designing the City：Towards a More Sustainable Urban Form［M］.London：E & FN Spon，1999.
［54］Brian Richards.Future Transport in Cities［M］.London：Spon Press，2001.
［55］Siegfried R.C.T.Enders，Niels Gutschow.Hozon——Architectural and Urban Conservation in Japan［M］.Stuttgart：Edition Axel Menges，1998.
［56］Ramesh Kumar Biswas.Metropolis Now! Urban Cultures in Global Cities［M］.Vienna：Springer，2000.
［57］David Jenkins.Norman Foster—— Works Volume 1［M］.London：Prestel，2003.
［58］Reinhold Martin.the Organizational Complex：Architecture，Media，and Corporate Space［M］.London：MIT Press，2003.
［59］Douglas Kelbaugh.Repairing the American Metropolis：Common Place Revisited［M］.Washington：University of Washington Press，2002.
［60］Rem Koolhaas.S,M,L,XL［M］.Germary,kolin：Benedikt Taschen Verla g Gmbh，1997.
［61］Randall Thomas.Sustainable Urban Design——an Environmental Approach［M］.London：Spon Press，2003.
［62］Liu Wing Cheong Dicky.Urban Artscape：restructuring of cultural complex,TST［M］.Hong Kena：Hong Kong University,1999.
［63］朱革新.文化同一与文化多元新探——兼议文化国际性与文化民族性［J］.学术论坛，2003，3.
［64］C·亚历山大，严小婴译.城市并非树形［J］.北京：建筑师，1985(24)：206 ~ 224
［65］保罗·奎恩.摩天大楼的设计变迁——SOM 建筑设计公司设计总裁布莱恩·李的访谈［J］.上海：时代建筑，2005,4：140.
［66］郭明卓.大型城市建筑综合体——90 年代大都市生活的缩影［J］.北京：建筑学报，1996,8：8 ~ 12.
［67］窦志，赵敏文.试论城市设计与建筑设计的关系［J］.北京：建筑学报，2002,10：54 ~ 56.

[68] 覃力.日本高层建筑探析［J］.北京：建筑师，1999(89)：78～89.
[69] 杨宗.日本欲造摩天巨塔 800 层楼可住 100 万人［N］.南京：扬子晚报，2007－8－27.
[70] 王方戟，戚宏.回应建筑巨型化时代的挑战——第六届亚太建筑国际学术研讨会述评［J］.上海：时代建筑，2005,5.
[71] 郑时龄.上海与柏林——处于永恒变化中的国际城市［J］.上海：时代建筑，2004,3：28～31.
[72] 方雅仪.朗豪坊效应——中产店急进驻，砵兰街铺租十级跳［N］.Hong Kong：Singtao Daily，HIC，2004－8－6.
[73] 投射烟花天幕亚洲首创［N］.Hong Kong：Singtao Daily，HIC，2004－8－6.
[74] Tim Youngs.Langham Place，Mongkok Part One，Urban Oasis［J］.Hong Kong：Building Journal，2004,11：27～52.
[75] Tim Youngs.Langham Place Hotel，Mongkok Part Two，Urban Oasis［J］.Hong Kong：Building Journal，2004,12：30～49.
[76] 程里尧.TEAM 10 的城市设计思想［J］.北京：世界建筑，1983,3.
[77] 郭恩章.美国城市公共空间建设的几个问题［J］.北京：世界建筑，1989,6.
[78] 仲德昆.英国城市建筑环境设计的实践及其启示［J］.北京：世界建筑，1989,6.
[79] 刘德明.美国和加拿大城市商业中心区的非地面层步道系统［J］.北京：世界建筑，1989,6.
[80] 屈浩然.八十年代美国高层办公建筑［J］.北京：世界建筑，1990,4.
[81] 钟华楠.二十一世纪香港的意义［J］.北京：世界建筑，1991,3.
[82] 刘伯英.国外城市的混合使用中心［J］.北京：世界建筑，1991,4.
[83] 李道增.美国购物中心的发展趋势［J］.北京：世界建筑，1994,3.
[84] (法)卡特林娜·贝尔桑妮.法国公共建筑的质量［J］.北京：世界建筑，1996,1.
[85] 傅刚.曼哈顿交通建筑及其城市环境［J］.北京：世界建筑，1996,3.
[86] (日)铃木博之.“场所精神”与当代日本建筑［J］.北京：世界建筑，1996,3.
[87] 方顿.独一无二的洛克菲勒中心［J］.北京：世界建筑，1997,2.
[88] 严迅奇.联系的美学［J］.北京：世界建筑，1997,3.
[89] 马建业.库哈斯和他的普通城市［J］.北京：世界建筑，1998,3.
[90] 孙成仁，李和平.特里·法雷尔与他的都市主义建筑［J］.北京：世界建筑，2001,5.
[91] (日)菊竹清训.亚洲城市的未来［J］.北京：建筑学报，1994,3 .
[92] 李灿辉.正在出现的亚洲城市冲突和矛盾［J］.北京：建筑学报，1994,3.
[93] 王兴田.日本现代建筑发展过程启示［J］.北京：建筑学报，1996,6.
[94] 荆同和，张行健.多伦多高层建筑底部空间研究［J］.北京：建筑学报，1999,9.
[95] 饶戎，魏宏扬.整合中的都市与建筑［J］.北京：建筑学报，2000,9.
[96] (德)安德烈斯·G·汉普尔.柏林的公共空间［J］.北京：建筑学报，2002,2.
[97] 向上.融入城市的建筑——武汉新世界中心设计［J］.北京：建筑学报，2002,2.

［98］李冰.寻找失落的城市精神——北京中心商务区核心区城市设计相关问题探讨［J］.北京：建筑学报，2004,5.
［99］胡菲菲整理.纵话横说“波特曼作品”——上海商城［J］.上海：时代建筑，1991，1.
［100］王伯伟.城市设计中的公共空间及其“连接链”［J］.上海：时代建筑，1995，3.
［101］周友章.高层建筑群体设计的实践及思考［J］.上海：时代建筑，1997，3.
［102］骆小芳.城市公共空间与社会生活［J］.上海：时代建筑，1998，2.
［103］徐怡芳.共生时代与城市公共空间［J］.上海：时代建筑，1998，2.
［104］吴硕贤.城市公共观演空间［J］.上海：时代建筑，1998，2.
［105］于华，白静.迈向21世纪的城市公共活动空间——探索城市空间物态与文态相适应的可持续发展之路［J］.上海：时代建筑，1999，2.
［106］熊健等.城市大众休闲空间初探［J］.武汉：新建筑，1996，2.
［107］王建国.横滨城市设计的历史经验［J］.武汉：新建筑，1997，1.
［108］孙令龙.城市公共中心的发展趋势与对策［J］.武汉：新建筑，1997，4.
［109］于大中等.城市空间层次浅析［J］.武汉：新建筑，1998，1.
［110］刘念雄.商业建筑的公共开放空间［J］.武汉：新建筑，1998，4.
［111］叶伟华，王杨.建筑底层架空式开放空间设计初探［J］.武汉：新建筑，2001，6.
［112］费移山，王建国.高密度城市形态与城市交通［J］.武汉：新建筑，2004，5.
［113］杨靖.城市公共化的建筑空间探究［J］.武汉：新建筑，2004，2.
［114］黄烨勍等.理解城市设计的多纬度意义——《公共场所——城市空间：城市设计的纬度》评价［J］.武汉：新建筑，2004,5.
［115］崔彤，璃德祥.交融的建筑——中国建筑现代化之初探［J］.北京：建筑师，1999,4(87).
［116］建筑组群文化形态的创作构思［J］.北京：建筑师，1997,8(77).
［117］魏皓严，郑曦.从并置到重叠［J］.北京：建筑师，2004,6(109).
［118］S.S.Y.Lau，R.Giridharan and S.Ganesan.Policies for implementing multiple intensive land use in Hong Kong［J］.Netherlands：Journal of Housing and the Built Environment，2003,18：365~378.
［119］S.Ganesan，S.S.Y.Lau.Urban Challenges in Hong Kong：Future Directions for Design［J］.UK：Urban Design，2000：3~12.
［120］Tokyo［J］.Japan：JA，1991Autum.
［121］Study of a Skyscraper Complex［J］.Japan：A+U，1999.3.
［122］Berlin［J］.UK：ARCHITECTURE REVIEW，1999.1.
［123］Urbanity［J］.UK：ARCHITECTURE REVIEW，1999.7.
［124］Tokyo［J］.UK：ARCHITECTURE REVIEW，2001.10.
［125］Bigness［J］.UK：ARCHITECTURE REVIEW，2002.8.
［126］MIXED USE［J］.UK：ARCHITECTURE REVIEW，2003.9.
［127］CITYSCAPES［J］.UK：ARCHITECTURE REVIEW，2004.3.
［128］苗苗.“链接”空间——建筑综合体动线空间城市性表述［D］.大连：大连理工大

学，2004.

［129］王心公.会展中心——一种现代都市建筑综合体 ［D］.天津：天津大学，2000,3.

［130］葛凌岩.集聚流动连续开放——建筑综合体“城市”意义研究［D］.杭州：浙江大学，2001,2.

［131］于文波.城市建筑综合体设计——空间、功能、交通组织［D］.西安：西安建筑科技大学，2001,4.

［132］吴蕙.设计结合城市——建筑综合体设计浅析［D］.昆明：昆明理工大学，2002,6.

［133］任荣.居住商业综合体形式研究［D］.上海：同济大学，1996,3.

［134］徐进.商住综合体可持续发展探讨［D］.上海：同济大学，1997,3.

［135］陆臻.城市居住综合体研究［D］.上海：同济大学，2002,2.

［136］廖浩伟.商业综合体设计若干问题研究［D］.上海：同济大学，1990.

［137］卢亚中.商业综合体建筑的研究：建立有机秩序化的建筑［D］.上海：同济大学，1995,2.

［138］史洁.建筑综合体空间环境与行为学研究［D］.上海：同济大学，1999,3.

［139］周洁.24小时城市——高层建筑内公共设施城市化发展研究［D］.上海：同济大学，2005,4.

［140］叶季如.城市空中步道的系统化研究［D］.上海：同济大学，2005,4.

［141］康宏.城市快速交通枢纽综合体设计研究［D］.上海：同济大学，2006,4.

［142］刘英.城市公共化中介空间［D］.上海：同济大学，2006,4.

［143］上海大世界：一个开心娱乐的天堂所在［EB/OL］.［2007－06－12］http：//cn.yahtour.com.

［144］来自2007年《财经》杂志的《上海松江客运中心工程开工四年仍是一片平地》和《瞭望东方周刊》的《上海松江客运中心停摆背后》的有关报道。腾讯网：http：//news.QQ.com

［145］他山之石——BID，发展都市经济的一个国际新动向［EB/OL］.http：//wujianzhong.bokee.com/6003503.html

［146］郑州郑东新区官方网站：http：//www.zhengdong.gov.cn

［147］2004中国十大新地标建筑综合体评选网站：http：//www.soufun.com/html/subjects/dibiao/default.asp

［148］摩天汉世界：http：//www.skyscrapers.cn/index.hml

［149］Alexan City Center official website：http：//www.alexancitycenter.com

［150］Addison City official website：http：//www.addisontexas.net

［151］筑龙网：http：//project.zhulong.com

［152］搜房网：http：//esf.soufun.com

［153］新华网：http：//www.xinhuanet.com

［154］上海写字楼网：http：//www.zuroom.com

［155］华南商业网：http：//fs.gdchain.com.cn

［156］新浪科技时代：http：//tech.sina.com.cn

［157］环游世界网：http：//www.hysjw.cn
［158］谷歌图片搜索：http：//images.google.cn
［159］百度图片搜索：http：//image.baidu.com
［160］百度百科：http：//baike.baidu.com
［161］万方数据库：www.wanfangdata.com.cn
［162］维普数据库：http：//www.cqvip.com
［163］上海来福士广场官方网站：http：//www.rafflescity－shanghai.com
［164］上海龙之梦购物中心官方网站：http：//www.cloudninemall.com
［165］北京商务中心区官方网站：http：//www.bjcbd.gov.cn
［166］北京国瑞城官方网站：http：//www.glorycity.cn
［167］北京中国国际贸易中心官方网站：http：//www.cwtc.com
［168］深圳华润中心官方网站：http：//www.citycrossing.com.cn
［169］武汉光谷广场官方网站：http：//www.ovp.cn
［170］香港太古广场官方网站：http：//www.pacificplace.com.hk
［171］香港朗豪坊官方网站：http：//www.langhamplace.com.hk
［172］香港国际金融中心官方网站：http：//www.ifc.com.hk/chinese
［173］香港西九龙中心官方网站：http：//www.dragoncentre.com.hk

后　记

本书是在我的博士论文《"合"——当代城市建筑综合体研究》基础上，进行修订和完善的成果。在博士毕业留校任教之后一年多的时间里，我根据答辩评委老师的意见和建议，对我博士阶段的课题进行了延续性研究。在获得"同济大学青年优秀人才培养行动计划"资助之后，便有了将此阶段的研究成果拿出来与大家分享的想法，以求抛砖引玉。

在本书的结尾，我首先要感谢我的导师戴复东院士和师母吴庐生大师，硕博连读的五年半时光，我深受他们的熏陶，在他们的指导下，不仅参与了大量实际工程，做到了理论结合实际，更是学到了做人的道理："要德才兼备脚踏实地。"我也要感谢我的父母，他们是我坚实的后盾，始终默默地支持着我。在这里，我要对这四位对本书帮助最大的人致以最深的谢意，因为这本书里面凝聚着他们的心血。

我要感谢我的母校同济大学给予的"同济大学青年优秀人才培养行动计划"资助，让我能够顺利延续自己的课题研究，并让本书得以出版。

我要感谢中国建筑工业出版社吴宇江编审和史瑛编辑在本书成书一年多的时间里对我提供的无私帮助和为本书审定所付出的心血。

我要感谢我的答辩评委老师魏敦山院士、蔡镇珏大师、唐玉恩大师、刘云教授、钱锋教授对我博士论文的肯定和提出的宝贵建议；同济大学的卢济威教授、王伯伟教授、上海现代集团的刑同和总建筑师对我在开题阶段所作的指导；香港城市大学的薛求理教授在我赴港调研期间向我提供了诸多的帮助和珍贵资料；同济大学的支文军教授对我论文提出了宝贵意见；两位盲审评阅专家对论文给予了中肯的建议；以及我母亲的导师法国巴黎第八大学 Remi Hess 教授对我赴欧洲考察所提供的无私帮助等。

我还要感谢好友陈宇飞对我论文写作提供的极大帮助；同济大学学友周鸣浩博士对我整个研究生学习阶段，特别是在香港调研期间提供的帮助，以及对我论文的中肯建议；香港大学学友戴君仪（Joyce）博士对我在香港调研期间提供的帮助以及宝贵的资料；同济大学学友、现工作于同济大学设计研究院的彭璞硕士对我论文成文所提供的帮助以及第一手资料。感谢同门苏勇博士、周振宇博士、胡映东博士等，学友王班博士，以及在导师及师母主持的同济大学设计研究院高新建筑技术设计研究所参与实际工程期间的同事孟昕、李国青等对我的鼓励和帮助。我还要对论文成文提供帮助的绿地集团副总裁张鑫国、总建筑师胡京博士、郑州事业部的陈占鹏博士、房地产技术管理产品研发部商业专项主管杨磊表示感谢。

最后，我要对引用本书所有参考书籍和文章的作者致以深深的谢意！这本书是建立在您们辛勤劳动成果基础上而写成的。

2010 年 1 月作者
写于同济大学